高等院校信息技术规划教

Oracle实用案例渐进教程

任树华 编著

清华大学出版社
北京

内 容 简 介

本书以应用为目标，通过完整案例覆盖全书各章的分析与具体解决步骤，讲解 Oracle 经典实用核心技术，让读者快速掌握 Oracle 数据库核心技术全貌。本书采用的版本以 Oracle 11g R2 为主，兼顾 9i 和 12c。

全书通俗易懂，结构编排新颖，图例丰富，解决步骤详细具体，突出实用，并为读者提供了模板式的开发指南，对案例稍加修改，便可建立自己的 Oracle 数据库。

本书还提供了丰富的课件以及书中所用的全部代码。

本书适合作为计算机和相关专业本科生、研究生的教材，也可供培训班使用，并适合数据库开发人员参考。

图书在版编目(CIP)数据

Oracle 实用案例渐进教程/任树华编著. —北京：清华大学出版社，2014(2019.12重印)
高等院校信息技术规划教材
ISBN 978-7-302-35087-3

Ⅰ. ①O… Ⅱ. ①任… Ⅲ. ①关系数据库系统－高等学校－教材 Ⅳ. ①TP311.138

中国版本图书馆 CIP 数据核字(2014)第 009189 号

责任编辑：张　玥　顾　冰
封面设计：傅瑞学
责任校对：时翠兰
责任印制：刘海龙

出版发行：清华大学出版社
网　　址：http://www.tup.com.cn，http://www.wqbook.com
地　　址：北京清华大学学研大厦 A 座　　**邮　　编**：100084
社 总 机：010-62770175　　**邮　　购**：010-62786544
投稿与读者服务：010-62776969，c-service@tup.tsinghua.edu.cn
质量反馈：010-62772015，zhiliang@tup.tsinghua.edu.cn
课件下载：http://www.tup.com.cn，010-62795954
印 装 者：北京九州迅驰传媒文化有限公司
经　　销：全国新华书店
开　　本：185mm×260mm　　**印　　张**：26.75　　**字　　数**：614 千字
版　　次：2014 年 3 月第 1 版　　**印　　次**：2019 年 12 月第 5 次印刷
定　　价：49.00 元

产品编号：053867-01

前言 Foreword

位于美国加州的 Oracle 公司是当今世界与 Microsoft 及 IBM 并驾齐驱的三大软件制造商之一，是目前最大的数据库软件提供商。其主要产品 Oracle 关系数据库管理系统的应用已遍及通信、银行证券、交通管理等各个领域，是目前企业中应用最多的主流关系数据库产品。以其功能强大，结构简洁清晰，可伸缩性强，适用操作系统平台广，易于维护等特点而著称。在古希腊神话中，Oracle 称为“神谕”，意为上帝的宠儿；在中国，Oracle 译为“甲骨文”。Oracle 是世界上第一个支持 SQL 语言的商业数据库。该产品广泛应用于高端工作站、小型机以及 PC 上。

在实际应用领域中，运行的 Oracle 数据库版本多种多样，既有早期的 Oracle 8i 和 9i，也有适应当前 IT 新技术发展的 Oracle 11g。最新发布的版本是 12c 云数据库。因此，不论教学还是应用，都需要有一个能跨越并兼顾多个版本，以实用为目的，且涵盖 Oracle 核心经典技术的教程供高校学生或应用开发人员使用。作者就是为此而撰写本教程的。

1. 本书特色

(1) 项目驱动，案例教学。

学习技术的目的是为了更好地解决生产中的实际问题。本书直接面向实用，以实际案例及具体解决方案带动知识点的学习。遵循“案例分析→具体实现→相关知识点→作业题”的编排模式，各章重点突出，侧重并解决一个主题，全书组成一个完整的项目。对案例中所涉及的问题，从实用角度给出了详细具体的解决方案。每个章节直奔实用案例主题，摒弃了先学习知识点，然后再动手实践的模式。

(2) 面向实用，重点清楚，经典实用，突出经典实用的核心技术。

本书结构编排新颖独特，每章根据案例分析规划的主题，先给出具体的解决方法和步骤，然后讲解相关的知识点。对解决问题过程中可能出现的问题也给予了必要的讨论和解决方法。

(3) 版本涵盖面宽。

本书内容涵盖 Oracle 9i 至 11g，还初步介绍了 Oracle 12c 云数据库。

(4) 作者多年教学实践的总结。

作者从事 Oracle 数据库的教学已有十多年。本书的讲稿在大连工业大学计算机科学与技术专业、信息科学与计算专业的本科生及研究生教学中使用多年，经过不断的充实、修改,形成了本书初稿。书中许多内容是教学和实际开发应用中经常遇到的技术问题。

许多毕业后到银行或其他 IT 公司从事技术开发工作的学生反映:学过本课程后,自己的 Oracle 技术能力一点也不比公司员工差,很有自信,缩短了学校教学与行业实际应用的距离。

(5) 全书通俗易懂,图例丰富。

有个谚语:A picture is worth a thousand words(一幅图胜过千言万语)。本书多数章节的图例是作者多年教学经验的积累与总结,是对 Oracle 内容的高度概括和提炼。这些图例可以帮助读者全面、清晰、快速地掌握 Oracle 核心技术的内涵,为进一步掌握和运用 Oracle 技术打下坚实的基础。

2. 教程内容

本书分为 13 章,各章内容如下:

第 1 章　案例概述及分析:主要介绍案例需求及数据库的逻辑设计和物理设计。

第 2 章　Oracle 软件系统的安装:介绍 Oracle 9i 和 11g 及 12c 的安装方法,以及 Oracle 软件的卸载方法。

第 3 章　创建数据库:根据数据库规划,用 DBCA 创建数据库;介绍 Oracle 数据库体系结构,数据库逻辑结构与物理结构的关系,数据库的物理文件,包括数据文件、重做日志文件、控制文件、参数文件以及口令文件等,删除数据库的方法,以及 SQL * Plus 的用法。本章是学习 Oracle 数据库的关键内容之一。

第 4 章　创建表空间:介绍表空间规划及分配、创建表空间和管理永久表空间及临时表空间的方法。

第 5 章　数据库用户及安全:根据案例需求进行用户权限规划;创建数据库用户及授权;管理数据库用户、权限及角色;为用户设置概要文件 PROFILE,用概要文件管理用户口令等。

第 6 章　表与视图:介绍数据表及视图的规划;用 OEM Database Control 和 SQL 语句创建表的方法;表的管理方法;Excel 文件与数据库互传及用 SQL * Loader 导入批量数据的方法,还包括单表分解及多表合并等。

第 7 章　存储过程:介绍创建存储过程、调用及测试方法,游标及异常处理定义与使用。

第 8 章　函数:介绍创建函数及调用方法、函数使用的场合等。

第 9 章　触发器:介绍触发器类型、结构,创建系统触发器、DDL 触发器、DML 触发器、复合触发器以及替代触发器的方法与限制等。

第 10 章　包:介绍创建包、调用及测试包的方法等。

第 11 章　客户端配置与网络连接:介绍各种客户端的安装与配置,如 Oracle Database Client;ODAC 客户端驱动程序、Oracle Instant Client 和 JDBC/UCP,以及 ODBC 等;网络连接过程;监听器管理等。这些内容都是开发并部署应用软件所必需的。

第 12 章　数据库实例:介绍启动/关闭数据库实例的各种方法,如 SQL * Plus、ORADIM、DGMGRL 和 RMAN 启动/关闭实例等;数据库实例概念;数据库启动与关闭过程以及各自适用的情形等。

第 13 章 Oracle 企业管理器：介绍 Oracle 9i 和 Oracle 11g 企业管理器结构，创建资料档案库的方法；关闭与启动本地 OMS 的方法；配置 Database Control 的过程，以及用 Database Control 管理多个数据库的具体方法等。

3. 本书适用读者对象

本书非常适合计算机和相关专业本科生、研究生及 IT 培训班使用，也适合数据库开发人员使用。建议授课周期为 56 学时左右，实验 12 学时。

4. 课件及代码

为方便读者使用本书学习 Oracle 技术，还提供了丰富的课件以及书中所用的全部代码。读者可根据需要到清华大学出版社网站上下载代码包，代码全部经过上机运行验证。代码中涉及的路径部分，读者根据实际环境稍加修改即可。

5. 本书英文字体使用规范

(1) Courier New 等宽字体：用于程序代码、命令及命令格式等可执行部分。

(2) Times New Roman 字体：用于文中表述的字母、文件路径、关键词和参数等。

(3) 大小写：文中表述涉及的关键词、系统参数、命令等均采用大写；自定义的变量、用户名、口令等均采用小写。凡是文件的路径序列均忠实于真实系统运行环境，不分大小写，一律与运行环境保持一致。

6. 联系方式

由于时间仓促，加之作者水平有限，书中难免出现疏漏和不足，恳请读者及专家批评指正。作者 E-mail：Oracle. ren@gmail. com。

任树华

于大连工业大学信息科学与工程学院

2013 年 9 月

目录 Contents

第1章 chapter 1

案例概述及分析

本章目标

了解用户需求，掌握数据库的规划及逻辑设计过程，明确物理数据库的任务。

1.1 系统概述

1.1.1 业务流程及需求

教务处是学校教学及日常教务管理的核心部门，主要包括考试中心、教研科、教务科、学籍管理科、教学实践科以及高教研究等科室。根据其职能划分，教学管理主要分为学生学籍管理、教学计划管理、排课管理、成绩管理、考务管理、教学评估管理和教研项目管理等。其主要教学业务处理流程如图 1-1 所示。

新生入学后填写学生情况登记表并上报，经核对无误后，存档以备查询使用。每年全校各专业在制定完教学计划后上报教务处，经审核批准后形成教学执行计划下发各院、部组织落实，各学院、部将落实后的教师任务分配表再报教务处。教务处根据教学执行计划、教师任务分配表、教室等情况统一组织编排课程表，并实施教学。期末考试结束后，教务处组织教师登录成绩并将学生成绩归档，进行学籍管理工作，并统计各种数据，制订各种报表上报。

由于原有旧系统已不能满足现有教学管理的需求，需重新规划设计教学管理信息系统。目前，全校现有 18 个学院(部)、40 个本科专业，全校各专业培养计划开设出的总课程数为 3000 门左右，教师 900 多人。在校全日制本科学生近 20 000 人，研究生 1500 人，每年招收留学生 500 人左右，每年新招生 6500 人。

(1) 全校每学期共有 360 多门课需要考试，包括考查、选修课。

(2) 全校每学期参加考试的学生有 37 000 多人次。

(3) 考试卷保存约 2 年。

(4) 成绩单保存 5 年。

(5) 学生基本信息保存 5 年。

1.1.2 新系统功能要求

由于系统中的用户是不同的用户群体，因此学生、教师及管理部门用户需要的系统

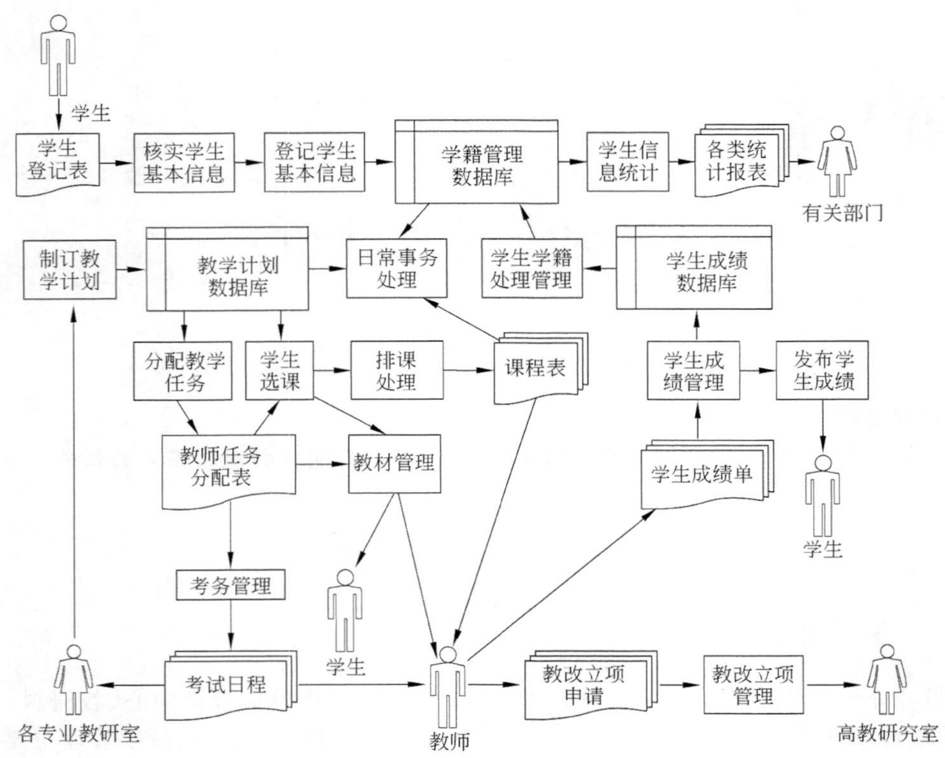

图 1-1　教学业务处理流程

功能也不同。其功能序号编码含义如下：S_F 代表学生(Student)用户功能；F_F 代表教师(Faculty)用户功能；M_F 代表管理部门(Management)用户功能；A_F 代表审计(Audit)功能。例如 M_F5 表示管理用户所需功能中的第 5 个功能。不同用户所需功能分别如表 1-1～表 1-4 所示。

表 1-1　学生用户的功能

功能序号	功能	描　　述
S_F1	查询个人档案信息	输入学生本人的学号和登录口令可查询具体档案信息
S_F2	修改个人信息	只允许在线修改除学号、姓名、性别、已修课程、成绩、奖惩等信息以外的个人基本数据，如家庭通信地址、联系电话、联系人、个人的手机、E-mail 等
S_F3	查询考试成绩	输入学生本人的学号和登录口令通过校园网可查询成绩；选择课程名，即可查询已修课程的相关成绩，如已修满的学分、所欠学分等
S_F4	在线选课	(1) 在规定期限内选课并注册课程，之后学校审查 (2) 在规定期限内，学生可以修改选课结果 (3) 如果学生认为某课程成绩不佳，可重修，同一门课可重修多次，以最高成绩作为该门课的最终成绩，并自动更改以往所修的该门课程成绩
S_F5	查询选课信息	考试结束后，可查询课程成绩及所修课程学分
S_F6	修改登录密码	修改个人登录口令

表 1-2　教师用户的功能

功能序号	功能	描　　述
F_F1	录入学生成绩	(1) 教师可在校内任意指定的终端上输入成绩,可批量录入,也可单个录入 (2) 还可从文本文件或表单文件直接导入成绩,如果成绩低于学校规定的及格线,则系统自动标记获得该成绩的学生为补考 (3) 只要指定上课的学年、学期、课程名称、任课教师、课程性质等就可直接确定选修该课的学生名单。最终,成绩应该保存在教务处数据中心
F_F2	查询学生成绩	教师登录系统后,可按课程查询某个学生的成绩,或某个班级所有学生的成绩
F_F3	修改学生成绩	修改学生成绩,系统自动保留修改前后的成绩,以备管理部门审核
F_F4	查询教师个人信息	查询教师个人信息
F_F5	修改教师个人信息	只允许修改教师本人的家庭通信地址、联系电话、联系人、个人手机、E-mail 等
F_F6	修改课程信息	修改本人所承担课程中的信息,如课程简介等
F_F7	查看学生选课信息	学生完成选课注册后,教师可查看所承担课程的学生选课信息

表 1-3　管理部门用户可以使用的功能

功能序号	功能	描　　述
M_F1	备份数据库	每学期开学补考结束并将补考成绩处理完毕后,将上一学期的成绩做归档处理
M_F2	恢复数据库	根据需要恢复任意学年学期的数据库数据
M_F3	倒库	将当前数据库当前数据倒入到历史数据库中
M_F4	为其他用户授权	给教师等相关用户授权
M_F5	修改教学计划	根据教师和学院提交的教学任务变动申请,修改教学任务
M_F6	查询教师信息	根据教师所在学院、姓名或职工编号(工作证号)查询教师信息
M_F7	统计学生考试成绩	(1) 按专业汇总学生的成绩 (2) 按学期、学年或四年汇总每个学生的成绩 (3) 统计某个学生当前学期的 GPA (4) 按班级统计单科成绩分布、及格率/不及格率;按专业统计学生成绩的排名等
M_F8	修改账户	修改数据库用户和应用系统账户口令
M_F9	查看审计信息	审计用户登录、使用数据库的信息

表 1-4 系统其他审计功能要求

功能序号	功能	描述
A_F1	审计处理	(1) 系统应能自动记载登录系统的用户信息,包括登录的 IP,主机名,登录时间,用户名,进行的操作等,以及退出的时间等 (2) 数据库启动和关闭的时间,用户名等 (3) 在周六、日的早 8 点至晚 6 点,不能对数据库数据进行更新修改
A_F2	修改成绩处理	对于教师修改课程成绩的数据应该自动记载修改前的成绩及修改后的成绩
A_F3	欠学分处理	(1) 入学第一年的学生第二学期开学初累计欠修学分数达到 12 以上(含 12)的,给予退学警告 (2) 学生累计欠修学分数(第二学期开学初和第八学期开学初除外)达到 12、小于 18,给予学业警告 (3) 学生累计欠修学分数(第二学期开学初和第八学期开学初除外)达到 18、小于 25,给予严重学业警告 (4) 累计欠修学分数(入学第一年学生第二学期开学初和受退学警告学生第三学期开学初除外)达到 25 以上(含 25),或第八学期开学初必修课程、选修课程欠修学分之和达到 12 以上(含 12)必须向下编班 (5) 毕业学期必修课和选修课欠修学分之和达到 12 学分,小于 18 学分者,不能跟班参加毕业环节的学习,必须留级,向下编班学习 (6) 累计欠学分数达到 25 以上(含 25)的应予以退学

1.2 系统处理流程与设计

根据教学业务处理流程,对系统的各处理功能进行抽取和优化,提出并设计出能由计算机完成的处理功能及新系统的总体逻辑方案。本案例主要以成绩管理为主。图 1-2 为学生成绩管理数据流程。

1.2.1 分配教学任务

由教学管理部门根据教学任务分配表录入教师的教学任务,也可根据实际进行修改;教师可查询本人的教学任务。

1.2.2 选课注册

每学期可选课程均来自教学任务信息。学生根据教学任务信息、课程基本信息以及学生基本信息,在规定的日期内,在满足必选学分数等限制条件下完成选课,并将选课结果存入学生成绩数据表。教师可从学生成绩数据表中提取选课学生名单并打印。

1.2.3 成绩处理

教师批阅卷完毕后,由教师录入该科目的学生考试成绩,并打印提交成绩单。当选择授课教师、学年、学期、授课专业、授课班级后应自动出现课程名称。选择了课程名称

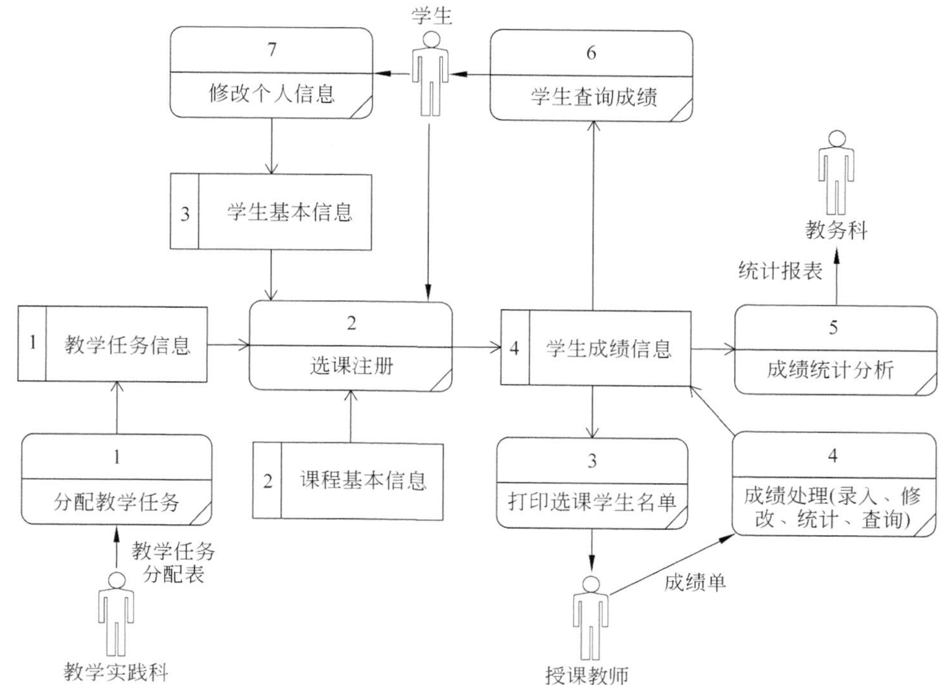

图 1-2 学生成绩管理数据流程

后，系统应自动出现选择该课程的所有学生名单。如果出现成绩遗漏或录入错误，教师可在得到管理部门的授权后，修改并重新录入成绩，永久保存。

1.2.4 成绩统计分析

分别按班级、专业统计课程的优良率等。

1.2.5 学生查询成绩

学生通过校园网或互联网查询本人的课程成绩。

1.3 数据库逻辑结构设计

1.3.1 编码设计

编码设计是数据管理中的关键问题之一，良好的编码规范可以保证数据的一致性，减少冗余。

1. 学院编码

学院代码为2位顺序码。学院的英文名称缩写的长度最大为4位，如表1-5所示。

表 1-5　学院编码

学院代码	学　　院	英　　文	学院英文缩写
01	生物工程学院	School of Biological Engineering	BE
02	食品科学与工程学院	School of Food Science and Engineering	FSE
03	信息科学与工程学院	School of Information Science and Engineering	ISE
04	艺术设计学院	School of Art& Design	ART
05	服装学院	School of Fashion	FASH
06	材料科学与工程学院	School of Material Science and Engineering	MSE
07	商务学院	School of Business	BUSI

2. 专业编码

专业英文缩写的最大长度为 6 位，如表 1-6 所示。专业代码采用学院代码加顺序编码的方式，共 4 位。

表 1-6　专业编码

专业代码	专　　业	英　　文	专业英文缩写
0101	生物工程	Biological Engineering	BIOE
0102	生物技术	Biotechnology	BIOT
0201	食品质量与安全	Food Quality and Safety	FOQS
0202	食品科学与工程	Food Science and Engineering	FOSE
0301	数学	Mathematics	MATH
0302	物理学	Physics	PHY
0303	计算机科学与技术	Computer Science and Technology	CS
0304	电子信息工程	Electronic and Information Engineering	EIE
0305	通信工程	Communication Engineering	COM
0401	环境艺术设计	Environmental Art Design	ENAD
0402	视觉传达设计	Visual Communication Design	VISUD
0403	数字媒体艺术	Digital Media Art	DIGM
0404	雕塑	Sculpture	SCULP
0405	工业工程	Industrial Engineering	INDE
0501	服装艺术设计	Fashion Design	FAD
0502	服装表演专业	Fashion Show	FAS
0503	饰品设计	Jewelry Design	JEWD

续表

专业代码	专　　业	英　　文	专业英文缩写
0504	形象设计	Image Design	IMAD
0505	摄影	Photography	PHO
0601	化学工程与工艺	Chemical Engineering and Technology	CHEE
0602	材料科学与技术	Materials Science and Technology	MST
0701	信息管理系统	Information Management System	IS
0702	人力资源管理	Human Resource	HR
0703	电子商务	Electronic Commerce	EC
0704	物流管理	Logistic management	LM

3. 课程编码

课程编码采用组合码的编码方法，由专业英文缩写加3位数字组成。

第一部分：表示课程所属专业名称的英文缩写，最大长度为6位字母，如图1-3所示。

第二部分：1位数字，表示课程等级编码，由1、2、3、4、5、6组成，分别代表不同的年级。其中，5开头的课程由本科生和研究生选上，6开头的只能由研究生选上。课程等级编码也代表了课程间先后顺序关系，其中1、2开头的课程为初等级课，其余为高等级课程。

第三部分：2位数字，表示该课程在专业中的顺序码。

课程编码样例：CS399，表示计算机科学专业的高等级课程。

4. 学号编码

学号编码是每个学生的唯一标识。在系统中，有许多的处理、查询、统计等都与学生有关。为此，采用组合码的编码方法，将学生编码设计成12位长、5个数据项组成，如图1-4所示。

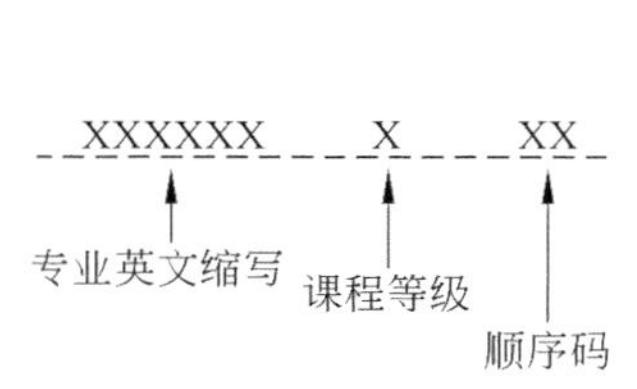

图1-3　课程编码

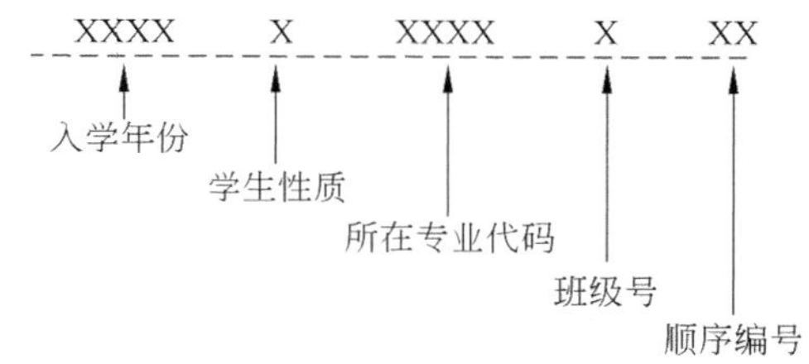

图1-4　学号编码

其中：

- 入学年份：学生入学年份的4位数字。

- 学生性质：1位，1：博士；2：硕士；3：本科；4：专科；0：其他。
- 所在专业：4位专业代码。
- 班级号：1位，学生在某专业、某届次下的顺序号。用1位数字表示。
- 顺序编号：2位，学生在班级中的顺序编号。用2位数字表示。
- 学生编号样例：201230104223，代表2012级本科。

5. 教师编码

教师编码采用工作证号，由6位数字组成。

1.3.2 数据库逻辑模型

学生成绩管理系统中涉及7个实体，其中包括两个关联型实体。通过析取这些实体及其关联关系，得出逻辑数据模型。图1-5为逻辑数据模型。

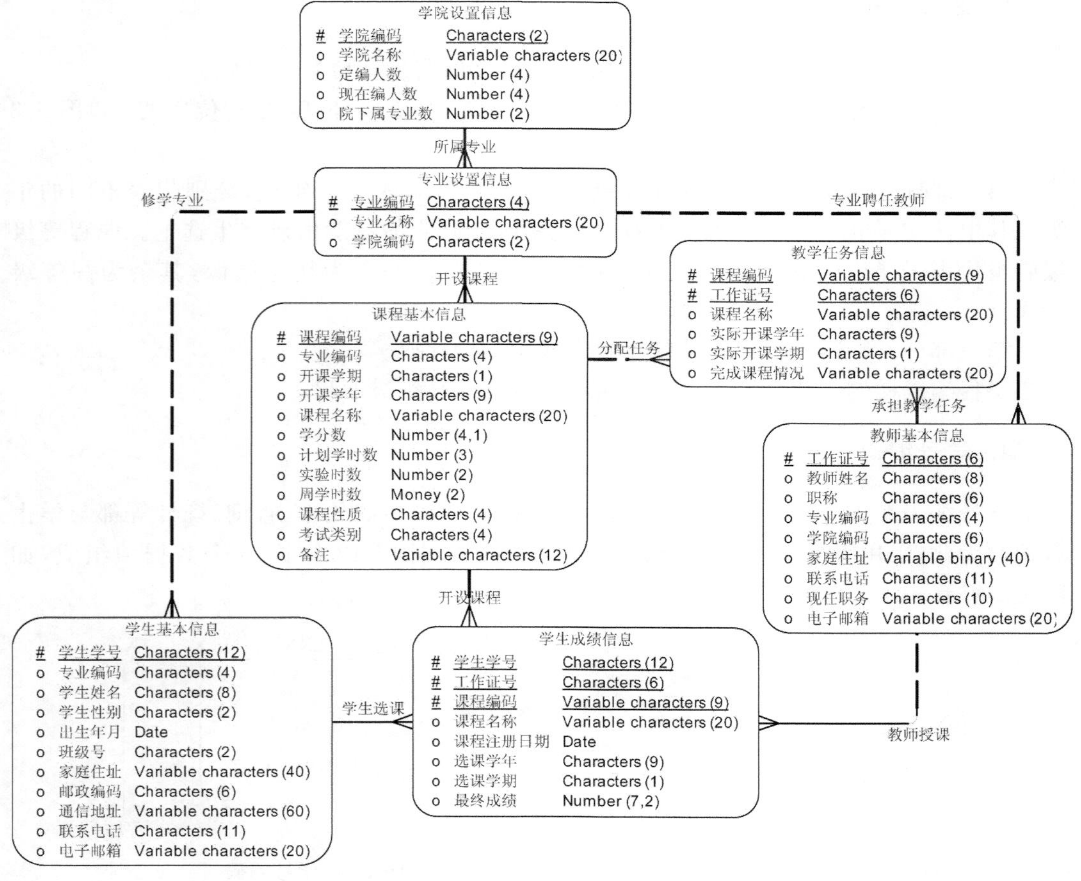

图1-5 逻辑数据模型

各个实体的结构及字段名称、类型、长度等如表1-7～表1-15所示。

表 1-7 学院设置信息表(标识：db_college)

字段标识	含　　义	数 据 类 型	长度	精确度	主键	外键
college_no	学院编码	Characters(2)	2		X	
college_name	学院名称	Variable Characters(20)	20			
setting_quota	定编人数	Number(4)	4			
current_quota	现在编人数	Number(4)	4			
major_number	院下属专业数	Number(2)	2			

表 1-8 专业设置信息表(标识：db_major)

字段标识	含　　义	数 据 类 型	长度	精确度	主键	外键
major_no	专业编码	Characters(4)	4		X	
major_name	专业名称	Variable Characters(20)	20			
college_no	学院编码	Characters(2)	2			

表 1-9 学生基本信息表(标识：db_student)

字段标识	含　　义	数 据 类 型	长度	精确度	主键	外键
register_no	学生学号	Characters(12)	12		X	
major_no	专业编码	Characters(4)	4			X
s_name	学生姓名	Characters(8)	8			
s_gender	学生性别	Characters(2)	2			
s_dateofbirth	出生年月	Date				
s_class	班级号	Characters(2)	2			
s_address	家庭住址	Variable Characters(40)	40			
s_postcode	邮政编码	Characters(6)	6			
s_mail_address	通信地址	Variable Characters(60)	60			
s_tele	联系电话	Characters(11)	11			
s_email	电子邮箱	Variable Characters(20)	20			

表 1-10 教师基本信息表(标识：db_teacher)

字段标识	含　　义	数 据 类 型	长度	精确度	主键	外键
work_id	教师编号	Characters(6)	6		X	
t_name	教师姓名	Characters(8)	8			

续表

字段标识	含义	数据类型	长度	精确度	主键	外键
t_titles	职称	Characters(6)	6			
major_no	专业编码	Characters(4)	4			X
college_no	学院编码	Characters(2)	2			X
t_address	家庭住址	Variable Binary(40)	40			
t_telephone	联系电话	Characters(11)	11			
t_position	现任职务	Characters(10)	10			
t_email	电子邮箱	Variable Characters(20)	20			

该数据库记录了教师的基本信息及所属教研室，所属院、系、部的基本概况。

表 1-11　课程基本信息表（标识：db_course）

字段标识	含义	数据类型	长度	精确度	主键	外键
course_no	课程编码	Variable Characters (9)	9		X	
major_no	专业编码	Characters(4)	4			X
term_no	开课学期	Characters(1)	1			
year_no	开课学年	Characters(9)	9			
course_name	课程名称	Variable Characters(20)	20			
credit	学分数	Number(4,1)	4	1		
planned_hour	计划学时数	Number(3)	3			
lab_hour	实验时数	Number(2)	2			
week_hour	周学时数	Money(2)	2			
course_type	课程性质	Characters(4)	4			
exam_type	考试类别	Characters(4)	4			
remarks	备注	Variable Characters(12)	12			

该数据库记录了教学培养计划的详细内容。

表 1-12　学生成绩信息表（标识：db_grade）

字段标识	含义	数据类型	长度	精确度	主键	外键
register_no	学生学号	Characters(12)	12		X	X
work_id	教师编号	Characters(6)	6		X	X
course_no	课程编码	Variable Characters(9)	9		X	X

续表

字段标识	含　　义	数 据 类 型	长度	精确度	主键	外键
course_name	课程名称	Variable Characters(20)	20			
college_no	学院编码	Characters(2)	2			
registered_date	课程注册日期	Date				
registered_year	选课学年	Characters(9)	9			
registered_term	选课学期	Characters(1)	1			
final_grade	最终成绩	Number(7,2)	7	2		
makeup_flag	补考标志	Characters(1)	1			
credit	学分数	Number(4,1)	4	1		

该数据库记录了学生各门课程的学习成绩及补考成绩，反映了学生在校四年的学习情况。学生选课时，选课信息保存在该表中，教务处要对已注册选课的学生资格进行审查。期末考试结束后，任课教师根据审查后的注册信息录入学生成绩。

表 1-13　教学任务信息表(标识：db_teach_course)

字段标识	含　　义	数 据 类 型	长度	精确度	主键	外键
course_no	课程编码	Variable Characters(9)	9		X	X
work_id	教师编号	Characters(6)	6		X	X
course_name	课程名称	Variable Characters(20)	20			
launch_year	实际开课学年	Characters(9)	9			
launch_term	实际开课学期	Characters(1)	1			
Executed_plan	完成课程情况	Variable Characters(20)	20			

表 1-14　教师登录账户信息表(标识：db_faculty_per)

字段标识	含　　义	数 据 类 型	长度	精确度	主键	外键
work_id	登录账户即教师编号	Characters(6)	6		X	
login_pwd_f	登录口令	Variable Characters(20)	20			
pwd_tip1_f	口令提示 1	Variable Characters(20)	20			
pwd+answer1_f	答案 1	Variable Characters(16)	16			
passowod_tip2_f	口令提示 2	Variable Characters(20)	20			
pwd+answer2_f	答案 2	Variable Characters(16)	16			

表 1-15　学生登录账户信息表(标识：db_student_per)

字段标识	含　　义	数 据 类 型	长度	精确度	主键	外键
register_no	学生学号	Character(12)	12		X	
login_pwd_s	登录口令	Variable Characters(20)	20			

续表

字段标识	含　义	数据类型	长度	精确度	主键	外键
passowod_tip1_s	口令提示1	Variable Characters(20)	20			
pwd+answer1_s	答案1	Variable Characters(16)	16			
passowod_tip2_s	口令提示2	Variable Characters(20)	20			
pwd+answer2_s	答案2	Variable Characters(16)	16			

1.4 数据库物理设计

数据库物理设计的主要任务是选择适合的数据库管理系统，并根据所选择的DBMS及数据逻辑数据模型，确定物理模型及每个实体的属性类型、长度、精确度以及约束类型；进行表的规范化及逆规范化；确定存储结构、存取方法、数据及系统文件存放位置；配置系统参数等。数据库物理结构如表1-16所示。

表1-16　数据库物理结构

序号	任务	描　述
1	数据库名	中文名：教学管理数据库 全局数据库名：EnterDB. dlpu. dalian。其中， 域名：. dlpu. dalian SID：EnterDB
2	操作系统	Windows Server 2008 Enterprise Edition
3	数据库管理系统	Oracle Database 11g Release 2
4	服务器模式	共享服务器模式
5	事务类型	OLTP
6	存储结构	文件系统
7	数据存取路径	分别创建以表中主关键字以及外部关键字为主的索引；创建以查询字段为主的索引
8	数据存放位置	将数据文件、重做日志文件及控制文件存放在与Oracle系统文件不同磁盘上
9	数据库用户	教师用户：teauser 学生用户：stduser 教务管理部门：staffuser 数据库管理员(备份/恢复)：dbdatauser 数据库管理员(系统维护)：dbsysuser
10	数据库对象所有者	数据库的数据表、索引由教务管理部门staffuser用户拥有

数据库物理模型如图 1-6 和图 1-7 所示。

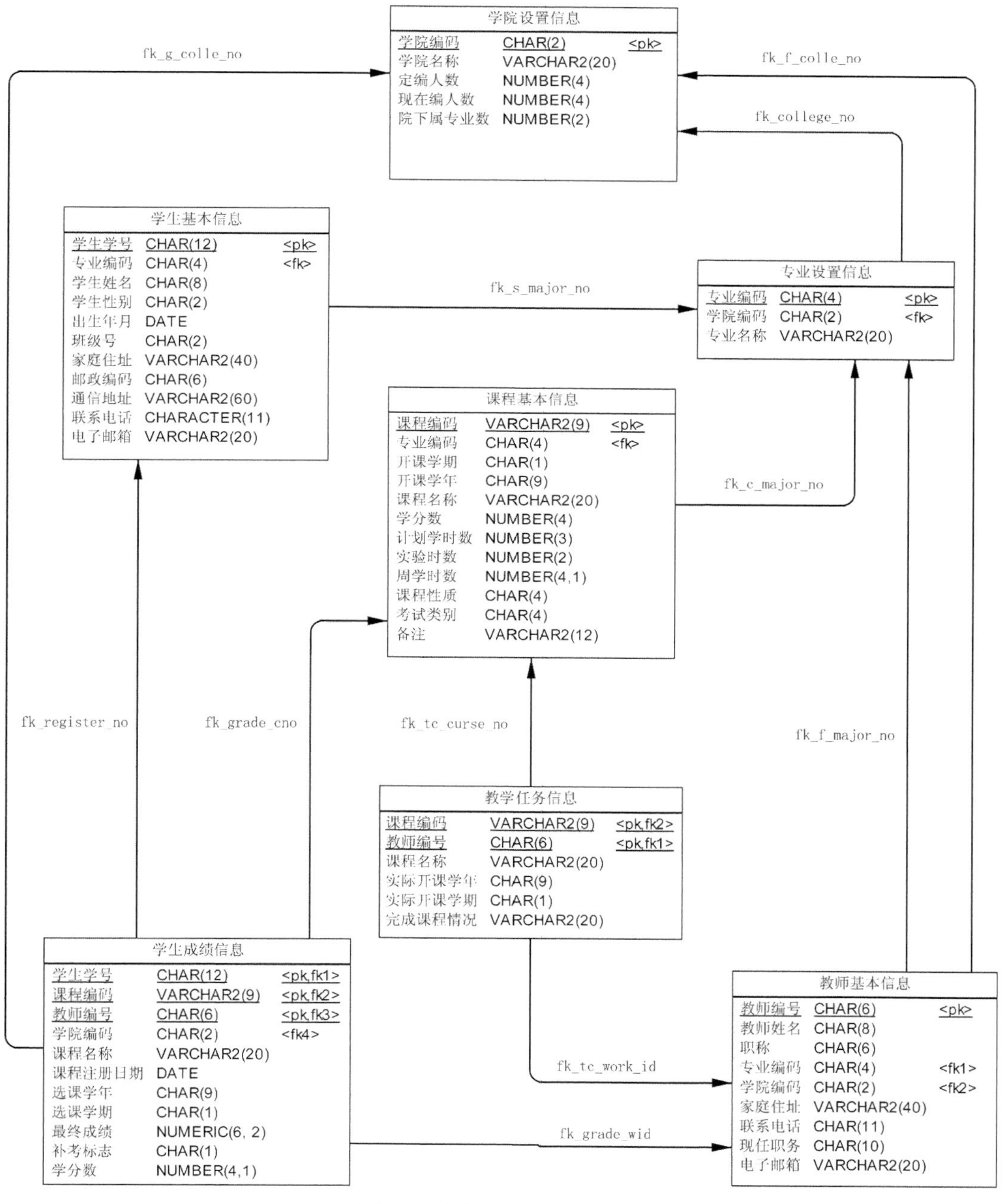

图 1-6　数据库物理模型之一

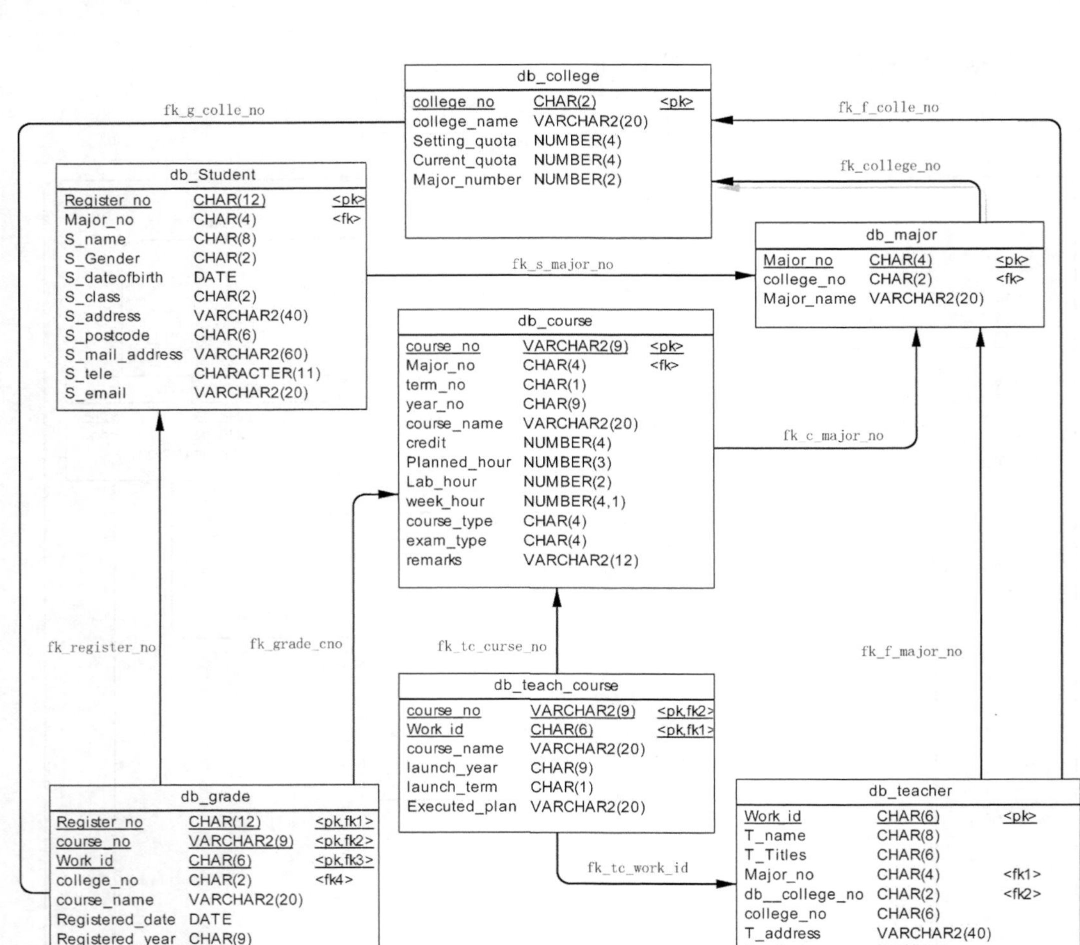

图 1-7 数据库物理模型之二

1.5 数据库实施

数据库实施阶段的主要任务包括以下内容：

(1) 安装 Oracle Database 软件。

(2) 创建全局数据库 EnterDB. dlpu. dalian 并设定相关参数。

(3) 根据系统的实际需求，规划数据库的物理空间，以及数据增长的方式。

(4) 创建独立表空间，用于存储数据库数据及程序对象；设定表空间增长的参数，相关数据文件的位置等。

(5) 创建数据库用户并授予相应权限。

(6) 使用 SQL 语句创建表及相关约束，为表指定默认表空间并设定相关参数。

(7) 向表中装载测试数据。

(8) 创建用于查询的索引、视图等。

(9) 创建其他数据库对象：存储函数、存储过程、触发器、包。

(10) 建立数据库连接。

(11) 设置数据库安全措施。

(12) 数据库测试/清库，装载实际产品数据等。

本案例及这些任务的实现将贯穿后续的各个章节。

作 业 题

1. 数据库设计与实施遵循哪些步骤？每个步骤完成哪些任务？

2. 哪些CASE工具可以完成从数据库的概念模型、逻辑模型到物理模型的设计？请一一列举出。

3. 请尝试使用不同的CASE工具重新设计并实现本章中数据库逻辑模型及物理模型。

第2章 chapter 2

Oracle 软件系统的安装

本章目标

在 Windows 平台上安装 Oracle Database 11g R2/12c R1 企业版，并配置成数据库服务器。掌握 Oracle 系统的安装/卸载方法。

2.1 安装 Oracle Database 11g R2

Oracle 发展至今已有许多版本，许多早期版本还在使用：

(1) Oracle 8i：其中 i 表示 internet，意味着 Oracle 开始发展成为网络数据库，Oracle 8i 是过渡性版本。

(2) Oracle 9i：目前应用领域中使用最广且比较稳定的版本。

(3) Oracle 10g：过渡性的产品，其中 g 代表 grid，表示网格计算。

(4) Oracle 11g：比较稳定成熟的产品。

(5) Oracle 12c：目前正式发布的最新版本，也是面向云计算的数据库产品，其中 c 代表 cloud，表示云计算。

Oracle Database 软件产品支持当前几乎所有的操作系统平台，如 Windows、UNIX 和 Linux 等，用户可根据实际需要，购买或下载适合自己操作系统平台的 Oracle Database 软件产品。

2.1.1 硬件需求

Oracle Database 11g R2 对 Windows 系统的硬件需求如表 2-1 所示。

安装的文件格式不同，Oracle Database 对硬盘空间要求也不同。Oracle 强烈推荐：将 Oracle Database 的二进制文件及跟踪文件等安装在 Oracle ACFS 或 NTFS 上。如果使用 Oracle ACFS 文件系统，则数据库文件必须安装在 Oracle ASM 上，否则安装在 NTFS 文件系统。Oracle 推荐使用 Oracle ACFS 及 Oracle ASM 或 NTFS，但不建议使用 FAT32，目的是确保这些文件的安全。

Oracle 自动存储管理集群文件系统(Oracle Automatic Storage Management Cluster File System，Oracle ACFS) 是一种全新的多平台、可伸缩的文件系统。考虑到本数据库

是单机环境，所以选择 NTFS 文件系统作为系统的安装格式。Windows 32 位/64 位对 NTFS 文件系统的磁盘空间要求不同，如表 2-2 所示。

表 2-1 Oracle Database 11g R2 对 Windows 系统的硬件需求

需求	具体值	
	Windows 32 位	Windows 64 位
物理内存(RAM)	最小 1GB	最小 1GB，在 Windows 7 上最小 2GB
虚拟内存	物理内存的两倍	物理内存的两倍
磁盘空间	典型安装类型：5.15GB 高级安装类型：5.15GB	5.1GB
处理器类型	Intel 兼容处理器	AMD64，或 Intel 扩展内存(EM64T)
适配器	256 色	256 色
屏幕分辨率	最小 1024×768	最小 1024×768

表 2-2 NTFS 的磁盘空间需求

安装类型	临时空间(MB)		System_driver:\program files\Oracle(MB)		Oracle Home(GB)		数据文件(GB)		总计(GB)	
OS 位数	32	64	32	64	32	64	32	64	32	64
典型安装	500	125	3.1	2	2.8	2.86	1.86	1.6	5.15	5.1
高级安装	500	125	4.86	4.55	3.35	3.5	1.86	1.6	8.70	5.22

2.1.2 Windows 操作系统

根据实际环境需要可选择 Windows Server 2008 R2 Enterprise 或 Windows Server 2008 R2 Datacenter。Windows Server 2008 有 64 位和 32 位两个版本，本环境选择 64 位的 Windows Server 2008 R2 Enterprise。

注意：不能选择 Windows 7 或 8 等客户端系统作为数据库服务器操作系统平台，若 Oracle Database 11g 安装在 Windows 7 上，只能创建单用户数据库，不能作为数据库服务器。

2.1.3 Oracle Database 软件

选择 Oracle Database 11g Release 2 (11.2.0.1.0) for Microsoft Windows (x64)。

2.1.4 获得 Oracle 软件的途径

获得 Oracle 软件的途径有两种：一是购买正版的 Oracle Database 11g R2，可获得 Oracle 公司的产品许可证，并得到相应的技术支持服务。二是从 Oracle 公司的官方网站下载软件。下载的软件不需要许可证,也没有产品序列号等功能上的限制,只是不能用于商业性的用途。下载的地址为 http://www.oracle.com/technetwork/indexes/downloads/index.html。

下载的文件有两个压缩包:

(1) win64_11gR2_database_1of2.zip,大小为 1.12GB。

(2) win64_11gR2_database_2of2.zip,大小为 961MB。

2.1.5 安装 Oracle 系统

操作步骤如下:

(1) 将这两个压缩文件解压到同一个目录下。双击 setup.exe,启动安装程序,系统开始检测安装环境,如图 2-1 和图 2-2 所示。

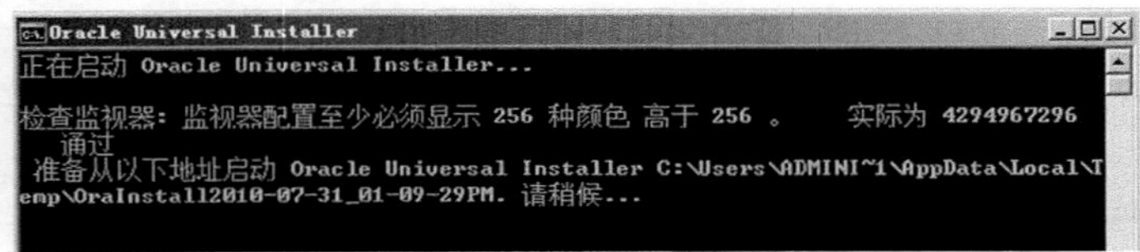

图 2-1 检测安装环境

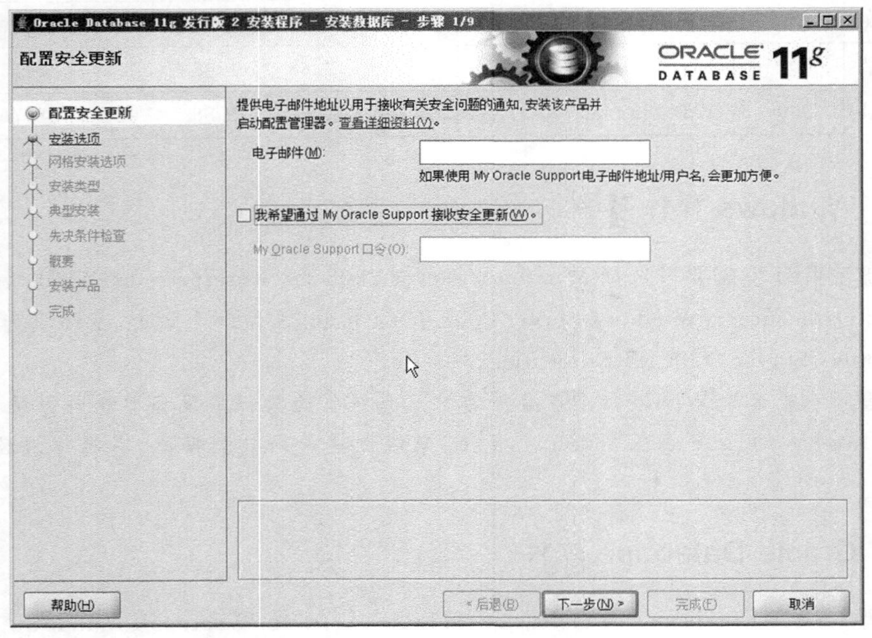

图 2-2 配置安全更新

(2) 考虑到数据库的创建与配置需要精心规划,所以此处仅选择“仅安装数据库软件”单选按钮,软件安装完成后再创建数据库。如果需要在安装数据库软件的同时创建数据库,则选择“创建和配置数据库”单选按钮,如图 2-3 所示。

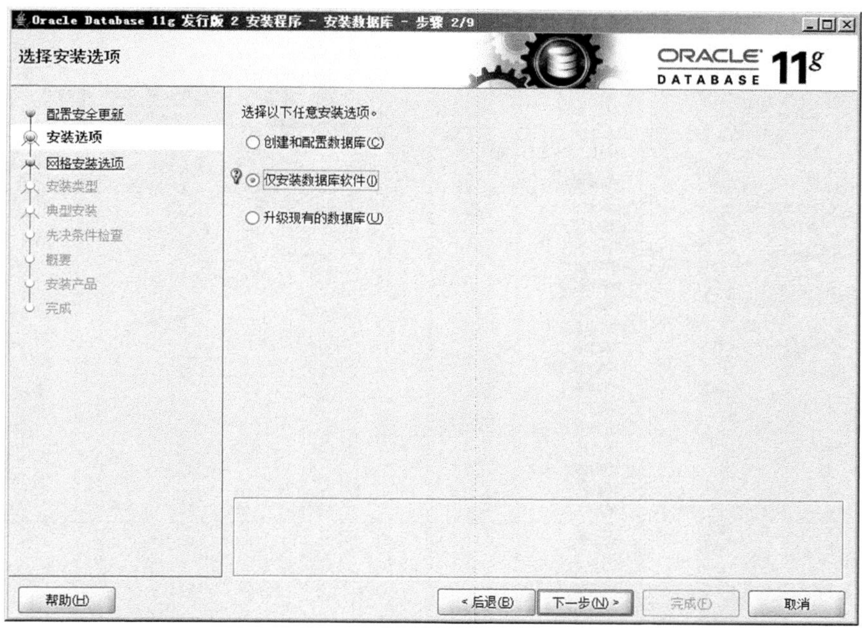

图 2-3 选择"仅安装数据库软件"单选按钮

(3) 选择数据库安装类型。因没有实施真正应用集群(RAC)数据库,此处选择"单实例数据库安装"单选按钮,如图 2-4 所示。

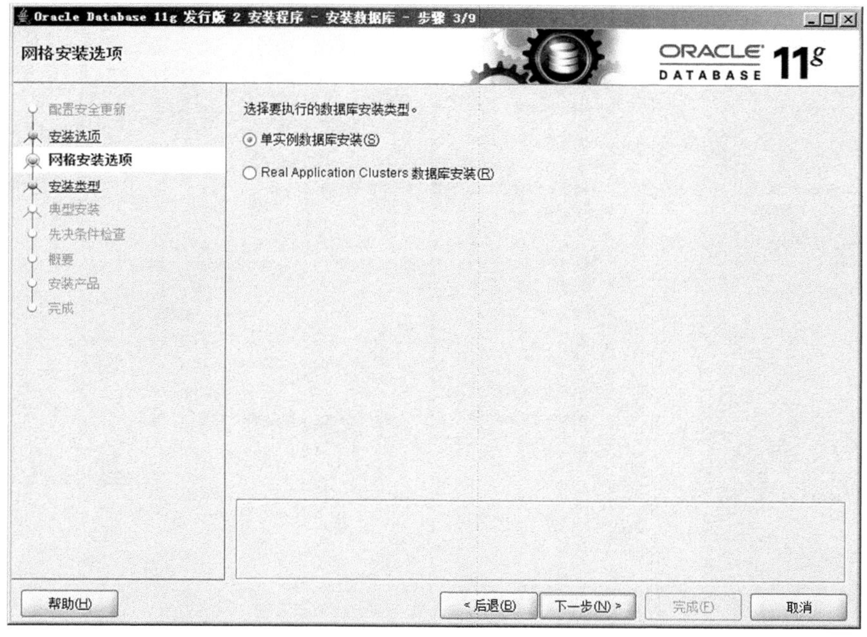

图 2-4 选择数据库安装类型

(4) 选择产品语言,此处默认是“简体中文”及“英语”,如图 2-5 所示。

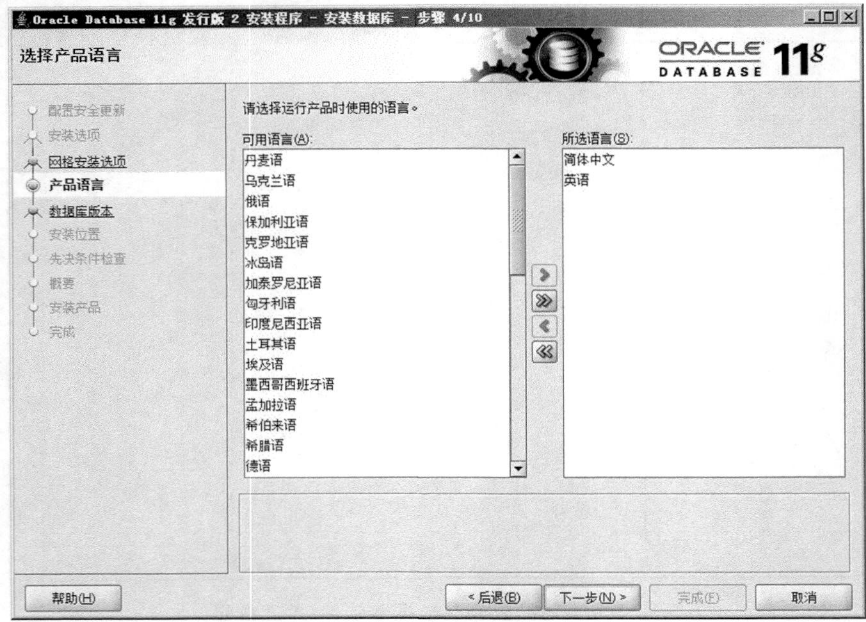

图 2-5 选择产品语言

(5) 确定安装的数据库版本,此处选择“企业版(3.27GB)”单选按钮,如图 2-6 所示。

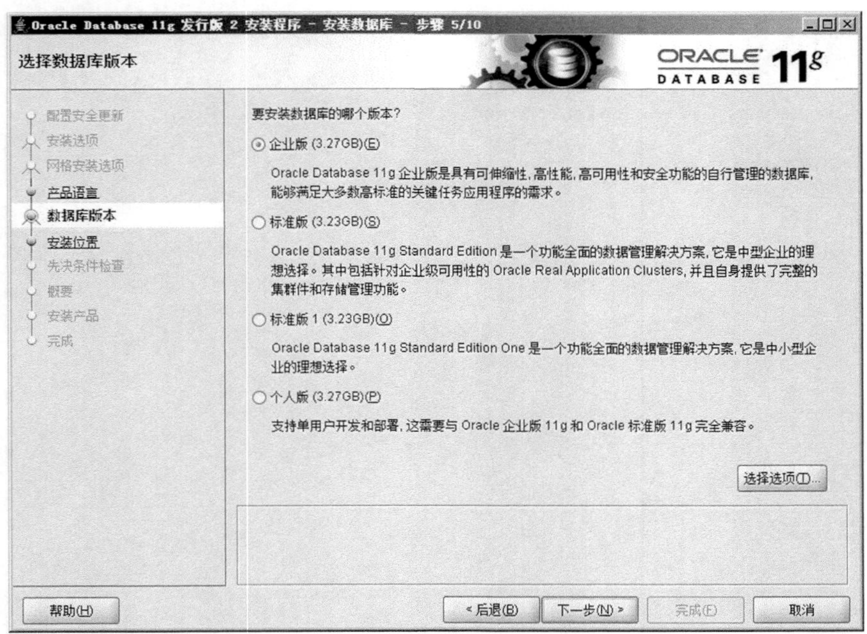

图 2-6 确定安装的数据库版本

(6) 根据实际任意选择安装位置,此位置是 Oracle 基目录,即 Oracle 官方文档中经常出现的＜Oracle_Base＞,格式为 Driver_Letter:\app\＜user_name＞。由于本操作系统用 Administrator 用户登录,因此安装的 Oracle 基目录为 E:\app\Administrator。更改安装位置时,只需更改"Oracle 基目录"中的驱动器盘符即可,其余部分不要改动,对应的"文件位置"中的盘符也自动改变。用于存储 Oracle 软件文件的位置为 Oracle 主目录,即＜Oracle_Home＞,也就是在＜Oracle_Base＞之下且包含可执行 Oracle 软件及网络文件的子目录。此处为\product\11.2.0\dbhome_1,如图 2-7 所示。

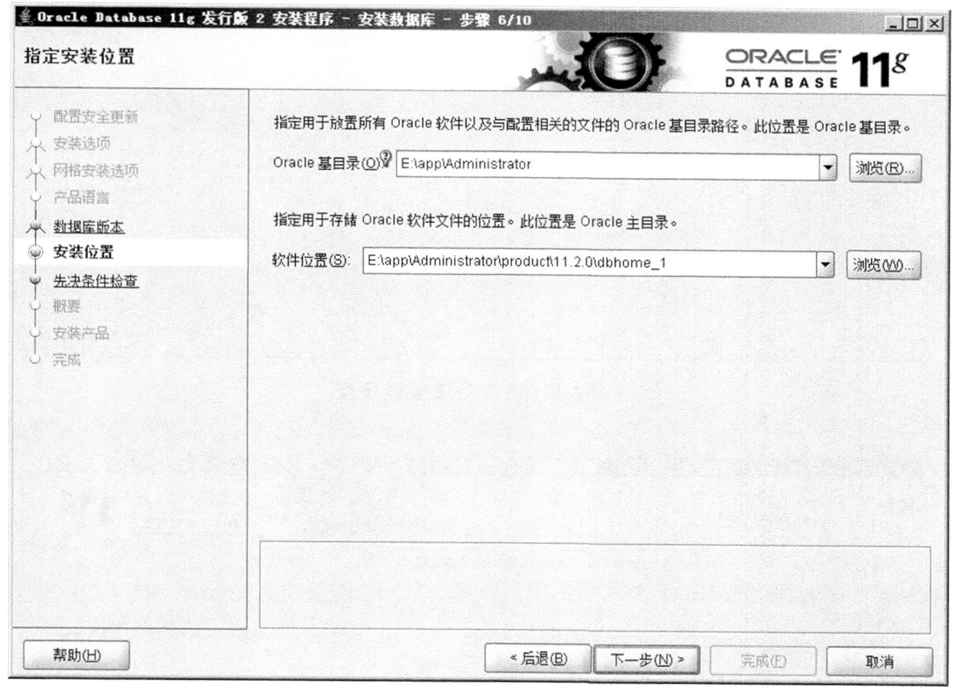

图 2-7　Oracle 安装位置

(7) 系统在执行先决条件检查,如图 2-8 所示。

(8) 系统提示的安装概要信息。单击"完成"按钮,系统开始按照设定的内容安装,如图 2-9 所示。

(9) 安装程序正在安装产品,如图 2-10 所示。

最后,系统出现"Oracle Database 的安装已成功。"及"数据库配置文件已经安装到 E:\app\Administrator,同时其他选定的安装组件也已经安装到 E:\app\Administrator\product\11.2.0\dbhome_1"的提示信息,如图 2-11 所示。从提示信息可以看出,如果 Oracle 软件安装第二次或第三次,则 dbhome_1 就会变为 dbhome_2 或 dbhome_3 等,依此类推。系统可以安装多套 Oracle 软件。

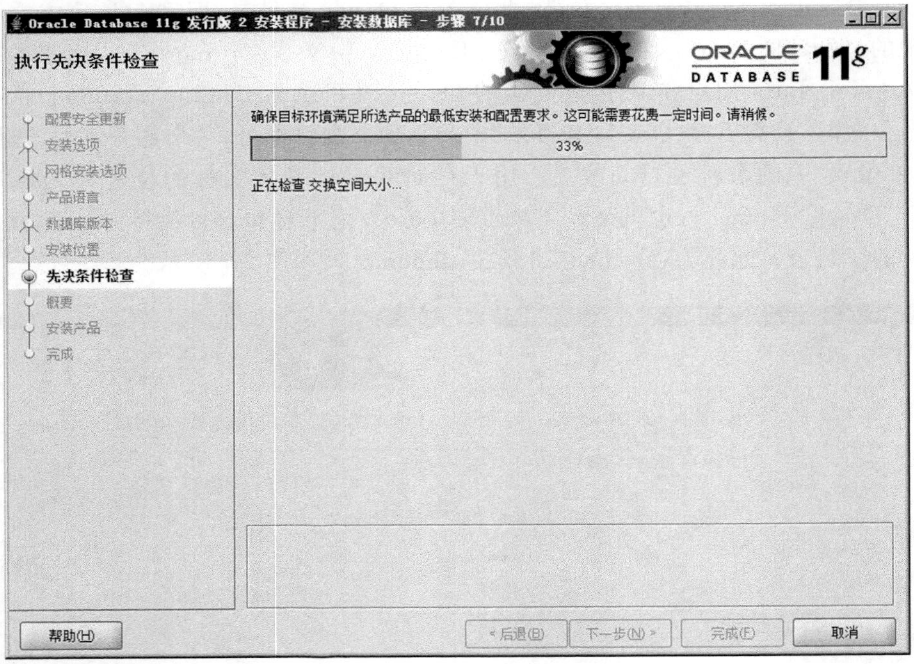

图 2-8　进行先决条件检查

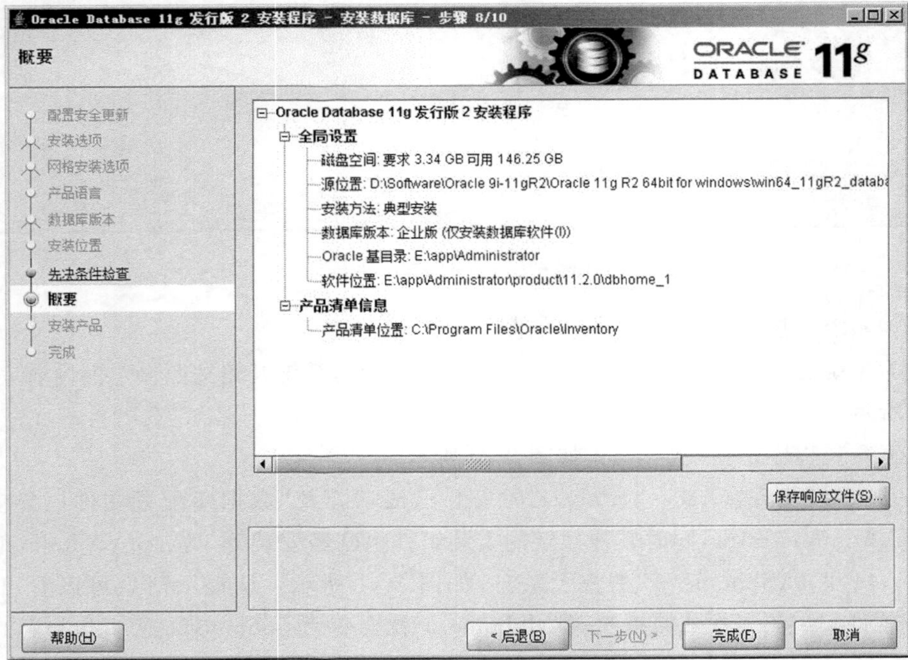

图 2-9　系统概要信息

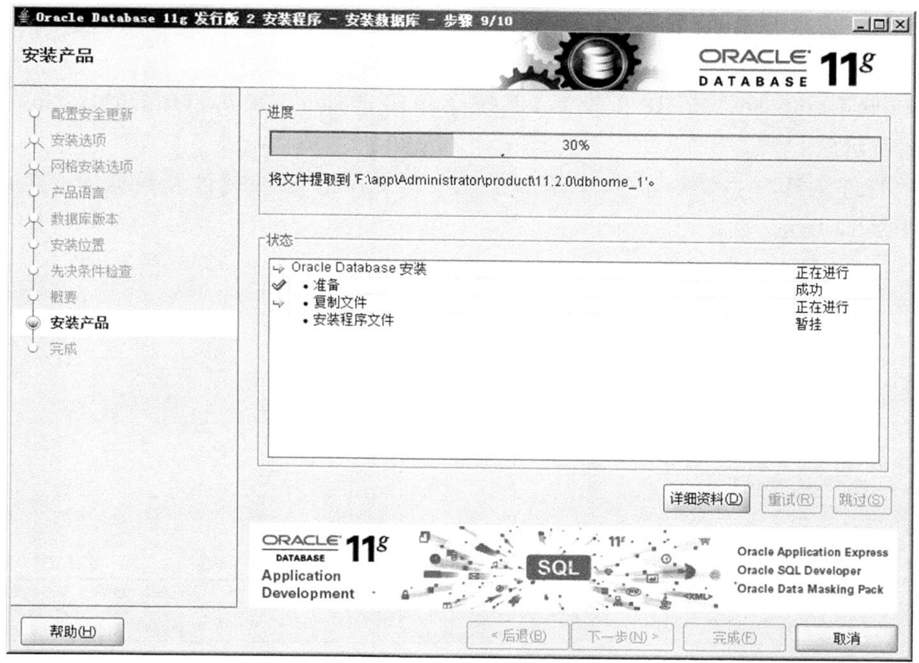

图 2-10 安装产品

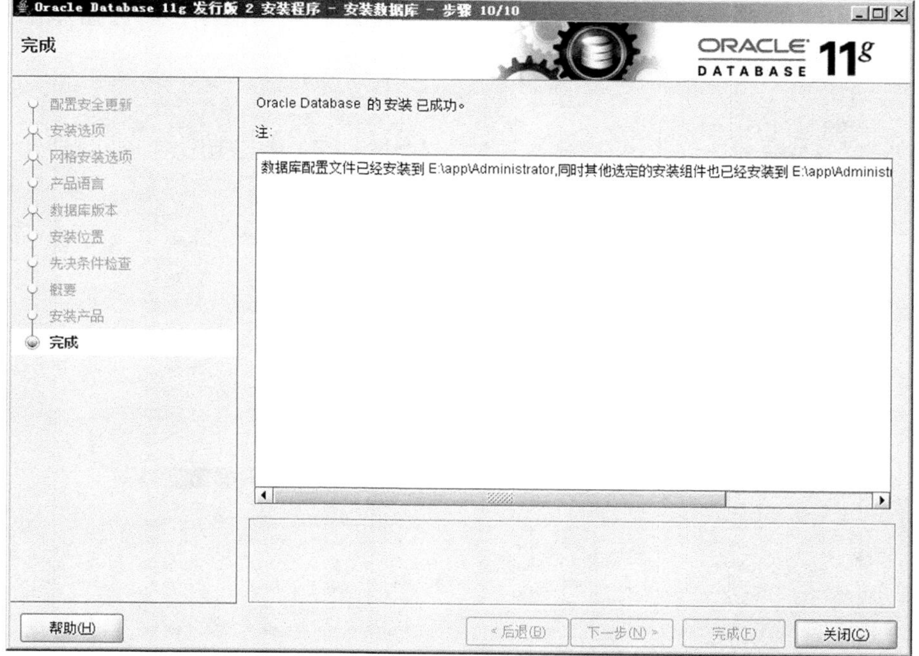

图 2-11 安装成功提示信息

2.1.6 软件安装后的系统环境

Oracle Database 11g R2 安装后，系统菜单组增加了 Oracle-OraDb11g_home1，如图 2-12 所示。

在"管理工具"→"服务"面板中添加了几个与 Oracle 系统软件及数据库有关的服务项，如图 2-13 所示。

图 2-12 安装后的菜单组

OracleMTSRecoveryService	已启动	自动	本地系统
OracleOraDb11g_home1ClrAgent		手动	本地系统
OracleRemExecService	已启动	禁用	本地系统

图 2-13 Oracle Database 安装后的系统服务

Oracle 系统安装后的部分目录结构如图 2-14 所示。其中，E:\app\Administrator\product\11.2.0\dbhome_1\BIN 目录主要包含可执行的应用程序。如数据库配置向导

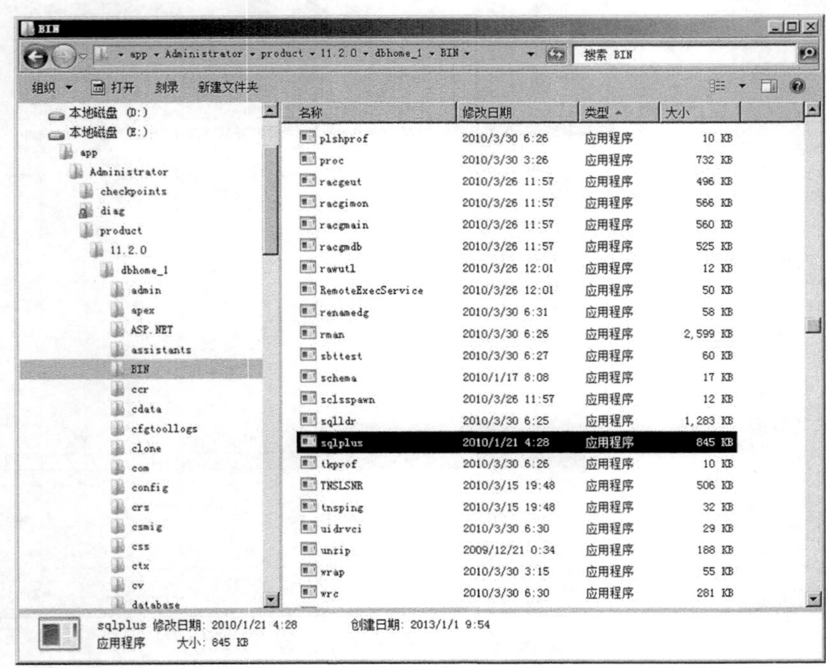

图 2-14 Oracle 系统部分软件目录结构

dbca.bat、sqlplus.exe、恢复管理器 rman.exe 以及数据装载器 sqlldr.exe 等。在 E:\app\Administrator\oradata 目录中存储数据库文件，如数据文件、重做日志文件及控制文件。

注意：

(1) 安装软件的源目录和目标目录不能用中文命名，否则软件安装无法正常完成。

(2) 一旦 Oracle 软件安装或数据库创建完毕，则不允许随意更改 Windows 主机名称，否则已创建的数据库无法启动。

根据<Oracle_Home>\install 目录下 readme.txt 文件中提示的 URL，即 E:\app\Administrator\product\11.2.0\dbhome_1\install，在浏览器中启动企业管理器 Enterprise Manager Database Control。默认的 URL 格式为 https://<Host_Name>:1158/em，此处为 https://Win2k8:1158/em。其中，1158 是 Enterprise Manager Database Control 默认的端口号。若创建了第二个数据库，则 URL 的端口号变为 5500，以及 URL 为 https://localhost:5500/em 或 https://Win2k8:5500/em。若创建第三个、第四个数据库，则端口号变为 5501、5502 等，依此类推。

2.2 选择平台

Oracle 软件能在多种不同平台上安装，用户必须根据实际应用选择适合不同平台的版本。目前使用比较多的平台是 Windows 或 Linux。在 Windows 或 Linux 平台上安装 Oracle 软件有一定的区别。

2.2.1 启动/关闭服务

在 Windows 系统上安装 Oracle 软件时，Oracle Universal Installer 将创建多个服务，当启动主机时，系统自动启动这些服务及相关 Oracle 数据库进程。

在 Linux 和 UNIX 系统中，系统管理员必须手动配置 oratab 文件并启动 Oracle 数据库。

2.2.2 环境变量

在 Windows 系统中，Oracle Universal Installer 要在注册表里设置环境变量，如 PATH、Oracle_Base、Oracle_Home 和 Oracle_SID。如果主机中安装了多个 Oracle 主目录，则只有最后一个 Oracle 主目录的 SID 被配置在注册表里。

在 Linux 和 UNIX 系统中，必须手动设置这些环境变量。

2.2.3 操作系统组

在 Windows 系统中，Oracle Universal Installer 创建 ORA_DBA、ORA_OPER、ORA_SID_DBA 以及 ORA_SID_OPER 组。这些组被用于操作系统对 Oracle 实例的认证。在 Linux 和 UNIX 系统中，则必须手动创建这些操作系统组，而且被用于授予权限来获取访问 Oracle 软件各种资源及操作系统的认证。Windows 不使用 Oracle Inventory 组。

2.2.4 OUI账户

Oracle Universal Installer(Oracle通用安装)简称OUI。在Windows系统中,以管理员权限登录不需要其他账户。在Linux和UNIX系统中,则必须创建并使用软件拥有者账户,该账户必须属于Oracle Inventory组。

2.3 Oracle软件的卸载

2.3.1 卸载准备

从Oracle Database 11g Release 2 (11.2)开始,卸载Oracle软件不能使用Oracle Universal Installer,必须使用独立的卸载工具deinstall软件包。该卸载工具可在安装光盘上找到,或在Oracle官方网站上下载。在已完整安装Oracle的主目录中也可找到deinstall软件包,其位置是<Oracle_Home>\deinstall。如E:\app\Administrator\product\11.2.0\dbhome_1\deinstall。

deinstall工具能够从服务器上删除独立的Oracle Database、Oracle Clusterware、ASM和Oracle RAC,以及Oracle Database客户端。deinstall工具将自动停止Oracle服务及软件,删除操作系统上的Oracle软件和配置文件。

2.3.2 卸载方法

1. 启动卸载工具

1) 完整安装的卸载方法

(1) 进入<Oracle_Home>\deinstall目录,如E:\app\Administrator\product\11.2.0\dbhome_1\deinstall。双击deinstall.bat启动卸载工具。

(2) 系统提示并自动卸载软件。

2) 安装失败或安装不完整的卸载方法

当使用Oracle Universal Installer安装Oracle软件时,如果遇到安装失败或安装不完整,则必须将安装期间由Oracle Universal Installer创建的文件及Oracle主目录删除。此时,用Oracle Universal Installer无法完整卸载,必须借助从Oracle官方网站下载的卸载工具完成卸载,网址是http://www.oracle.com/technology/software/products/database/index.html。进入下载页面后,首先根据选择操作系统平台,选择See All,单击Accept License Agreement,在底部选择Oracle De-install Utility,下载并解压压缩包win64_11gR2_deinstall.zip。解压完毕后,运行解压目录中的deinstall.bat即可。

2. 删除注册信息

在删除Oracle软件的主要部分后,在Windows平台上还需删除其注册信息。选择"开始"→"运行"命令,输入regedit并打开注册表。在注册表中选择"编辑"→"查找"命令，在"查找目标"文本框中输入关键词 Oracle，查找所有与 Oracle 有关的项并删除。

3. 将服务器重新启动，删除尚未完全删除的 Oracle 安装目录即可

2.4 安装 Oracle Database 12c R1

Oracle Database 12c R1 是 2013 年 6 月发布的最新版本，它支持云数据库。在 Oracle 官网上，Oracle Database 12c R1 有两个可下载的包：winx64_12c_database_1of2.zip 和 winx64_12c_database_2of2.zip。下载这两个包后，解压到同一个目录。

安装步骤如下：

(1) 在解压后的目录中右击 setup.exe 并启动安装，从弹出的快捷菜单中选择"以管理员身份运行"命令并启动安装，如图 2-15 所示。

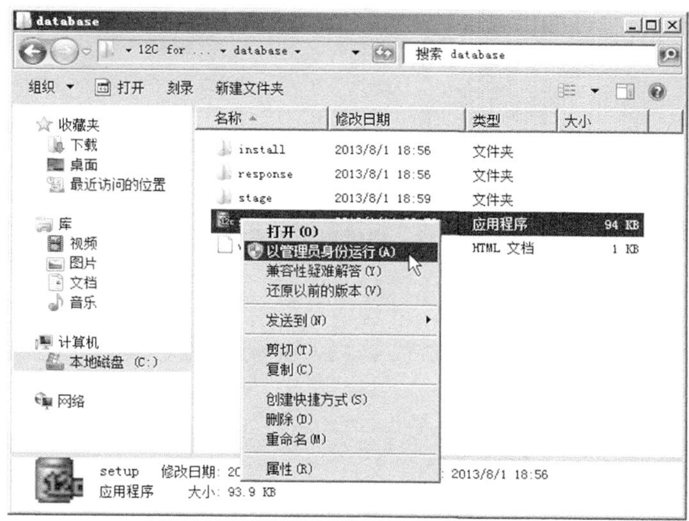

图 2-15 启动安装

启动安装程序后，系统检查环境是否满足安装要求，并出现图 2-16 所示图标。

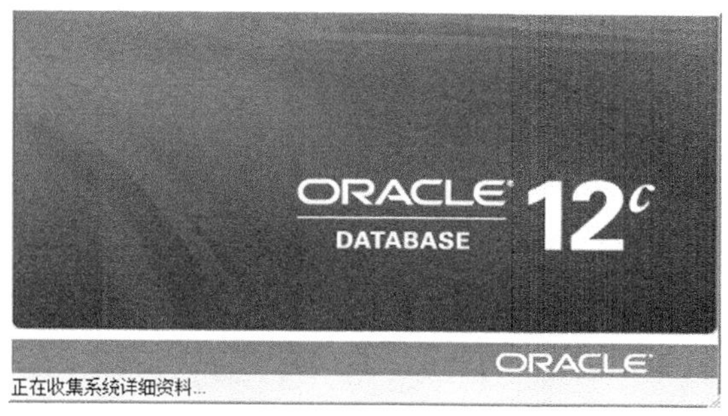

图 2-16 安装软件的图标

(2) 要求提供电子邮件地址，用于接收有关安全问题的通知，此处输入 oracle. ren@gmail. com，如图 2-17 所示。

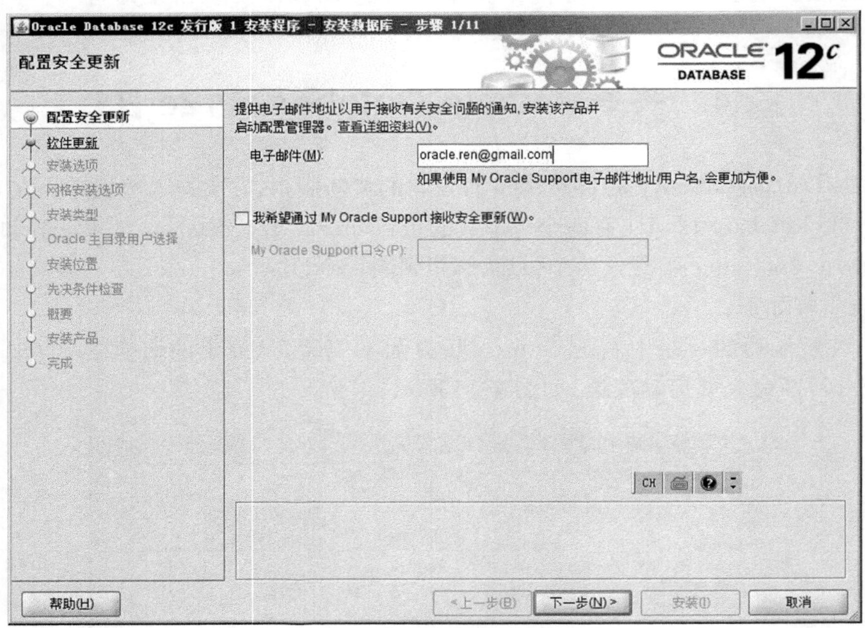

图 2-17 提供电子邮件地址

(3) 选择软件更新。此处选择"跳过软件更新"单选按钮，如图 2-18 所示。

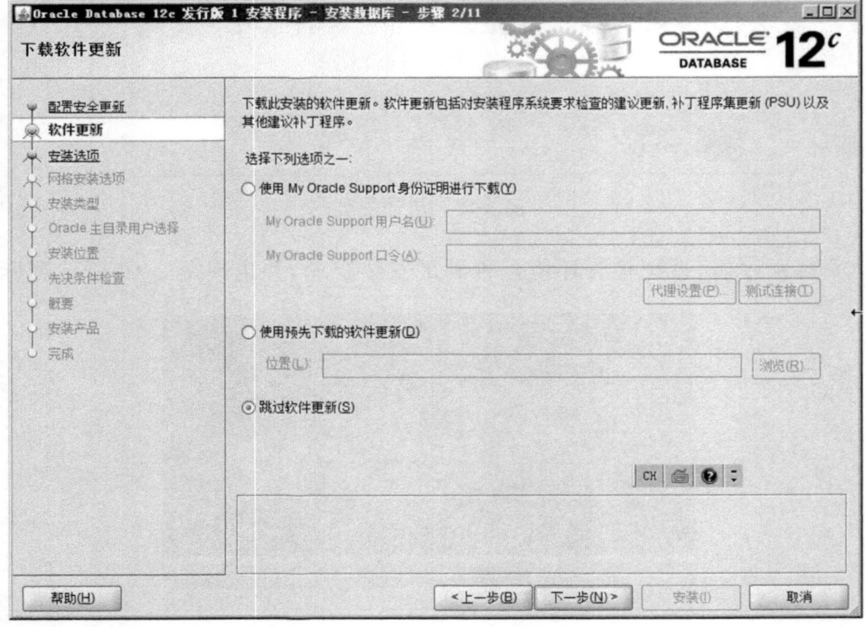

图 2-18 跳过软件更新

(4) 选择安装选项。此处选择“创建和配置数据库”单选按钮,如图 2-19 所示。

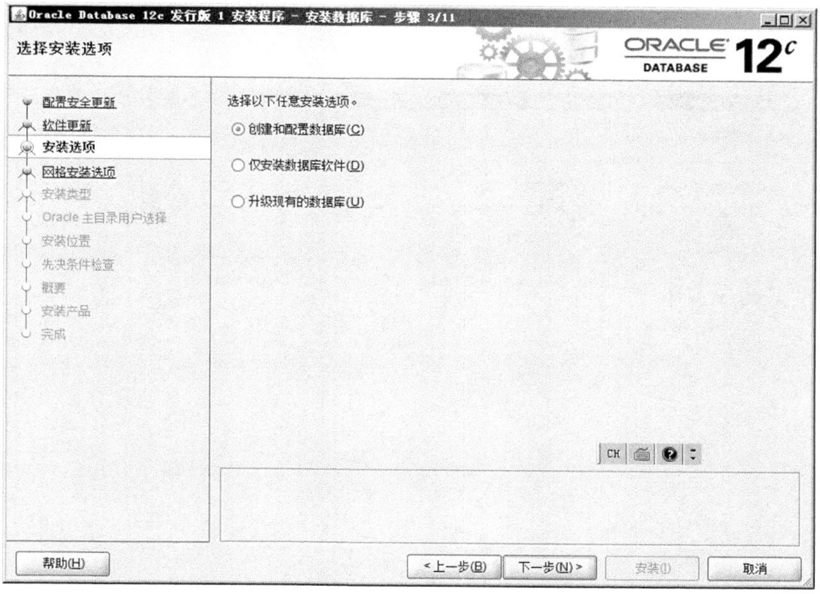

图 2-19 选择安装选项

(5) 选择要执行的数据库安装类型。由于本案例是在单机上安装数据库,因此选择“单实例数据库安装”单选按钮。如果要安装数据库集群,则选择“Oracle Real Application Clusters 数据库安装”单选按钮,如图 2-20 所示。

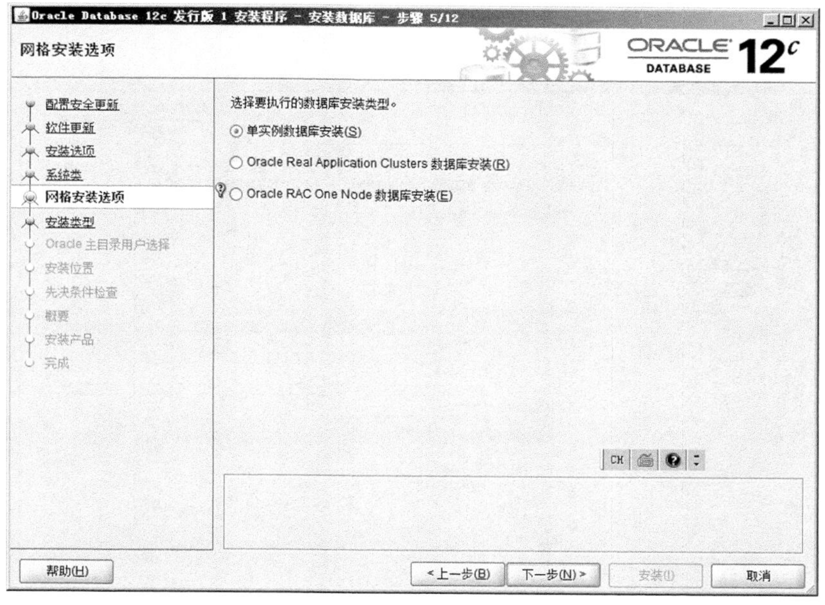

图 2-20 选择数据库类型

(6) 选择安装类型。对于没有特殊要求的应用或对 Oracle 数据库了解不多的用户，选择“典型安装”单选按钮。对于需要定制数据库或对 Oracle 数据库的使用经验丰富的用户，则选择“高级安装”单选按钮，如图 2-21 所示。

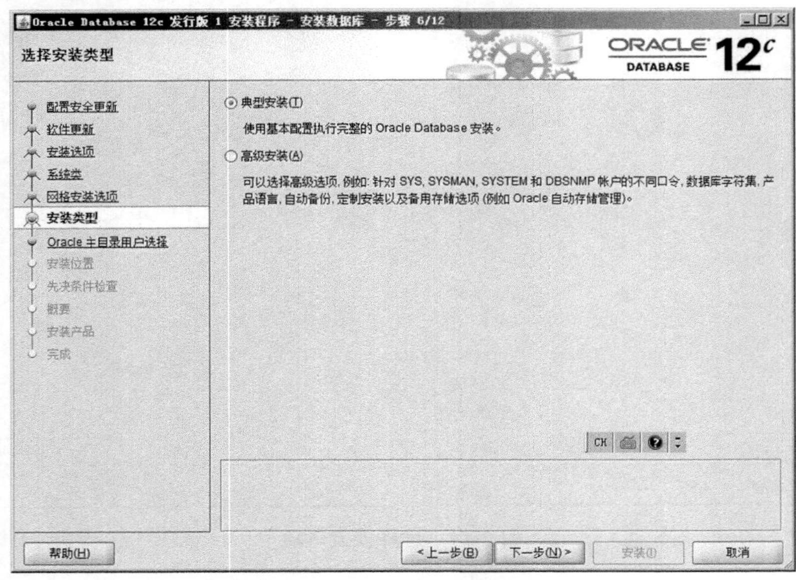

图 2-21 选择安装类型

(7) Oracle 主目录用户选择。Oracle 建议指定标准的 Windows 用户账户来安装和配置 Oracle 主目录，用以增强安全性。该账户用于 Oracle 主目录的 Windows 服务，如图 2-22 所示。

图 2-22 选择 Oracle 主目录用户

(8) 典型安装。主要确定安装的全局数据库名，如 WebDB. dlpu. edu. cn；选择数据库版本为企业版。选择并确定 Oracle 主目录，软件安装的位置以及数据库文件的位置等。另外，还选择了"创建为容器数据库"复选框，其中默认的可插入数据库名为 pdborcl。在 Oracle database 12c 中，可拔插数据库(Pluggable Database)和容器数据库(Container Database)是为云计算而生的一大新特性。可拔插数据库包含独立的系统表空间和 SYSAUX 表空间等，但所有的可拔插数据库可共享容器数据的控制文件、日志文件以及 UNDO 表空间。各个可拔插数据库之间互访需要通过数据链接进行，如图 2-23 所示。

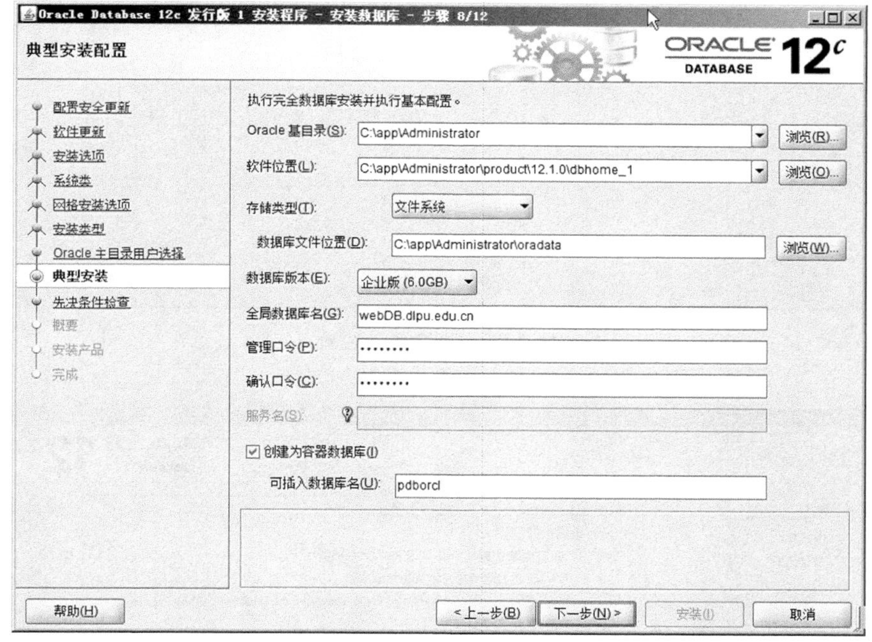

图 2-23 典型安装

(9) 进行先决条件检查，如图 2-24 所示。

(10) 在安装概要中，如果需要对已选择的项进行修改，可以单击对应的"编辑"链接进行编辑，如图 2-25 所示。

(11) 开始安装数据库，如图 2-26 所示。

(12) 数据库创建完成后，Database Configuration Assistant 给出提示信息，单击"口令管理"按钮可更改数据库账户的口令并对账户进行解锁或加锁，如图 2-27 所示。

安装成功后，系统给出"Oracle Database 的安装已成功"的提示，如图 2-28 所示。

安装结束后，Oracle Database 12c 的菜单组名是 Oracle-OraDB12Home1，其中包含的功能等如图 2-29 所示。软件安装后的目录结构及文件如图 2-30 所示。

显然，Oracle Database 12c 与 Oracle Database 11g 在安装方法和软件目录结构上大同小异。

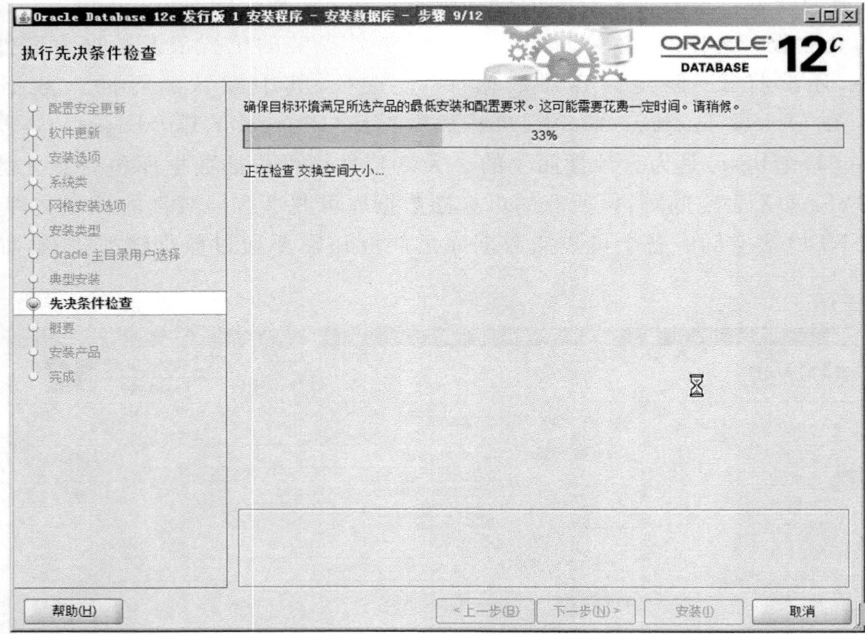

图 2-24　先决条件检查

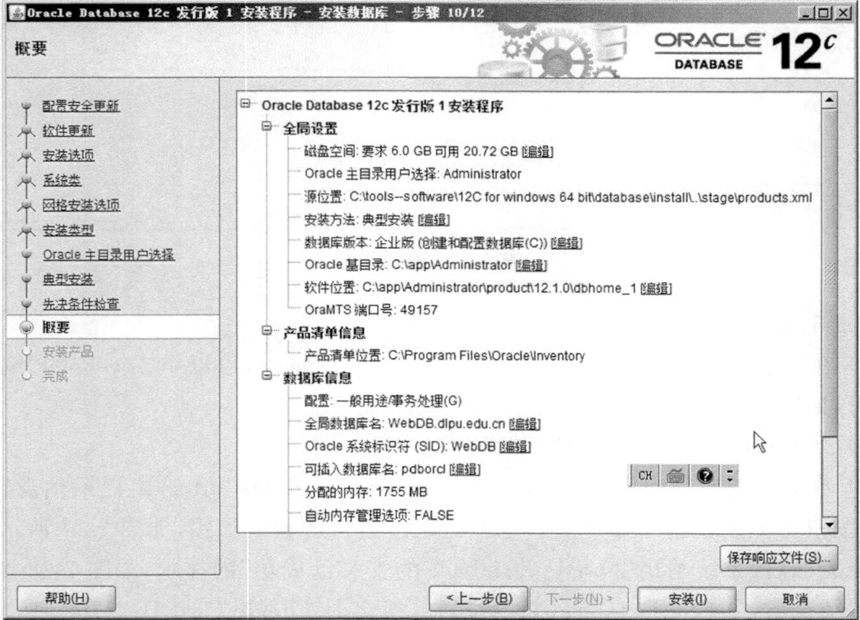

图 2-25　安装概要

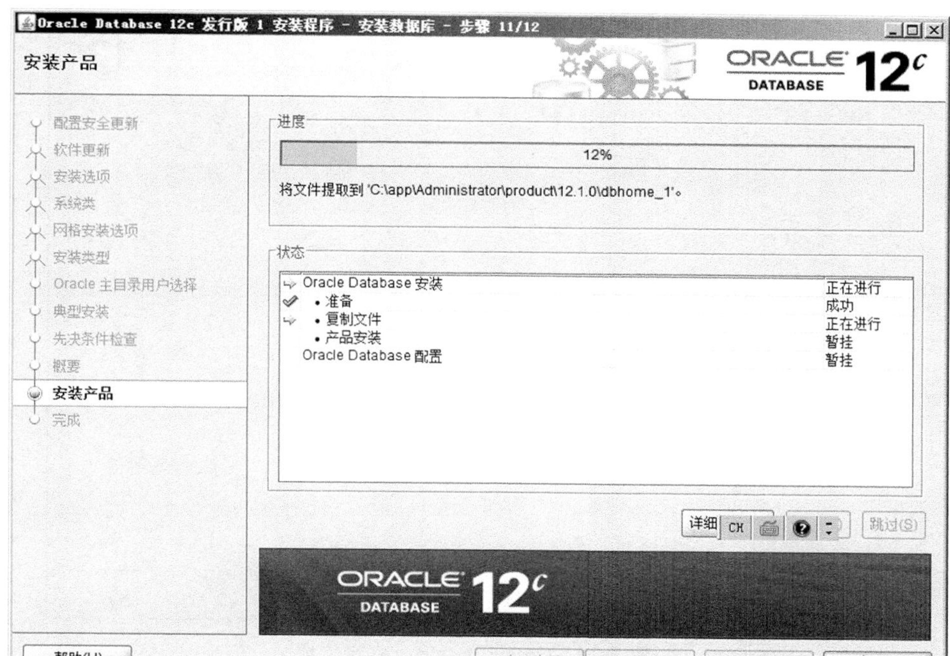

图 2-26　安装数据库

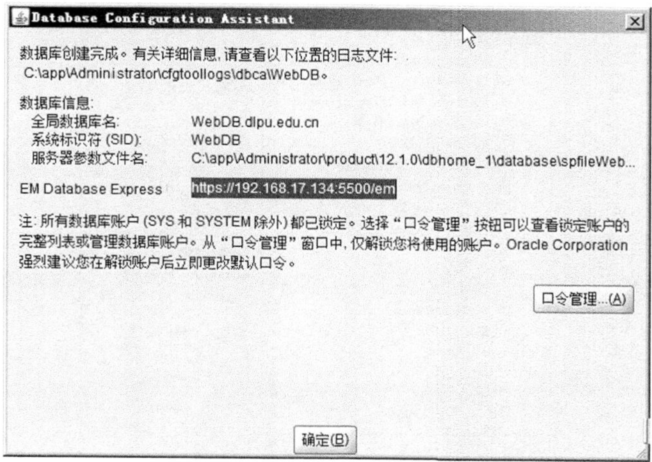

图 2-27　系统提示信息

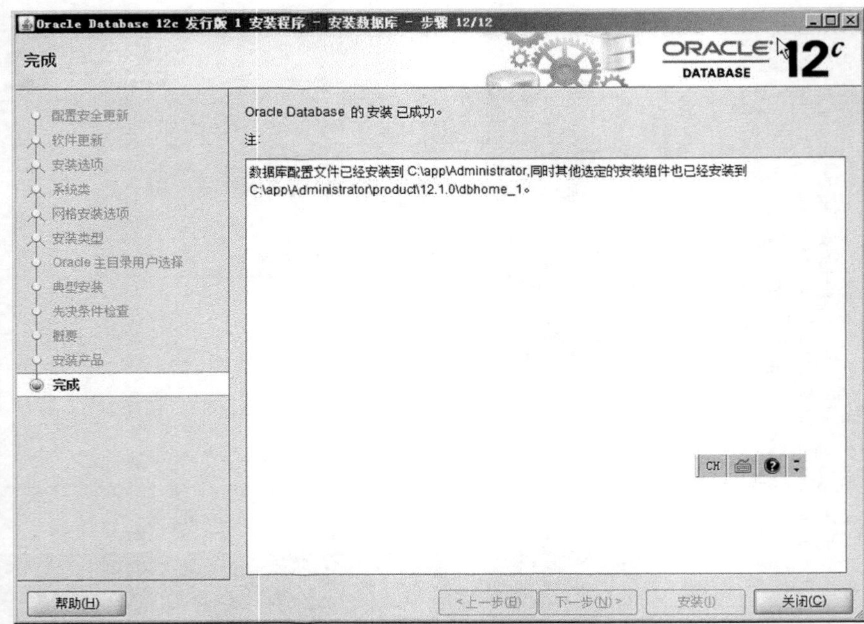

图 2-28 Oracle Database 安装完成

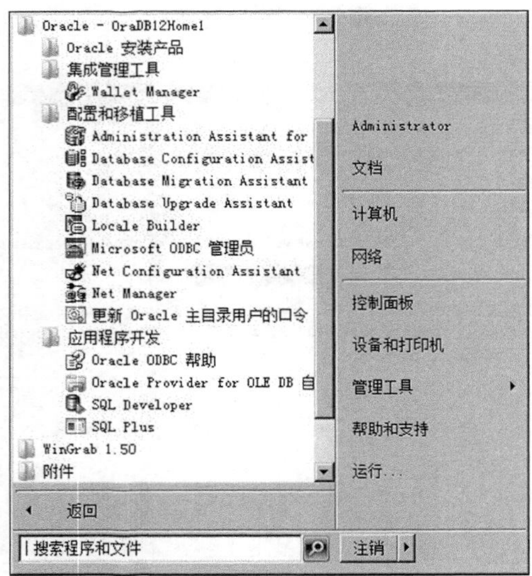

图 2-29 Oracle Database 12c 菜单组

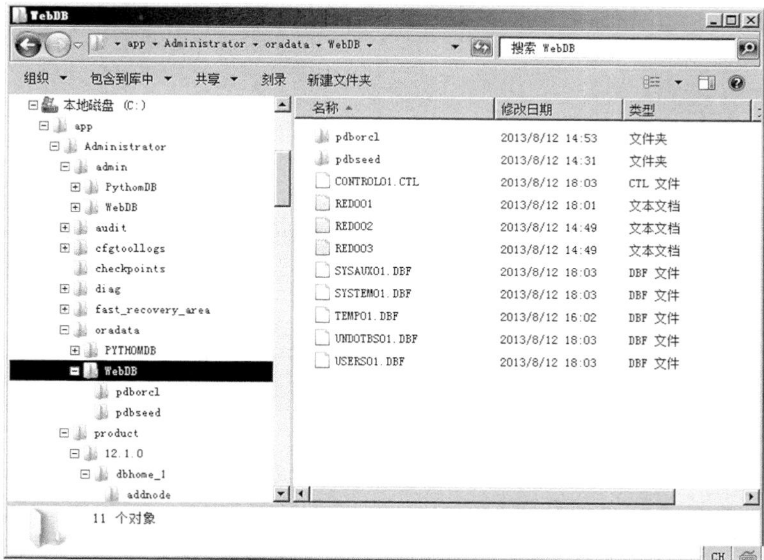

图 2-30 软件目录结构

作 业 题

1. 在同一个服务器上，是否可以安装多个版本的 Oracle Database？请用实际安装示例详细说明。

2. 请比较在 Linux 和 Windows 平台上安装 Oracle Database 11g R2 的异同点。

3. 请说明卸载 Oracle Database 11g R2 的具体方法。

4. 比较在 Windows 7 和 Windows Server 2008 平台上安装 Oracle Database 11g R2 的异同，请通过实际安装示例详细说明。

5. 请比较安装 Oracle Database 11g R2 与安装 Oracle 9i R2 后的物理目录结构的异同。

6. Oracle_Home 与 Oracle_Base 目录有什么区别？

第3章 chapter 3

创建数据库

本章目标

了解规划数据库的基本方法；掌握创建及删除 Oracle 数据库的不同方法；深入理解并掌握 Oracle 数据库的逻辑结构和物理结构；掌握 SQL * Plus 基本命令的使用。

3.1 数据库规划

3.1.1 估算数据存储空间

根据第 1 章提供的案例背景及设计方案，全局数据库名为 EnterDB. dlpu. dalian。数据库类型采用“一般事务类型”，数据库字符集选用“中文简体及英文”。

数据库是数据的栖身之处，也是数据服务的程序单元驻扎之地。数据库规划包括估算数据库存储空间，设置数据文件及系统文件，设计表空间及数据库类型等。在创建数据库初期，最主要的是估算数据库存储空间。数据库存储空间就是预测系统预期所使用的数据存储空间大小，也是数据规划中不能回避的问题，存储空间估算的准确与否直接影响以后数据库的扩容需求，决定了由数据结构设计引起的数据分布是否合理以及因数据存取的设计而导致的系统运行性能问题。

在数据库中占用存储空间的主要对象有表、表分区、嵌套表、索引、索引分区、大对象、簇、物化视图等。在 Oracle 中，要查看数据库中占用存储空间的对象，用具有 SYSDBA 身份的用户 sys 登录并执行 SQL 语句 SELECT distinct segment_type FROM dba_segments; 即可。占用数据库空间的主要对象是表和索引。数据库建成后，数据库的大小是所有表空间大小的总和。

表所占用的空间大小可以通过其字段长度总和以及可能存储的记录数来确定。索引的大小则与索引类型、索引的键值等密不可分。

数据库中的回滚段以及临时段占用一定的存储空间。此外，数据库的备份也要占用存储空间。所以，在估算数据库存储空间时需要考虑以上因素。存储过程、函数、触发器等程序对象所占空间不大，可以忽略。

这里仅对数据库中表的数据量做估算，如表 3-1 所示。

表 3-1 表数据存储容量估算

表名	字段长度总和(字节)	每个表存储记录数	表数据存储总字节
学院设置信息表 db_college	6+20+4+4+2=36	全校现有 18 个学院(部)	18×36=648
专业设置信息表 db_major	6+20+6=32	全校 40 个本科专业,13 个硕士学位授权一级学科	(40+13)×32=1696
教师基本信息表 db_teacher	6+8+6+6+6+40+11+10+20=113	全校教师 900 多人	900×113=101 700
学生基本信息表 db_student	12+6+8+2+8+2+40+6+60+11+20=175	在校全日制本科生近 20 000 人,研究生 1500 人,毕业后成绩单保存 5 年,每年新招生 6500 人	(20 000+1500)×175×(5+4)=33 862 500 每年数据增长 175×6500=1 137 500
课程基本信息表 db_course	9+6+1+9+20+4+3+2+2+4+4+12=76	全校各专业可开出的课程约 3000 门左右	3000×76=228 000
学生成绩信息表 db_grade	12+6+9+20+8+9+1+7+1+4=77	全校每学期参加考试的学生有 37 000 多人次;成绩单毕业后保存 5 年	37 000×77×8×(5+4)=205 128 000
教学任务信息表 db_teach_course	9+6+20+9+1+20=65	每学期 360 多门课程	65×360×8=187 200
表数据总存储容量	共计:239 509 744		

根据上述计算,数据库表数据占存储空间约为 240MB。在实际使用中,要在估算值的基础上增加 15%左右的余量。所以,数据库表数据实际占的存储空间为:估算值×(1+15%),即 240MB×(1+15%)=276MB,约为 280MB。

按照索引与表大小之比的 35%比率估算,索引的数据量约为 100MB。所以,教学管理数据库的大小约为 380MB。备份数据库的大小则是实际数据库的 2~3 倍。

3.1.2 物理文件设置

在创建数据库之前,应仔细考虑并规划数据库物理文件的设置,主要包括 Oracle 物理文件的存放位置,数据库文件的大小、增长频率、增幅大小,存储数据的类型、事务的类型以及其他的系统需求等。构成数据库的文件主要有数据文件、重做日志文件、控制文件以及相关的参数文件和口令文件。EnterDB. dlpu. dalian 数据库主要物理文件及命名如表 3-2 所示。

在设置文件时,原则上,文件均应分别存储在不同磁盘上,这些文件包括数据库软件、系统表空间文件、控制文件、索引文件、重做日志文件、临时表空间、回滚段表空间对应的文件以及数据库数据文件等。重做日志文件必须进行镜像。这样可以最大限度地保证数据库是可恢复的,减少数据的 I/O 冲突等。

表 3-2　数据库主要物理文件

全局数据库	主要物理文件	文件名
EnterDB. dlpu. dalian	控制文件	control01. ctl control02. ctl
	归档日志文件	archive1. log archive2. log archive3. log
	重做日志文件	redo01. log redo02. log redo03. log
	系统数据文件	sysaux01. dbf system01. dbf undotbs01. dbf temp01. dbf users01. dbf
	系统参数文件	SPFILE 初始化参数文件： SPFILEEnterDB. ORA Pfile 参数文件：ini. ora
	口令文件	口令文件格式： PWD＜SID＞. ORA，即 PWDEnterDB. ORA

1. 数据文件

用于存储数据库数据及数据库对象，一个表空间由多个数据文件组成，每个数据文件只属于一个表空间。Oracle 11g 中可以使用存储虚拟化技术和 ASM，将表空间指定给 ASM，由系统自动地在各个驱动器或 LUN 之间去平衡负载。对于中小型数据库，可以将数据库软件与数据文件放置在同一个磁盘上，将其设置成不同的文件即可。本案例中，数据文件放置在同一磁盘上，只是不同目录而已。

2. 重做日志文件

默认的重做日志文件组有三个，每个重做日志文件组成员的位置可调整。应尽量指定到不同的磁盘上。

3. 控制文件

在创建数据库时，Oracle 11g 将默认产生两个控制文件，应为每个控制文件分别指定一个磁盘驱动器。Oracle 9i 默认有三个控制文件，在同一个目录中。

4. 参数文件和口令文件

参数文件和口令文件所占的空间均不大。参数文件有两个：Pfile 和 SPfile。Pfile 对应的文件是 ini. ora；Spfile 的格式为 SPFILE＜SID＞. ORA，即 SPFILEEnterDB.

ORA。在 Windows 平台下，Pfile 和 SPfile 均随着 Oracle 系统一同安装在同一个驱动器中，也可在安装时指定到不同驱动器上。此处的口令文件格式为 PWD<SID>. ORA，即 PWDEnterDB. ORA。

在创建数据库时，可根据实际指定物理文件的位置；也可以在创建数据库完毕后，在控制台中修改其位置。

3.2 用 DBCA 创建数据库

3.2.1 安装过程

Oracle 软件安装完后便可以创建数据库。创建数据库的方法主要有两种：使用 DBCA 创建和使用 SQL 命令创建数据库。多数情况下，使用 DBCA 创建数据库即可满足需要。

从文件组 Oracle-OraDb11g_home1 选择“配置和移植工具”，启动数据库配置助手 Database Configuration Assistant，进入创建数据库界面。

Database Configuration Assistant 既可创建数据库，也可删除或配置数据库。

操作步骤如下：

(1) 选择“创建数据库”单选按钮，如图 3-1 所示。

图 3-1 选择“创建数据库”

(2) 根据实际需要选择数据库类型，一般选择“一般用途或事务处理”，如图 3-2 所示。选择数据库类型的目的是为了在创建数据库时确定数据块大小。事务处理类型的数据库使用的数据块较小；数据仓库类型则使用较大的数据块。归根到底，数据块的大小将直接影响到数据的存储及运行效率。

(3) 确定全局数据库名称。根据系统分析设计，此处全局数据库名为 EnterDB. dlpu. dalian，Oracle 服务标识符 SID 自动默认为 EnterDB。其中，dlpu. dalian 为全局数

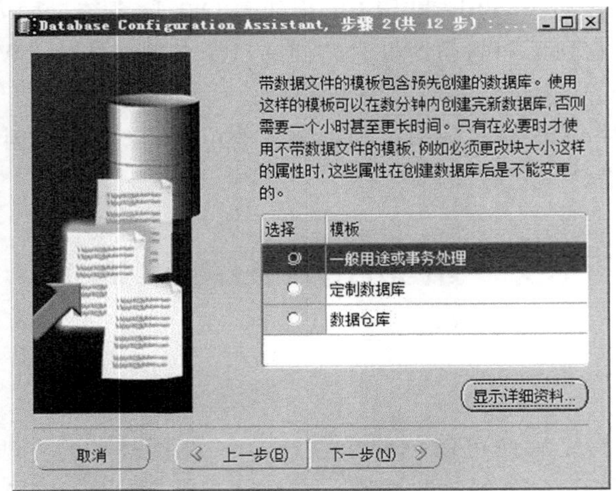

图 3-2 选择"一般用途或事务处理"

据库域名,EnterDB为数据库名,同一个域中不能有相同的名字。如图 3-3 所示。

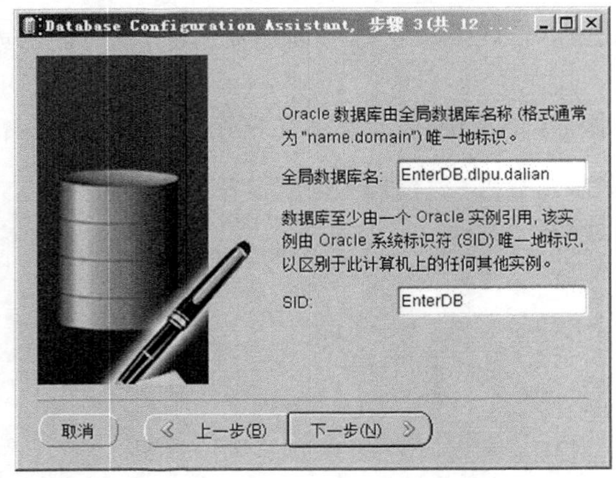

图 3-3 确定全局数据库名称

(4) 配置 Enterprise Manager,此处选择"配置 Database Control 以进行本地管理"单选按钮。如果与本数据库服务器相连接的网络中已安装了 Oracle Enterprise Manager Grid Control 以及代理 Grid Control Agent,则图 3-4 中"注册到 Grid Control 以实现集中管理"及"管理服务"选项可以被选择,否则呈现隐式。

由于此时创建数据库是在没有配置监听程序的情况下进行的,因此系统提示图 3-5 所示信息。要求"必须运行 NetCA 以配置监听程序,然后才能继续。或者,可以选择继续,但不使用 Database Control 配置"。

注意:如果先运行 NetCA 并配置完监听程序,或在安装 Oracle 软件的同时选择"创建和配置数据库",则创建数据库时就不会出现图 3-5 所示的 DBCA 警告信息。一旦创建其他数据库,则不再需要单独配置监听程序。

所以,此时必须选择"开始"→"所有程序"→Oracle-OraDb11g_home1→"配置和移植

图 3-4　选择“配置 Database Control 以进行本地管理”

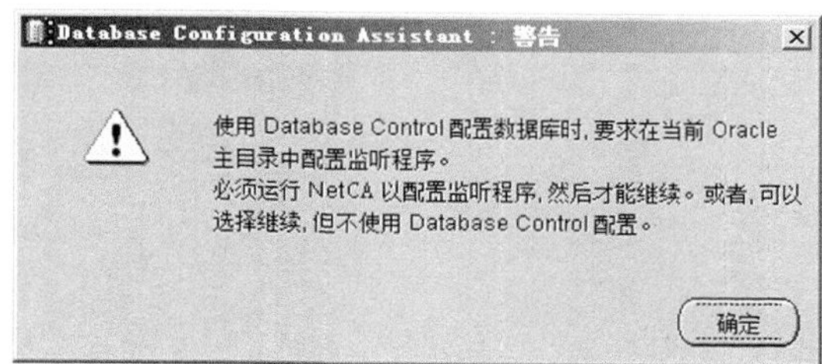

图 3-5　DBCA 警告信息

工具”命令，启动 Net Configuration Assistant(NetCA)，用以配置监听程序，如图 3-6 所示。

按照如下步骤进行：

① 选择“监听程序配置”单选按钮，如图 3-7 所示。

图 3-6　Net Configuration Assistant

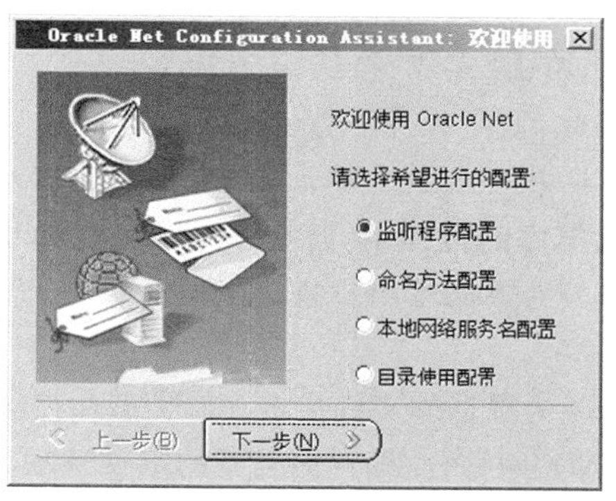

图 3-7　选择监听程序配置

② 选择“添加”单选按钮，即添加监听器，如图 3-8 所示。

③ 默认监听程序名为 LISTENER，如图 3-9 所示。

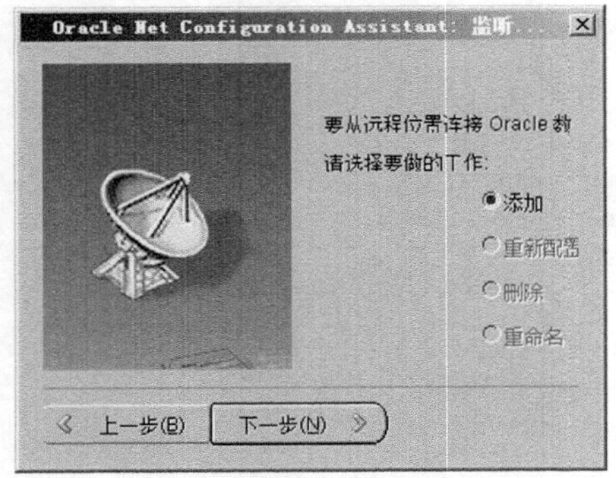

图 3-8 选择“添加”单选按钮

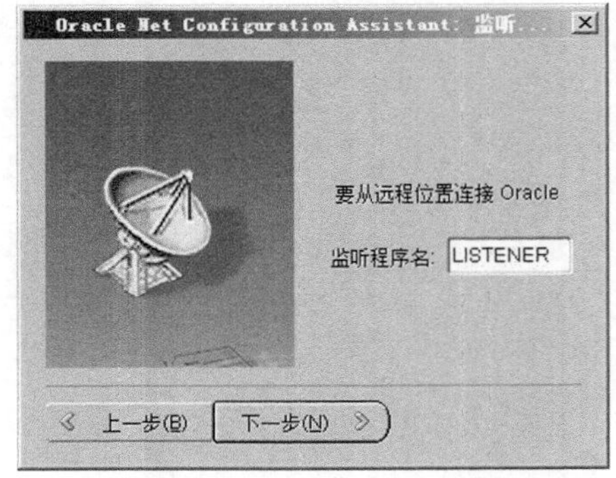

图 3-9 默认监听程序名

④ 默认的监听程序协议是 TCP，如图 3-10 所示。

⑤ 选择“使用标准端口号 1521”单选按钮，这是监听器使用的默认端口号，如图 3-11 所示。

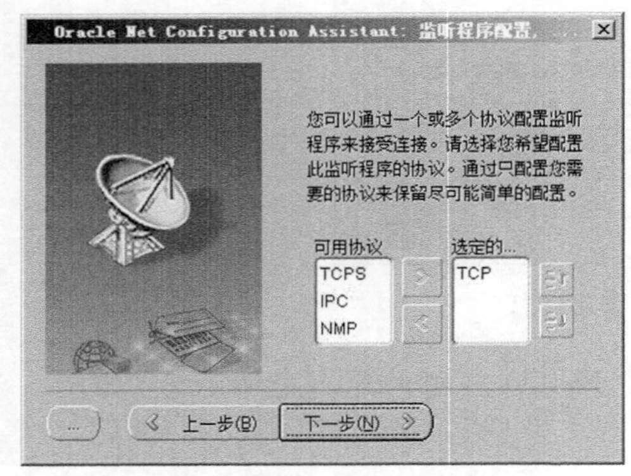

图 3-10 监听程序协议

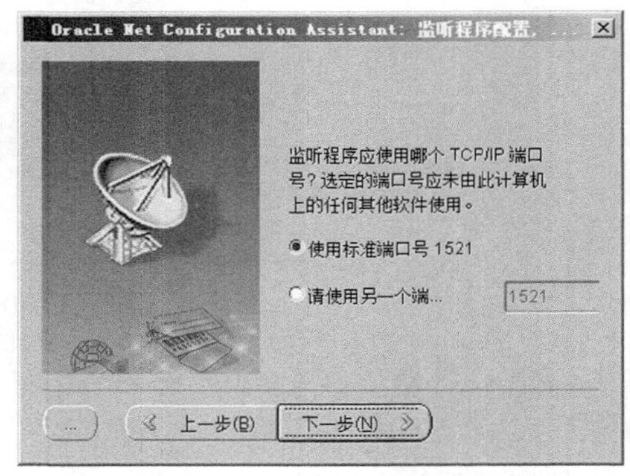

图 3-11 选择标准端口号

⑥ 对“是否配置另一个监听程序”，单击“否”按钮。

⑦ 单击“完成”按钮。

至此，监听程序配置完毕。

监听程序配置完毕后，单击图 3-5 所示提示窗口中的“确定”按钮，又回到用 DBCA 创建数据库的过程中，并继续上述未完的步骤。

(5) 为数据库用户指定不同的口令，系统不允许口令与数据库用户名相同，如图 3-12 所示。

(6) 为数据库文件指定存储类型和存储位置。存储类型有“文件系统”和“自动存储管理(ASM)”两种，此处存储类型的默认选项是“文件系统”，存储位置选“使用模板中的数据库文件位置”。自动存储管理 ASM 功能是 Oracle 管理文件功能的扩展，对磁盘组的管理不再是针对单个的文件和磁盘，简化了与文件有关的 Oracle 管理，如图 3-13 所示。

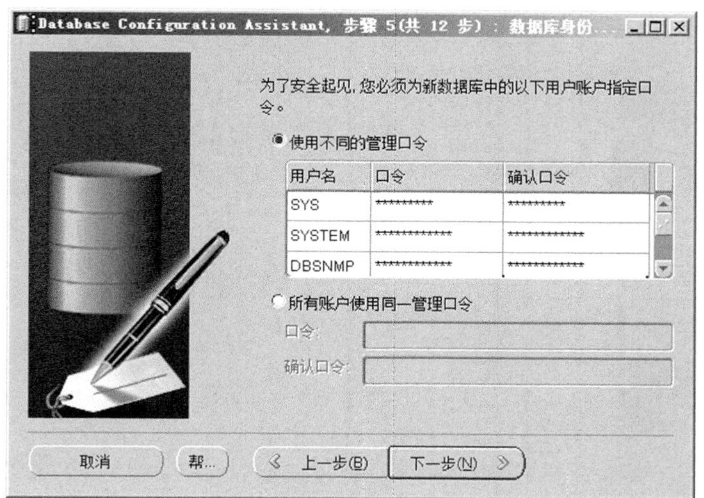

图 3-12 为数据库用户指定不同口令

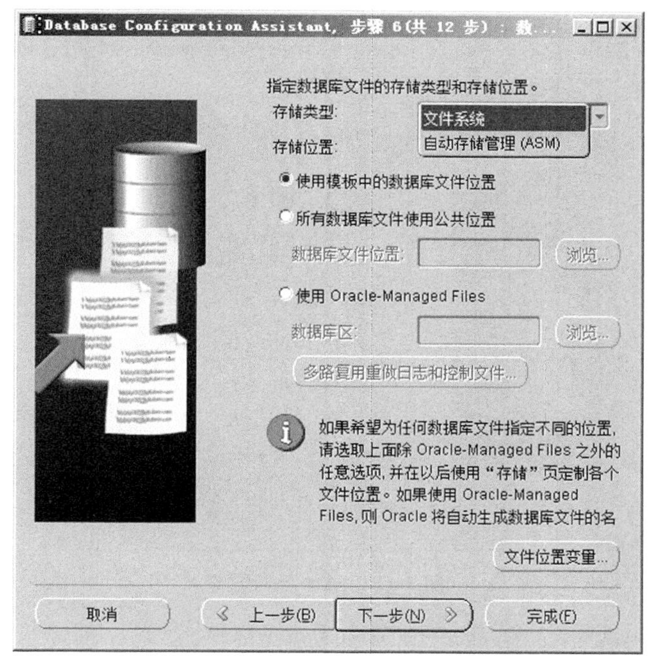

图 3-13 指定数据库文件存储位置

(7) 选择数据库恢复选项,此处选择"指定快速恢复区"复选框。快速恢复区用于 Oracle 的闪回功能,可对删除后的数据库、表及其他数据库对象等进行快速恢复,如图 3-14 所示。

(8) 指定是否将示例方案添加到正在创建的数据库中,此处选择了添加。在创建实际的产品数据库时,出于安全起见,不建议选择并安装示例方案。如果选择了"示例方

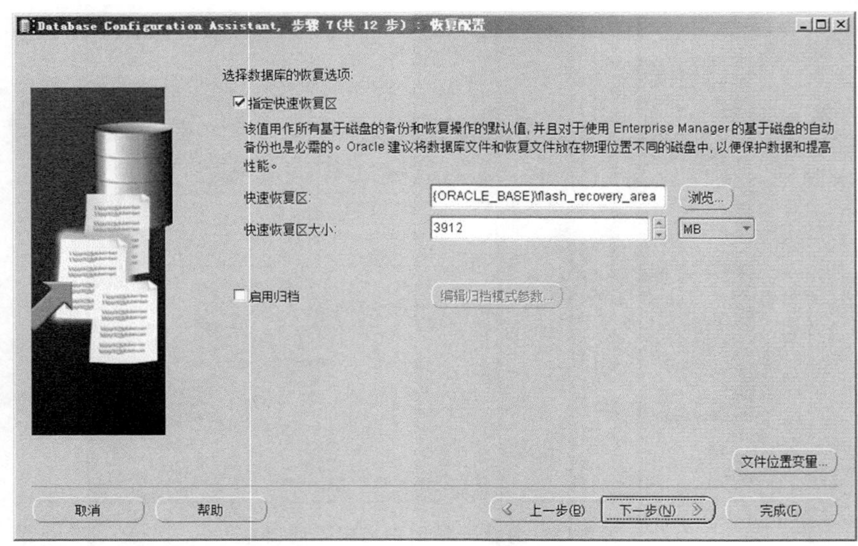

图 3-14　选择"指定快速恢复区"复选框

案"复选框，则在数据创建完成后，在 Oracle Enterprise Manager 11g Database Control 平台中将示例方案用户解锁即可，如图 3-15 所示。

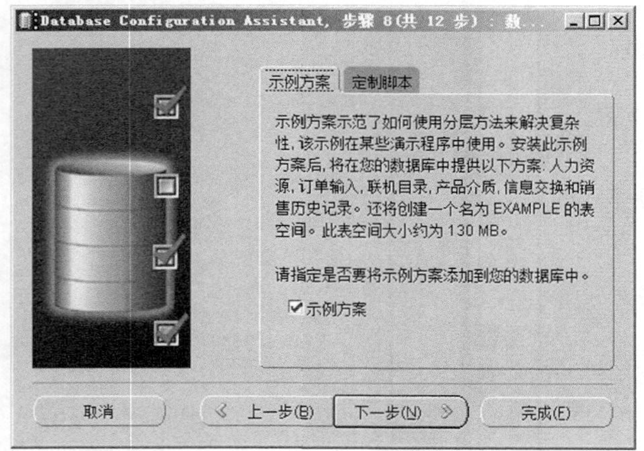

图 3-15　添加示例方案

(9) 有关内存初始化参数的设定，此处数据库运行的默认模式选择"共享服务器模式"，其余选择默认，如图 3-16～图 3-19 所示。

(10) 数据库存储位置。由于在步骤(7)中选择了"指定快速恢复区"复选框，故两个数据库控制文件的位置是不同的：一个在<Oracle_Base>\oradata\<db_unique_name>\目录下；另一个在<Oracle_Base>\flash_recovery_area\<db_unique_name>\目录下。

此处<Oracle_Base>为 E:\app\administrator\；<db_unique_name>是正在创建数据库唯一的名字 EnterDB。如图 3-20 所示。

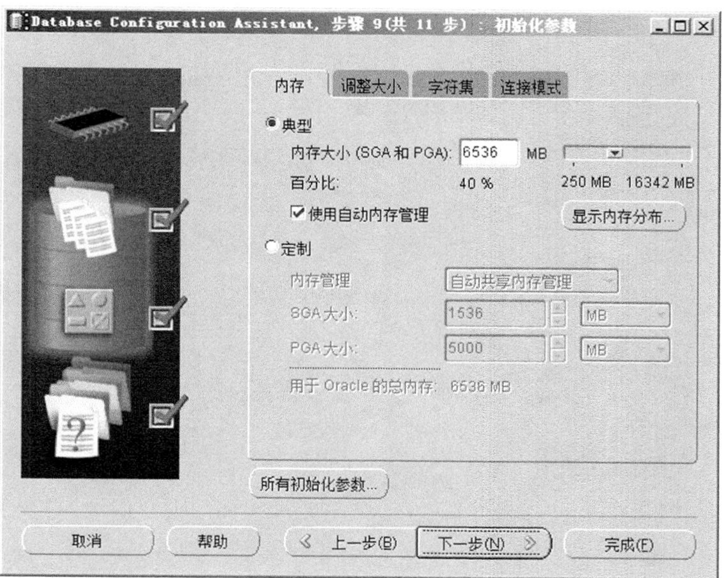

图 3-16 初始化参数的设定

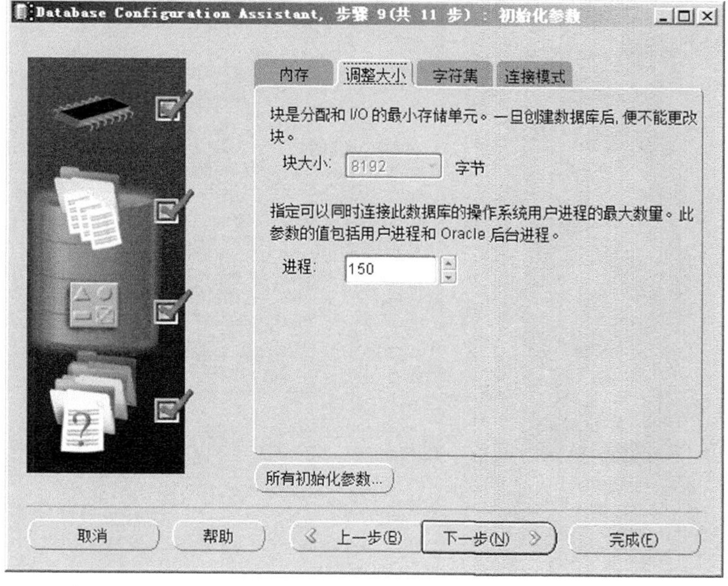

图 3-17 数据块及进程的选定

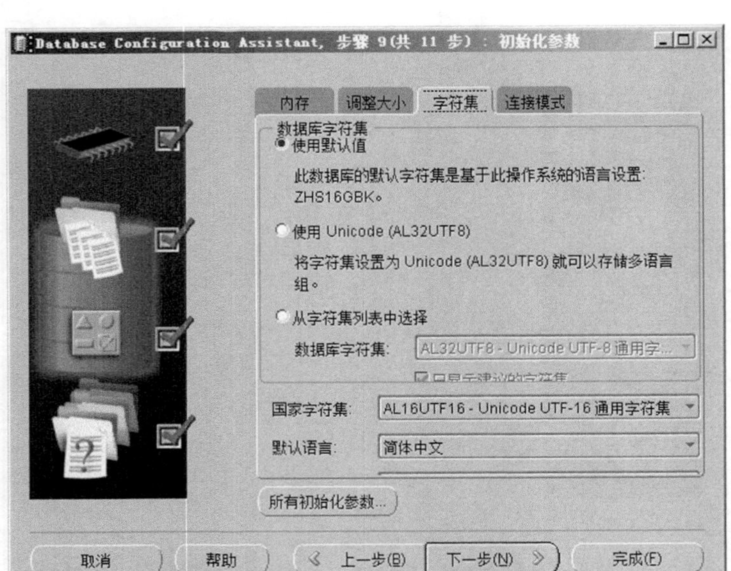

图 3-18　数据库字符集

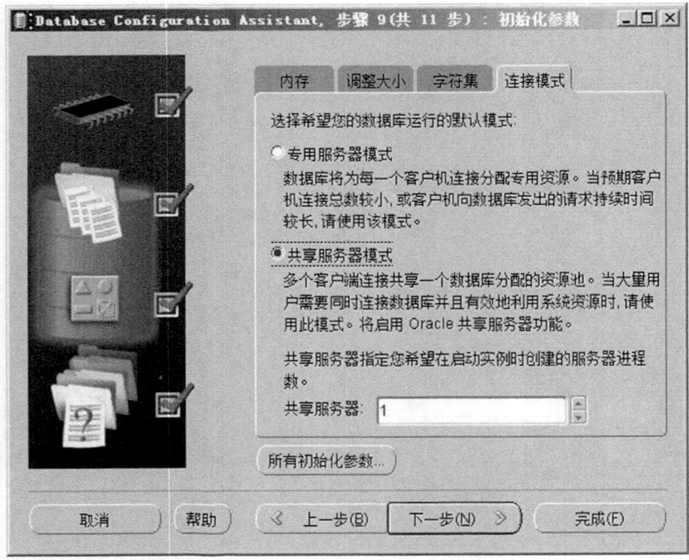

图 3-19　数据库运行模式

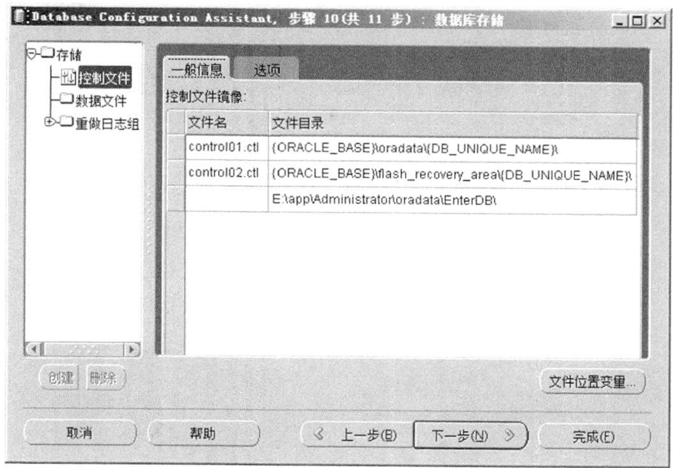

图 3-20 数据库控制文件

如果在步骤(7)中没有选择“指定快速恢复区”复选框，则数据库的两个控制文件将存储在同一个位置：<Oracle_Base>\oradata\<db_unique_name>\。此处为 E:\app\administrator\oradata\EnterDB，如图 3-21 所示。

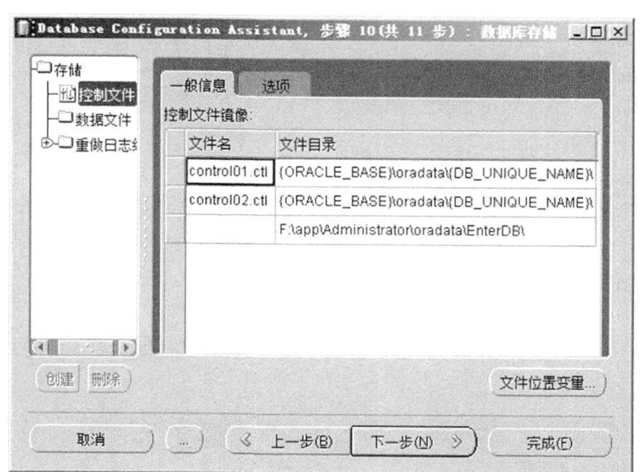

图 3-21 未选择“指定快速恢复区”复选框时的控制文件位置

单击窗口左侧中的“数据文件”节点后，在右侧窗口中显示数据库的数据文件名及其默认的对应存储位置，如图 3-22 所示。

单击窗口左侧中的“重做日志组”节点后，在右侧窗口中显示数据库默认的重做日志文件组。日志文件组有三个，每组只有一个成员文件。文件的大小及默认的存储位置相同，如图 3-23 和图 3-24 所示。根据实际需要可任意添加成员文件，并指定不同的存储位置。单击“下一步”按钮。

(11) 选择数据库创建选项。此处选择“创建数据库”以及“生成数据库创建脚本”复选框，存放生成数据库创建脚本的目标目录为 E:\app\Administrator\admin\EnterDB\scripts。在单击“完成”按钮后，系统出现概要提示，如图 3-25 和图 3-26 所示。

图 3-22 数据库数据文件的位置

图 3-23 重做日志组及日志文件

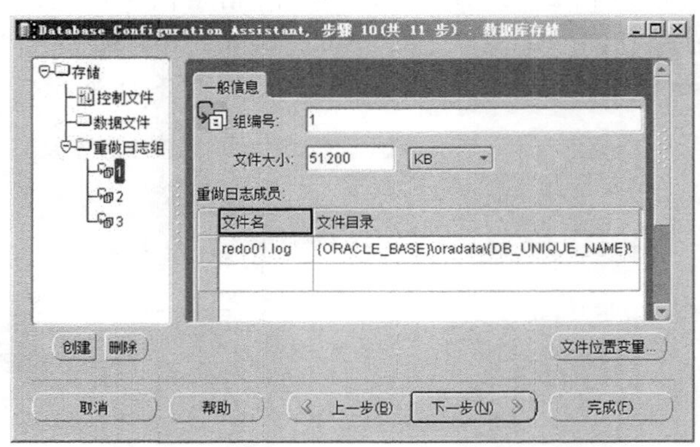

图 3-24 重做日志文件默认的存储位置

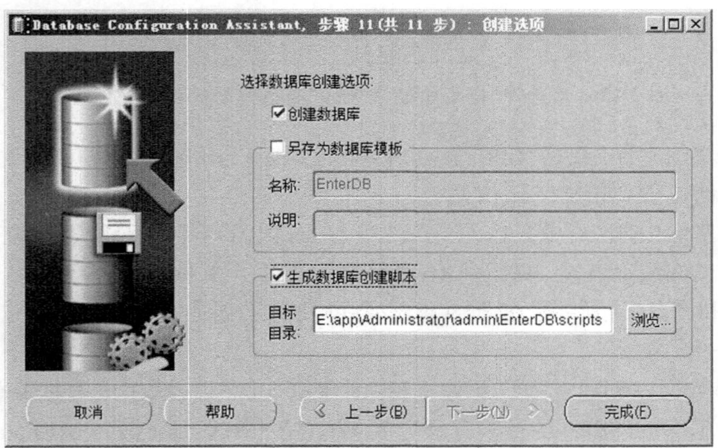

图 3-25 生成数据库创建脚本的目标目录

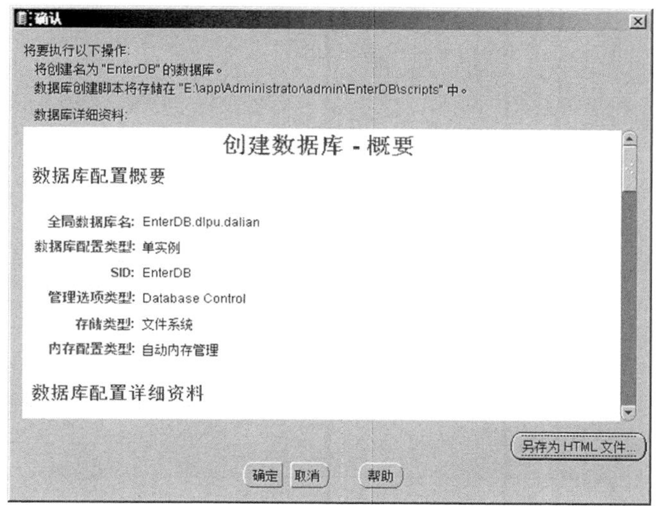

图 3-26 创建数据库概要

注意：数据库创建的过程如图 3-27 所示。该图展示了创建数据库的三个过程的顺序：

① 复制数据库文件，即为克隆数据库模板文件的过程。

② 创建并启动 Oracle 实例。

③ 数据库创建。

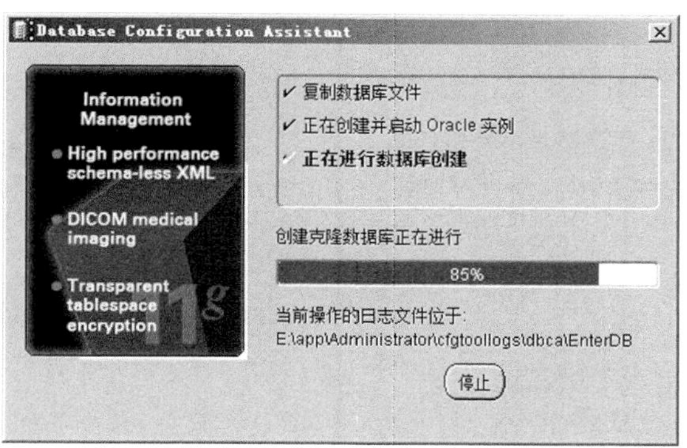

图 3-27 数据库创建的过程

数据库创建完成后，数据库已处于启动状态，系统给出所创建数据库的基本信息，并提示所有数据库账户(sys、system、dbsnm 以及 sysman 除外)都已锁定。提示单击“口令管理”按钮就可查看所有账户或管理数据库账户，如图 3-28 所示。

(12) 测试数据库创建是否成功。在浏览器中的 URL 中输入 https://win2K8:5500/em，或 https://localhost:5500/em 或 https://win2K8:1158/em，打开 Database Control。其中，win2K8 为主机名，5500 及 1158 分别为端口号。每创建一个数据库，用于打开 Database Control 并登录数据库的端口号都不同。Database Control 是基于 Web

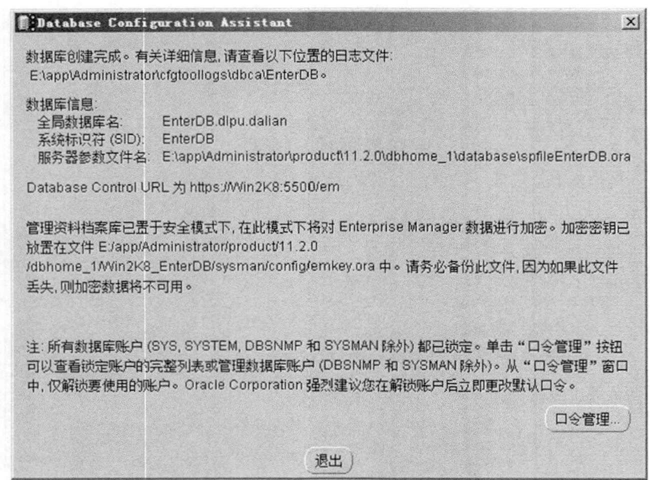

图 3-28 数据库信息

应用的企业管理器，主要用于数据库管理。通过 Database Control 可监视并管理一个 Oracle 数据库实例或集群数据库。

注意：*在启动浏览器并输入正确的 URL 后，可能会出现无法打开登录网页的情况，如图 3-29 所示。此时单击页面中的“添加例外”按钮。*

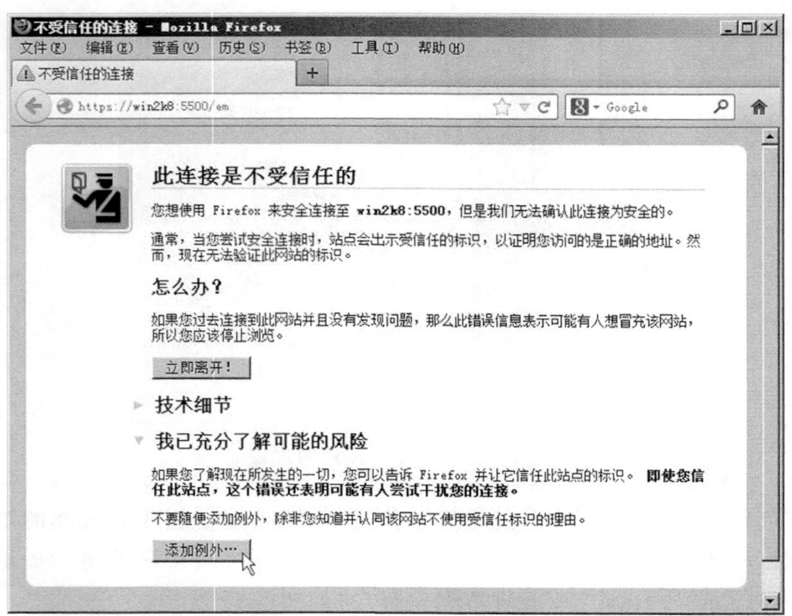

图 3-29 添加例外

在打开的“添加安全例外”对话框中，“服务器”选项区域中默认地址是在浏览器输入的 URL，此处是 https://win2k8: 5500/em，单击“确认安全例外”按钮，如图 3-30 所示。

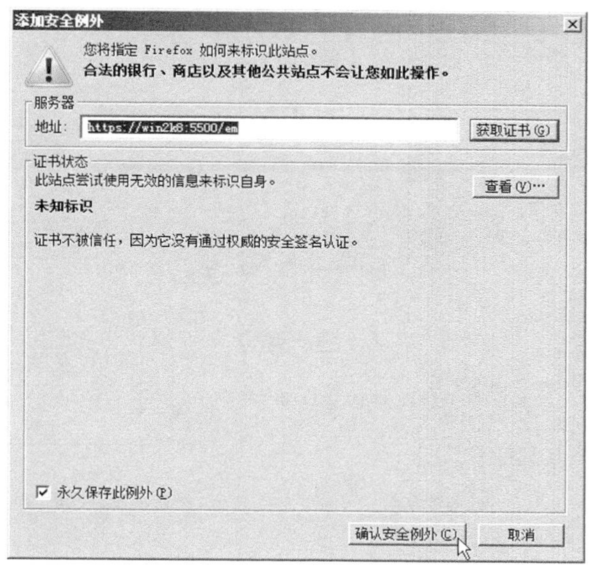

图 3-30 确认安全例外

在浏览器中顺利打开 Database Control 登录界面。登录用户为 sys，连接身份为 SYSDBA，顺利登录数据库，如图 3-31 所示。

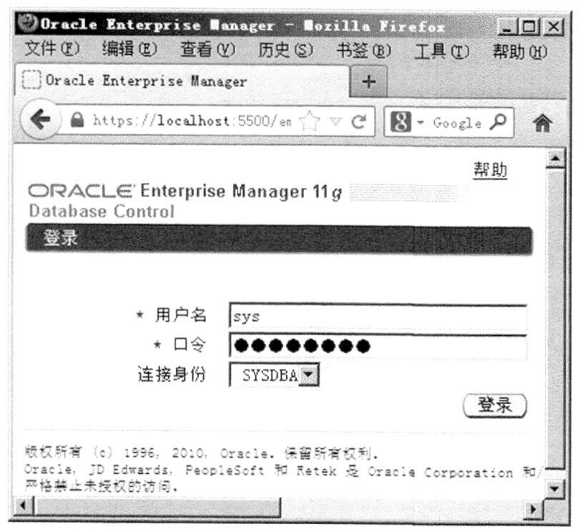

图 3-31 登录界面

Oracle Enterprise Manager 11g Database Control 平台如图 3-32 所示。

注意：在浏览器中访问 Oracle 数据库的 URL 端口号会有所不同。如果第一次创建并安装数据库，且只有一个实例，则端口号为 1158。如果安装多个实例或重复创建数据库，则端口号为 5500。若要查看 Oracle Enterprise Manager 11g Database Control 当前使用的端口号，则在 E:\app\Administrator\product\11.2.0\dbhome_1\install 目录下打开 portlist.ini 初始化文件即可查看其端口号，如图 3-33 和图 3-34 所示。

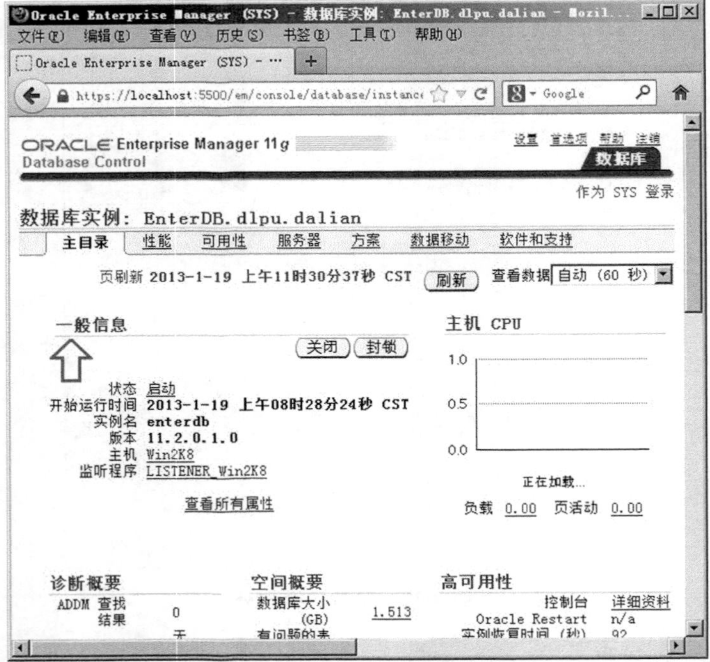

图 3-32 Database Control 平台

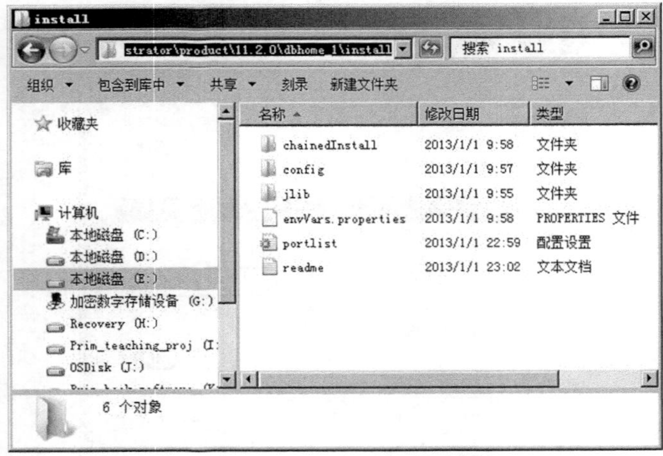

图 3-33 portlist.ini 文件位置

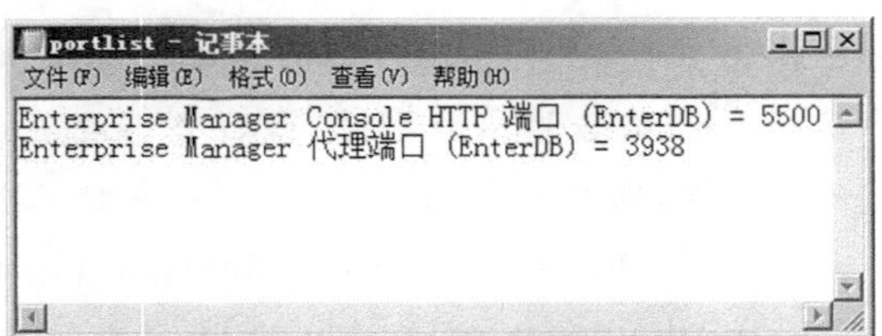

图 3-34 访问数据库端口号

3.2.2 数据库创建后的服务

在 Windows 系统中，Oracle 数据库管理员通过服务列表来管理数据库的启动与关闭。创建完数据库后，在“管理工具”→“服务”面板中增加了几个服务，如图 3-35 所示。增加的主要服务有数据库实例服务 OracleServiceENTERDB，系统设置为自动启动状态。监听器服务 OracleOraDb11g_home1TNSListener，为自动启动状态；数据库控制台服务 OracleDBConsoleEnterDB，为自动启动状态等。如果再创建另一个数据库，则在服务面板中也会增加一个数据库服务，格式为 OracleService<Oracle_SID>。其中，<Oracle_SID>为创建的数据库实例名。

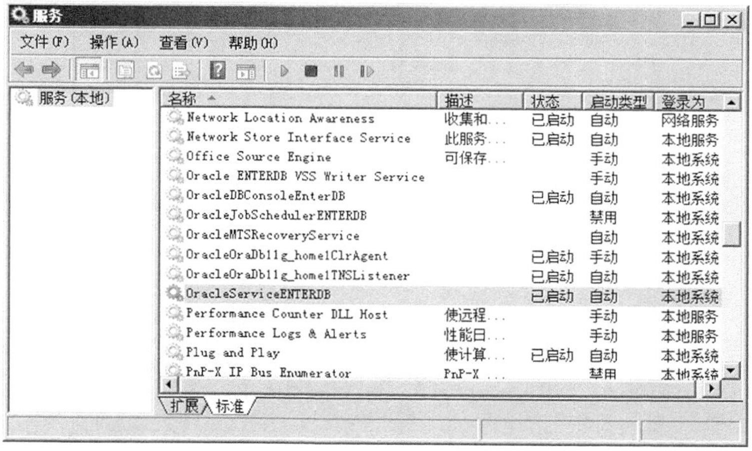

图 3-35 数据库服务

当系统启动时，系统会按照如下顺序启动，否则其他服务无法启动。

首先，启动监听器服务 OracleOraDb11g_home1TNSListener。然后，启动数据库实例服务 OracleServiceENTERDB。

启动数据库服务会占用较多的内存及 CPU 等系统资源，所以根据实际需要可将这些服务的启动类型设置成手动。

另外，在注册表的 HKEY_LOCAL_MACHINE\SYSTEM\CurrentControlSet\Services 路径下有与服务面板下相对应的 Oracle 入口。

3.2.3 数据库目录结构

数据库创建后，Oracle 系统中会增添若干目录及文件。首先，在 E:\app\Administrator\admin\目录中增添已创建的数据库 SID 命名的目录 EnterDB，如图 3-36 所示。该目录下包含 adump、dpdump、pfile 以及 scripts 4 个子目录。其中，只有在图 3-25 所示的界面中选择了“生成创建数据库脚本”选项后，才会生成 scripts 目录。目录中存储当前创建数据库所生成的脚本文件。

pfile 目录中只有一个数据库参数文件，如图 3-37 所示，标准文件名为 init.ora，此处为 init.ora.012013225659，其中尾部的数字为系统生成的时间戳。

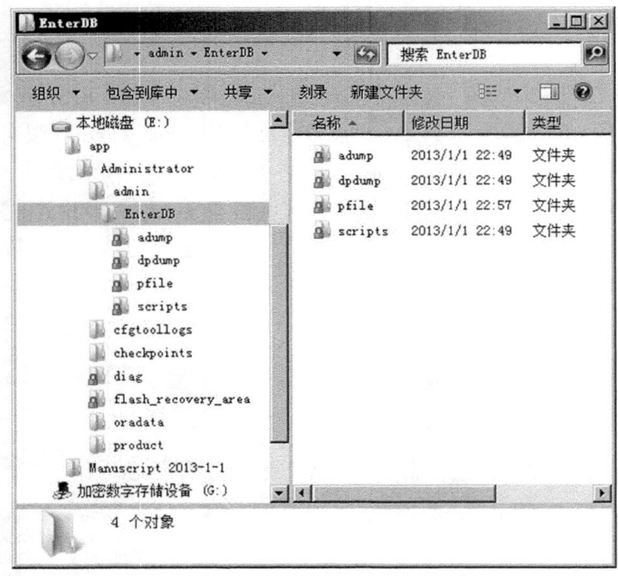

图 3-36　＜Oracle_SID＞目录及其子目录

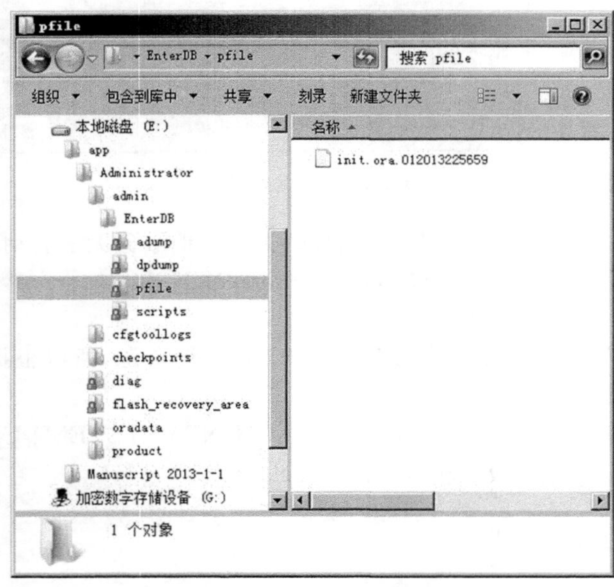

图 3-37　pfile 目录及参数文件

EnterDB 数据库文件，如控制文件、重做日志文件以及数据文件则存储在以＜Oracle_SID＞，即以 EnterDB 命名的目录下，如 E:\app\Administrator\oradata\EnterDB。在该目录下有三个重做日志文件：redo01.log、redo02.log 及 redo03.log。数据文件的后缀是.dbf 或.ora，用于存储数据及数据库对象。每个数据文件对应一个表空间。默认的控制文件有两个，且内容完全相同。一个控制文件在当前目录下，文件名为 control01.ctl，如图 3-38 所示。由于创建数据库 EnterDB 时，在图 3-14 中已经选择了“指定快速恢复区”复选框，因此另一个控制文件 control02. ctl 则存储在快速恢复区 E:\app\Administrator\flash_recovery_area\EnterDB 目录中，如图 3-39 所示。否则，两个控制文件会一同存储在＜Oracle_SID＞目录下。

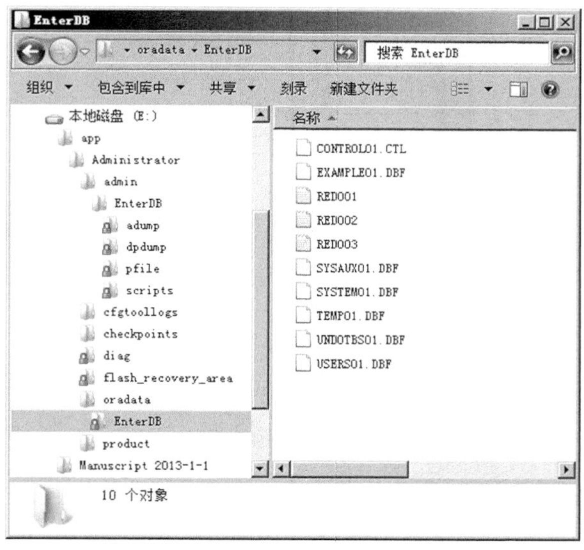

图 3-38　数据库文件

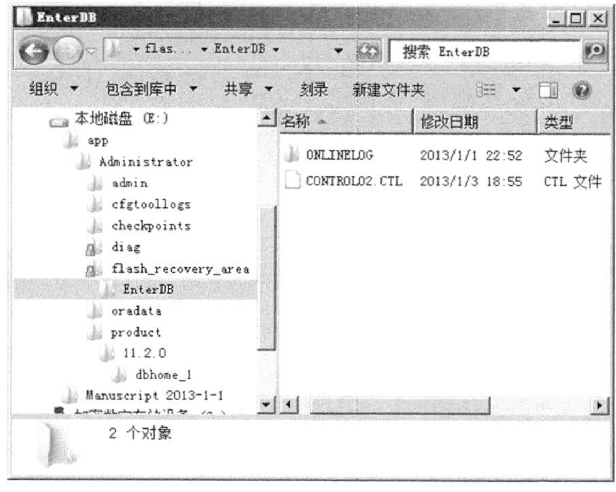

图 3-39　快速恢复区中的控制文件

数据库口令文件与参数文件存储在＜Oracle_Base＞之下的 database 子目录，即 E:\app\Administrator\product\11. 2. 0\dbhome_1\database 中。数据库的口令文件格式为 PWD＜Oracle_SID＞. ora，如 PWDEnterDB. ora。二进制数据库参数文件格式为 SPFILE＜Oracle_SID＞. ora，如 SPFILEENTERDB. ORA，如图 3-40 所示。

数据库监听器文件 listener. ora、网络解析文件 sqlnet. ora 和 tnsnames. ora 均存储在

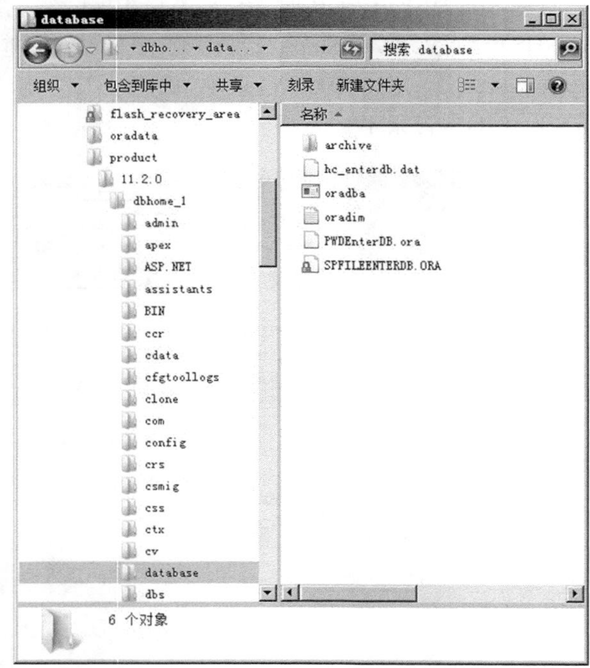

图 3-40　参数及口令文件

E:\app\Administrator\product\11.2.0\dbhome_1\NETWORK\ADMIN 目录中，如图 3-41 所示。这些文件是连接数据库必备的相关文件。

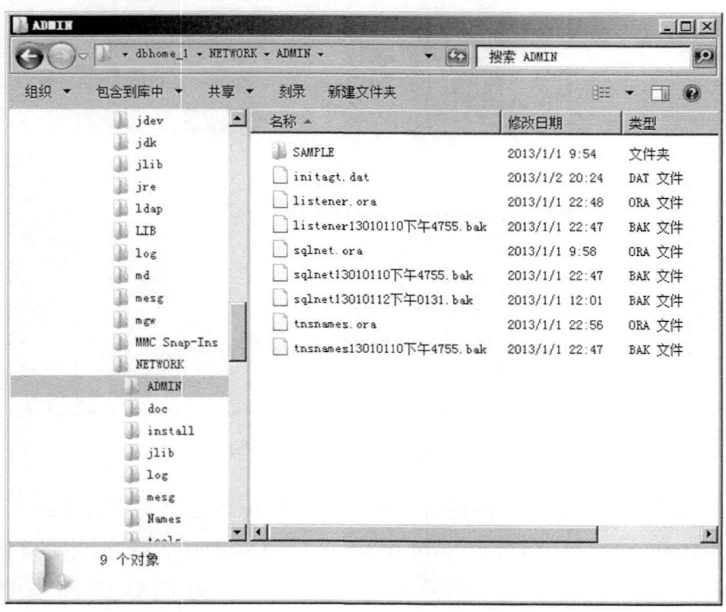

图 3-41　监听器 listener.ora 及网络解析文件

3.3 Oracle 数据库逻辑结构

3.3.1 Oracle 数据库体系结构

不同的 DBMS 产品都有各自不同形式的体系结构。Oracle 系统体系结构是 Oracle 服务器系统的总体框架，也是管理和应用 Oracle 数据库服务器的基础和核心。它由三个部分组成：逻辑结构、物理结构以及实例。其中，实例是维系整个数据库物理结构和逻辑结构的核心，如图 3-42 所示。图 3-43 是 Oracle 数据库逻辑结构与物理结构的关系。

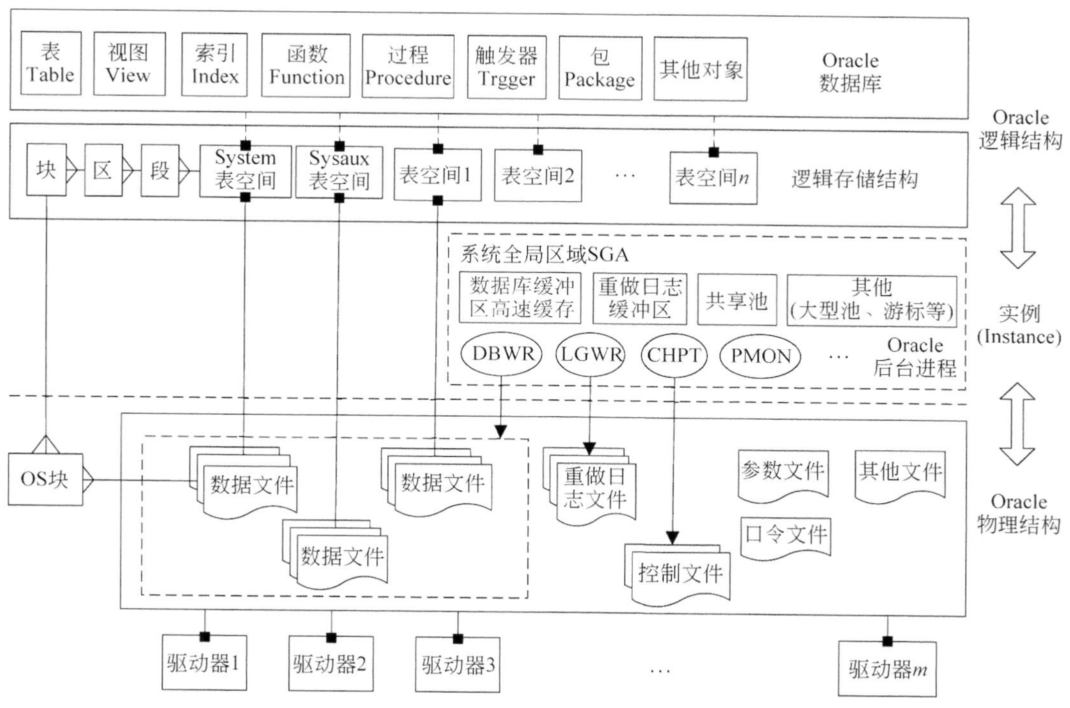

图 3-42 数据库体系结构

数据库实例是 Oracle 数据库管理和开发应用的切入点，是连接数据库逻辑结构和物理文件的纽带。它是 Oracle 在内存中分配的一段区域 SGA 与服务器后台进程的集合。

Oracle 数据库物理结构由数据库各种文件组成，如数据文件、参数文件、控制文件、重做日志文件、口令文件和监听器文件等。Oracle 数据库服务器就是数据库和实例的组合。

3.3.2 逻辑存储结构

Oracle 的逻辑存储结构层次依次分为表空间、段、区和数据块。逻辑结构是面向用户的。数据库逻辑存储层次结构及其构成关系如图 3-44 所示。

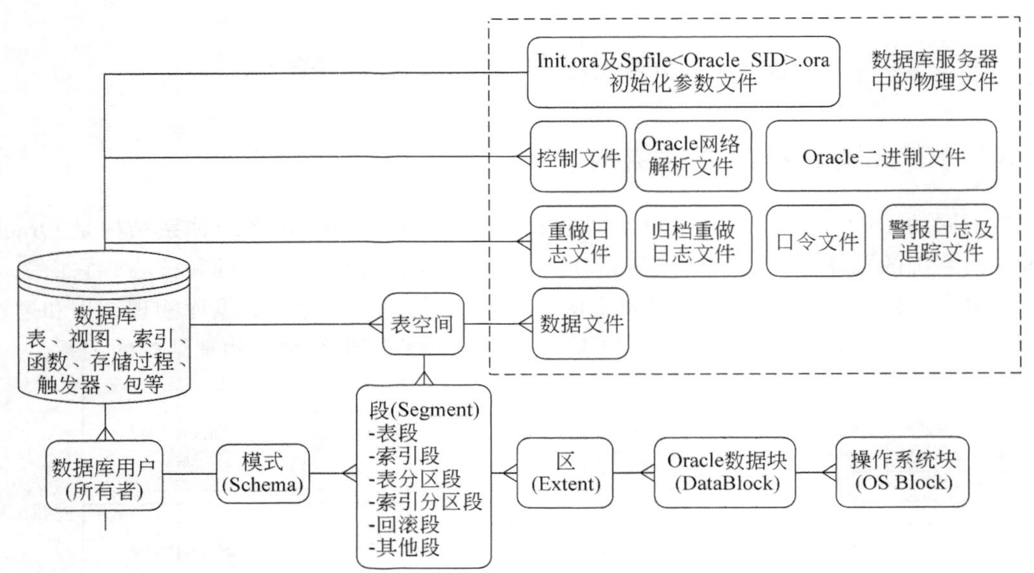

图 3-43　数据库逻辑结构与物理结构的关系

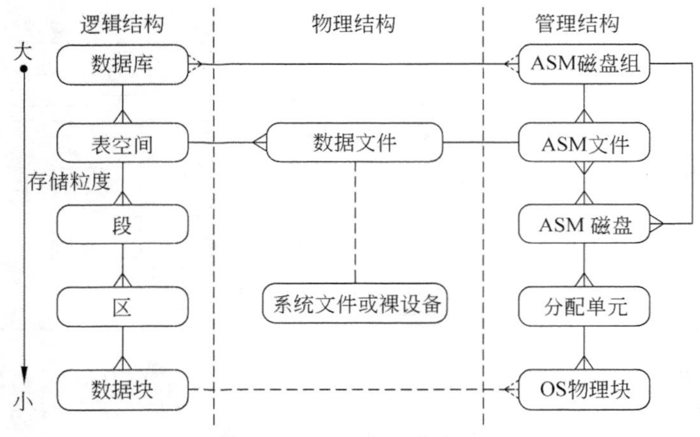

图 3-44　Oracle 逻辑存储结构

1. 数据块

数据块是 Oracle 数据库读写数据的最小单位，数据库缓冲区中的每一个块都是一个数据块。一个数据块不能跨越多个文件。数据块的大小在数据库创建时设置。Oracle 数据块是一组连续的操作系统块，一般是操作系统块大小的整数倍，这样可以避免不必要的系统 I/O 操作。从 Oracle 9i 开始，块的默认大小为 8KB。在同一数据库中不同表空间的数据块大小可以不同。除了 SYSTEM 表空间和临时表空间必须使用由参数文件中 DB_BLOCK_SIZE 指定的大小外，所有其他表空间最多可以指定 4 种不同的数据块大小。数据块常见的大小有 4 个：2KB、4KB、8KB 和 16KB。

决定数据块大小的因素有两个：

(1) 数据库环境类型。若是以大量数据查询为主的数据仓库环境，则应使用较大的数据块。在联机事务处理系统中，用户处理大量的小型事务且以随机处理为主，则采用较小数据块可获得更好的效果。

(2) SGA 的大小。数据库缓冲区的大小由数据块大小和数据库初始化参数文件中的 DB_BLOCK_BUFFERS 参数决定。一般将数据块设为操作系统 I/O 块的整数倍。

2. 区

所谓数据区是一组连续的数据块，是磁盘空间分配的最小单位。当创建表、回滚段或临时段或表中数据增长需要增加空间时，系统就以数据区为单位为其分配新的存储空间。由于一个区包含连续的数据块，因此数据区不能跨越多个文件。使用区的目的就是用来保存特定数据类型的数据。一个 Oracle 对象包含至少一个数据区。设置一个表或索引的存储参数包含设置它的数据区大小。

文件中的区是连续的逻辑空间分配。有些对象可能至少需要两个区(例如回滚段)。各个区之间并不要求物理地址正好相邻。11g R2 版本还引入了“延迟段”的概念，该段并不立即分配段，只有当将数据插入到区中时才为该段分配初始区。

当一个对象因数据增长超出其初始区时，系统将再给它分配一个区，分配的第二个区在磁盘上不必与第一个区相邻。但在逻辑上，一个文件中区的空间分配总是连续的。区的大小从一个 Oracle 数据块到 2GB。

3. 段

Oracle 的段是消耗磁盘存储空间的对象。段是表空间中主要的组织结构，它由一个或多个区所组成。当创建表时，即创建了一个以表名命名的表段；当创建一个分区表时，不是创建表段，而是每个分区单独创建一个段。当创建一个索引时，系统将同时创建一个索引段。每个消耗存储空间的对象都要存储在各自的段中。段内包含的数据区可以不连续，并且可以跨越多个文件。使用段的目的是用来保存特定对象。

一个 Oracle 数据库有多种类型的段，常见类型有：

(1) 数据段：或称为表段，表段存储表中的数据，并且是与索引段一同使用的最广泛的段类型。

(2) 表分区或子分区：该段类型被用于分区且非常类似于表段。一个表分区或子分区段仅存储表中数据的一个切片。一个分区表是由一个或多个表分区段组成，而一个复合分区表是由一个或多个表的子分区段组成。

(3) 聚簇段：该段类型能存储表。聚簇型有两种：B * Tree 和散列。聚簇通常被用于存储相关的数据。

(4) 索引段：包含了用于提高系统性能的索引。创建索引时，系统自动创建一个以索引名命名的索引段。

(5) 索引分区：索引分区类似于表分区，它包含一个索引的一些切片。一个分区索引是由一个或多个索引分区段组成。

(6) 回滚段：包含了回滚信息，供数据库恢复使用，以提供数据库读入一致性和回滚未提交的事务。即用来回滚事务的数据空间。当一个事务开始处理时，系统为之分配回滚段。回滚段可以动态地创建和撤销。

(7) 临时段：系统运行过程中，因执行 SQL 语句需要临时工作区而由 Oracle 自行创建临时段。SQL 语句执行完毕后，系统将撤销临时段并回收。

一个 CREATE 语句可创建多段对象，即一个 CREATE 语句可创建由零个、一个或多个段组成的多个对象。例如，语句 CREATE TABLE sample (x int primary key, y clob) 将同时创建 4 个段：一个是为 TABLE 而创建的表段；一个是为支持主键而创建的索引段；另外两个是为 CLOB 而创建，其中一个是为 CLOB 而建的 LOB 索引段，另一个段是用于 CLOB 数据自身。但另一方面，CREATE TABLE sample (x int, y date) cluster my_cluster 只创建零个段，此种情况下聚簇就是段。

4. 表空间

表空间是 Oracle 数据库的逻辑存储容器，位于层次存储结构的顶端，每个表空间包含一个或多个数据文件。它保存段，一个段只属于一个表空间，一个表空间可以有多个段，给定段的所有区将在与该段相关的表空间中。在表空间中可以查看到与其相关段中的所有区。段不能跨越表空间。表空间中给定段的一个区只含在一个数据文件中。一个段可以包含多个属于不同数据文件的区。

在 Oracle 中，任何创建的数据库对象都必须指定存储在某个表空间中。表空间相当于操作系统中的文件夹，也是数据库逻辑结构与物理文件之间的一个映射。每个数据库至少有一个表空间，表空间的大小等于所有从属于它的数据文件大小的总和。

在 Oracle 10g 及 11g 数据库中，只有运行数据库所需的 5 个最基本的表空间 SYSAUX、SYSTEM、TEMP、UNDOTBS1 和 USERS，其中 TEMP 是临时表空间，UNDOTBS1 是撤销表空间。要运行数据库，用户还需创建额外表空间来存储应用数据。

在 Oracle 11g 数据库中，SYSTEM、SYSAUX 以及 TEMP 是必需的三个表空间。

(1) 系统表空间(System Tablespace)

系统表空间包括 SYSTEM 和 SYSAUX，其他都是非系统表空间。系统表空间是每个 Oracle 数据库都必须具备的。SYSTEM 表空间主要存储 Oracle 数据字典表及 PL/SQL 代码，sys 用户拥有的对象都存储在该表空间。sys 用户也是唯一在 SYSTEM 表空间创建对象的用户。系统表空间既不可删除，也不能更改名称。若系统表空间无法使用，则数据库无法运行。因此，系统表空间不能脱机使用。

系统表空间包含数据字典、存储过程、触发器和系统回滚段。为避免系统表空间产生存储碎片，以及争用系统资源的问题，应单独创建一个独立的表空间用来存储用户数据。

(2) 系统辅助表空间(Sysaux Tablespace)

从 Oracle Database 10g 开始，在创建数据库或数据库升级时，系统自动创建一个 SYSAUX 系统辅助表空间。该表空间主要用于存储 Oracle 数据库的一些工具组件等。与 SYSTEM 表空间一样，SYSAUX 表空间不能被删除，也不能更名。当 SYSAUX 表空间不可用时，不影响 Oracle 核心数据库功能。只是因 SYSAUX 特性失效，一些功能受到影响而已。

(3) 临时表空间(Temporary Tablespace)

临时空间用于完成大排序操作。有些 Oracle SQL 语句需要排序区域，在内存或者磁盘上。Oracle 首先使用内存排序查询结果，当内存空间不足时则使用磁盘上的 TEMP 临时表空间。当 SYSTEM 表空间的"区管理"选项是"本地管理"时，TEMP 临时表空间是必需的。当创建新的数据库用户时，TEMP 是默认的临时表空间。有的数据库还需要建立多个临时表空间。当数据库关闭后，临时表空间中的所有数据将全部被清除。

(4) 撤销表空间(Undo Tablespace)

撤销表空间是为实现数据的回退、恢复、事务回滚及撤销等操作而设置的存储空间，专门用于保存撤销记录、修改前的数据等。撤销表空间属于永久表空间的一种类型。在 10g 及 11g 中该表空间的默认名称为 UNDOTBS1。用户也可以自定义撤销表空间。在同一个数据库中，可以创建多个撤销表空间，但在任意给定的时间内只有一个撤销表空间是可以使用的。

(5) USERS 表空间

USERS 表空间为普通用户提供用于表和索引数据的永久表空间。

使用表空间有如下优点：

① 可以为不同数据库用户分配空间限额。

② 以表空间为单位完成部分备份与恢复。

③ 可以把大对象，如数据仓库的分区表分布在几个跨磁盘的表空间上，以提高性能。

④ 可以控制表空间脱机/联机，而无须关闭整个数据库。

⑤ 表空间是分配数据库空间的简单方法。

⑥ 可以使用导入/导出工具在表空间级别上导出/导入特定的应用程序数据。

数据库中可创建的表空间数量没有限制。创建大量表空间可解决索引与表以及其他对象之间的磁盘竞争问题，但也带来了表空间的监视与分配的问题。随着当今多项磁盘管理技术的使用，如跨磁盘并可将多个磁盘组驱动空间分配成逻辑卷的逻辑卷管理器，传统的表空间创建规划已不再完全适用。所以，最好使用 4～5 个表空间来存储应用数据。

Oracle 数据库逻辑存储结构的层次及数据库对象的关系与城市行政区域管理的层次划分十分相似，如图 3-45 所示。图中赵某或钱某可以分属同一个或不同的行政区，他们分别代表一个家庭或企业法人，拥有各自的私有财产及其所属权。所属的私人财产有些与财产所有人在同一地区，有的则在其他地区。一个家庭也可迁移到其他地区。在社会系统中，每个人有不同的角色，同时因各自承担角色的不同而拥有不同的权利，每个地区根据实际需要，有时被设定为禁区。

同样，数据库用户 stduser 和 teauser 均有各自默认的表空间，可以同属一个或不同的表空间。默认的表空间如同户籍所在地，每个数据库用户均拥有属于自己的数据库对象，数据库对象可以存储在与数据库用户相同的表空间中，也可以存储在其他表空间里。数据库用户及其所拥有的数据库对象的集合被称为模式，其作用是用于管理数据库对

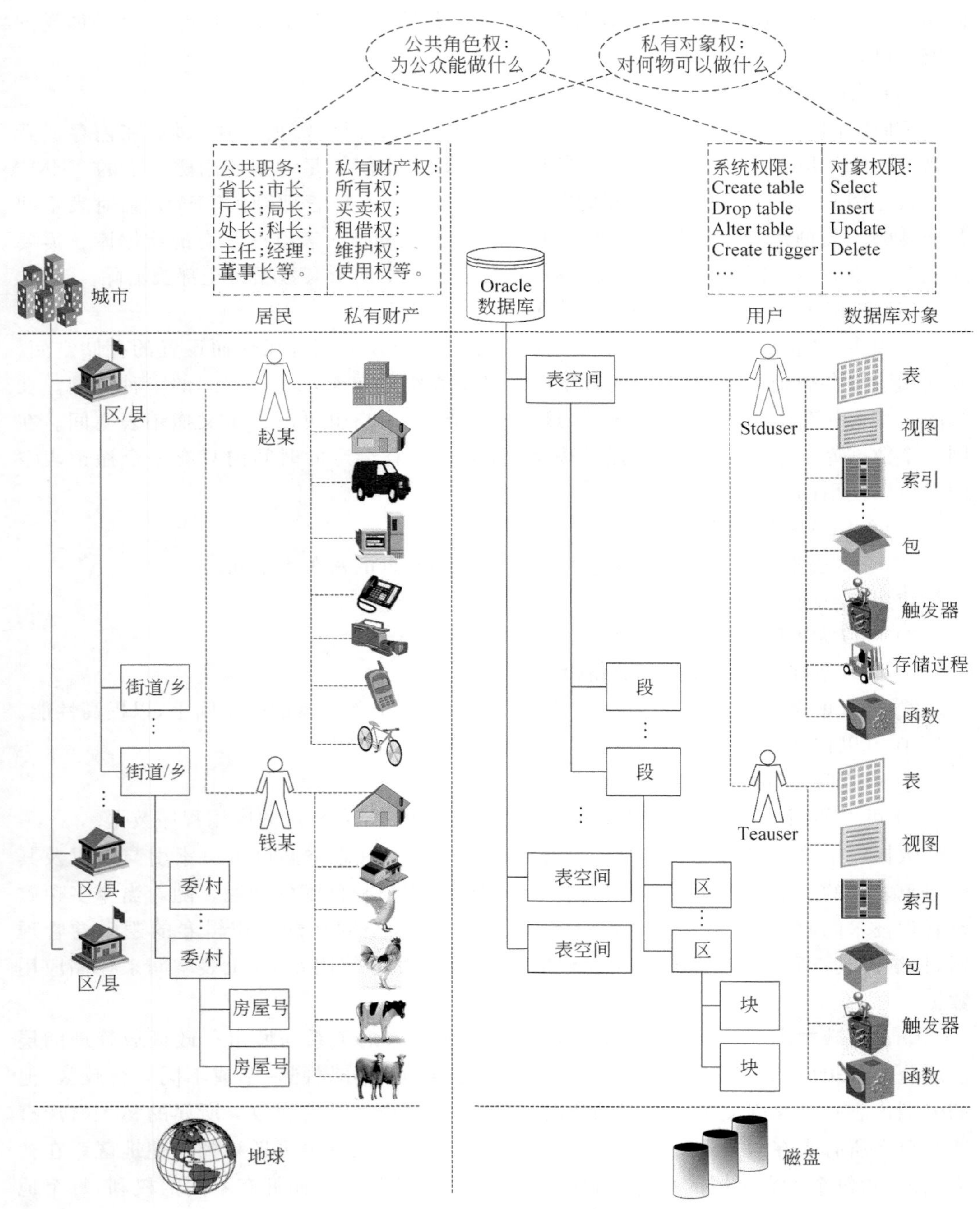

图 3-45 Oracle 逻辑结构与城市行政管理

象，模式与用户是一对一的关系。简言之，模式是数据库对象的逻辑容器，并以该数据库用户名命名，如 stduser 模式就是以该用户命名的 stduser 所属的数据库对象集合。在数据库中，每个数据库用户因其承担的角色不同，所拥有的系统权限和对象权限也不同。

每个表空间可被设定为只读状态，或脱机不可读。多数情况下，表空间是可读可写的。

创建数据库的整个过程与仓储物流公司的创建过程十分类似，如图 3-46 所示。

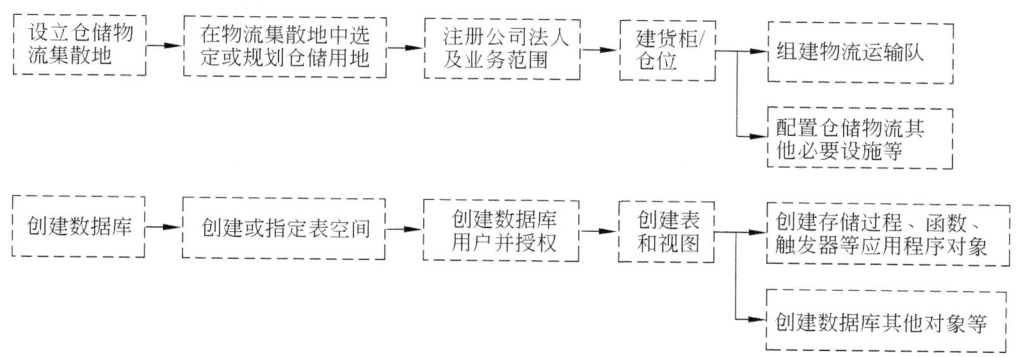

图 3-46 数据库创建过程

所以，创建数据库及其对象应遵循以下基本步骤：

(1) 创建数据库，在磁盘上部署数据库相关文件。

(2) 用具有 AS SYSDBA 身份的 sys 用户登录数据库，创建能为数据库对象提供存储空间的表空间，或设置默认表空间。

(3) 为数据库对象指定或创建一个属主，即创建数据库用户并为其授权。

通常情况下，需单独创建一个新的数据库用户，并指定一个已创建的表空间作为其默认的表空间，为该用户授予相应的系统权限和对象权限。

(4) 以新创建的数据库用户登录，如 stduser；并创建数据库对象，如表、索引等。

创建完数据库对象后，这些对象就属于该数据库用户，默认的存储表空间就是该数据库用户所选择的默认表空间。此外，以具有 SYSDBA 身份的 sys 用户登录并创建数据库对象；并为数据库对象指定其他任意用户为其默认所属的数据库用户，如 stduser。也可以指定其他表空间为数据库对象的默认表空间。

Oracle 数据库中，提供数据存储并保证数据完整性和一致性的是表对象及约束，能实现业务规则及数据处理的是其他程序单元。Oracle Database 11g 中常见的数据库对象及程序单元如表 3-3 所示。

表 3-3 Oracle Database 11g 数据库对象及程序单元

对象类型	关键词	描 述
表	Table	表是存储数据的基本形式，它通过主键和外键等约束保证数据的完整性、一致性。表有多种类型
视图	View	存储的查询，查看数据不占数据存储空间
索引	Index	用于快速定位数据的可选结构，索引类型有多种
物化视图	Materialized view	用于汇总并存储数据，类似于视图，但占用空间来存储数据
索引组织表	Index-orgnized table	使用主关键字并存储在索引段中的表数据
簇	Cluster	共享存储块的一组表

续表

对象类型	关键词	描　　述
约束	Constraint	强制实施数据完整性的存储规则
序列	Sequence	一种可连续产生数字序列的机制
同义词	Synonym	数据库模式对象的别名
触发器	Triggers	一种当事件发生时执行的 PL/SQL 程序单元
存储函数	Stored function	实现用户自定义功能并返回一个值的 PL/SQL 程序单元
存储过程	Stored procedure	定义业务处理规则并管理调用的 PL/SQL 程序单元
包	Package	有关过程、函数、变量、类型以及其他程序结构的集合
JAVA	Java	在 Oracle 中创建存储 Java 过程来定义业务规则
数据库链接	Database link	用于在数据库之间通信以共享数据

在 Database Control 中，连接数据库 EnterDB 所显示的数据库对象及程序单元等如图 3-47 所示。

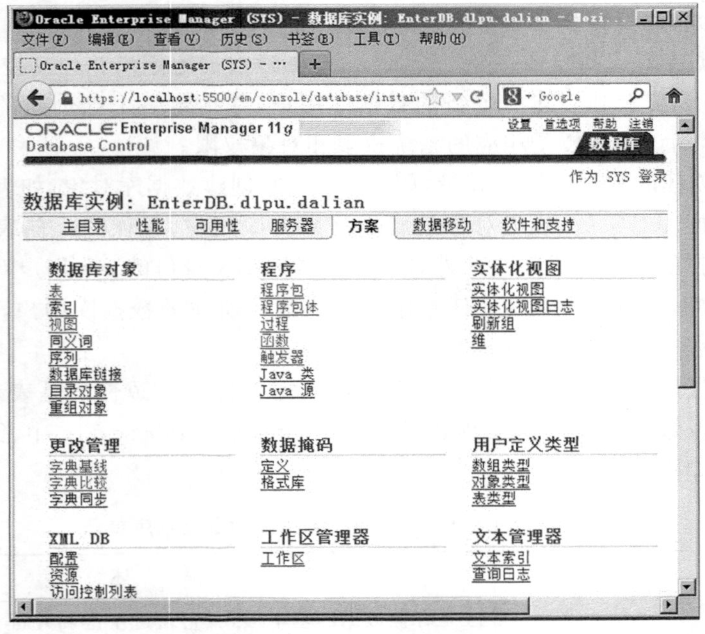

图 3-47　数据库对象及程序单元

3.4　Oracle 数据库物理结构

Oracle 数据库的物理文件主要有初始化参数文件、控制文件、数据文件和重做日志文件、口令文件等。每个文件承担的功能是不同的。

3.4.1 参数文件

Oracle数据库有许多与其相关的参数文件(Parameter Files),如用于从客户端连接网络上数据库服务器的tnsnames.ora文件,服务器端的listener.ora监听器文件、口令文件,以及sqlnet.ora等网络解析参数文件等。Pfile和SPfile是数据库的初始化参数文件,也是启动、运行数据库的关键性文件。

1. 参数文件Pfile

Pfile即为init.ora,该文件位于E:\app\Administrator\admin\EnterDB\pfile,由一系列的参数项及其值组成,可由文本编辑器打开并编辑。该文件名字的尾部有时会带有数字,如init.ora.012013225659,这是带时间戳的参数文件。数据库不同,文件名尾部的数字也不同。

Pfile参数文件所包含的内容主要包括实例标识,安全与审计,数据库域名,数据库标识,控制文件路径,数据库块大小,内存结构,如大型池、共享池等,进程和会话数,系统管理的撤销和回滚段等。Oracle 11g版本中,数据库的Pfile默认参数项明显减少,大约有16个参数项。

值得注意的是,Pfile文件不必指定特殊的位置。当用Pfile启动实例时,启动命令中只需用选项Pfile=<filename>指明该参数文件的具体位置即可。该选项非常有用,特别是在尝试设置数据库不同参数所产生的效果时是非常有用的。

init.ora文件不必位于数据库服务器端,但必须位于试图启动数据库的客户端上。也就是说,如果使用安装在Windows客户端上的SQL * Plus并通过网络管理UNIX服务器上的数据库,则需要使用客户端上的init.ora参数文件。

2. 服务器参数文件SPfile

服务器参数文件(SPfile)的默认名为SPFILE<Oracle_SID>.ora,是不可编辑的二进制文件,SPfile代表了Oracle为存取和维护实例参数设置所作的根本改变。

SPfile可消除与Pfile参数文件相关的两个严重问题:

(1) 消除了参数文件的扩散。一个SPfile总是且必须存储在数据库服务器上,不能驻留在客户端上,这就保证了系统读取参数设置时读取的数据源是唯一的。

(2) 消除了从数据库外部使用文本编辑器手动维护参数文件的可能。

使用ALTER SYSTEM命令即可直接将值写入SPfile,管理员不必手动查找并维护所有的参数文件,从而确保数据库的安全。

SPfile文件默认的命名规范如下:

(1) UNIX环境:$Oracle_Home/dbs/spfile$Oracle_SID.ora。

(2) Windows环境:<Oracle_Home>\database\SPFILE<Oracle_SID>.ora。例如E:\app\Administrator\product\11.2.0\dbhome_1\database目录下,SPfile的文件为SPFILEEnterDB.ora。

SPfile与Pfile文件之间可以互相转化,SPfile可用命令CREATE SPFILE从Pfile

文件创建。数据库启动时默认使用 SPfile 参数文件，而不必指定参数文件的位置。用 ALTER SYSTEM 命令可更新当前运行的数据库实例并修改 SPfile 的参数。

3. SPfile 与 Pfile 的关系

Pfile 与 SPfile 都是启动及维护数据库必不可少的初始化参数文件。开始创建数据库时，不论是手工还是使用向导工具创建，都必须使用 Pfile 参数文件。数据库创建完成后，系统通过 Pfile 来创建 SPfile。

CREATE PFILE...FROM SPFILE 命令与 CREATE SPFILE 命令正好相反，它直接由 SPfile 创建 Pfile 文件。数据库启动时，使用的默认参数文件是 SPfile。手动启动数据库时，可任意指定数据库的参数文件是 SPfile 或 Pfile。

该命令至少有两个用途：

(1) 创建带有特殊设置的一次性参数文件 Pfile，从 Pfile 文件启动数据库并用于维护数据库。所以，用 CREATE PFILE...FROM SPFILE 命令编辑 Pfile，修改需要的设置。接着用 Pfile=<file_name>选项指定 Pfile 作为启动数据库所需的参数文件。当维护完成后，Oracle 以自动方式启动数据库时，数据库使用的是 SPfile。

(2) 维护修改参数的注释历史更加方便。

3.4.2 控制文件

控制文件(Control Files)是相对较小的二进制文件，其大小最初是由 CREATE DATABASE 来决定，一般在 9～10MB 左右。在极端情况下，控制文件最大可达到 64MB，用于描述和维护数据库的物理结构。数据库的控制文件至关重要，它存放数据库的数据文件和日志文件信息。启动数据库时，Oracle 根据初始化参数文件中提供的控制文件位置信息访问控制文件。在数据库运行过程中，Oracle 要不断更新控制文件。显然，一旦控制文件受损，数据库将无法正常运行。所以，控制文件是多重的。Oracle 9i 默认有三个控制文件，与数据文件和日志文件在同一目录下。Oracle 11g 默认控制文件有两个，位置分别在 E:\app\Administrator\oradata\EnterDB 和 E:\app\Administrator\flash_recovery_area\EnterDB 目录中。一个控制文件只能属于一个数据库。一个数据库可以有多个控制文件，且文件的内容相同，每个控制文件应分别存储，丢失或损坏控制文件会增加恢复数据库的难度。因此，数据库创建完成后应及时备份控制文件。

控制文件的后缀为.ctl，同一个数据库的控制文件内容都相同，主要包括的信息有数据库名和标识符，数据库创建的时间、表空间名字、数据文件和日志文件的名字和位置，当前重做日志文件的顺序号、检查点信息、回滚段的起点与终点、重做日志的归档信息以及备份信息等。

3.4.3 重做日志文件

Oracle 日志文件(Redo Log Files)分为三类：警报日志(Alert Log Files)、跟踪日志(Trace Files)以及重做日志文件(Redolog Files)。

重做日志是恢复数据库的重要依据。重做日志又分为在线重做日志和归档重做日志。在线重做日志(Online Redo Log Files)又称为联机重做日志，就是以SQL脚本的形式实时记录数据库数据更新，并保存到在线日志文件中。归档重做日志(Archive Redo Log Files)是在满足一定条件后，Oracle将在线重做日志以文件的形式永久保存到硬盘里。重做日志是实现数据库备份和恢复的主要手段。

重做日志文件以组的形式组织，一个重做日志文件组包含一个或多个日志文件。同一组的日志文件内容相同。

重做日志文件是Oracle数据库至关重要的组成部分，它实时记录数据库中所有更新信息，主要包括数据库数据的更新信息。查询操作不会被记录在日志文件中。当数据库更新操作真正被提交并被写入到数据文件之前，SQL脚本会被先写入到重做日志文件中。

在Oracle 11g中，每个数据库对应三个在线重做日志文件组，每个重做日志文件组有一个日志文件，分别是redo01.log、redo02.log和redo03.log，位置在E:\app\Administrator\oradata\EnterDB目录中。重做日志文件是以循环的方式使用的。默认情况下，只有一组处于活动状态，不断同步写入更新脚本信息。当前归档日志组写满后，LGWR将自动转向下一个日志文件组继续写。只有当数据库工作在ARCHIVED归档模式下，才能在数据库文件丢失或损坏时使用归档日志文件将数据库恢复到当前的状态，如图3-48所示。

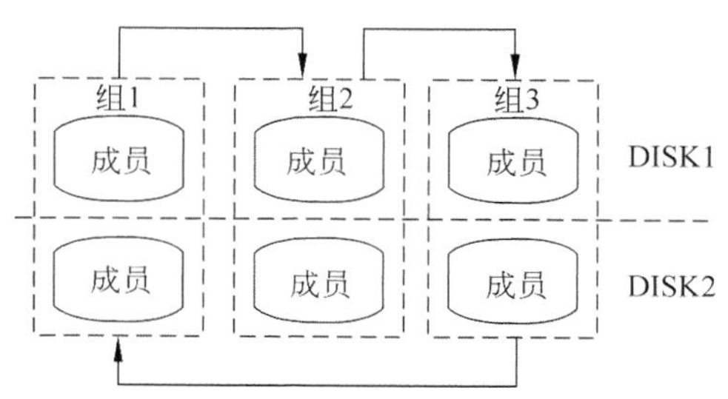

图3-48 在线重做日志文件组

3.4.4 数据文件

数据库表空间及数据库对象最终都是以若干个数据文件(Data Files)存储的。

数据文件中主要包括以下几方面的内容：

(1) 表中的数据。

(2) 索引数据。

(3) 数据字典定义。

(4) 数据库对象，如存储过程、函数包等。

(5) 用户的定义。

(6) 排序时产生的临时数据等。

数据文件与重做日志文件是数据库最重要的文件。所有数据最终存储在数据文件中，每个数据库至少有一个以上与其相关的数据文件。实际的数据库至少有三个数据文件。其中，system01.dbf对应SYSTEM表空间，该表空间存储Oracle数据字典。sysaux01.dbf对应SYSAUX表空间，存储非数据字典对象，此表空间是Oracle 10g以上版本才有的。users01.dbf对应USER表空间。此外，temp01.dbf对应于临时表空间，undotbs01.dbf对应于回滚段表空间。数据文件位于E:\app\Administrator\oradata\

EnterDB目录中。

操纵数据文件必须以sys用户且AS SYSDBA身份连接数据库。

3.4.5 临时文件

Oracle临时文件(Temp Files)是特殊类型的数据文件。Oracle使用临时文件存储较大排序操作和散列操作的中间结果,以及全局临时表数据。当内存不足无法处理所有内存中数据时,临时文件可用来临时存储结果集数据。临时文件不存储永久数据对象,如表、索引等,但存储临时表及排序所产生的临时数据。

Oracle中临时文件比较特殊,虽然数据库对象的改变都会记录在重做日志中,但临时文件中数据的改变不会写入重做日志文件中。当数据库关闭时,临时数据文件中的数据全部被清空。

3.4.6 口令文件

口令文件(Password Files)是可选的,用于进行DBA用户权限的身份认证,从而控制具有SYSDBA身份的管理员通过网络远程存取数据库。DBA用户具有SYSDBA和SYSOPER角色。默认情况下,SYSDBA角色用于sys用户,SYSOPER角色用于system用户。

当启动本地机Oracle时,Oracle使用OS来完成验证。Oracle的身份验证有两种:操作系统集成身份验证和使用Oracle数据库口令文件的身份验证。

口令文件的位置:

(1) Linux环境下:<Oracle_Home>/dbs/orapw<Oracle_SID>。

(2) Windows环境下:<Oracle_Home>\database\PWD<Oracle_SID>.ora,即E:\app\Administrator\product\11.2.0\dbhome_1\database,文件名为PWDEnterDB.ora。

当Oracle安装完成,一般要求指定一个管理员组。通常在UNIX/Linux中,该组默认为DBA;在Windows中是OSDBA。

3.4.7 二进制文件

1. 文件类型

Oracle数据库的二进制应用程序文件主要存放在<Oracle_Home>\BIN目录下,例如E:\app\Administrator\product\11.2.0\dbhome_1\BIN。

此目录中的可执行文件是能完成一定功能的各种数据库工具。文件的类型主要有可执行文件.exe,如LSNRCTL.exe、sqlplus.exe;Windows批处理文件.bat,如srvctl.bat、dbca.bat;动态链接库.dll等,如图3-49所示。

2. 执行方式

执行此类文件有两种方式:一种是在选定的文件上双击鼠标;另一种是选择"开始"

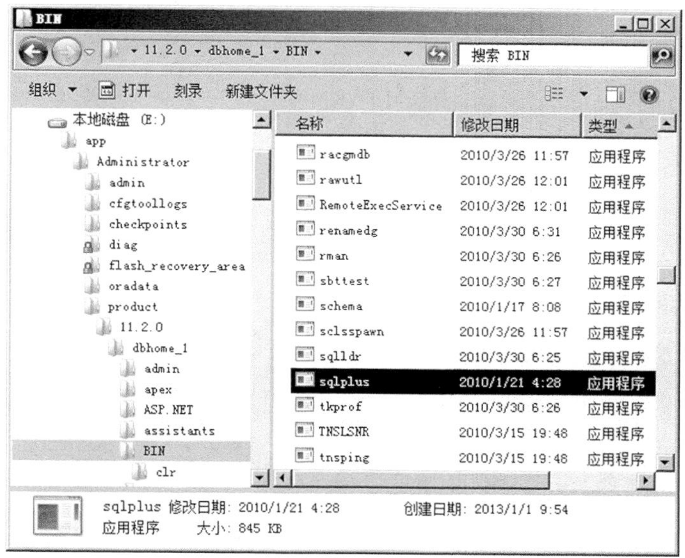

图 3-49 二进制文件及目录

→"所有程序"→"附件"→"命令提示符"命令，在提示符中执行相应的命令文件。

3.5 SQL与数据库交互接口

SQL＊Plus是由Oracle提供，并实现SQL与Oracle数据库交互的免费客户端工具，在SQL＊Plus中可以运行SQL＊Plus命令，SQL及PL/SQL语句。用户在SQL＊Plus中输入命令向数据库发送指令，数据库也将处理结果通过SQL＊Plus呈现给用户。PL/SQL则是Oracle的过程化编程语言。

SQL＊Plus可实现多种功能：

(1) 创建及维护数据库，如关闭或启动数据库，备份/恢复数据库等。

(2) 创建表空间。

(3) 执行SQL及PL/SQL语句，生成SQL脚本。

(4) 创建数据对象，如表、视图、索引、存储过程、函数及触发器等。

(5) 实现数据的导入导出。

(6) 用户管理及权限维护等。

3.5.1 SQL＊Plus连接数据库

连接Oracle数据库必须用已在数据库中创建的用户登录。

SQL＊Plus连接数据库有以下几种方法：

1. 基于菜单的启动

选择"开始"→"所有程序"→Oracle － OraDb11g_home1→"应用程序开发"命令单

击并启动 SQL * PLUS 后，输入登录的数据库用户名及口令即可。

2. 基于命令提示符的启动

选择“开始”→“附件”→“C:\命令提示符”命令，将路径转换到 sqlplus.exe 所在目录下，即 E:\app\Administrator\product\11.2.0\dbhome_1\BIN。在当前命令行内按照如下格式输入命令：sqlplus <user_name>/<password>，输入无误即可连接至默认数据库，如图 3-50 所示。

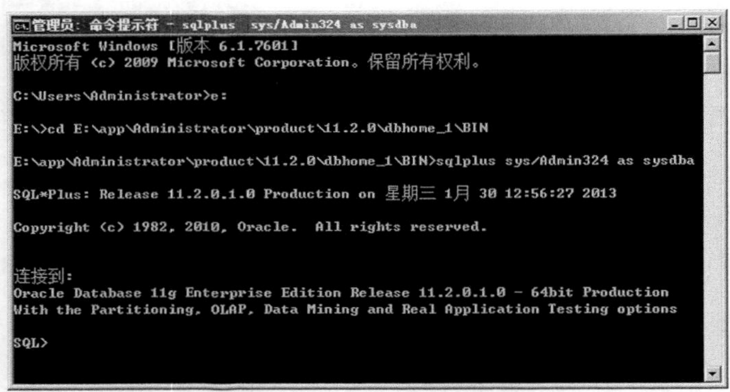

图 3-50 基于命令提示符的启动

若将某数据库设置成当前默认数据库，则执行命令 SET Oracle_SID=<SID>，如 SET Oracle_SID=EnterDB。

3. 基于快捷方式的启动

为 SQL * Plus 建立快捷方式，通过快捷方式启动并直接登录数据库，无须再输入账号和口令。

(1) 在 Oracle 二进制文件所在目录 E:\app\Administrator\product\11.2.0\dbhome_1\BIN 中找到 sqlplus.exe。

(2) 右击选取“快捷方式”。

(3) 在建好的“快捷方式 sqlplus”上右击，从弹出的快捷菜单中选择“属性”命令。

(4) 在打开的“属性”对话框中的“目标”文本框中输入如下格式的参数：E:\app\Administrator\product\11.2.0\dbhome_1\BIN\sqlplus sys/Admin324 as sysdba，如图 3-51 所示。然后单击“确定”按钮，并将该“快捷方式 sqlplus”拖到桌面。启动时，双击快捷方式即可。

4. 基于“运行”的启动与登录

选择“开始”→“运行”命令，在打开的对话框中按照格式 sqlplus <user_nam e>/<password>输入用户及口令，单击“确定”按钮即可直接登录当前默认数据库，如图 3-52 所示。

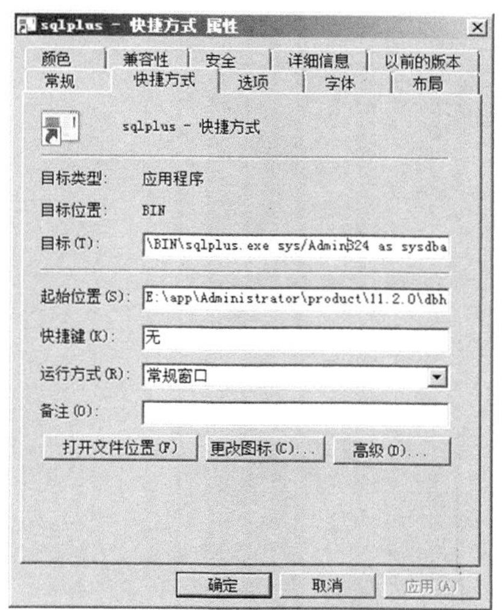

图 3-51 SQL * Plus 快捷方式

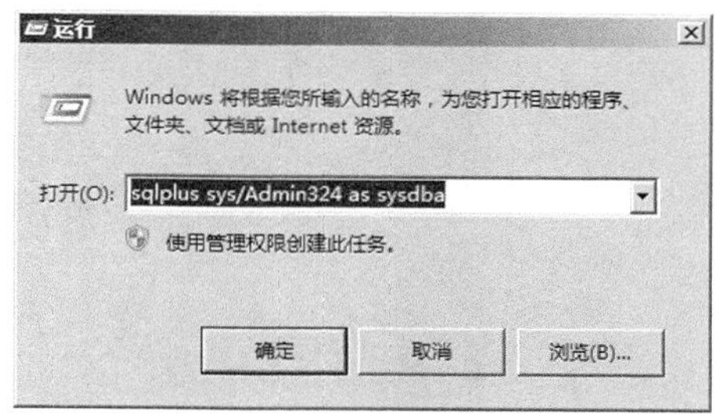

图 3-52 基于“运行”的启动

3.5.2 特殊启动格式

在命令行中，用户 sys 登录 SQL * Plus 时有几种特殊格式：

格式 1：

```
sqlplus/nolog
```

含义：运行 SQL * Plus 命令，进入 SQL * Plus 环境并打开一个空的实例。空的实例意味着 Oracle 没有为其在内存分配 SGA。此时可进行数据库的创建或维护。其中，/nolog 是指不登录到数据库。若没有/nolog 参数，SQL * Plus 会提示输入用户名和密码。

格式 2：

```
SQL>connect/as sysdba
```

含义：以系统管理员 SYSDBA 身份连接数据库。由于操作系统用户 Administrator 是 Oracle 中 DBA 组的成员，以这种方式登录数据库是典型的操作系统认证，不需要 Oracle 监听器 LISTENER 进程及口令文件验证，如图 3-53 所示。

3.5.3 SQL * Plus 常用命令

常用命令如下：

(1) 命令：

```
SQLPLUS-VERSION
```

作用：显示与数据库一同安装的 SQL * Plus 版本号。

(2) 命令：

```
SHOW RELEASE;
```

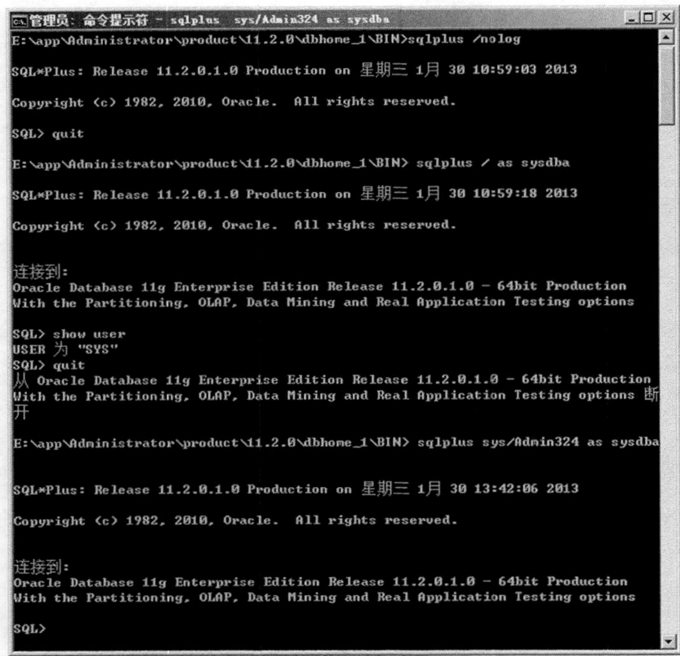

图 3-53 几种特殊的启动方式

作用：显示数据库的版本。

(3) 命令：

```
SHOW PARAMETER INSTANCE
```

或

```
SELECT instance_name FROM v$instance;
```

作用：查询当前数据库实例名，如图 3-54 所示。

(4) 命令：

```
SELECT name FROM v$database;
```

或

```
SHOW PARAMETER DB;
```

作用：查询数据库名。

(5) 命令：

```
SHOW PARAMETER DOMAIN
```

或

```
SELECT value FROM v$parameter WHERE name='db_domain';
```

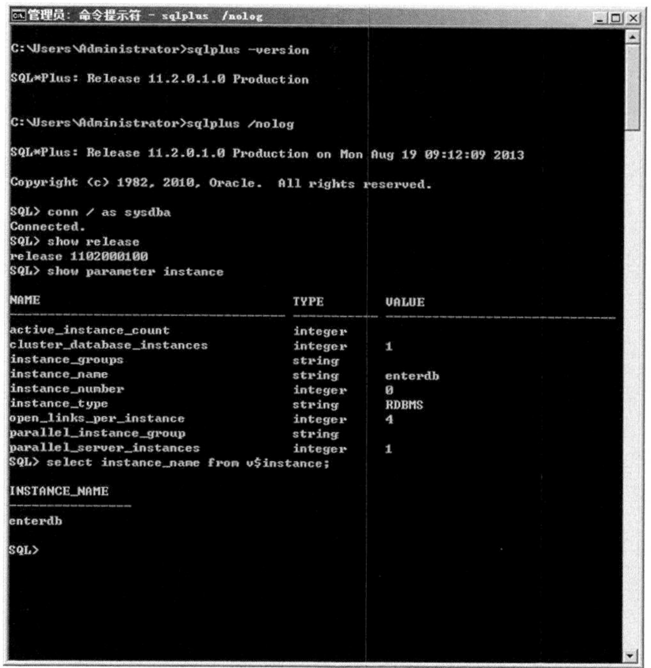

图 3-54　查询数据库实例名

作用：查询数据库域名，如图 3-55 所示。

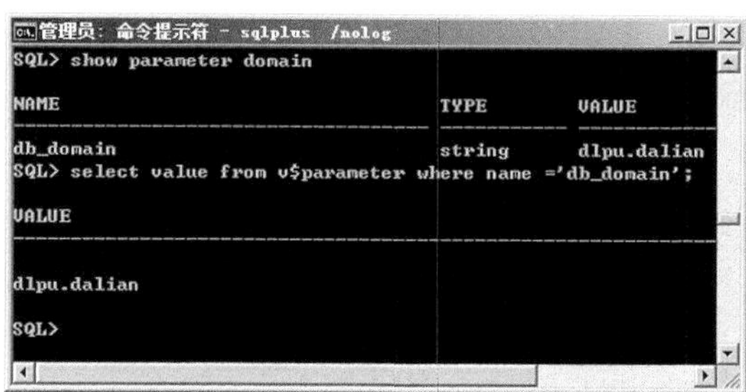

图 3-55　查询数据库域名

(6) 命令：

```
SHOW PARAMETER SERVICE_NAME
```

作用：查询数据库服务名。

(7) 命令：

```
DESC <table_name>;
```

作用：显示表的结构。

(8) 命令：

```
SPOOL <file_name>
```

作用：该命令将屏幕上显示的内容输出到<file_name>文件中。

(9) 命令：

```
SPOOL OFF
```

作用：关闭 SPOOL 输出。只有关闭 SPOOL 输出才会保存并在输出文件中看到输出的内容。

(10) 命令：

```
SET ECHO {ON|OFF}
```

作用：在执行 SQL 脚本时，是否显示脚本中正在执行的 SQL 语句。

(11) 命令：

```
SET SERVEROUT[PUT] {ON|OFF}
```

作用：是否将 DBMS_OUTPUT.PUT_LINE 包输出的信息显示到屏幕上。只有将 SERVEROUTPUT 变量设为 ON 后，信息才能显示在屏幕上。

(12) 命令：

```
SET TIMING {ON|OFF}
```

作用：显示每个 SQL 语句花费的执行时间。

(13) 命令：

```
RUN
```

或

```
/
```

作用：再次执行刚才已经执行的 SQL 语句。

(14) 命令：

```
CONNECT <user_name/passwd>@db_alias
```

作用：在 SQL * Plus 中连接到指定的数据库。

(15) 命令：

```
REMARK [text]
```

作用：写一个注释。

(16) 命令：

```
PROMPT [text]
```

作用：将指定的信息或一个空行输出到屏幕上。

(17) 命令：

```
HOST
```

作用：不退出 SQL * Plus，在 SQL * Plus 中执行一个操作系统命令。

(18) 命令：

```
SHOW ALL
```

作用：显示当前在 SQL * Plus 中设置的环境变量值。

(19) 命令：

```
SHOW SGA
```

作用：显示 SGA 的大小。

(20) 命令：

```
SHOW USER
```

作用：显示当前连接数据库的用户名。

3.5.4 PL/SQL 常用开发工具

1. PL/SQL Developer

与 Oracle SQL * Plus 不同，PL/SQL Developer 为用户提供了一个专门用于开发 Oracle 数据库存储程序单元的集成开发环境。PL/SQL Developer 具有程序的编辑、编译、测试、调试、优化和查询等诸多功能，是一个非常便利的第三方开发工具。PL/SQL Developer 的安装使用也非常简单。

PL/SQL Developer 的使用方法：启动 PL/SQL Developer 后，系统要求输入登录的用户名、口令及所要连接的数据库，如果登录的用户是 DBA，则在 CONNECT AS 项中应选择 SYSDBA，否则选择默认的 NORMAL。

2. TOAD

TOAD(Tools of Oracle Application Developers)是一种专业化、图形化的 Oracle 应用开发和数据库管理工具，具有数据库访问速度快、简单易用、功能强大等特点。TOAD 已经成为许多 Oracle 专业人士的首选工具。

以上两种第三方开发工具的具体使用方法可参照相关文档。注意：TOAD 和 PL/SQL Developer 工具都不能使用 64 位的 Oracle，只针对 32 位的 Oracle 有效。

3.6 删除数据库

删除数据库同样有两种方式：一种是用 SQL 语句手工删除数据库；另一种是使用 DBCA。

3.6.1 用 SQL 语句手工删除数据库

操作步骤如下：

(1) 设置目标数据库为当前默认的数据库。

在操作系统提示符下运行下列命令：

```
SET Oracle_SID=<target_database_SID>
```

(2) 启动 SQL * Plus，用具有 SYSDBA 身份的用户连接要删除的目标数据库，一般用 sys 数据库用户即可。

(3) 从数据字典中查询并验证当前连接的就是要删除的目标数据库。

```
SQL>SELECT name FROM v$database;
```

(4) 执行下列命令开始删除数据库。

```
SQL>SHUTDOWN IMMEDIATE;
SQL>STARTUP MOUNT EXCLUSIVE RESTRICT;
SQL>DROP DATABASE;
```

执行上述步骤后，与数据库相关的所有数据文件、控制文件、联机重做日志文件都将被全部删除。数据库删除是不可恢复的。用 DROP DATABASE 命令删除数据库时，无法删除旧的归档重做日志文件，必须用操作系统命令删除，也可用 Oracle 的 RMAN 工具来删除。

3.6.2 使用 DBCA 删除数据库

操作步骤如下：

(1) 启动数据库配置助手 Database Configuration Assistant，选择“删除数据库”单选按钮，如图 3-56 所示。

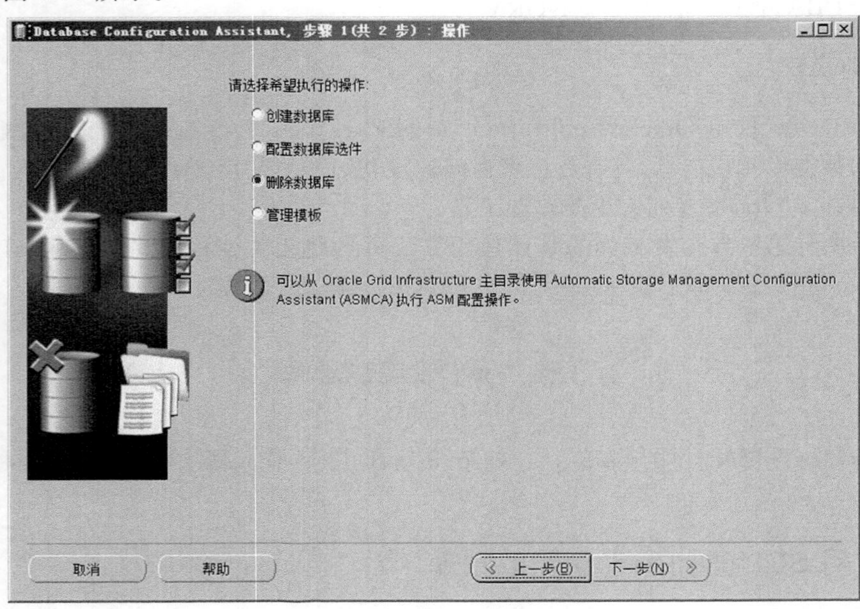

图 3-56 选择“删除数据库”单选按钮

(2) 选择要删除的目标数据库,然后单击"完成"按钮,系统即可干净彻底地删除数据库。整个过程全部是自动完成的,不需手工干预,如图 3-57 所示。

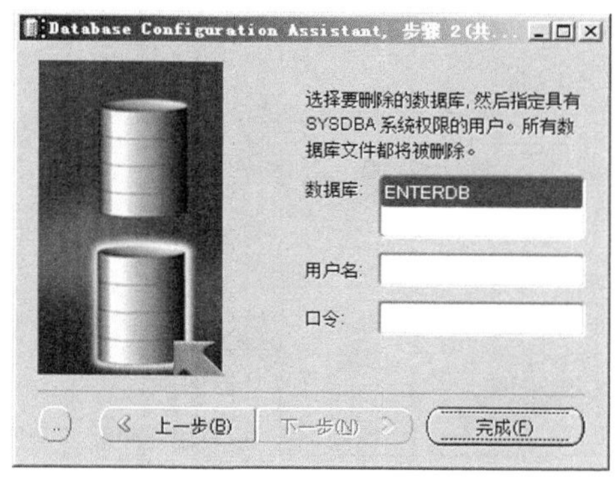

图 3-57 选择要删除的数据库

其删除数据库的过程如图 3-58 所示。具体过程如下:

① 连接到数据库。

② 更新网络配置文件。

③ 删除实例和数据文件。

可以看出,删除数据库是创建数据库的逆向过程。

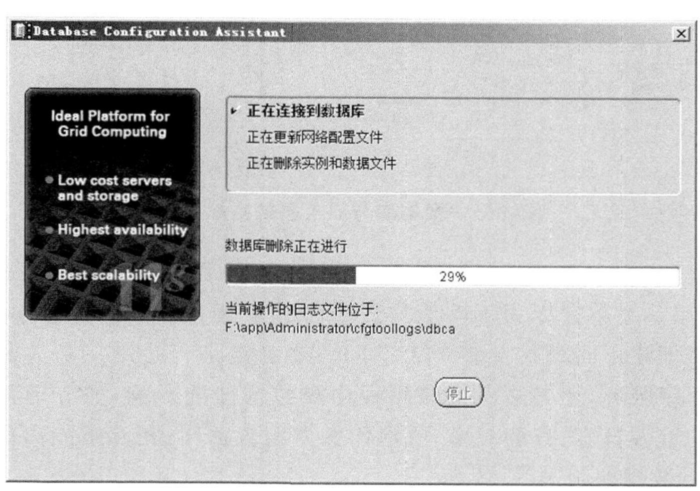

图 3-58 删除数据库的过程

3.7 数据库与服务器

一个服务器上可以创建多个数据库,创建多少个数据库最终都与磁盘空间、内存以及 CPU 等硬件资源有关。由于 Oracle 系统软件不仅可以安装在不同的服务器上,也可以在同一个服务器的不同位置上安装多个 Oracle 二进制文件,即 Oracle 软件可在同一个服务器上安装多次。每安装一次<Oracle_Home>就有所不同，如第一次安装时<Oracle_Home>为E:\app\Administrator\product\11.2.0\dbhome_1，第二次安装时<Oracle_Home>中的dbhome_1变成了dbhome_2，以此类推。数据库与服务器之间的若干搭配方式如图3-59所示。

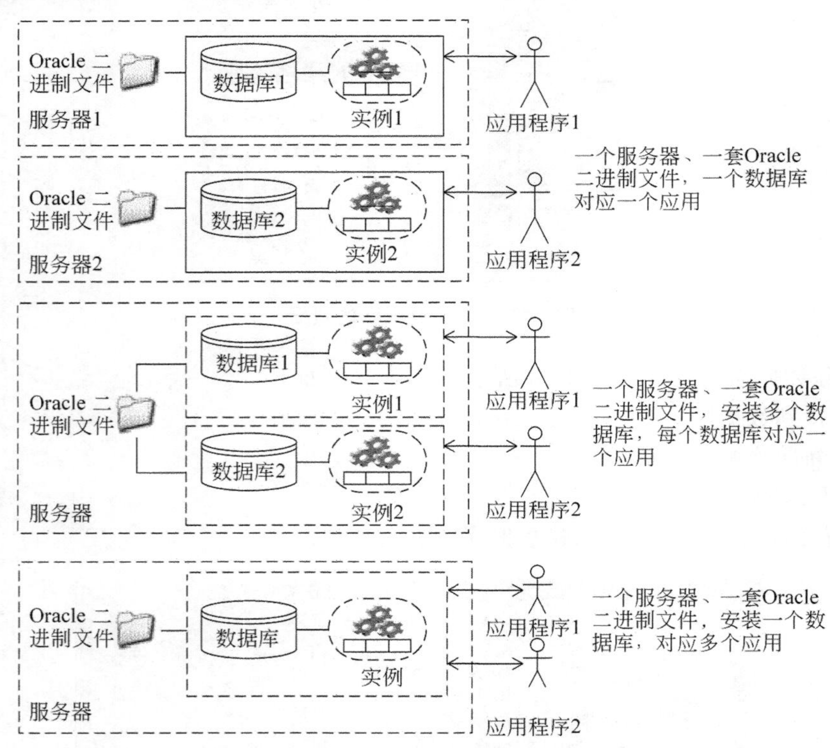

图3-59 数据库与服务器的搭配方式

如果磁盘空间、内存以及CPU等硬件资源不充分，则不能在一个服务器上创建多个数据库，应考虑用一个数据库为不同用户提供多种应用程序。此环境中，最典型的是为不同的应用程序创建不同模式及多个表空间。要确定是否使用一个数据库为多个用户提供多个应用程序服务，还必须考虑应用程序对数据库的影响，如应用程序的操作是否需要产生大量的重做日志；查询频率；适用什么类型数据库；相互被隔离；是否需要分区、集群以及Oracle数据库版本等。

作 业 题

1. 用实际例子分析说明视图与物化视图的区别。
2. 用实际例子说明表、索引与存储结构之间的关系。
3. 用SQL语句的方式创建名为mydb的数据库，请写出具体过程并创建具体数据库。

4. 手动删除任意一个数据库，写出删除过程，并与其比较用 DBCA 删除数据库的异同。

5. 比较数据库与服务器不同搭配方式之间的优劣，请详细说明。

6. 到 Oracle 官方网站下载 Oracle Linux Server 软件包，并在虚拟机或裸机上安装。在 Oracle Linux Server 上安装 Oracle，并创建名为 flowerdb 的数据库，请写出详细过程。

7. 分别安装 Oracle 9i R2 和 Oracle database 11g R2，请比较两种版本在使用环境上的区别。

8. 创建 Oracle 数据库应遵循哪些基本步骤？

9. 比较 Oracle 与其他数据库管理系统在使用及安装上的区别，请举例说明。

第4章 chapter 4

创建表空间

本章目标

掌握定义并创建表空间的方法，掌握如何管理表空间。

4.1 表空间规划及分配

教学管理数据库 EnterDB. dlpu. dalian 存储有 7 个表，总存储量约有 280MB。数据库数据主要集中于学院设置信息、专业设置信息表、学生基本信息、教师基本信息、课程基本信息、学生成绩信息和教学任务信息等。平时数据的更新操作很少，期末和开学初是学生选课注册、考试成绩录入以及成绩查询最为频繁的时期。插入、更新和查询操作多集中于此。所以，数据库存储的分配策略对其运行效率影响至关重要。

(1) 数据库的数据文件、重做日志文件及控制文件，以及相关的参数文件等，原则上应尽可能分别存放，不能存储在同一个磁盘或分区上，这样除了可以避免读写冲突外，还可以避免因硬盘故障而导致的数据损失。

(2) 因学生成绩查询比较频繁，所以应将数据与索引分别存储在数据表空间和索引表空间。

(3) 主要数据存储在一个表空间里。考虑到全校所有专业的全部课程成绩均存储在同一个表中，系统运行初期数据量不大，但随着数据的积累，数据量还是比较大的，所以可将学生成绩信息表采用分区表形式存储，不同分区分别存储在不同表空间中，从而提高系统性能及数据的安全性。

(4) 表空间分配如表 4-1 所示。

所有的索引均存储在索引表空间 tbs_index，根据第 3 章索引大小的估算，初始大小设定为 200MB 可满足实际需要。

默认的临时表空间设为 tbs_temp，每个连接到数据库的用户都可以使用默认临时表空间，也可以使用由数据库管理员为其指定的其他临时表空间。一般来说，一个数据库指定一个临时表空间即可。临时表空间存放在一个具有足够空间大小的独立磁盘或分区中可提高数据库系统性能。如果不为用户指定临时表空间，则 Oracle 会利用 SYSTEM 表空间创建临时段，用户数据操作会与系统竞争空间资源，从而影响系统性能。

表 4-1 表空间分配

表名	所属模式	对应所属部门	对应表空间	初始大小	增长方式
学院设置信息	staffuser	全校各学院	tbs_main	500M	自动
专业设置信息	staffuser	各学院专业	tbs_main	500M	自动
学生基本信息	staffuser	全校学生	tbs_main	500M	自动
教师基本信息	staffuser	全校教师	tbs_main	500M	自动
课程基本信息	staffuser	全校所有课程	tbs_main	500M	自动
教学任务信息	staffuser	所有专业	tbs_main	500M	自动
学生成绩信息	staffuser	生物工程学院 食品科学与工程学院	tbs_bio_foo	200M	自动
		信息科学与工程学院 材料科学与工程学院	tbs_infor_mati	200M	自动
		艺术设计学院 服装学院 商务学院	tbs_art_fash_busi	200M	自动

数据库仍使用系统默认的回滚表空间 UNDOTBS1。

数据库管理员 dbdatauser 和数据库管理员 dbsysuser 默认的表空间与教务管理部门 staffuser 相同。

教师用户 teauser 与学生用户 stduser 的默认表空间为 Tbs_teach_std，初始大小为 200MB，自动增长方式，增幅 10%。由于数据库的所有操作以事务处理为主，因此所有表空间的数据块大小统一设置为 8KB。如表 4-2 所示。

表 4-2 表空间与文件

表空间	类型	对应文件	文件大小(MB)	增长幅度(%)	增长方式
tbs_main	永久/联机	tbs_main1. ora tbs_main2. ora	250 250	10 10	自动 自动
tbs_bio_foo	永久/联机	tbs_bio_foo1. ora tbs_bio_foo2. ora	100 100	10 10	自动 自动
tbs_infor_mati	永久/联机	tbs_infor_mati1. ora tbs_infor_mati2. ora	100 100	10 10	自动 自动
tbs_art_fash_busi	永久/联机	tbs_art_fash_busi1. ora tbs_art_fash_busi2. ora	100 100	10 10	自动 自动
tbs_teach_std	永久/联机	tbs_teach_std1. ora tbs_teach_std2. ora	100 100	10 10	自动 自动
tbs_index	永久/联机	tbs_index1. ora tbs_index2. ora	100 100	10 10	自动 自动
tbs_temp	临时/联机	tbs_temp1. ora tbs_temp2. ora	100 100	10 10	自动 自动

如果 Oracle Database 的二进制文件安装在 Oracle ACFS 上，则所有表空间的位置不必具体指定，均可交给 ACFS 来自动管理。在本案例环境中，Oracle 安装在 NTFS 格式的单一磁盘驱动器上。教学管理数据库 EnterDB. dlpu. dalian 的控制文件、重做日志

文件及 SYSTEM、SYSAUX、TEMP 等表空间都存储在 E:\app\Administrator\oradata\EnterDB 目录中。为存储表数据、索引及数据库对象而单独创建的其他表空间则存储在 D:\EnterDB_data 目录中。如果系统安装在多驱动器环境，则表空间的数据文件必须分别指定位置，以提高性能和安全性。

4.2 创建表空间

表空间就是数据库用户及其对象的居住地，默认表空间如同数据库用户的户籍所在地。创建表空间如同为仓储物流公司选择公司所在地和具体仓储用地，就是为即将创建的数据库用户及其所属对象提供存储空间。表空间是以文件形式存储在磁盘上，表空间就是一个逻辑存储单元。

创建表空间有两种方法：

(1) 启动 Oracle Enterprise Manager 控制台。在 Oracle 11g 中启动 Oracle Database Control 并登录数据库，通过向导完成创建。在 Oracle 9i 中启动 Oracle Enterprise Manager 并连接目标数据库，在图形界面中完成。

(2) 在命令行中执行创建表空间的命令。

具有 SYSDBA 系统权限的 sys 用户能够创建表空间，所以必须用 sys 登录到数据库 EnterDB，并创建相应表空间。

4.2.1 创建表空间 Tbs_main

首先登录 Oracle Enterprise Manager Database Control，如图 4-1 所示。

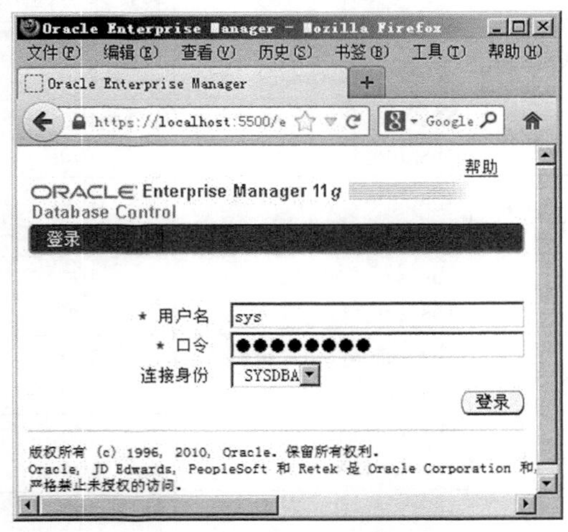

图 4-1 sys 登录 Oracle Database Control

选择"服务器"选项卡，并单击"存储"项中的"表空间"，如图 4-2 所示。在表空间页面单击"创建"按钮，默认的对象类型为"表空间"，进入"创建表空间"界面，如图 4-3 所示。

在"一般信息"选项卡中的"区管理"中选择"本地管理"单选按钮，在"类型"中选择

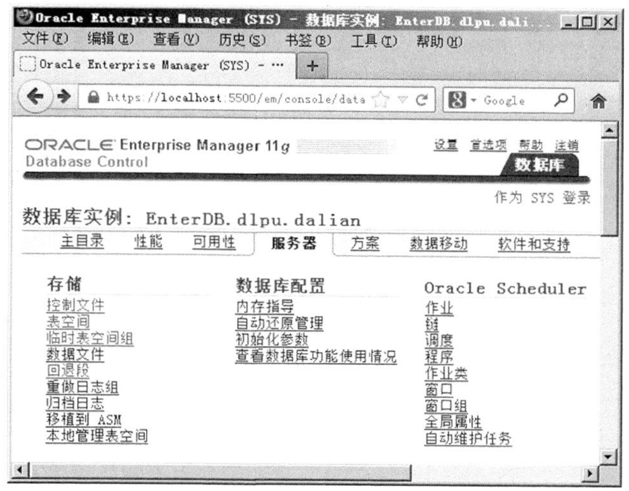

图 4-2 “服务器”选项卡

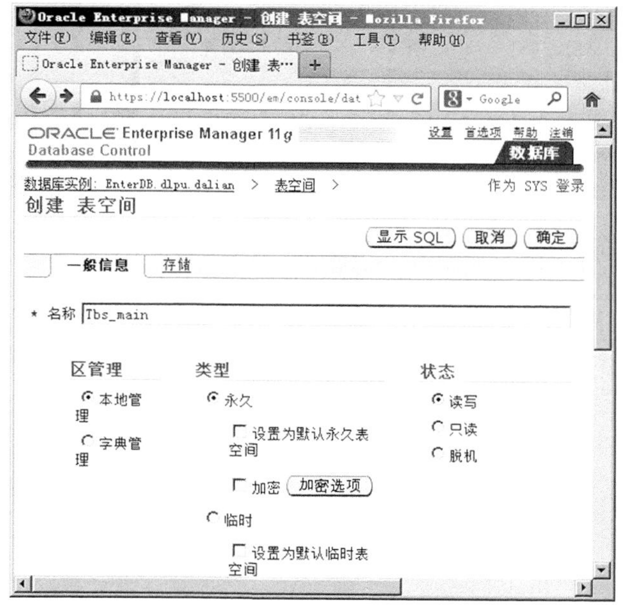

图 4-3 创建表空间界面

“永久”单选按钮，在“状态”中选择“读写”单选按钮。

单击“存储”选项卡，在“区分配”中选择“自动”单选按钮，也可根据实际选择“统一”单选按钮，并指定统一分配的大小；在“段空间管理”中选择“自动”单选按钮。

由于在数据库创建时选择的数据库类型为事务型，因此在界面底部块大小显示 8192 字节，单击左下角“一般信息”，出现正在创建的表空间存储的目标目录。此时，单击“编辑”或“添加”按钮，进入为该表空间创建数据文件的界面，如图 4-4 所示。

在“文件名”文本框中输入 Tbs_main1. ora；“文件目录”文本框中的路径不是规划中

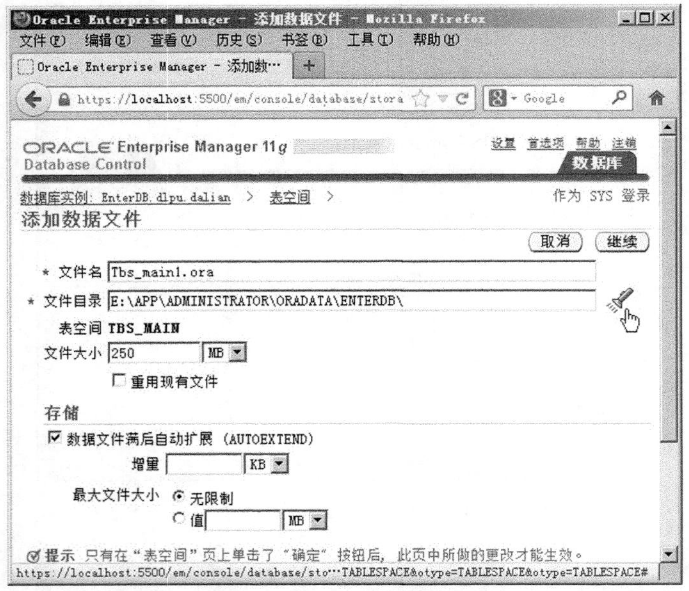

图 4-4 添加数据文件

设计的目录,需更改路径,所以单击右侧文件目录图标按钮,进入主机身份证明界面。由于文件目录的更改属于OS管理的范畴,因此必须进行主机身份的验证。此处用户名是Administrator,口令是登录Windows Server 2008操作系统时用的口令,如图4-5所示。

图 4-5 主机身份验证

在"在目录中搜索"文本框中输入目标驱动器D:\或目录名,并选择目标目录EnterDB_data,单击"选择"按钮返回添加数据文件界面,如图4-6和图4-7所示。在"文件大小"文本框中输入250MB,对数据文件的存储可以选择"数据文件满后自动扩展",否则数据文件满后需手动增加。在"增量"文本框中输入25MB,"最大文件大小"选择"无限制"单选按钮。

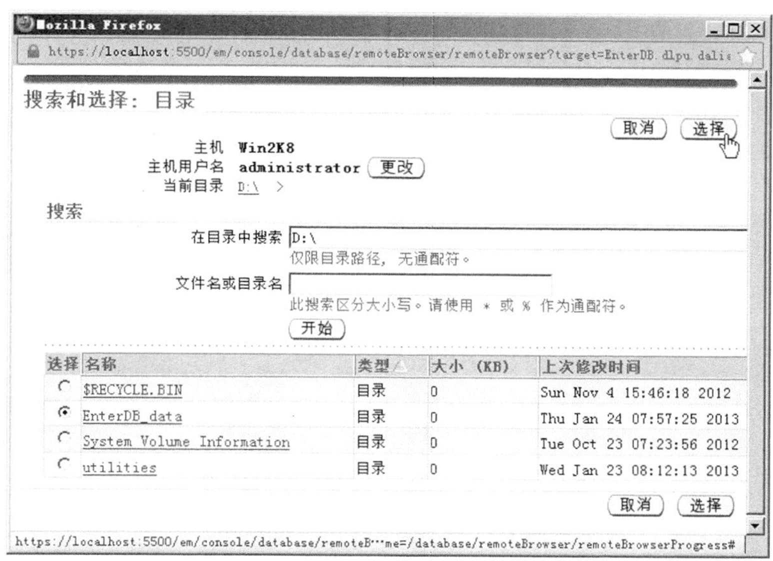

图 4-6 更改数据文件存储目录

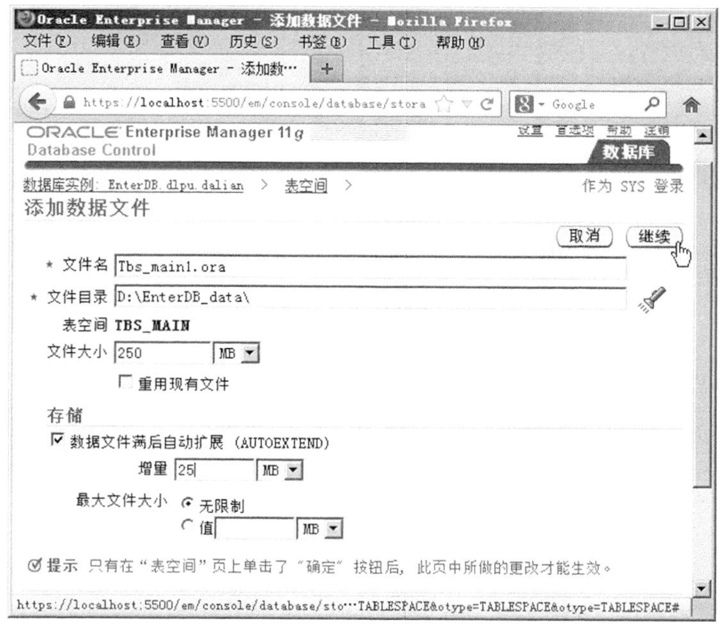

图 4-7 数据文件选项

在实际环境中，对表空间的最大数据文件大小值也有限制，以防止数据文件的无限扩张，从而导致磁盘空间消耗过快而引起的系统性能下降或死机。单击"继续"按钮，返回到"数据文件"页面。若查看创建表空间和添加数据文件的 SQL 脚本，则单击"显示SQL"按钮。单击"确定"按钮，进入表空间创建成功界面，如图 4-8 和图 4-9 所示。

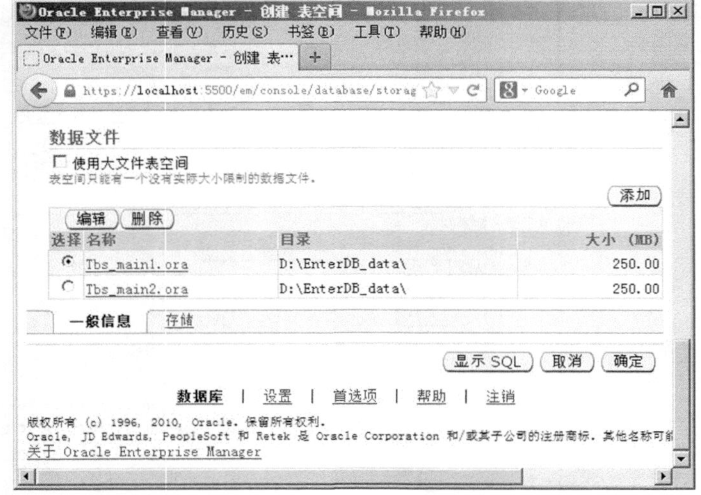

图 4-8 添加编辑数据文件页面

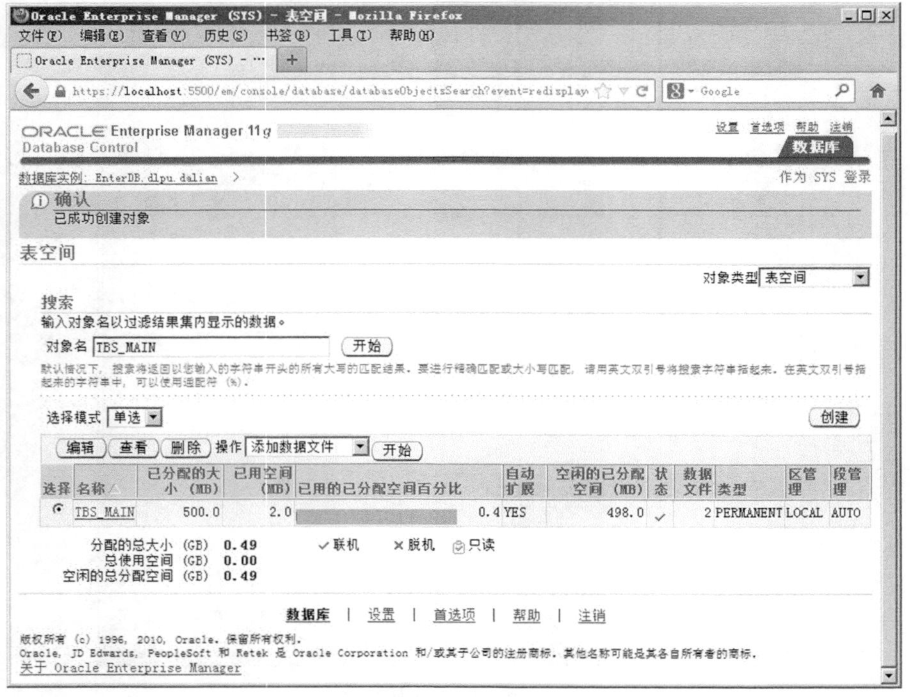

图 4-9 表空间创建成功

若要查看创建后的表空间状态，则单击“查看”按钮。若需删除该表空间，单击“删除”按钮即可。图 4-10 是表空间 tbs_main 创建后的属性状态。

以下是创建 tbs_main 表空间的 SQL 程序脚本，其中/**/表示注释多行。

```
---脚本文件名：script_4-1_tbs_main.sql
```

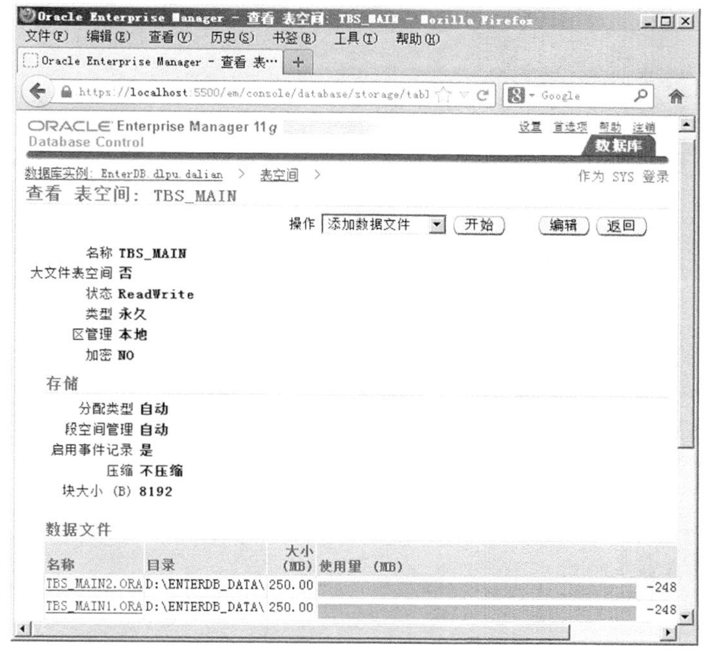

图 4-10 表空间属性状态

```
---作用：创建表空间 tbs_main
CREATE SMALLFILE TABLESPACE Tbs_main
LOGGING
DATAFILE 'D:\EnterDB_data\Tbs_main1.ora' SIZE 250M
AUTOEXTEND ON NEXT 25M
MAXSIZE UNLIMITED,
'D:\EnterDB_data\Tbs_main2.ora' SIZE 250M
AUTOEXTEND ON NEXT 25M
MAXSIZE UNLIMITED
EXTENT MANAGEMENT LOCAL
SEGMENT SPACE MANAGEMENT AUTO
/
```

4.2.2 创建表空间 Tbs_bio_foo

在命令行中启动 SQL * Plus，并在其中执行 SQL 脚本命令来创建表空间。启动 SQL * Plus 时，用 sys 数据库用户登录到数据库 EnterDB。如果当前有多个数据库，可以设置当前默认的数据库。

方法是在命令提示符下执行 SET Oracle_SID=<oracle_sid>即可，其中<oracle_sid>是当前要设为默认的目标数据库。登录后，执行 SELECT name FROM v$database;验证当前默认数据库，如图 4-11 所示。

在 SQL 提示符下输入并执行下列脚本：

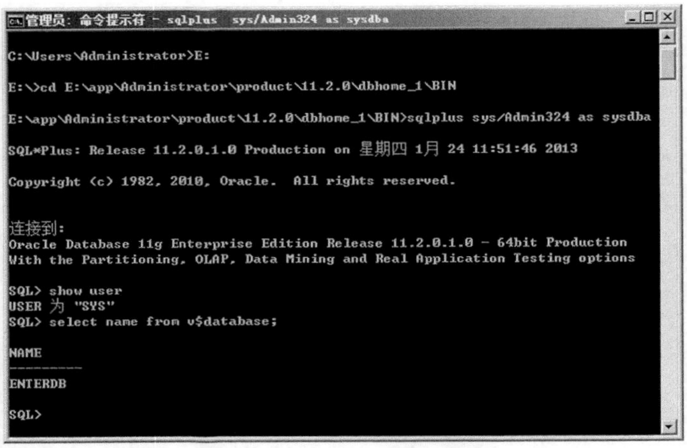

```
C:\Users\Administrator>E:

E:\>cd E:\app\Administrator\product\11.2.0\dbhome_1\BIN

E:\app\Administrator\product\11.2.0\dbhome_1\BIN>sqlplus sys/Admin324 as sysdba

SQL*Plus: Release 11.2.0.1.0 Production on 星期四 1月 24 11:51:46 2013

Copyright (c) 1982, 2010, Oracle.  All rights reserved.


连接到:
Oracle Database 11g Enterprise Edition Release 11.2.0.1.0 - 64bit Production
With the Partitioning, OLAP, Data Mining and Real Application Testing options

SQL> show user
USER 为 "SYS"
SQL> select name from v$database;

NAME
---------
ENTERDB

SQL>
```

图 4-11　验证默认数据库

```
---脚本文件名：script_4-2_tbs_bio_foo.sql
---作用：创建表空间 tbs_bio_foo
CREATE SMALLFILE TABLESPACE Tbs_bio_foo
LOGGING
DATAFILE 'D:\EnterDB_data\Tbs_bio_foo1.ora' SIZE 100M
AUTOEXTEND ON NEXT 20M
MAXSIZE UNLIMITED,
'D:\EnterDB_data\Tbs_bio_foo2.ora' SIZE 100M
AUTOEXTEND ON NEXT 20M
MAXSIZE UNLIMITED
EXTENT MANAGEMENT LOCAL
SEGMENT SPACE MANAGEMENT AUTO
/
```

在以上表空间的定义语句中，几个参数的含义如下：

- SMALLFILE TABLESPACE：小文件表空间是创建数据库的默认选项，是Oracle中传统的表空间类型，该类型表空间可由多个数据文件构成。
- LOGGING：LOGGING是对象的一个属性，当创建一个数据库对象时，Oracle将日志信息记录到联机重做日志文件中。LOGGING也代表该表空间类型为永久型。
- AUTOEXTEND ON：表空间大小不够用时自动扩展。
- NEXT 20M：自动扩展增量为20MB。
- MAXSIZE UNLIMITED：表示文件大小最大值没有限制。
- EXTENT MANAGEMENT LOCAL：表示区管理方式为"本地"。
- SEGMENT SPACE MANAGEMENT AUTO：表示段空间管理为"自动"。

创建表空间 tbs_bio_foo 的过程如图 4-12 所示。

查看已创建的表空间有两种方法：

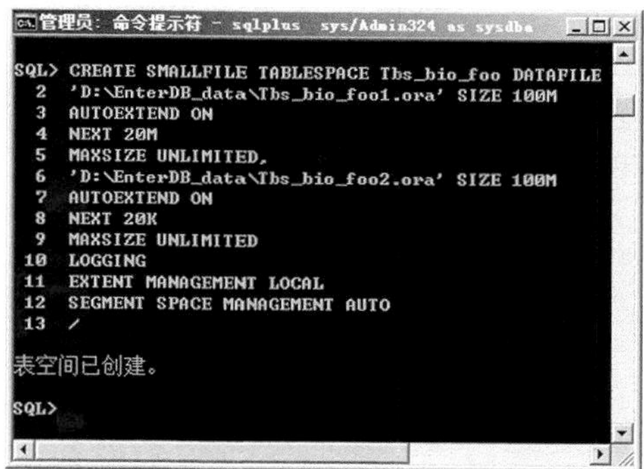

图 4-12 创建表空间

(1) 启动 Oracle Database Control,并用 sys 用户登录数据库 EnterDB,在"服务器"选项卡的"存储"页面中单击"表空间"后,已创建的表空间就列出来了,如图 4-13 所示。

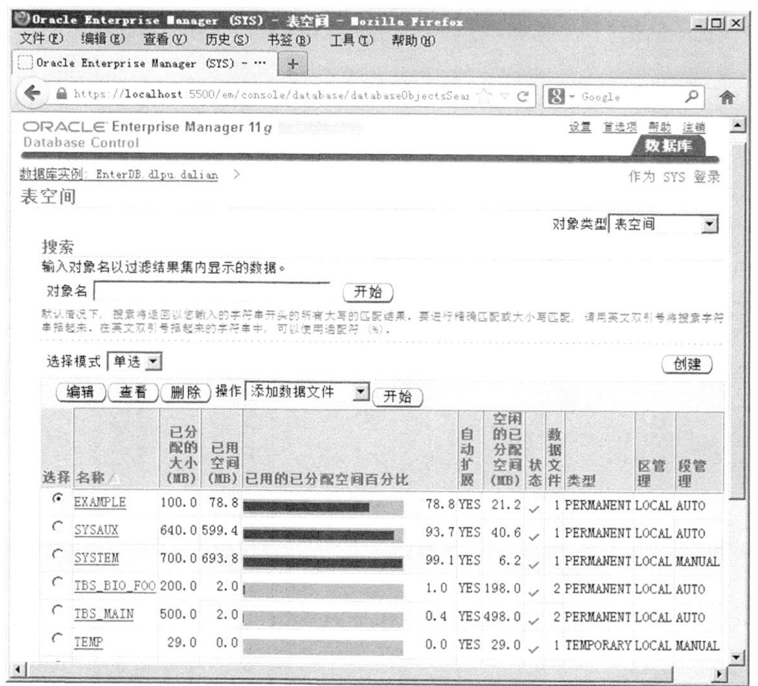

图 4-13 查看已创建的表空间

(2) 查询数据字典。用 SELECT tablespace_name,status FROM dba_tablespaces;查询数据字典,可验证已创建的表空间。

4.2.3 创建表空间 tbs_infor_mati

创建表空间 tbs_infor_mati 的脚本如下:

```
---脚本文件名: script_4-3_tbs_infor_mati.sql
CREATE SMALLFILE TABLESPACE Tbs_infor_mati
DATAFILE 'D:\EnterDB_data\Tbs_infor_mati1.ora' SIZE 100M
AUTOEXTEND ON NEXT 10M
MAXSIZE UNLIMITED,
'D:\EnterDB_data\Tbs_infor_mati2.ora' SIZE 100M
AUTOEXTEND ON NEXT 10M
MAXSIZE UNLIMITED
LOGGING
EXTENT MANAGEMENT LOCAL
SEGMENT SPACE MANAGEMENT AUTO
/
```

4.2.4 创建表空间 tbs_art_fash_busi

在 SQL * Plus 中执行下列脚本创建表空间 tbs_art_fash_busi:

```
---脚本文件名: script_4-4_tbs_art_fash_busi.sql
CREATE SMALLFILE TABLESPACE Tbs_art_fash_busi
DATAFILE 'D:\EnterDB_data\Tbs_art_fash_busi1.ora' SIZE 100M
AUTOEXTEND ON NEXT 10M
MAXSIZE UNLIMITED,
'D:\EnterDB_data\Tbs_art_fash_busi2.ora' SIZE 100M
AUTOEXTEND ON NEXT 10M
MAXSIZE UNLIMITED
LOGGING
EXTENT MANAGEMENT LOCAL
SEGMENT SPACE MANAGEMENT AUTO
/
```

4.2.5 创建表空间 tbs_teach_std

在 SQL * Plus 中执行下列脚本创建表空间 tbs_teach_std:

```
---脚本文件名: script_4-5_tbs_teach_std.sql
---作用: 创建表空间 tbs_teach_std
CREATE SMALLFILE TABLESPACE Tbs_teach_std
DATAFILE 'D:\EnterDB_data\Tbs_teach_std1.ora' SIZE 100M
AUTOEXTEND ON NEXT 10M
MAXSIZE UNLIMITED,
'D:\EnterDB_data\Tbs_teach_std2.ora' SIZE 100M
AUTOEXTEND ON NEXT 10M
MAXSIZE UNLIMITED
LOGGING
```

```
EXTENT MANAGEMENT LOCAL
SEGMENT SPACE MANAGEMENT AUTO
/
```

4.2.6 创建索引表空间 tbs_index

索引表空间专门用于存储索引数据，在形式上与其他永久数据表空间并无区别。应把索引与表数据分离，分别存储在各自的表空间/物理磁盘上。在检索过程中，Oracle 就可在不同的表空间分别并行检索索引键值和数据，提高查询效率。

命令脚本如下：

```
---脚本文件名: script_4-6_tbs_index.sql
---作用: 创建表空间 tbs_index
CREATE SMALLFILE TABLESPACE Tbs_index
DATAFILE 'D:\EnterDB_data\tbs_index1.ora' SIZE 100M,
'D:\EnterDB_data\tbs_index2.ora' SIZE 100M
LOGGING
EXTENT MANAGEMENT LOCAL
SEGMENT SPACE MANAGEMENT AUTO
/
--为数据库增加数据文件 tbs_index2.ora
ALTER DATABASE
DATAFILE 'D:\ENTERDB_DATA\tbs_index2.ora'
AUTOEXTEND ON NEXT 10M
/
ALTER DATABASE
DATAFILE 'D:\ENTERDB_DATA\tbs_index1.ora'
AUTOEXTEND ON NEXT 10M
/
```

4.2.7 创建临时表空间 tbs_temp

在 SQL＊Plus 中执行创建表空间 tbs_temp 的脚本：

```
---脚本文件名: script_4-7_tbs_temp.sql
---作用: 创建表空间 tbs_temp
CREATE SMALLFILE TEMPORARY TABLESPACE Tbs_temp
TEMPFILE  'D:\EnterDB_data\tbs_temp1' SIZE 100M
AUTOEXTEND ON NEXT 10M
MAXSIZE UNLIMITED,
'D:\EnterDB_data\tbs_temp2' SIZE 100M
AUTOEXTEND ON NEXT 10M
MAXSIZE UNLIMITED
EXTENT MANAGEMENT LOCAL
```

```
UNIFORM SIZE 1M
/
ALTER DATABASE TEMPFILE 'D:\enterdb_data\tbs_temp2' AUTOEXTEND OFF
/
ALTER DATABASE TEMPFILE 'D:\enterdb_data\tbs_temp1' AUTOEXTEND OFF
/
```

临时表空间与永久表空间不同。临时表空间存储临时数据，不需要向联机重做日志文件写入日志，所以临时表空间的定义中就自然没有 LOGGING。

参数 AUTOEXTEND OFF 表示关掉临时表空间的自动扩展功能，目的是避免过度扩展临时表空间所导致的空间压力问题。

临时表空间适用于对临时空间要求较高、大型操作比较频繁，如大型分类统计查询，OLTP 及数据仓库环境。对于小型数据库，使用默认临时表空间即可。要查看所有已创建的表空间及其对应的数据文件，用 SELECT file_name，tablespace_name FROM dba_data_files；即可，如图 4-14 和图 4-15 所示。

图 4-14 查看表空间

临时表空间具有以下特征：

(1) 不能设置为只读。

(2) 不能重命名。

(3) 临时数据文件的日志方式总是 NOLOGGING。

如果没有为数据库指定默认的临时表空间，那么将使用 SYSTEM 表空间作为排序区，所以应该为应用数据库指定独立的表空间作为默认临时表空间。另外，默认临时表空间还有一定的限制：不能删除默认临时表空间，也不能脱机。

从 10g 开始，Oracle 推出临时表空间组概念，用户可以把一个或多个临时表空间组成一个组，对外提供与临时表空间相同的功能。这样，应用数据在排序时可以使用组内多个临时表空间。

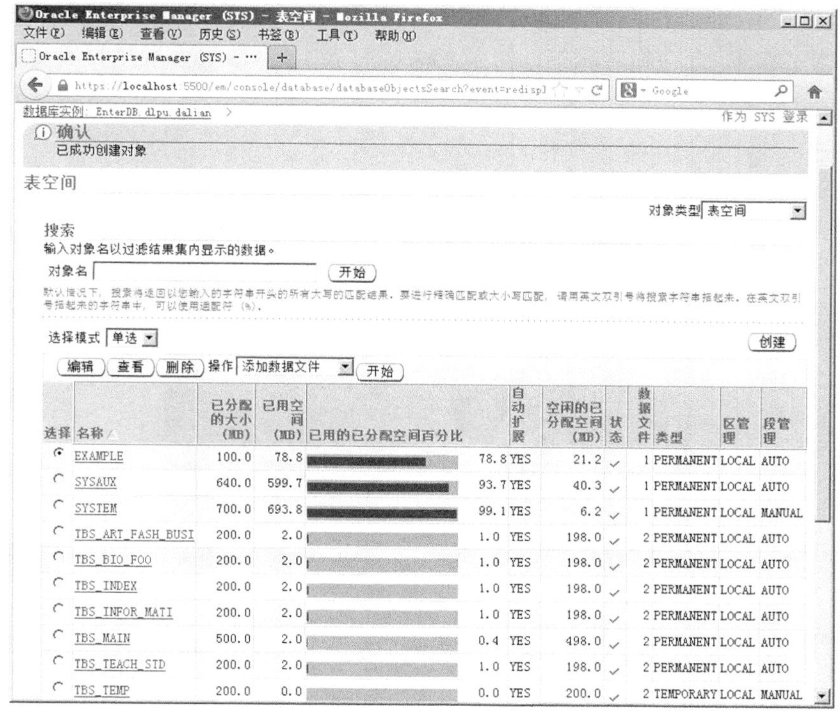

图 4-15 在 Database Control 中查看表空间

临时表空间组的使用规则：

(1) 组内至少包含一个临时表空间。

(2) 组内没有临时表空间最大数量的限制。

(3) 组名不能与表空间名称相同。

(4) 临时表空间组命名规则与表空间相同。

(5) 临时表空间组不能为空，当最后一个临时表空间被删除时，临时表空间组自动删除。

(6) 可以将临时表空间从一个组移动至另一个组，也可从一个组中删除临时表空间，或往组里添加新的临时表空间。

临时表空间组的真正优点在于：可以把一条简单的 SQL 操作分布在多个临时表空间里进行排序，防止单个表空间太小所导致的错误。当一个用户同时有多个会话时，可以使用不同的临时表空间，在单节点上的并行服务器能使用多个临时表空间。所以，Oracle 没有提供直接创建或删除临时表空间组的命令。

创建临时表空间组 tbs_temp_group 并将临时表空间 tbs_temp 和 temp 分别加入其中：

```
SQL>ALTER TABLESPACE tbs_temp TABLESPACE GROUP tbs_temp_group;
SQL>ALTER TABLESPACE temp TABLESPACE GROUP tbs_temp_group;
```

设置数据库的默认临时表空间为 tbs_temp_group：

```
SQL>ALTER DATABASE DEFAULT TEMPORARY TABLESPACE tbs_temp_group;
```

在数据字典中，查询临时表空间组及相关临时表空间，验证设置是否成功：

```
SQL>SELECT * FROM dba_tablespace_groups;
```

如图 4-16 所示。

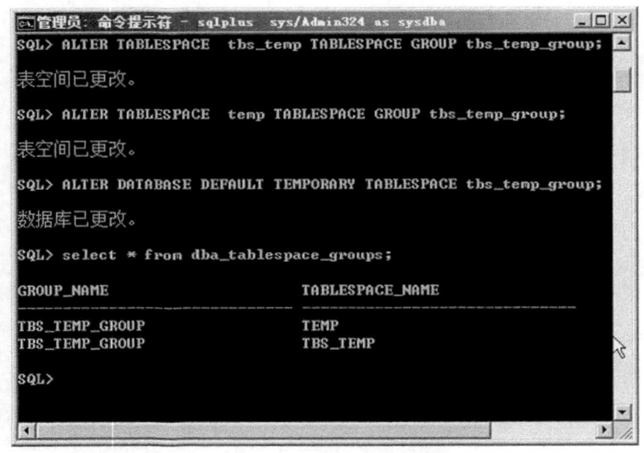

```
SQL> ALTER TABLESPACE  tbs_temp TABLESPACE GROUP tbs_temp_group;

表空间已更改。

SQL> ALTER TABLESPACE  temp TABLESPACE GROUP tbs_temp_group;

表空间已更改。

SQL> ALTER DATABASE DEFAULT TEMPORARY TABLESPACE tbs_temp_group;

数据库已更改。

SQL> select * from dba_tablespace_groups;

GROUP_NAME                     TABLESPACE_NAME
------------------------------ ------------------------------
TBS_TEMP_GROUP                 TEMP
TBS_TEMP_GROUP                 TBS_TEMP

SQL>
```

图 4-16　设置并查询默认临时表空间

4.3　永久表空间管理

Oracle 可以创建三种类型的表空间：

(1) 永久表空间。用于永久存放用户数据的表空间。

(2) 临时表空间。用于存储数据操作时所产生的临时数据。

(3) 撤销表空间。存储可撤销的数据，用于数据库恢复并提供数据的一致性。

用户创建表空间必须具有相应的系统权限：ALTER TABLESPACE；DROP TABLESPACE；UNLIMITED TABLESPACE；CREATE TABLESPACE；MANAGE TABLESPACE。必须将这些系统权限授予用户才能创建表空间。sys 具有 DBA 角色及 SYSDBA 系统权限，可创建任何数据库用户及表空间。

4.3.1　创建永久表空间语法

创建不同类型表空间的语法略有区别，表 4-3 为创建永久表空间语法。

1. 表空间文件类型

表空间文件类型有两种：BIGFILE 与 SMALLFILE。从 Oracle 10g 开始，引入了新的表空间类型 BIGFILE。一个 BIGFILE 类型表空间只包含一个数据文件，而不是若干个小数据文件。文件中数据块的大小最大可从 32TB 到 128TB。这使得 Oracle 可以发挥 64 位系统的能力来创建、管理超大的文件。在 64 位系统中，Oracle 数据库的存储能力被扩展到了 8EB。

表 4-3 创建永久表空间语法及子句含义

<table>
<tr><th>序号</th><th>语　法</th><th>子句含义</th></tr>
<tr><td>1</td><td>CREATE [<BIGFILE|SMALLFILE>] TABLESPACE</td><td>创建大文件或小文件表空间，大文件表空间用一个大数据文件存储表空间</td></tr>
<tr><td>2</td><td><tablespace_name></td><td>表空间名称</td></tr>
<tr><td>3</td><td>DATAFILE '<path_and_file_name>'SIZE <integer><K|M|G|T|P|E></td><td>指定已经存在的路径、数据文件名称及大小(1EB＝1024PB，1PB＝1024TB，1TB ＝ 1024GB，1GB ＝1024MB，1MB＝1024KB)</td></tr>
<tr><td>4</td><td>[REUSE]</td><td>重用指定路径下原有的文件</td></tr>
<tr><td>5</td><td>AUTOEXTEND <OFF|ON></td><td>打开或关闭自动扩展功能</td></tr>
<tr><td>6</td><td>BLOCKSIZE <bytes></td><td>数据块的字节大小，默认为 8KB</td></tr>
<tr><td>7</td><td>[<LOGGING|NOLOGGING>|[FORCE LOGGING]]</td><td>LOGGING：将日志写入日志文件
NOLOGGING：不写日志文件
FORCE LOGGING：强制写入日志</td></tr>
<tr><td>8</td><td>[ENCRYPTION USING '<encryption_algorithm>' IDENTIFIED BY <password> [NO] SALT]</td><td>敏感数据存储到 OS 文件中时，透明数据加密会对该数据加密。要打开加密安全模块须用口令</td></tr>
<tr><td>9</td><td>[DEFAULT <COMPRESS [FOR <ALL|DIRECT_LOAD> OPERATIONS]|NOCOMPRESS>]</td><td>默认是不压缩。启用数据段压缩可降低磁盘和高速缓存占用率。这可以在 OLTP 和数据仓库环境中使用</td></tr>
<tr><td>10</td><td>[<ONLINE|OFFLINE>]</td><td>联机/脱机</td></tr>
<tr><td>11</td><td>EXTENT MANAGEMENT LOCAL <AUTOALLOCATE|UNIFORM SIZE <extent_size>></td><td>区管理本地化：AUTOALLOCATE 说明表空间自动分配范围。不能为临时表空间指定 AUTOALLOCATE UNIFORM 说明表空间的大小，默认值为 1MB。该选项适用于临时表空间，不能指定给撤销表空间</td></tr>
<tr><td>12</td><td>[SEGMENT SPACE MANAGEMENT <AUTO|MANUAL>]</td><td>段空间管理方式，自动或手动</td></tr>
<tr><td>13</td><td>[FLASHBACK <ON|OFF>]</td><td>表空间是否可闪回</td></tr>
</table>

当数据库文件由 Oracle 管理，且使用大文件表空间 BIGFILE 时，用户只需针对表空间执行管理操作，不必关心处于底层的数据文件。使用大文件表空间，使表空间成为磁盘空间管理，备份和恢复等操作的主要对象，简化了数据库文件管理工作。

SMALLFILE 是 Oracle 数据库默认的传统表空间类型。数据库创建 SYSTEM 和 SYSAUX 表空间时，Oracle 总是使用传统类型。

那么，什么时候需要使用大文件类型？只有当表空间采用本地管理且段空间为自动管理时，表空间才能使用大文件表空间。但有两个例外：本地管理的撤销表空间和临时表空间，即使该段设置为手工管理，也可以使用大文件表空间。Oracle 数据库表可以同时使用大文件和小文件表空间。在执行 SQL 时，无须考虑表空间的类型，除非语句中显式地引用了数据文件名。

2. 日志模式

日志模式是数据库及其对象的一种属性，其值有 LOGGING、FORCE LOGGING 和 NOLOGGING。数据库、表空间以及其他数据库对象均可根据实际需要设置该属性。

1）日志模式含义

- LOGGING：所有表、视图、物化视图及表空间内的默认日志属性，创建或更新数据库对象时将日志信息记录到联机重做日志文件中，无论数据库是否处于归档模式，都不改变表空间与对象级别上的默认日志模式。不建议在表上设置 NOLOGGING，只有在创建索引或做大量数据导入时才可以使用 NOLOGGING。LOGGING 对临时表空间或撤销表空间无效。
- FORCE LOGGING：强制记录日志，即对数据库在任何状态下记录日志信息，并将该信息强制写入到联机重做日志文件。
- NOLOGGING：与 LOGGING 及 FORCE LOGGING 正好相反，尽可能地记录最少日志信息到联机日志文件。

FORCE LOGGING 可以在数据库级别、表空间级别进行设定；而 LOGGING 与 NOLOGGING 可以在数据对象级别设定。NOLOGGING 使得数据库不具有可恢复性。

2）优先级别

优先级别分为强制模式和非强制模式。当数据库使用 FORCE LOGGING 时具有最高优先级别；其次是表空间级的 FORCE LOGGING。即当表空间或数据库级别的日志模式为 FORCE LOGGING 时，若指定一个对象 NOLOGGING，则对象上的 NOLOGGING 选项不起作用，只有当表空间或数据库级别的 FORCE LOGGING 解除时，对象上的 NOLOGGING 选项才起作用。一般不建议将整个数据库和表空间级两者同时都设定为 FORCE LOGGING。

当数据库或表空间使用非强制日志模式时，则日志记录优先级别由低到高为数据库、表空间、数据对象。即表空间或数据库级别设置的日志属性模式可以被表、索引、物化视图及分区等自身设置的模式所覆盖。

3. 闪回模式

闪回模式即为 FLASHBACK OFF/ON。若指定表空间的闪回模式为 FLASHBACK ON，则数据库将为该表空间保存闪回日志，该表空间也可被用于 FLASHBACK DATABASE 。表空间的 FLASHBACK 模式与各个表的 FLASHBACK 模式相互独立，互不影响。

4. 表空间的 4 种状态

表空间有 4 种状态：联机、脱机、只读和读写。一个表空间的正常状态是联机。在有些情况下，如维护数据库时，需要将一个表空间进行脱机，如在数据库打开的状态下移动数据文件，或恢复一个表空间或数据文件，或进行表空间的脱机备份等。有时为了避免用户访问数据库某一部分数据，也可将某个表空间设置成脱机，而其他部分仍能正常访问。脱机后的结果是该表空间可能无法再联机，这时可以做数据的介质恢复。

在只读状态下，表空间不能执行 DML 操作，但可以执行查询操作。表 4-4 为三个表空间的特殊状态。

表 4-4 表空间的特殊状态

表空间	是否联机	读写状态	表空间	是否联机	读写状态
system	必须联机	必须是读写	undo	不能脱机	不能是只读
sysaux	可以脱机	不能是只读			

5. 区、段的管理方式

表空间按照区和段进行管理。区管理分为本地管理和字典管理两种方式。本地管理方式按区进行分配，区的分配有自动分配和统一分配两种。段的管理分为自动和手动管理。如果区管理方式设置为本地，则在创建表空间时不能指定区分配的默认存储参数，只能将它设置为自动或统一式，并且在表空间创建之后不能再更改。

如果表空间是字典管理方式，则在创建表空间时不仅要设置默认存储参数，而且在表空间创建之后还可以通过修改存储参数对存储管理方式进行更改。

4.3.2 永久表空间的修改

1. 创建表空间 tbs_test

首先指定数据文件目标路径：

```
SQL>ALTER SYSTEM SET DB_CREATE_FILE_DEST='E:\app\Administrator\oradata\';
```

在目标路径下创建表空间及其数据文件：

```
SQL>CREATE TABLESPACE tbs_test DATAFILE AUTOEXTEND OFF;
```

则数据库在默认路径下创建格式为＜SID＞\DATAFILE 的路径，即 EnterDB\DATAFILE，此处全路径为 E:\app\Administrator\oradata\EnterDB\DATAFILE，在此目录下，Oracle 自动创建名为 O1_MF_TBS_TEST_8J9RPMCN_.DBF 的数据文件。

2. 增加数据文件

为 tbs_main 表空间增加数据文件 tbs_test2.dbf，文件大小为 50MB，自动扩展。格式：

```
SQL>ALTER TABLESPACE ADD DATAFILE <path_file_name>,
<integer><K|M|G|T>
```

```
[REUSE]
<autoextend><ON|OFF>NEXT<integer><K|M|G|T>
MAXSIZE <integer><K|M|G|T|UNLIMITED>
```

【例 4-1】 创建数据文件 tbs_test.dbf。

```
SQL>ALTER TABLESPACE Tbs_test ADD DATAFILE
'E:\app\Administrator\oradata\EnterDB\DATAFILE\Tbs_test.dbf' SIZE 50M
AUTOEXTEND ON;
```

3. 将表空间 tbs_test 脱机

格式：

```
SQL>ALTER TABLESPACE <tablespace_name>OFFLINE;
```

【例 4-2】 将表空间 Tbs_test 脱机。

```
SQL>ALTER TABLESPACE Tbs_test OFFLINE;
```

4. 查询数据文件位置和所属的表空间

```
SQL>SELECT tablespace_name,file_name,bytes/1024/1024 "SIZE(MB)"
FROM dba_data_files;
```

5. 单个数据文件离线

格式：

```
SQL>ALTER DATABASE DATAFILE <datafile_name>OFFLINE;
```

【例 4-3】 将数据文件 Tbs_test.dbf 脱机。

```
SQL>ALTER DATABASE DATAFILE
'E:\app\Administrator\oradata\EnterDB\DATAFILE\Tbs_test.dbf' OFFLINE;
```

6. 表空间变为只读

格式：

```
SQL>ALTER TABLESPACE <tablespace_name>READ ONLY;
```

【例 4-4】 将 users 表空间变为只读。

```
SQL>ALTER TABLESPACE users READ ONLY;
```

查看更改后的状态：

```
SQL>SELECT tablespace_name, status FROM dba_tablespaces;
```

7. 表空间改为读写

格式：

```
SQL>ALTER TABLESPACE <tablespace_name>READ WRITE;
```

【例 4-5】 将 tools 表空间变为读写。

```
SQL>ALTER TABLESPACE tools READ WRITE;
```

查看更改后的状态：

```
SQL>SELECT tablespace_name, status FROM dba_tablespaces;
```

8. 表空间更名

格式：

```
SQL>ALTER TABLESPACE <tablespace_name>
RENAME TO <new_tablespace_name>;
```

【例 4-6】 将表空间 users 更名为 user_data。

```
SQL>ALTER TABLESPACE users RENAME TO user_data;
SQL>SELECT tablespace_name FROM dba_tablespaces;
SQL>SELECT table_name FROM dba_tables
WHERE tablespace_name='USER_DATA';
```

4.3.3 删除永久表空间

格式：

```
SQL>DROP TABLESPACE <tablespace_name>[INCLUDING CONTENTS [AND DATAFILES]]
```

其中，子句 INCLUDING CONTENTS 表示删除表空间及所有段；INCLUDING CONTENTS [AND DATAFILES]表示删除表空间，以及其所有段、数据文件。

【例 4-7】 删除表空间 Tbs_test 及其所属数据文件。

```
SQL>DROP TABLESPACE Tbs_test INCLUDING CONTENTS AND DATAFILES;
```

删除表空间也有一些限制：

(1) 不能删除正在被实例使用的表空间。

(2) 不能删除默认的表空间，必须首先重新分配一个默认的表空间，然后才能删除旧的默认表空间。

(3) 不能直接删除临时表空间组中的临时表空间，必须先从临时表空间组中移除要删除的临时表空间，才可删除临时表空间。

4.4 撤销表空间管理

撤销表空间是永久的、本地管理的且能自动扩展空间的表空间，其名字可任意命名，10g 和 11g 中默认名字是 UNDOTSP1。一个数据库可以有多个撤销表空间，但在任意给定时刻只能使用一个撤销表空间。撤销表空间主要为 Oracle 提供用于撤销或回滚各种用户所有事务的存储和管理信息。撤销或回滚都源于数据库内执行的 DML 操作。

当一个事务启动时，Oracle 则会为其指定一个撤销段，用于保护该事务，一个事务生成的撤销数据无法被分配到多个撤销段中。

4.4.1 创建撤销表空间的语法

格式：

```
CREATE UNDO TABLESPACE <tablespace_name>
DATAFILE '<path_and_datafile_name>'
SIZE <integer><K|M|G|T>
AUTOEXTEND <ON|OFF>
RETENTION <GUARANTEE|NOGUARANTEE>;
```

创建撤销表空间的语法格式与创建永久表空间基本相同，只是必须指定关键字 UNDO，而且只能使用本地管理方式，不能使用数据字典管理方式。区管理方式只能使用自动分配，不能使用统一分配，不能指定任何段空间管理方式。如果使用了数据字典管理方式，则系统出现错误提示信息：SQL 错误：提交失败：ORA-30024：CREATE UNDO TABLESPACE 的说明无效。

撤销表空间中的数据文件的状态只有联机和脱机两种，撤销表空间中只能添加数据文件，不能删除数据文件。撤销表空间的数据文件可以移动，撤销表空间中的撤销记录默认保留 900s，之后将自动清除，从而避免撤销表空间迅速膨胀。通过修改初始化文件中的参数 UNDO_RETENTION 来修改撤销记录保留的时间。

4.4.2 创建撤销表空间 tbs_undo

通过 Database Control 创建撤销表空间 tbs_undo。步骤如下：

(1) 在“服务器”选项卡左侧的“存储”列中单击“表空间”。

(2) 在“表空间”页面中的“对象类型”中选择“表空间”项，单击“创建”按钮。

(3) 进入“创建表空间”页面后，在“一般信息”选项卡的“名称”文本框中输入 tbs_undo；“区管理”项选默认的“本地管理”；“类型”项选“还原”；“状态”项选“读写”。此处没有选择“使用大文件表空间”复选框。数据文件一旦被设置成大文件，则无法更改成默认的小文件。单击右下角的“添加”按钮，如图 4-17 所示。

(4) 进入创建表空间并编辑数据文件的页面。在“文件名”文本框中输入 tbs_undo.dbf，“文件大小”为 600MB；“文件目录”文本框选 E:\app\Administrator\oradata\

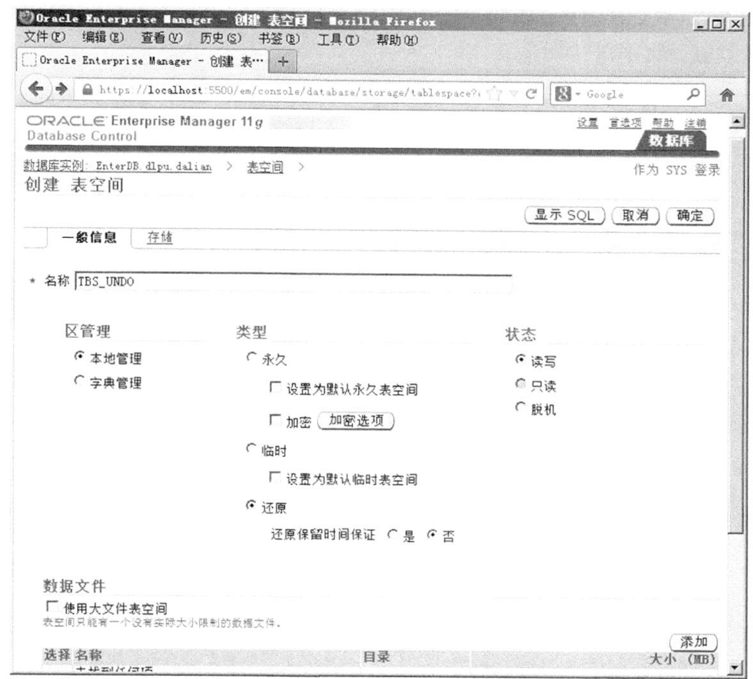

图 4-17　创建撤销表空间 tbs_undo

EnterDB;“存储”项选“数据文件满后自动扩展(AUTOEXTEND)”,在“增量”文本框输入 60MB。单击“继续”按钮,如图 4-18 所示。

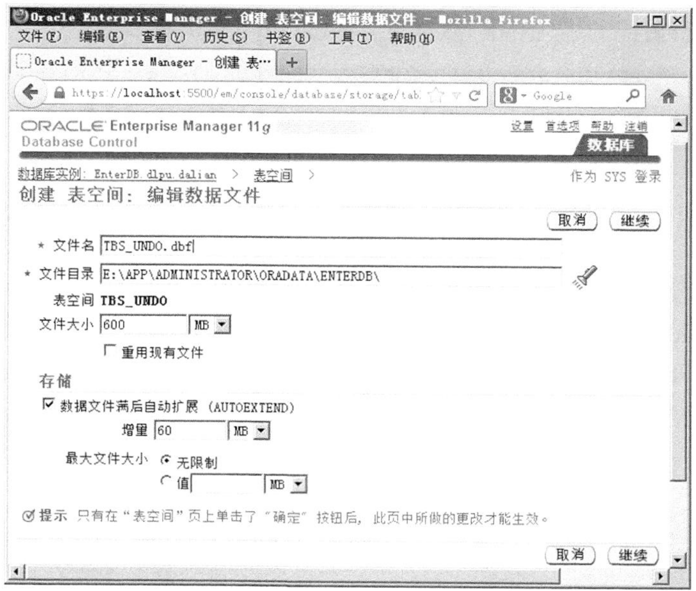

图 4-18　添加数据文件

(5) 在“存储”选项卡中的“区分配”中选择默认的“自动”，“段空间管理”选择“自动”，其他部分选择默认，如图 4-19 所示。

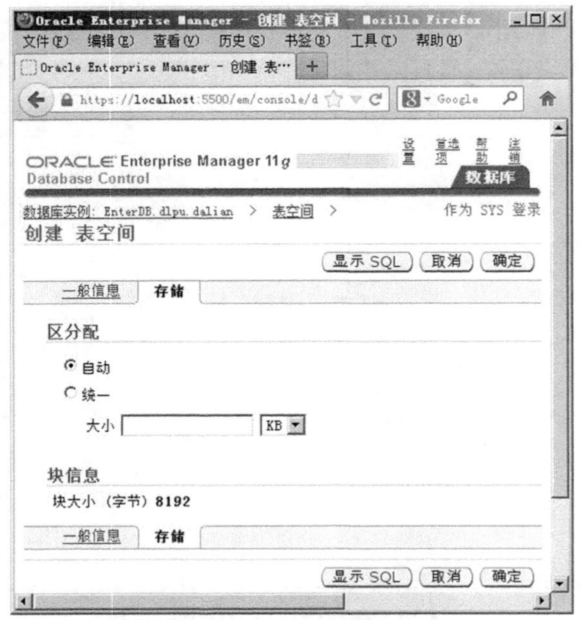

图 4-19 撤销表空间的区分配设置

```
---脚本文件名：script_4-8_tbs_undo.sql
---作用：创建表空间 tbs_undo
CREATE SMALLFILE UNDO TABLESPACE tbs_undo
DATAFILE 'E:\APP\ADMINISTRATOR\ORADATA\ENTERDB\tbs_undo' SIZE 600M
AUTOEXTEND ON NEXT 60M
MAXSIZE UNLIMITED
RETENTION GUARANTEE
```

其中：

① AUTOEXTEND ON NEXT 60M：表示数据文件满后自动扩展，增量为 60MB。

② MAXSIZE UNLIMITED：表示最大文件大小无限制。

③ RETENTION GUARANTEE：表示还原保留时间保证，默认为 15 分钟。

查看所有表空间及其状态：

```
SQL>SELECT segment_name, tablespace_name, status, SUM (bytes)
FROM dba_undo_extents
GROUP BY segment_name, tablespace_name, status;
```

还可以将刚创建的 tbs_undo 设置为数据库默认的撤销表空间。

```
SQL>ALTER SYSTEM SET undo_tablespace='TBS_UNDO' scope=BOTH;
```

4.4.3 删除撤销表空间

可以使用 DROP TABLESPACE 语句来删除撤销表空间，但不能删除正在使用的撤销表空间。

4.5 临时表空间管理

当执行 SQL 语句时，一般需要排序、分组汇总、索引等功能，服务器进程首先将临时数据存放在 PGA 的排序区中。当排序区大小不足时，服务器进程就会在临时表空间中创建临时段，并将这些临时数据存放到临时段中。在临时表空间中，同一个排序段由同一个例程的所有 SQL 排序操作共享使用。在执行第一条排序操作时创建排序段，在例程关闭时被释放。数据字典 v$sort_segment 和 v$sort_usage 提供了排序段的使用情况及使用排序段的会话和用户信息。

4.5.1 创建临时表空间格式

语法格式：

```
CREATE TEMPORARY TABLESPACE <tablespace_name>
TEMPFILE '<path_and_file_name>'
SIZE <integer><K|M|G|T>
AUTOEXTEND <ON|OFF>
TABLESPACE GROUP <group_name>
EXTENT MANAGEMENT LOCAL UNIFORM SIZE <extent_size>;
```

注意：不能用带有 TEMPORARY 关键词的 ALTER TABLESPACE 语句将本地管理的永久表空间更改为本地管理的临时表空间。必须用 CREATE TEMPORARY TABLESPACE 语句重新创建本地管理的临时表空间。

4.5.2 创建临时表空间 temp_new

与创建永久表空间不同，创建临时表空间必须附加 TEMPORARY 关键词：

```
SQL>CREATE TEMPORARY TABLESPACE temp_new
TEMPFILE 'E:\app\Administrator\oradata\EnterDB\temp_new.dbf'
SIZE 1G AUTOEXTEND OFF
EXTENT MANAGEMENT LOCAL UNIFORM SIZE 512K;
```

4.5.3 查看表空间

查看表空间就是从数据字典 dba_tablespaces 中查询：

```
SQL> SELECT tablespace_name, block_size, status, contents, retention, extent_
```

```
management, allocation_type, plugged_in
FROM dba_tablespaces;
```

4.5.4 查看临时表空间的数据文件

从数据字典 dba_temp_files 中可查看临时表空间对应的数据文件：

```
SQL>SELECT file_name,tablespace_name,bytes,blocks,autoextensible,increment_by
FROM dba_temp_files;
```

4.5.5 添加数据文件

语法格式：

```
SQL>ALTER TABLESPACE <tablespace_name>
ADD TEMPFILE '<path_and_file_name>' SIZE <n>M;
```

【例 4-8】 为临时表空间 temp_new 增加数据文件。

```
SQL>ALTER TABLESPACE temp_new
ADD TEMPFILE 'E:\app\Administrator\oradata\EnterDB\temp_new2.dbf' SIZE 200M;
```

4.5.6 调整临时文件大小

语法格式：

```
SQL>ALTER DATABASE TEMPFILE '<file_name>'
RESIZE <mega_bytes_integer>M;
```

【例 4-9】 调整临时文件大小为 250MB。

```
SQL>ALTER DATABASE TEMPFILE
'E:\app\Administrator\oradata\EnterDB\temp_new2.dbf' RESIZE 250M;
```

4.5.7 将临时表空间文件脱机

语法格式：

```
SQL>ALTER DATABASE TEMPFILE '<path_and_file_name>' OFFLINE;
```

【例 4-10】 将临时表空间文件 temp_new2. dbf 脱机。

```
SQL>ALTER DATABASE TEMPFILE
'E:\app\Administrator\oradata\EnterDB\temp_new2.dbf' OFFLINE;
```

4.5.8 将临时表空间联机

语法格式：

```
SQL>ALTER DATABASE TEMPFILE '<path_and_file_name>' ONLINE;
```

【例 4-11】 将临时表空间联机。

```
SQL>ALTER DATABASE TEMPFILE
'E:\app\Administrator\oradata\EnterDB\temp_new2.dbf' ONLINE;
```

4.5.9 删除临时文件

语法格式:

```
SQL>ALTER DATABASE TEMPFILE '<file_name>' DROP;
```

【例 4-12】 删除临时表空间文件 temp_new2. dbf。

```
SQL>ALTER DATABASE TEMPFILE
'E:\app\Administrator\oradata\EnterDB\temp_new2.dbf' DROP;
```

4.5.10 更改默认临时表空间

语法格式:

```
SQL>ALTER DATABASE DEFAULT TEMPORARY TABLESPACE <tablespace_name>;
SQL>col property_value format a30
SQL>col description format a55
```

查询默认临时表空间:

```
SQL>SELECT * FROM database_properties
WHERE property_name='DEFAULT_TEMP_TABLESPACE';
```

查看临时表空间数据文件:

```
SQL>SELECT file_name, tablespace_name FROM dba_temp_files;
```

【例 4-13】 将 temp_new 设置为默认临时表空间。

```
SQL>ALTER DATABASE DEFAULT TEMPORARY TABLESPACE temp_new;
SQL>DROP TABLESPACE temp;
```

作 业 题

1. 创建表空间的方法有几种?
2. 表空间有哪几种类型? 有什么区别? 请用具体实际例子比较。
3. 删除表空间有什么限制?
4. 请比较撤销表空间、临时表空间及永久表空间三者的异同点。
5. 请详述采用 ASM 进行管理对表空间及数据文件的影响。

第 5 章

数据库用户及安全

本章目标

掌握创建数据库用户及授权的方法；理解角色与权限的区别及对用户的不同影响；掌握使用概要文件管理用户的方法；了解 Oracle 数据库安全的体系结构。

5.1 用户权限规划

根据应用需求，教学管理数据库 EnterDB. dlpu. dalian 有 5 个数据库用户，与表空间的对应关系如表 5-1 所示。

表 5-1 表空间与用户及表的对应关系

数据库用户	拥有的表	表的默认表空间	程序对象
staffuser	db_college db_major db_student db_teacher db_teach_course db_course	tbs_main	触发器、存储过程、存储函数、包及数据库链接等
	db_grade(分区表)	tbs_bio_foo tbs_infor_mati tbs_art_fash_busi	
dbdatauser dbsysuser		tbs_main	
teauser	db_faculty_per	tbs_teach_std	部分应用程序对象
stduser	db_student_per		

Oracle 在表级上可管理的权限有 7 个，如表 5-2 所示。

本数据库中的 5 个用户对不同表的权限需求不同，如表 5-3 所示。

EnterDB. dlpu. dalian 的用户主要分为教师用户 teauser 和学生用户 stduser 两大类。考虑到管理部门的特殊性，专门为管理部门创建一个用户 staffuser；数据库的备份

表 5-2 表级权限列表

表级权限	含义	缩写	表级权限	含义	缩写
ALTER	修改表结构	A	REFERENCES	关联	R
DELETE	删除记录	D	SELECT	查询	S
INDEX	索引	X	UPDATE	更新	U
INSERT	插入数据	I			

表 5-3 用户与表的权限关系矩阵

数据库用户 表数据	teauser	stduser	staffuser	dbdatauser	dbsysuser
db_college	S		SIUD	S	SX
db_major	S		SIUD	S	SX
db_student		SU	SIUD	S	SX
db_teacher	SU		SIUD	S	SX
db_course	S	S	SIUD	S	SX
db_grade	SU	SU	SIUD	S	SX
db_teach_course	S	S	SIUD	S	SX
db_faculty_permi	SU		SIUD	S	SX
db_student_permi		SU	SIUD	S	SX

与恢复由用户 dbdatauser 完成;数据库维护由用户 dbsysuser 完成。

(1) 教师用户 teauser：可以浏览学院、专业、课程及承担教学任务的信息;还可更新自己的部分字段信息;根据学生选课注册的信息,录入所承担课程的学生成绩、查询该课程成绩,在得到教务部门的授权许可后修改学生成绩。用户 teauser 对学生成绩表 db_grade 的更新(Update)权限是在一定时间内由管理部门用户 staffuser 授予的,主要发生在教师录入学生成绩完毕并提交后。若教师需要修改个别学生的成绩,需提请教务管理部门的批准及授权,修改完成后授权自动撤销。

(2) 学生用户 stduser：可对学生自己的信息、课程信息、课程成绩及教师承担的教学任务等进行浏览查询;也可修改自己的部分信息。

(3) 管理部门用户 staffuser：拥有所有表及其全部权限。

(4) 数据库管理员 dbdatauser：可对所有表数据进行备份恢复,完成对表的备份/恢复,表空间的备份恢复以及用户级别备份恢复。

(5) 数据库管理员 dbsysuser：可创建数据库用户,并为用户授权,创建数据库对象,创建表空间,删除数据库对象等。

以上全部用户均有执行存储函数、存储过程、包等数据库对象的权限。

用户表空间及表之间所属关系如图 5-1 所示。

给数据库用户授权应本着最小权限的原则,够用就行。尽量以角色的方式为用户授

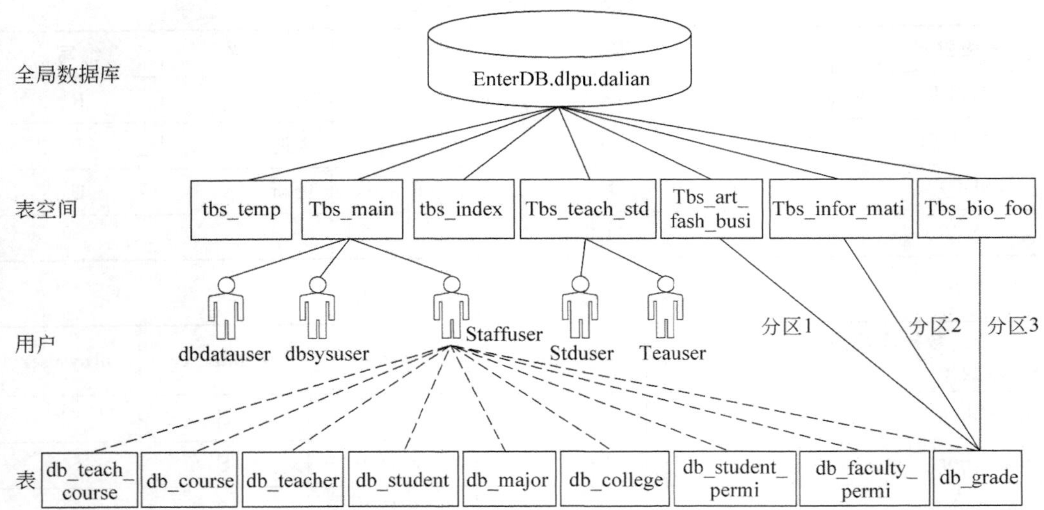

图 5-1 用户表空间及表之间所属关系

予权限，为便于管理，将需要使用的权限组合成角色，具有相同权限的用户归为一个用户组，并为其授予相同角色。表 5-4 为用户设定的口令、初步授予的系统权限及角色分配等。

表 5-4 用户口令、权限及角色初步分配

用户名	口令	授予的角色	授予的系统权限
staffuser	staffuser123	connect;resource	create function;create view; create package;drop table;alter table
teauser	teauser123	connect;resource	create view;create synonym
stduser	stduser123	connect;resource	create view;create synonym
dbdatauser	dbdatauser123	datapump_exp_full_database; datapump_imp_full_database; exp_full_database; imp_full_database;resource	export full database; import full database
dbsysuser	dbsysuser123	dba	

5.2 创建数据库用户及授权

如果把数据库比作仓储及物流的集散地，那么数据库用户如同仓储物流公司的法人代表，用户模式就是数据库中大小不一、形式各异的仓储物流公司；表空间则是仓储公司的仓储用地；数据表就是仓储的货柜；各个公司所配备的车辆人员等则是每个模式所拥有的程序对象等。所以，每个公司因其性质、经营的范围不同所拥有的实际许可也不同。

5.2.1 创建用户 staffuser

操作步骤如下：

(1) 用 sys 用户登录 Oracle Database Control，选择“服务器”选项卡，如图 5-2 所示。

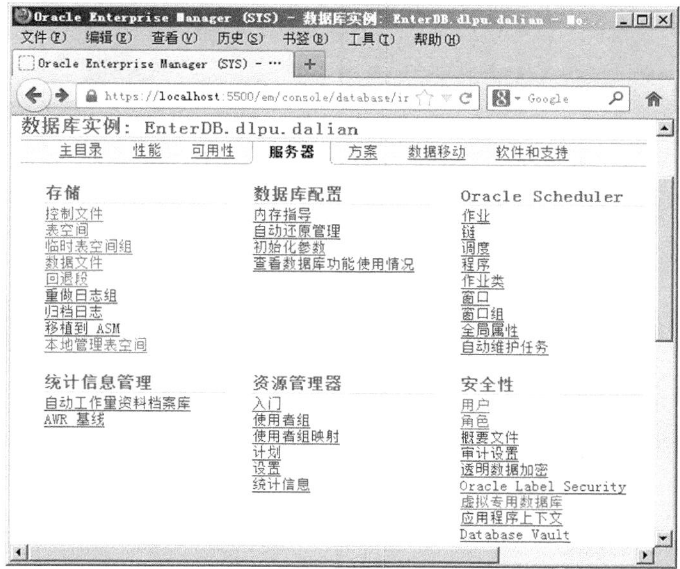

图 5-2 服务器的安全性

在“安全性”栏中单击“用户”，在“用户”页面中的“对象类型”下拉列表中选择“用户”选项，单击“创建”按钮，如图 5-3 所示。

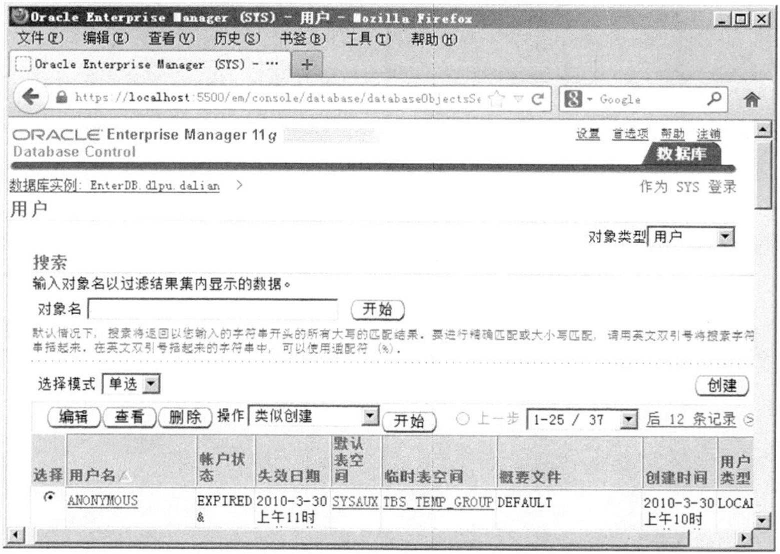

图 5-3 创建用户界面

(2) 在“名称”文本框中输入 staffuser，在“概要文件”下拉列表中选默认的 DEFAULT，在“输入口令”文本框中输入 staffuser123。“默认表空间”选 tbs_main，“临时表空间”选 tbs_temp，如图 5-4 所示。

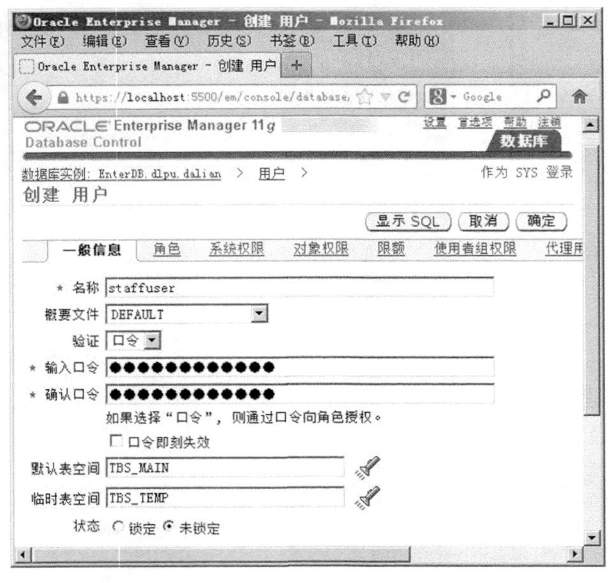

图 5-4 创建用户

(3) 选择“角色”选项卡，此时所选“角色”列表框中只有默认的 CONNECT 角色。单击“编辑列表”，在“可用角色”列表框中选择 RESOURCE，并移动到“所选角色”列表框中，并单击“确定”按钮，如图 5-5 所示。

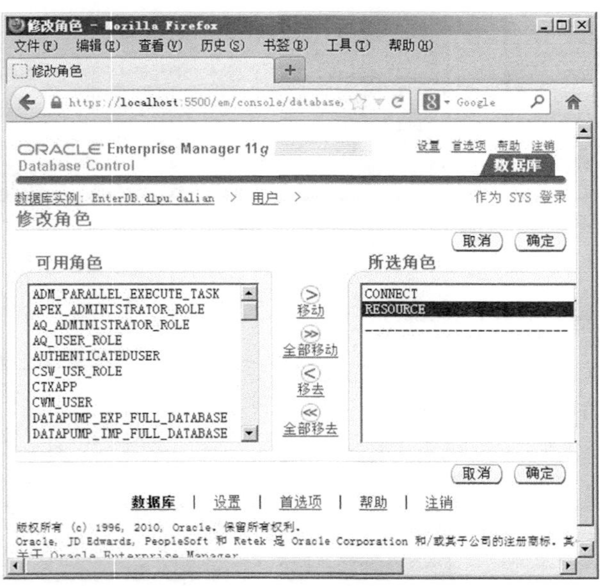

图 5-5 选择角色

(4) 单击“系统权限”选项卡，授予相关系统权限，如图 5-6 所示。

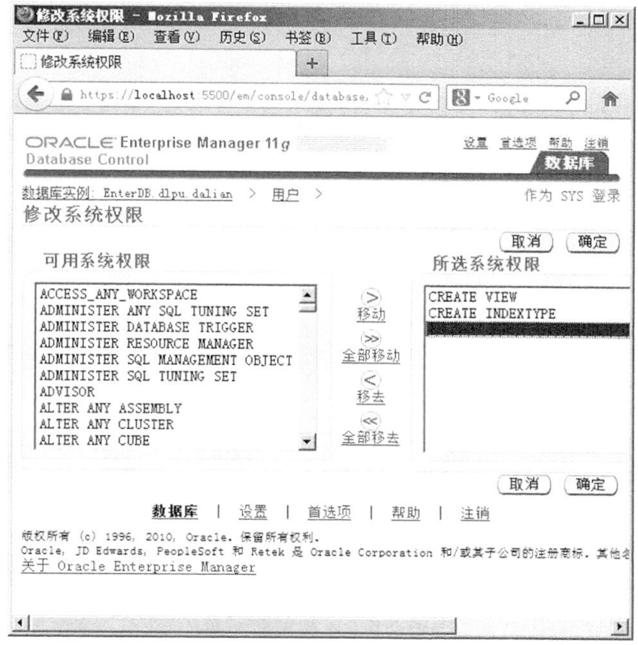

图 5-6 授予系统权限

(5) 单击用户的“限额”选项卡，规定用户使用不同表空间的限额。本案例中，选择的“无限制”，即表空间大小不限。另外，“对象权限”暂时不选，待相关表创建完成后再补充授权，如图 5-7 所示。

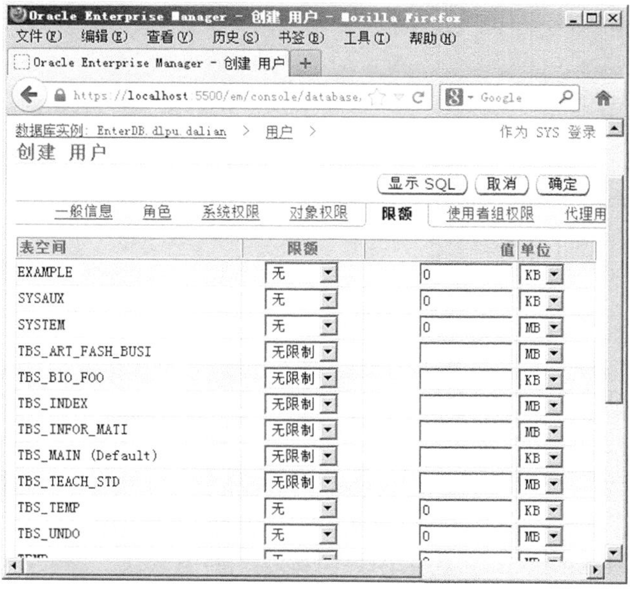

图 5-7 用户使用表空间的限额

不能将临时表空间 tbs_temp 的限额设定为“无限制”，否则系统提示“SQL 错误：提交失败：ORA-00922：选项缺失或无效”。单击“确定”按钮，系统提示“已成功创建对象”，如图 5-8 所示。

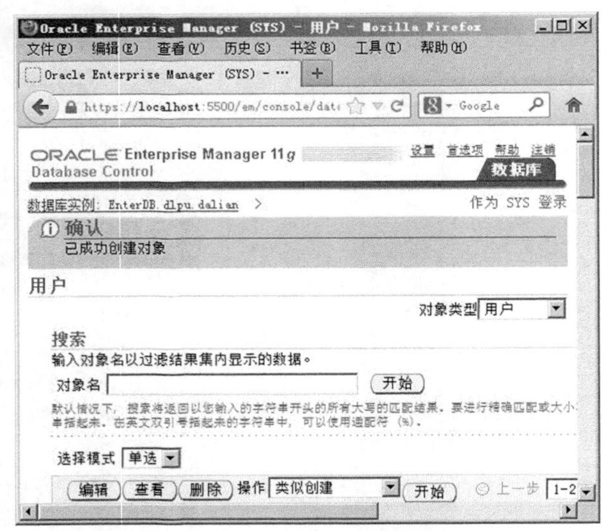

图 5-8　成功创建对象

创建数据用户的脚本如下：

```
---script_5-1_staffuser.sql
---创建数据库用户 staffuser
CREATE USER staffuser PROFILE DEFAULT IDENTIFIED BY "staffuser123"
DEFAULT TABLESPACE tbs_main
TEMPORARY TABLESPACE tbs_temp
QUOTA UNLIMITED ON tbs_art_fash_busi
QUOTA UNLIMITED ON tbs_bio_foo
QUOTA UNLIMITED ON tbs_index
QUOTA UNLIMITED ON tbs_infor_mati
QUOTA UNLIMITED ON tbs_main
QUOTA UNLIMITED ON tbs_teach_std
ACCOUNT UNLOCK
/
---为数据库用户 staffuser 授权
GRANT CREATE INDEXTYPE TO staffuser;
GRANT CREATE VIEW TO staffuser;
GRANT CONNECT TO staffuser;
GRANT RESOURCE TO staffuser;
```

其中：

- PROFILE DEFAULT：表示用户的概要文件为默认。
- DEFAULT TABLESPACE tbs_main：用户默认的表空间为 tbs_main。

- TEMPORARY TABLESPACE tbs_temp：表示用户使用的临时表空间为 tbs_temp。
- QUOTA UNLIMITED ON tbs_main：用户在 tbs_main 上可使用的限额为“无限制”。
- ACCOUNT UNLOCK：创建的用户状态为“未锁”。
- GRANT CONNECT TO staffuser：把 CONNECT 系统角色授予用户 staffuser。
- GRANT RESOURCE TO staffuser；把 RESOURCE 系统角色授予用户 staffuser。

(6) 测试用户。

用刚创建的数据库用户 staffuser 登录，测试创建用户是否成功，如图 5-9 所示。

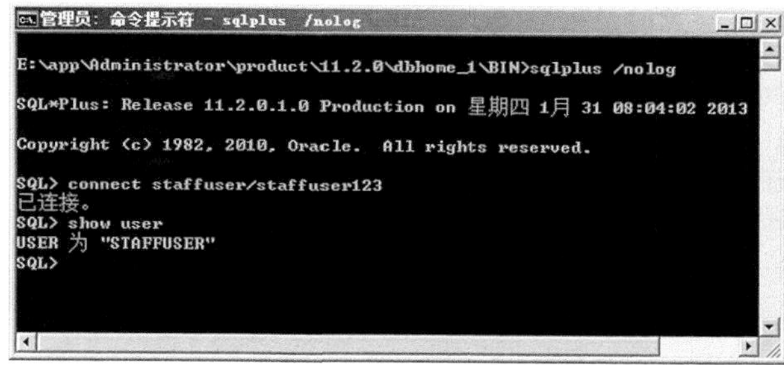

图 5-9　staffuser 登录测试

5.2.2 创建用户 teauser

用 sys 用户名登录 SQL * Plus，在 SQL>下执行下列创建用户的脚本。

```
---script_5-2_teauser.sql
---创建数据库用户 teauser
CREATE USER teauser PROFILE DEFAULT IDENTIFIED BY "teauser123"
DEFAULT TABLESPACE tbs_teach_std
TEMPORARY TABLESPACE tbs_temp
QUOTA UNLIMITED ON tbs_art_fash_busi
QUOTA UNLIMITED ON tbs_bio_foo
QUOTA UNLIMITED ON tbs_index
QUOTA UNLIMITED ON tbs_infor_mati
QUOTA UNLIMITED ON tbs_main
QUOTA UNLIMITED ON tbs_main
ACCOUNT UNLOCK
/
GRANT CREATE SYNONYM TO teauser;
GRANT CREATE VIEW TO teauser;
GRANT CONNECT TO teauser;
GRANT RESOURCE TO teauser;
```

5.2.3 创建用户 stduser

用 sys 用户名登录 SQL * Plus，在 SQL>下执行下列创建用户的脚本。执行过程如图 5-10 所示。

```
---script_5-3_stduser.sql
---创建数据库用户 stduser
CREATE USER stduser PROFILE DEFAULT IDENTIFIED BY "stduser123"
DEFAULT TABLESPACE tbs_teach_std
TEMPORARY TABLESPACE tbs_temp
QUOTA UNLIMITED ON tbs_art_fash_busi
QUOTA UNLIMITED ON tbs_bio_foo
QUOTA UNLIMITED ON tbs_index
QUOTA UNLIMITED ON tbs_infor_mati
QUOTA UNLIMITED ON tbs_main
QUOTA UNLIMITED ON tbs_main
ACCOUNT UNLOCK
/
GRANT CREATE SYNONYM TO stduser;
GRANT CREATE VIEW TO stduser;
GRANT CONNECT TO stduser;
GRANT RESOURCE TO stduser;
```

```
sqlplus - 快捷方式
SQL> CREATE USER stduser PROFILE DEFAULT IDENTIFIED BY "stduser123"
  2  DEFAULT TABLESPACE tbs_teach_std
  3  TEMPORARY TABLESPACE tbs_temp
  4  QUOTA UNLIMITED ON tbs_art_fash_busi
  5  QUOTA UNLIMITED ON tbs_bio_foo
  6  QUOTA UNLIMITED ON tbs_index
  7  QUOTA UNLIMITED ON tbs_infor_mati
  8  QUOTA UNLIMITED ON tbs_main
  9  QUOTA UNLIMITED ON tbs_main
 10  ACCOUNT UNLOCK
 11  /

用户已创建。

SQL> GRANT Create synonym TO stduser;

授权成功。

SQL> GRANT CREATE VIEW TO stduser;

授权成功。

SQL> GRANT CONNECT TO stduser;

授权成功。

SQL> GRANT RESOURCE TO stduser;

授权成功。

SQL>
```

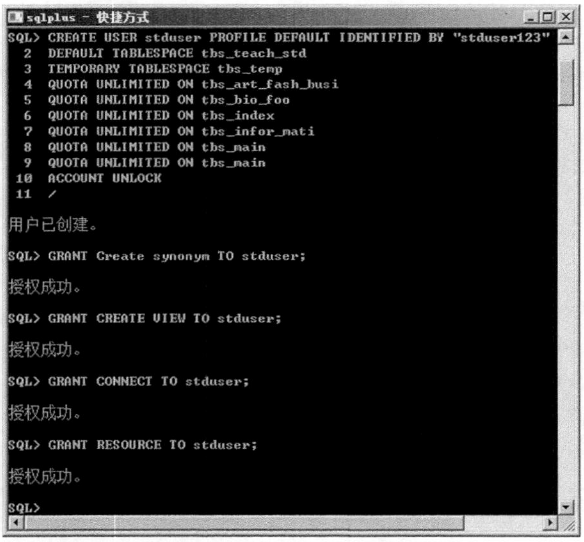

图 5-10 创建数据库用户 stduser

5.2.4 创建用户 dbdatauser

用 sys 用户名登录 SQL * Plus，在 SQL>下执行下列创建用户的脚本。

```
---script_5-4_dbdatauser.sql
---创建数据库用户 dbdatauser
CREATE USER dbdatauser PROFILE DEFAULT IDENTIFIED BY "dbdatauser123"
DEFAULT TABLESPACE tbs_main
TEMPORARY TABLESPACE tbs_temp
QUOTA UNLIMITED ON tbs_art_fash_busi
QUOTA UNLIMITED ON tbs_bio_foo
QUOTA UNLIMITED ON tbs_index
QUOTA UNLIMITED ON tbs_infor_mati
QUOTA UNLIMITED ON tbs_main
QUOTA UNLIMITED ON tbs_teach_std
ACCOUNT UNLOCK
/
GRANT EXPORT FULL DATABASE TO dbdatauser;
GRANT IMPORT FULL DATABASE TO dbdatauser;
GRANT CONNECT TO DBDATAUSER;
GRANT RESOURCE TO dbdatauser;
GRANT DATAPUMP_EXP_FULL_DATABASE TO dbdatauser;
GRANT DATAPUMP_IMP_FULL_DATABASE TO dbdatauser;
GRANT EXP_FULL_DATABASE TO dbdatauser;
GRANT IMP_FULL_DATABASE TO dbdatauser;
```

5.2.5 创建用户 dbsysuser

用 sys 登录 SQL * Plus，在 SQL>下执行下列创建用户的脚本。

```
---script_5-5_dbsysuser.sql
---创建数据库用户 dbsysuser
CREATE USER dbsysuser PROFILE DEFAULT IDENTIFIED BY "dbsysuser123"
DEFAULT TABLESPACE tbs_main
TEMPORARY TABLESPACE tbs_temp
ACCOUNT UNLOCK
/
GRANT SYSDBA TO dbsysuser;
GRANT CONNECT TO dbsysuser;
GRANT DBA TO dbsysuser;
GRANT RESOURCE TO dbsysuser;
```

5.2.6 查看角色及系统权限

1. 查看已创建用户及其角色

如图5-11所示。其中,dba_role_privs是数据字典,其结构可用SQL命令DESCRIBE dba_role_privs查看。

```
SQL>SELECT * FROM dba_role_privs WHERE grantee IN
('STAFFUSER','TEAUSE','STDUSER','DBDATAUSER','DBSYSUSER');
```

```
sqlplus - 快捷方式
SQL> select * from dba_role_privs where grantee in ('STAFFUSER','TEAUSE','STDUS
ER','DBDATAUSER','DBSYSUSER');

GRANTEE                        GRANTED_ROLE                   ADM DEF
------------------------------ ------------------------------ --- ---
DBDATAUSER                     EXP_FULL_DATABASE              NO  YES
STAFFUSER                      CONNECT                        NO  YES
STAFFUSER                      RESOURCE                       NO  YES
DBDATAUSER                     DATAPUMP_IMP_FULL_DATABASE     NO  YES
DBDATAUSER                     RESOURCE                       NO  YES
DBSYSUSER                      RESOURCE                       NO  YES
DBDATAUSER                     CONNECT                        NO  YES
STDUSER                        RESOURCE                       NO  YES
DBDATAUSER                     IMP_FULL_DATABASE              NO  YES
DBDATAUSER                     DATAPUMP_EXP_FULL_DATABASE     NO  YES
STDUSER                        CONNECT                        NO  YES

GRANTEE                        GRANTED_ROLE                   ADM DEF
------------------------------ ------------------------------ --- ---
DBSYSUSER                      CONNECT                        NO  YES
DBSYSUSER                      DBA                            NO  YES

已选择13行。

SQL>
```

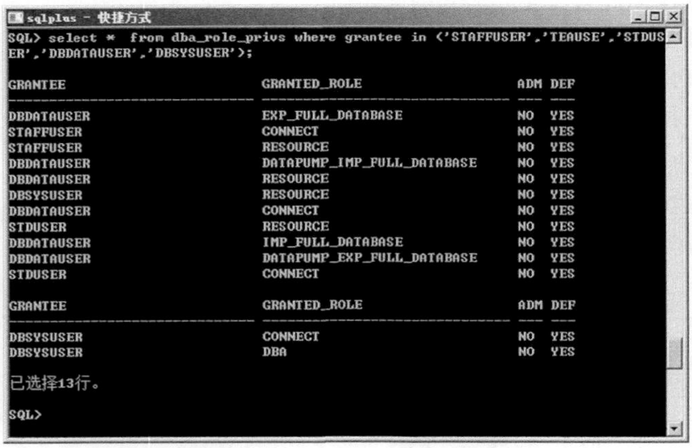

图5-11 查看用户及其角色

2. 查看已创建的用户及其系统权限

如图5-12所示。其中,dba_sys_privs是数据字典,其结构可用SQL命令DESCRIBE dba_sys_privs查看。

```
SQL>SELECT * FROM dba_sys_privs WHERE grantee IN
('STAFFUSER','TEAUSE','STDUSER','DBDATAUSER','DBSYSUSER');
```

```
sqlplus - 快捷方式

SQL> select * from dba_sys_privs where grantee in ('STAFFUSER','TEAUSE','STDUSE
R','DBDATAUSER','DBSYSUSER');

GRANTEE                        PRIVILEGE                                ADM
------------------------------ ---------------------------------------- ---
DBDATAUSER                     EXPORT FULL DATABASE                     NO
STAFFUSER                      CREATE INDEXTYPE                         NO
DBSYSUSER                      UNLIMITED TABLESPACE                     NO
STDUSER                        CREATE VIEW                              NO
STAFFUSER                      CREATE VIEW                              NO
STDUSER                        CREATE SYNONYM                           NO
DBDATAUSER                     IMPORT FULL DATABASE                     NO
DBDATAUSER                     UNLIMITED TABLESPACE                     NO
STDUSER                        UNLIMITED TABLESPACE                     NO
STAFFUSER                      UNLIMITED TABLESPACE                     NO

已选择10行。

SQL>
```

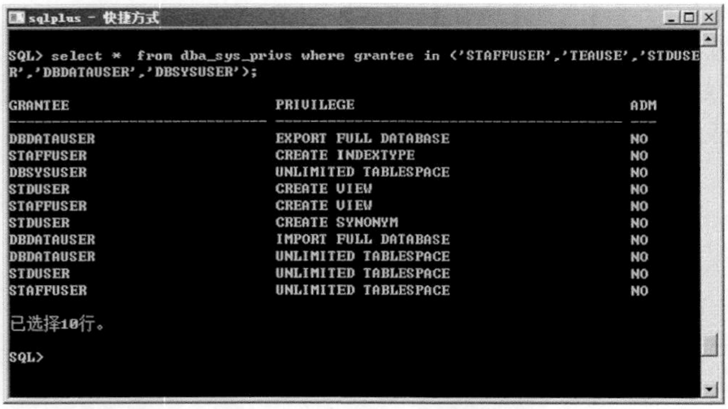

图5-12 查看用户及其系统权限

5.3 用户管理

当用户登录数据库时,必须指定一个数据库用户账户及其身份验证方式,经过验证无误后才能连接到数据库。用户一旦登录数据库,则可以直接与该数据库实例进行会话,并操纵数据库数据及其程序对象。

应用程序要访问数据库数据必须通过数据库用户连接到数据库。对于小型应用程序来说,每个应用程序用户都有一个对应的数据库用户账户。通常情况下,数据库用户与账户没有区别,均以"用户"称谓。对于应用程序终端用户很多的大型系统,通常将权限及角色相同的用户归为一类,并建立起终端用户与数据库用户间的映射,用同一个数据库用户连接数据库,从而减少数据库用户的创建。只是增加了用户与数据库之间会话的安全措施及审核的复杂性。

用户连接数据库时,可采取的主要安全措施如图 5-13 所示。

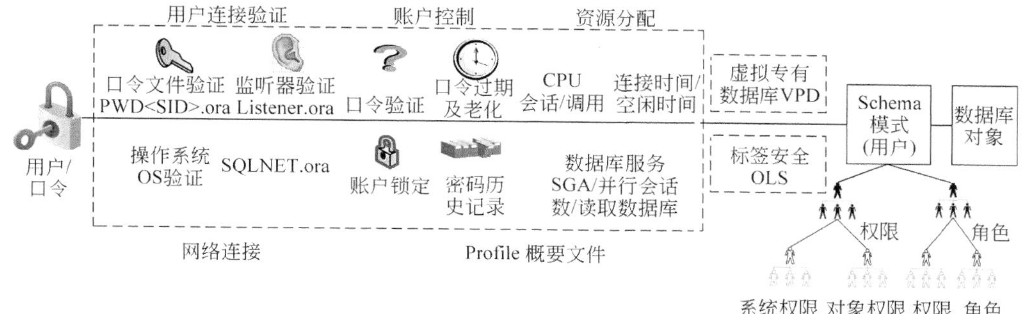

图 5-13 数据库安全基本框架

数据库用户是数据库中诸多对象之一。该对象有一些与之相关的安全属性,这些属性对连接到数据库用户的会话产生直接的影响。这些安全属性如表 5-5 所示。这些属性中,只有用户名和身份验证方式必须在创建用户时指定,其他用户属性都有默认值,无须单独指定,用户可根据实际加以修改。

表 5-5 数据库用户安全属性

用户安全属性	安全属性的作用
用户名	为应用程序用户提供连接通道
身份验证方法	对数据库用户合法性的验证
默认表空间	指定以数据库用户之名创建的对象默认存储的表空间
临时表空间	指定以数据库用户之名创建对象时所使用的临时表空间
表空间的限额	数据库用户创建对象时使用表空间的最大限额
用户状态	指用户打开、过期、锁定等
用户角色	角色是一组相关权限的集合
用户权限	用户执行一种操作的权利
用户配置文件	对用户可使用的系统资源进行的限制,如连接时间、用户并发会话数、CPU 时间、口令管理的策略等

创建、修改及删除数据库用户需要被授予 CREATE USER、ALTER USER 及 DROP USER 系统权限。数据库系统用户 sys 和 system 可创建任何数据库用户。

5.3.1 创建用户格式

创建数据库用户的 SQL 语句格式：

```
CREATE USER <user_name> IDENTIFIED BY <password> |Externally|Global|
PROFILE <profile_name> |DEFAULT
DEFAULT TABLESPACE <tablespace_name>
TEMPORARY TABLESPACE <temp_tablespace_name>
[QUOTA <Value> |UNLIMITED ON <tablespace_name>]
PASSWORD EXPIRE
ACCOUNT UNLOCK|LOCK;
```

其中：

(1) <user_name>：创建的用户名。

(2) IDENTIFIED BY <password>|Externally|Global：数据库用户有三种用户验证方式，即口令验证、外部验证及全局验证。

- 口令验证：<password>，登录数据库时必须输入口令，由数据库中数据字典完成。
- 外部验证：Externally，是由操作系统验证用户的方式。这种验证方式不需要输入用户的口令即可登录数据库。此种情况下，如果一个用户的操作系统名为 rensh，所在域名为 dlpu. dalian，则对应于数据库内创建的 Oracle 数据库外部验证用户名就是 OPS$dlpu. dalian\rensh。OPS$是默认的前缀，一般数据库的外部用户名是在其操作系统户名的前面加上 OPS$。要求必须在初始化参数文件中设置参数 OS_AUTHENT_PREFIX。
- 全局验证式用户：Global，这种方式不在数据库中存储验证口令，它是通过一个高级安全选项所提供的身份验证服务进行的。

(3) DEFAULT TABLESPACE <tablespace_name>：为用户指定其所属对象使用的默认表空间。如果创建对象时没有指定表空间，则 Oracle 会自动将创建用户时所指定的默认表空间指定为该对象的默认表空间。如果在创建用户时也没有指定默认表空间，则默认表空间为 SYSTEM。由于 SYSTEM 表空间主要存储数据字典和系统信息，将 SYSTEM 作为用户的默认表空间，会因为用户与系统争用系统空间而导致系统数据字典及数据库无法操作的问题，造成系统性能下降。所以，不建议使用 SYSTEM 作为用户的默认表空间，建议单独创建自己的表空间。

(4) PROFILE <profile_name>：用户使用的配置文件，默认值为 DEFAULT。

(5) TEMPORARY TABLESPACE <temp_tablespace_name>：用户使用的临时表空间。

(6) QUOTA <Value>|UNLIMITED ON <tablespace_name>：指定用户在表空间<tablespace_name>上可以使用的限额，或是<Value>所指定的大小或是无限制

UNLIMITED。此处限额大小不能超过创建表空间时指定的限额大小。

(7) PASSWORD EXPIRE：创建用户后，口令即刻失效。

(8) ACCOUNT UNLOCK|LOCK：创建的用户加锁或未锁。

在选择用户名和口令时应遵循以下原则：名字最长可使用30个字符；名字必须以字母开头；第一个字母后的各字符可以是字母、数字、下划线、井字符和美元符号；名字不区分大小写，除非是被引在双引号内；双引号内的名字可以包含任意字母的组合，但不能包括内置符号；口令最好不要与用户同名。

5.3.2 创建数据库验证的用户

创建名为testuser的用户，口令为testuser123，默认表空间为USERS，临时表空间为TEMP，该用户在USERS表空间上使用的限额为200MB，用户的状态为未锁，并授予其CONNECT角色。

```
---script_5-6_testuser .sql
---创建用户 testuser
CREATE USER testuser IDENTIFIED BY testuser123
PROFILE DEFAULT
DEFAULT TABLESPACE users
TEMPORARY TABLESPACE temp
QUOTA 200 M ON users
ACCOUNT UNLOCK
/
GRANT CONNECT TO testuser;
```

也可用宏替换功能编辑成脚本文件并执行，可实现交互式创建任意用户。

调用脚本文件的格式为：

```
SQL>@'路径\脚本文件'
```

如：

```
SQL>@'E:\Manuscript 2013-1-1\sql script\script_5-7_macro_replacement.sql'
```

如图5-14所示。

```
---script_5-7_macro_replacement .sql
---用宏替换功能实现创建用户的统一语句
ACCEPT u_name     PROMPT  '输入新用户名字：'
ACCEPT u_pass     PROMPT  '设定新用户口令：' HIDE
ACCEPT def_tbs    PROMPT  '输入默认表空间：'
ACCEPT tmp_tbs    PROMPT  '输入临时表空间：'
ACCEPT u_quota  PROMPT '输入用户可用额度(如 300K,2M,or UNLIMITED):'
ACCEPT quota_tbs    PROMPT  '设定使用额度的目标表空间：'

CREATE USER &u_name
```

```
IDENTIFIED BY &u_pass
DEFAULT TABLESPACE &def_tbs
TEMPORARY TABLESPACE &tmp_tbs
QUOTA &u_quota ON &quota_tbs
/
GRANT CONNECT, RESOURCE TO &u_name;
```

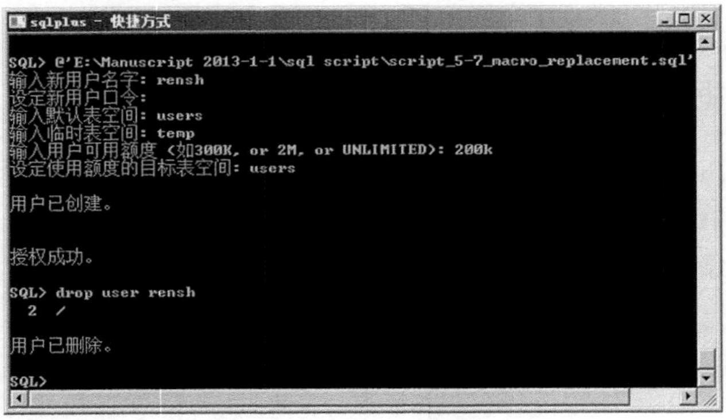
sqlplus - 快捷方式
SQL> @'E:\Manuscript 2013-1-1\sql script\script_5-7_macro_replacement.sql'
输入新用户名字: rensh
设定新用户口令:
输入默认表空间: users
输入临时表空间: temp
输入用户可用额度 (如300K, or 2M, or UNLIMITED): 200k
设定使用额度的目标表空间: users
用户已创建。
授权成功。
SQL> drop user rensh
2 /
用户已删除。
SQL>

图 5-14　创建用户脚本

5.3.3　修改数据库用户属性

修改用户属性的命令格式与创建用户格式类似，只是把关键字 CREATE 换成 ALTER 即可，其他子句不变。Oracle 不提供修改用户名的命令，若要修改用户名，需要先删除该用户，然后再重新建立新用户即可。

1. 修改用户口令

```
SQL>ALTER USER testuser IDENTIFIED BY testuser456;
```

如图 5-15 所示。

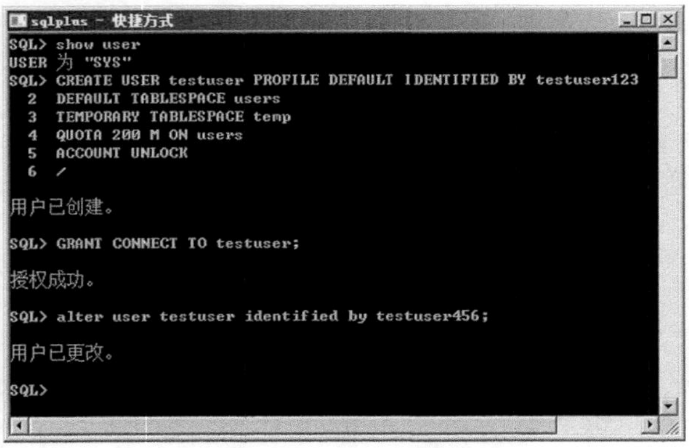
sqlplus - 快捷方式
SQL> show user
USER 为 "SYS"
SQL> CREATE USER testuser PROFILE DEFAULT IDENTIFIED BY testuser123
2 DEFAULT TABLESPACE users
3 TEMPORARY TABLESPACE temp
4 QUOTA 200 M ON users
5 ACCOUNT UNLOCK
6 /
用户已创建。
SQL> GRANT CONNECT TO testuser;
授权成功。
SQL> alter user testuser identified by testuser456;
用户已更改。
SQL>

图 5-15　修改用户口令

2. 指定用户使用表空间限额

```
SQL>ALTER USER testuser QUOTA 100K ON tbs_teach_std;
```

3. 撤销用户使用表空间限额

```
SQL>ALTER USER testuser QUOTA 0K ON tbs_teach_std;
```

4. 锁定数据库用户

```
SQL>ALTER USER testuser ACCOUNT LOCK;
```

有时要阻止用户访问数据库，可通过锁定用户的方式实现，不必删除该用户。具有DBA权限的用户才能执行锁定用户命令。从数据字典 dba_users 中可查询加锁后的状态，如图 5-16 所示。

```
SQL>SELECT username,account_status FROM dba_users;
```

图 5-16　查询用户状态

5. 让数据库用户失效

```
SQL>ALTER USER testuser PASSWORD EXPIRE;
```

6. 删除数据库用户

执行删除数据库用户后是无法恢复的，所以要谨慎使用该命令，如图 5-17 所示。

```
SQL>DROP USER testuser;
```

若用户已拥有对象，则不能直接删除该用户，否则将会返回一个错误值。删除用户

图 5-17 删除数据库用户

及其对象的正确命令格式：

```
DROP USER <target_username>CASCADE;
```

在删除用户命令后指定关键字 CASCADE，便可删除用户及其所有对象。例如：

```
SQL>DROP USER testuser CASCADE;
```

5.3.4 创建外部验证数据库用户

外部验证的数据库用户就是在操作系统上验证登录数据库的用户和口令。操作系统验证分为服务器端操作系统验证和客户端操作系统身份验证两种。

1. 服务器端操作系统验证

首先，为外部身份验证做必要的参数修改。

(1) 打开 Pfile 初始化参数文件 init. ora，添加下列参数并保存：

```
os_authent_prefix=" "
```

参数 OS_AUTHENT_PREFIX 指定了 Oracle 用于验证用户连接到数据库的前缀，Oracle 将该参数值连接到用户操作系统用户名和口令的开头作为前缀。如果有一个连接，则 Oracle 就比较连接用户名前缀和 Oracle 数据库中用户名称的前缀。

参数 OS_AUTHENT_PREFIX 有三种可选择的值：

- os_authent_prefix="OPS$"

此时，操作系统验证的用户和数据库口令验证的用户都可以通过操作系统提示符执行 sqlplus/形式登录数据库。

- OS_AUTHENT_PREFIX=""

值设为空，只有操作系统验证的用户才可以通过操作系统提示符以 sqlplus/形式登录数据库。以数据库口令形式验证的数据库用户则要输入用户名和口令。

• OS_AUTHENT_PREFIX=TRUE

操作系统验证的用户可在远程客户端以 CONNECT /@<database_SID>形式登录数据库。

用下列命令可查看 OS_AUTHENT_PREFIX 参数的值：

```
SQL>SHOW PARAMETER OS_AUTHENT_PREFIX
```

(2) 必须修改注册表。

在 HKEY_LOCAL_MACHINE\SOFTWARE\ORACLE\KEY_OraDb11g_home1 路径下添加 OSAUTH_PREFIX_DOMAIN 项，值为 FALSE，如图 5-18 所示。

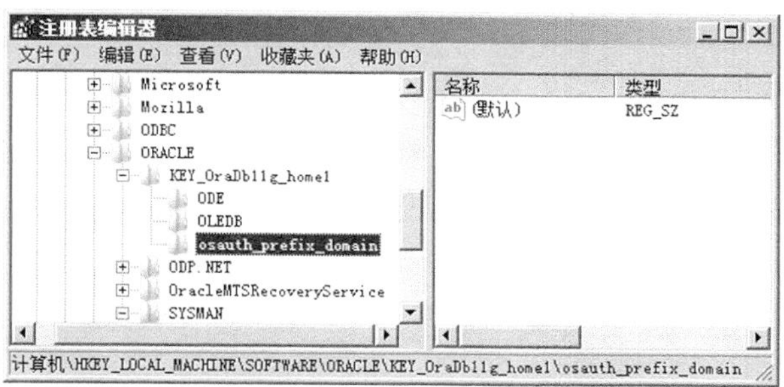

图 5-18 注册表添加数据项

当 OSAUTH_PREFIX_DOMAIN 为 TRUE 时，Oracle 用户外部验证的名需加上域名。

(3) 启动 SQL * Plus，用 sys 登录数据库，关闭当前数据库实例，但不要退出 SQL * Plus。

(4) 在 SQL>提示符下用修改后的 Pfile 生成新的 SPfile 文件，以便使得 SPfile 与 Pfile 参数保持一致。

```
SQL>Create Spfile=
'E:\app\Administrator\product\11.2.0\dbhome_1\database\spfileenterdb.ora' from
pfile='E:\app\Administrator\admin\EnterDB\pfile\init.ora.012013225659';
```

(5) 将下列参数添加到 sqlnet.ora 文件中并存盘。

```
sqlnet.authentication_services=(NTS)
```

NTS 表示操作系统身份验证，如果同时需要 Oracle 数据库身份验证，则加入 NONE，如 SQLNET.AUTHENTICATION_SERVICES=(NONE,NTS)。

(6) 创建操作系统用户<os_user>，如 dalianren，并将用户<os_user>加入 ORA_DBA 组，使其成为其中的成员。ORA_DBA 组中的域用户和本地用户不需要 Oracle 用户名和口令就可登录 Oracle，且该组的用户登录数据库后都直接具有 SYSDBA 权限。创建过程如图 5-19～图 5-23 所示。

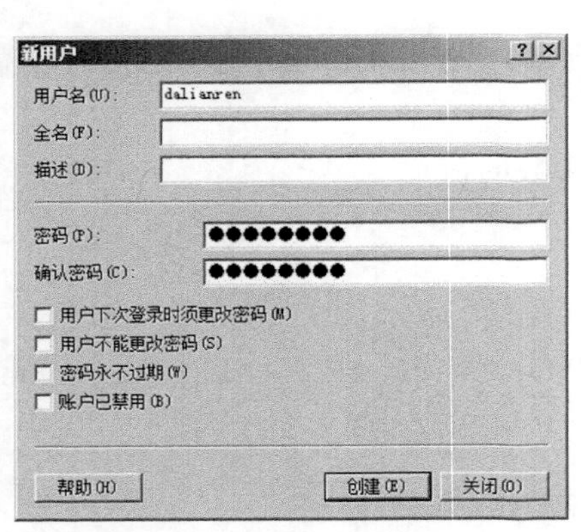

图 5-19　创建 OS 用户

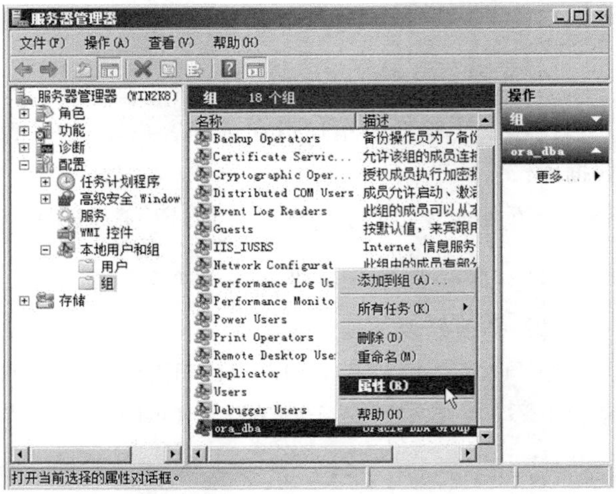

图 5-20　打开 ORA_DBA 属性

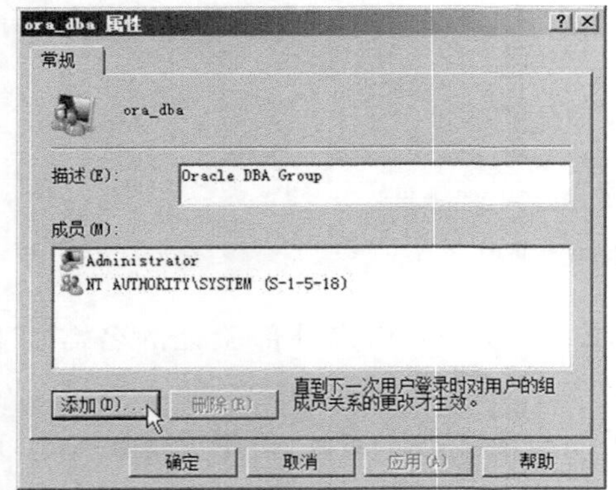

图 5-21　单击“添加”按钮

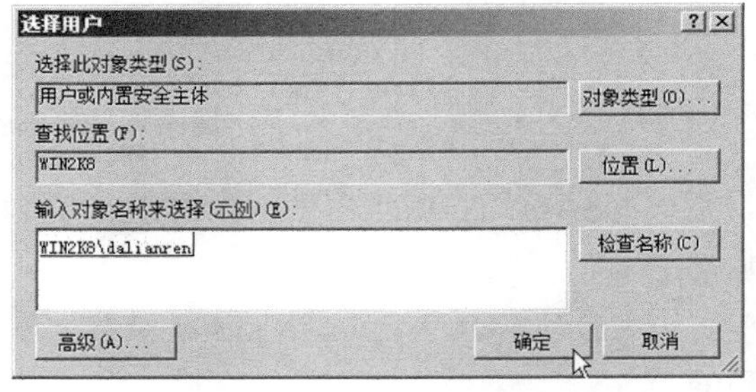

图 5-22　确认添加用户

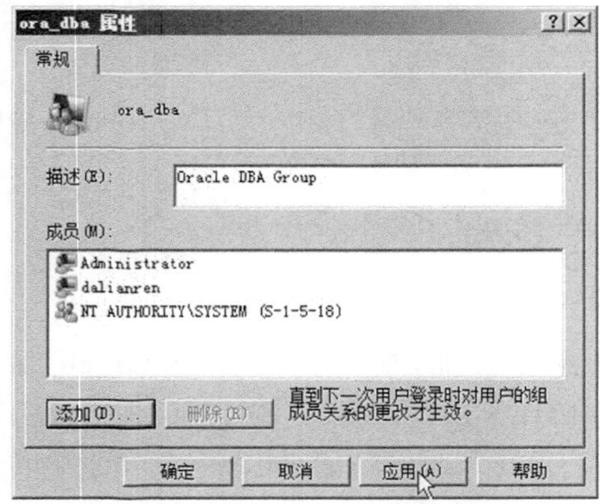

图 5-23　完成添加用户

(7) 重新启动数据库，用默认的初始化参数 SPfile 启动，使得刚添加的参数生效，如图 5-24 所示。

命令格式如下：

```
SQL>STARTUP
```

```
管理员: 命令提示符 - sqlplus /nolog
E:\app\Administrator\product\11.2.0\dbhome_1\BIN>sqlplus /nolog

SQL*Plus: Release 11.2.0.1.0 Production on 星期五 2月 1 22:47:41 2013

Copyright (c) 1982, 2010, Oracle.  All rights reserved.

SQL> connect sys/Admin324 as sysdba
已连接。
SQL> shutdown
数据库已经关闭。
已经卸载数据库。
ORACLE 例程已经关闭。
SQL> create spfile='E:\app\Administrator\product\11.2.0\dbhome_1\database\spfile
enterdb.ora' from pfile='E:\app\Administrator\admin\EnterDB\pfile\init.ora.01201
3225659'
  2  /

文件已创建。

SQL> startup
ORA-32004: obsolete or deprecated parameter(s) specified for RDBMS instance
ORACLE 例程已经启动。

Total System Global Area 6831239168 bytes
Fixed Size                  2188728 bytes
Variable Size            3539995208 bytes
Database Buffers         3271557120 bytes
Redo Buffers               17498112 bytes
数据库装载完毕。
数据库已经打开。
SQL>
```

图 5-24　由 pfile 生成 spfile

(8) 创建操作系统验证的用户。

用 system 或 sys 用户启动 SQL * Plus，并登录到数据库，创建外部验证的用户：

```
SQL>CREATE USER ops$dalian IDENTIFIED EXTERNALLY;
```

授予外部验证用户角色和系统权限，如图 5-25 所示。

```
SQL>GRANT create session TO ops
$dalianren;
SQL>GRANT CONNECT TO ops$dalian;
```

图 5-25　创建识别的用户

在 Windows 平台上，域名也是 Oracle 用户名的一部分。如果 Oracle 数据库是包含域名的全局数据库，则对应于 Windows 用户<os_user>的 Oracle 用户格式为"OPS $ <domain_name>\<os_user>"。其中，<domain_name>为全局数据库中的域名，也是主机的域名，两者域名必须相同。这样，在 Oracle 完成上述用户的创建后，就完成了 Oracle 用户与操作系统用户的直接映射，否则启动 SQL * Plus。

(9) 切换到用户＜os_user＞，如 dalianren 用户，并登录 OS，在命令提示符下启动 SQL * Plus。

格式如下：

```
sqlplus/
```

这样就不必使用用户/口令的格式连接数据库了。

2. 客户端操作系统身份验证

如果创建用于客户端连接的外部验证身份用户，还需在参数文件中加入参数 REMOTE_OS_AUTHENT＝TRUE。

创建格式如下：

```
SQL>CREATE USER <machine_name\user_name>IDENTIFIED EXTERNALLY;
```

其中，＜machine_name＞是客户端机器名；＜user_name＞为对应的操作系统用户名。

(1) 在 Windows 中创建 mybird 用户。

(2) 启动 SQL * Plus 并用 system 或 sys 用户连接数据库，创建 Oracle 数据库用户 mybird：

```
SQL>CREATE USER "Win2k8\mybird" IDENTIFIED EXTERNALLY;
```

此处，Win2k8 是客户端计算机的名字。

给该用户授权：

```
SQL>GRANT CREATE SESSION TO "Win2k8\mybird";
```

(3) 用 mybird 系统用户登录 Windows，并转到命令行上。例如：

```
E:\app\Administrator\product\11.2.0\dbhome_1\BIN。
```

在命令提示符下启动 SQL * Plus，格式如下：

```
sqlplus/
```

无须数据库的验证，可直接连接到数据库上。作为操作系统的 ORA_DBA 组成员的操作系统用户在登录时并不需要提供用户 ID 和口令。

5.4 权限及角色

角色和权限就是 Oracle 对数据库用户的能力加以限制。角色是一组权限的集合，将角色赋予用户，则用户就拥有这个角色所包含的权限。数据库安装后，系统会自动创建一些常用的角色。Oracle 数据库用户的常规安全是通过三个层次实现的，如表 5-6 所示。

表 5-6 数据库安全保障

安全保障级别	实现方式
系统级	授予数据库用户系统权限；建表空间、建用户等
对象级	授予数据库用户对特定表、视图等进行操作的对象权限
用户级	授予数据库用户角色；设定口令、空间使用限额及绑定概要文件等

5.4.1 权限

权限是用户为实现某一目标而具备的能力。当用户创建完后，必须为每个数据库用户指定或授予相应的角色和权限。Oracle 的权限分为系统权限和对象权限。

1. 系统权限

系统权限是针对用户而设置。系统权限就是能使一个用户具备的系统级活动能力并能完成特定的操作。一般以创建、修改及删除对象或执行等操作为主。在 Oracle 11g 中，包括 SYSDBA 和 SYSOPER 在内的可用系统权限有 210 个左右。在 Oracle 9i 中，大约有 149 个。例如，CREATE TABLE 或 CREATE TABLESPACE 等都是系统权限。有的权限带有 ANY，在使用具有 ANY 的权限时应格外小心。

当用户被授予的系统权限带有 WITH ADMIN OPTION 时，即用户具有“管理选项”，则意味着该用户不仅拥有此系统权限，而且也可以将此系统权限授予其他用户。DBA 可通过视图 dba_sys_privs 查询授予用户的系统信息。普通用户可通过 user_sys_privs 视图来获取。dba_sys_privs 的结构信息如图 5-26 所示。

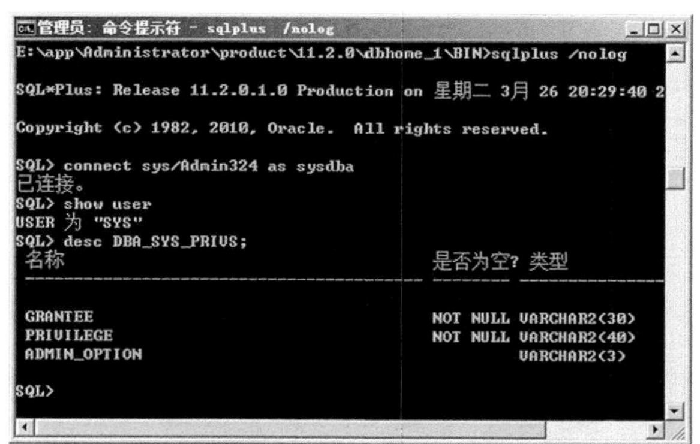

图 5-26 dba_sys_privs 的结构信息

与系统权限有关的数据字典是 all_sys_privs；user_sys_privs；session_privs；dba_sys_privs；system_privilege_map。

在 Oracle 数据库中，只有两类用户有权将系统权限授予其他用户或从其他用户中撤销系统权限：

(1) 被授予了带有 WITH ADMIN OPTION 的特定系统权限的用户。

(2) 带有 GRANT ANY PRIVILEGE 系统权限的用户。

将系统权限授予用户或角色，或从用户或角色中撤销系统权限的途径有两种：

(1) 用 SQL 语句 GRANT 和 REVOKE；

(2) 用 Oracle 控制台 OracleEnterprise Manager Database Control。

2. 对象权限

对象权限与系统权限有所不同，它是授予一个用户在数据库对象上的权限，是 Oracle 允许用户访问属于其他用户的对象或程序的能力。对象权限是用户在某个指定的对象上能完成特定的操作。这些对象的类型可以是表、视图、序列、过程、函数、包、同义词、快照、类型、Java 源和 Java 类等。不同类型的对象上可用的对象权限也不同。

对象权限定义了用户在数据库中已建对象上的权利，即对象的拥有者给予其他用户访问其对象的权限。若要把对象权限授予其他用户，必须符合下列任一条件，否则无权对其他用户授予权限。

(1) 授予权限的用户必须是该对象的拥有者，用户拥有该用户名模式下的所有对象的全部对象权限。

(2) 被授予 GRANT ANY OBJECT PRIVILEGE 系统权限的用户可用带有或不带有 WITH GRANT OPTION 子句的 GRANT 语句将任何指定的对象权限授予其他用户。

(3) 若授予的对象权限带有 WITH GRANT OPTION，则允许接受对象权限的用户将该对象权限再授予其他用户。

(4) 拥有 GRANT ANY OBJECT PRIVILEGE 权限的用户也可以撤销任何由对象拥有者或其他带有 GRANT ANY OBJECT PRIVILEGE 系统权限的用户所授予的对象权限。

DBA 可从 dba_tab_privs 视图来获取授予用户的对象权限信息。一般用户可从 user_tab_privs 视图中获取对象的拥有者、授予者、被授予者、权限等信息。dba_tab_privs 结构信息如图 5-27 所示。

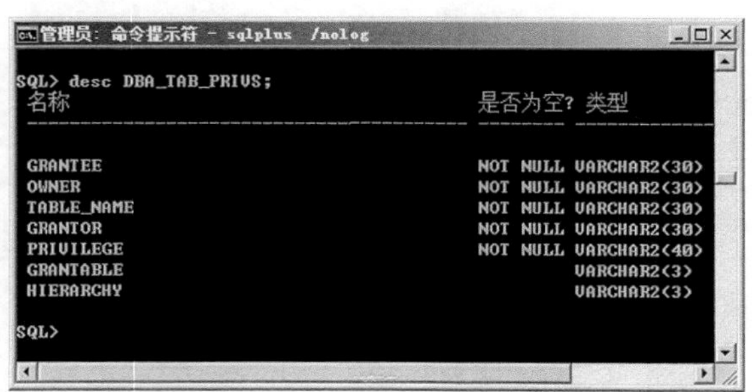

图 5-27 dba_tab_privs 结构信息

可被授权的对象权限主要有 ALTER、DELETE、INDEX、INSERT、REFERENCES、SELECT、UPDATE、EXECUTE、ENQUEUE 和 DEQUEUE 等。

其中：

- REFERENCES：允许其他用户创建参照当前表的外键约束。
- SELECT：仅仅用于表、视图、序列和快照等。
- EXECUTE：用于包、过程和函数以及类型等。切记：对于包、过程和函数必须要获得包、过程和函数的拥有者授权许可才能执行。
- INSERT、UPDATE、DELETE 和 SELECT：用于表、视图、序列等的操作。
- ALTER：允许其他用户修改表结构。
- INDEX：允许被授予者在表上创建索引。访问 user_tab_privs_recd 视图可获得用户在该表上权限的信息，其结构信息如图 5-28 所示。

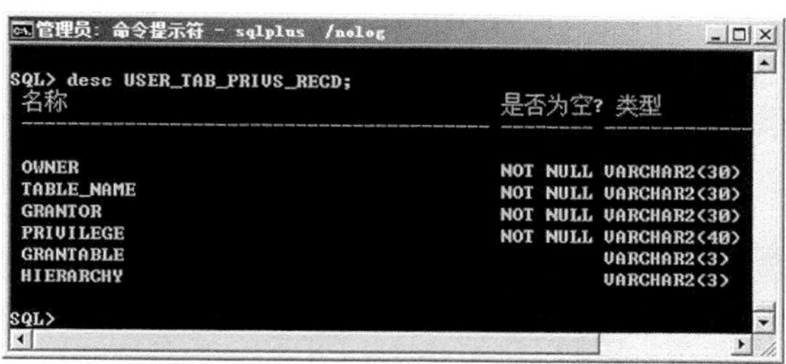

图 5-28　user_tab_privs_recd 结构信息

注意：不能将 REFERENCES 和 INDEX 权限授予角色，它们只能且必须授予用户。

3. 授予权限的格式

用户获得权限的方式有两种：一种是显式地把权限授予用户；另一种是通过角色授权给用户。

方法：首先创建一个角色，接着把权限授予该角色，最后把该角色授予用户。

(1) 给用户或角色授予系统权限或角色。

语法格式：

```
SQL>GRANT <system_privilege or role>TO <user or role>| WITH ADMIN OPTION;
```

【例 5-1】 把 CREATE PROCEDURE 系统权限授予用户 testuser。

```
SQL>GRANT CREATE PROCEDURE TO testuser;
```

(2) 给用户或角色授予对象权限。

语法格式：

```
SQL>GRANT <object_privilege>[(column, column,...)] ON [schema.]object_name TO
<user or role>| WITH GRANT OPTION;
```

【例 5-2】 将 SCOTT 模式下 emp 表的查询权限授予用户 testuser。

```
SQL>GRANT SELECT ON scott.emp TO testuser;
```

授予用户 testuser 对 SCOTT 模式下 emp 表 deptno，sal 列的更新权。

```
SQL>GRANT UPDATE (deptno,sal) ON scott.emp TO testuser;
```

(3) 撤销权限。

语法格式：

```
SQL>REVOKE <system_privilege_or_role>FROM <user_or_role>;
```

【例 5-3】 把 CREATE PROCEDURE 系统权限从用户 testuser 中撤销。

```
SQL>REVOKE CREATE PROCEDURE FROM testuser;
```

总之，对象权限可用以操纵数据库对象以及数据库中的数据，而带有 WITH ADMIN OPTION 限定词的系统权限可使用户具备向其他用户或角色传递授予这些权利的能力。

在对用户进行权限授予时，应本着最少权限的原则，尽可能地使用户不要获得比其使用权限多的权限。

4. 用户的管理选项

用户的管理选项有两类：WITH ADMIN OPTION 和 WITH GRANT OPTION。

(1) 当用户将某系统权限授予其他用户并使其拥有该权限的同时，允许该用户再将此权限授予其他用户，则 GRANT 语句须带有 WITH ADMIN OPTION 子句。

(2) 若用户在把某一对象权限授予其他用户的同时，允许该用户将此对象权限授予另外用户，则授权语句 GRANT 须带有 WITH GRANT OPTION 子句。

(3) WITH ADMIN OPTION 只能用于授予系统权限和角色；WITH GRANT OPTION 则用于授予对象权限。

当把带有 WITH ADMIN OPTION 的系统权限授予其他用户后，若撤销最初用户的系统权限则不会影响已经授出的权限，即撤销权限不会有级联效应。也就是说，如果具有 WITH ADMIN OPTION 权限的用户甲为其他用户授予了某些系统权限，之后用户甲的系统权限被撤销，任何通过这个选项已被授予了该系统权限的用户都将保留其权限。这如同局长李某有任免王某为处长的人事任免权；王某也有任免赵某为科长的人事任免权。当李某离任后，李某任命的其他人职务仍有效，不会因李某的离任而失效。

当使用 WITH GRANT OPTION 将对象权限传递给其他用户后，若最初的授予者拥有的对象权限被撤销，则随后授出的对象权限也随之被撤销，即有级联效应或传递性。这好比是个人之间的物品转借。例如，张某将自己的车借给钱某，并允许钱某借给其他人使用，当张某决定收回钱某的使用权时，连同钱某授予其他人的借用权也一同收回。

当撤销权限时，只有对象权限会产生级联，而系统权限则不具备级联效应或传递性。

注意：不要将定义视图中的 WITH CHECK OPTION 与此相混淆。

如果授予了对象权限 REFERENCES，则必须指定 CASCADE CONSTRAINTS 来删除所参照的外键约束。

5.4.2 角色

角色如同组织中的职务，不同职务拥有不同的权利。一旦职务被撤销，则与该职务有关的权利也一同被撤销。角色就是被命名的各种权限或角色的集合，它为管理而设置。

1. Oracle 角色的功能

(1) 角色可包含系统权限或对象权限，如图 5-29 所示。

(2) 任何角色均可被授予数据库中的任何用户。

(3) 授予用户的每个角色可以是有效的或失效的。所谓角色的有效，就是指角色所包含的权限生效。若用户 visit_user 被授予了 r1、r2 和 r3 三个角色，若 r3 未生效，则 r3 所包含的权限对于 visit_user 不起作用，只有当角色有效了，角色内的权限才作用于用户。最大可有效角色数可在初始化参数文件中的 MAX_ENABLED_ROLES 参数设定。

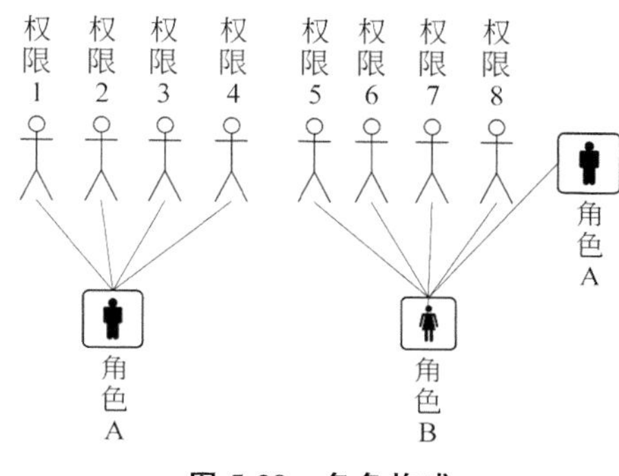

图 5-29 角色构成

(4) 角色可被授予其他角色，即角色可包含角色，但角色不能被授予自身，也不能循环授权。即不能将一个角色授予其他角色后，再由其他角色向自身授权。

(5) 如果角色不是口令验证或安全的应用角色，则该角色可直接授予用户。

(6) 若角色是口令验证或安全的应用角色，则该角色不能直接授予用户，也不能使其作为默认角色。

(7) 通过角色授予的对象权限不能在过程、函数和包中使用，对象权限只能显式地授予用户。

2. 常用角色

Oracle 11g R2 系统安装后，系统自动创建 54 个左右的角色。Oracle 9i R2 中有 30 个角色。

(1) CONNECT

Oracle 11g 中该角色只包含 CREATE SESSION 系统权限，用户只能登录 Oracle，不能创建实体。在早期的版本中，该角色曾包含 8 个其他权限。使用企业管理器 OEM Database Control 图形化控制台创建用户时，系统默认将 CONNECT 角色授予新创建的用户。在 SQL * Plus 中，用 SQL 命令创建用户时则不同，必须明确将 CONNECT 角色授予新创建的用户。也可以将 CREATE SESSION 系统权限直接授予用户，而不必授予其 CONNECT 角色。

(2) RESOURCE

该角色包含了以下系统权限：CREATE CLUSTER、CREATE INDEXTYPE、

CREATE OPERATOR、CREATE PROCEDURE、CREATE SEQUENCE、CREATE TABLE、CREATE TRIGGER、CREATE TYPE。RESOURCE 角色主要为兼容 Oracle 数据库早期版本而设，通过数据字典 dba_sys_privs 可查询该角色的权限。

(3) EXP_FULL_DATABASE

提供了用于完成全库备份和增量备份所需的所有权限，包括 SELECT ANY TABLE、BACKUP ANY TABLE、EXECUTE ANY PROCEDURE、EXECUTE ANY TYPE、ADMINISTER RESOURCE MANAGER，以及在 sys 用户下 incvid、incfil 及 incexp 表上的 INSERT、DELETE 及 UPDATE 权限，还包含两个角色 EXECUTE_CATALOG_ROLE 和 SELECT_CATALOG_ROLE。

(4) IMP_FULL_DATABASE

提供了完成全库导入所需的全部权限，具体权限可从视图 dba_sys_privs 中查询。此外，还包含 EXECUTE_CATALOG_ROLE 和 SELECT_CATALOG_ROLE 角色。

(5) DATAPUMP_EXP_FULL_DATABASE

提供了用 Oracle 数据泵从数据库中导出数据的权限。

(6) DATAPUMP_IMP_FULL_DATABASE

提供了用 Oracle 数据泵向数据库中导入数据的权限。

Oracle 建议：应设计并创建自己的角色，使其仅包含用户所需的系统权限或对象权限，不要依赖系统默认的角色。

3. 创建角色

创建、修改或删除角色须具有的相关系统权限：ALTER ANY ROLE、CREATE ROLE、DROP ANY ROLE 和 GRANT ANY ROLE。

与创建用户相类似，创建角色时有 4 种验证选择：

(1) 无验证：无须任何口令等安全验证，可直接授予用户。

(2) 口令验证：要求输入口令才能启用角色。

(3) 外部角色验证：就是操作系统验证方式，是为分布式计算环境下以 SYSOPER 或 SYSDBA 权限连接数据库而设置。此时，初始化参数文件中的参数应设置为 OS_ROLES=TRUE 和 REMOTE_OS_ROLES=TRUE。若使用多线程服务器，则不能使用外部角色验证。

(4) 全局验证：它由专门的 Oracle 安全服务器来验证。它将企业角色与数据库角色进行了映射。

创建不带口令的角色语法格式：

```
SQL>CREATE ROLE <role_name>;
```

【例 5-4】 创建名为 client_role 的角色。

```
SQL>CREATE ROLE client_role;
```

创建带口令的角色语法格式：

```
SQL>CREATE ROLE <role_name> IDENTIFIED BY <password>;
```

【例 5-5】 创建名为 app_dba 的角色。

```
SQL>CREATE ROLE app_dba IDENTIFIED BY "iamadba123";
```

4. 将权限及角色指定给角色

(1) 指定权限给角色的语法格式：

```
SQL>GRANT <privilege_name> TO <role_name>;
```

【例 5-6】 把 CREATE SESSION 权限授予角色 client_role。

```
SQL>GRANT create session TO client_role;
```

(2) 创建角色层次结构。

将一个角色授予另一个角色，语法格式：

```
SQL>GRANT <role_name> TO <role_name>;
```

【例 5-7】 创建角色并为其授予对象权限。

```
SQL>CREATE ROLE app_user;
SQL>GRANT client_role TO app_user;
SQL>GRANT select ON scott.emp TO app_user;
SQL>GRANT insert ON scott.emp TO app_user;
SQL>GRANT update ON scott.emp TO app_user;
```

(3) 为层次结构再增加一层。

新创建一个角色 app_manager，并将角色 app_user 授予 app_manager。

```
SQL>CREATE ROLE app_manager IDENTIFIED BY"appman123";
SQL>GRANT app_user TO app_manager;
SQL>GRANT delete ON scott.dept TO app_manager;
SQL>GRANT delete ON scott.dept TO app_manager;
SQL>GRANT create procedure TO app_manager;
```

5. 给用户指定角色

(1) 创建一个用户。

【例 5-8】 创建带口令的用户。

```
SQL>CREATE USER dalianren IDENTIFIED BY"dalianren123";
```

(2) 给用户授予角色。

【例 5-9】 为用户授予角色。

```
SQL>GRANT app_manager TO dalianren;
```

6. 从角色中撤销权限

【例 5-10】 撤销权限。

```
SQL>REVOKE create procedure FROM app_manager;
```

7. 从用户中撤销角色

【例 5-11】 撤销角色。

```
SQL>REVOKE app_user FROM app_manager;
```

8. 设置当前用户有效的角色

(1) 使角色 app_user 有效。
【例 5-12】 使一个角色有效。

```
SQL>SET ROLE app_user;
```

(2) 使角色 app_user 和 client_role 有效。
【例 5-13】 使多个角色有效。

```
SQL>SET ROLE app_user, client_role;
```

(3) 使带有口令的 app_manager 有效。
【例 5-14】 使角色 app_manager 有效。

```
SQL>SET ROLE app_manager IDENTIFIED BY"appman123";
```

(4) 使当前用户的所有角色有效。

```
SQL>SET ROLE ALL;
```

注意：Oracle 没有提供使单个角色失效的命令，只能通过使全部角色失效，然后再分别使有效的方法实现。

(5) 设置当前用户的所有角色失效。
【例 5-15】 使当前所有角色失效。

```
SQL>SET ROLE NONE;
```

(6) 设置当前用户除 app_user 外的所有其他角色有效。

```
SQL>SET ROLE ALL EXCEPT APP_USER;
```

(7) 查看当前用户的有效的角色。

```
SQL>SELECT * FROM SESSION_ROLES;
```

(8) 查看角色所包含的权限。

```
SQL>SELECT * FROM ROLE_SYS_PRIVS;
```

9. 修改指定用户的默认角色

【例 5-16】 为用户 dalianren 设置默认角色 app_manager。

```
SQL>ALTER USER dalianren DEFAULT ROLE app_manager;
```

10. 为用户设置除某角色以外的所有角色为默认角色

【例 5-17】 为用户 dalianren 设置除 client_role 以外的所有角色为默认角色。

```
SQL>ALTER USER dalianren DEFAULT ROLE ALL EXCEPT client_role;
```

11. 删除角色

格式：

```
SQL>DROP ROLE <role_name>;
```

【例 5-18】 删除角色 app_manager。

```
SQL>DROP ROLE app_manager;
```

5.4.3 特殊账户

在安装 Oracle 过程中，sys、system 以及 scott 等几个特殊用户账户是随着数据库一同创建的。

1. SYS

sys 是 Oracle 中权限最高的用户。数据库中数据字典的所有表和视图都存储在 sys 模式下。这些表和视图对 Oracle 的操作是十分重要的。为维护数据字典的完整性，sys 模式下的表只能由 Oracle 来管理。其他任何用户或数据库管理员不能修改数据字典。sys 用户拥有 DBA、SYSDBA、SYSOPER 等角色或权限。当 sys 登录数据库或企业管理器时，只能用 SYSDBA、SYSOPER 身份登录，不能用 Normal 普通用户身份登录。

sys 用户登录 Oracle 后，执行 SELECT * FROM v_$pwfile_users;可查询到具有 SYSDBA 权限的用户。

2. SYSTEM

system 用户在创建数据库时自动创建，用于存放仅次于 sys 模式中数据字典的内部管理数据，如 Oracle 的一些特性或工具的管理信息。system 用户拥有普通 DBA 角色权限。system 用户以 Normal 身份登录企业管理器或数据库时就是一个普通的 DBA 用户；若以 AS SYSDBA 身份登录，实际上它就是作为 sys 用户登录的，创建的对象都存储在 sys 中。其他用户也一样，即使以 AS SYSDBA 身份登录，也是作为 sys 用户登录的。一个数据库只有一个特权用户 sys。

在用数据库配置助手 DBCA 创建数据库时,作为默认数据库用户账户 sys 和 system 被要求重新设定口令,其余用户均被锁定。在 Oracle 9i 中,sys 的默认口令是 change_on_install,system 用户的默认口令是 manager。

3. SCOTT

该账号是一个 Oracle 自带的数据库示例模式,为用户安装测试及学习数据库用。学习 PL/SQL 及 SQL 的 DML、DDL、DCL 操作可用此账户。在 Oracle 9i 中,随着数据库的创建自动安装,其默认的口令为 tiger。在 Oracle 11g 中,用户在创建数据库时,自行确定是否添加并安装该示例模式。创建数据库完成后,scott 与 sys 及 system 等用户一样处于被锁定状态,需要用户手动解锁并重新设定口令。

5.4.4 几个系统权限

1. SYSDBA 和 SYSOPER 系统权限

数据库中有两个特殊的系统权限:SYSDBA 和 SYSOPER。它们同属管理权限。一般用户不能授予这两个权限。SYSDBA 与 SYSOPER 的区别如表 5-7 所示。

表 5-7 SYSDBA 与 SYSOPER 的区别

系统权限	SYSDBA 可实现的操作	SYSOPER 可实现的操作
区别	启动数据库(startup)	启动数据库(startup)
	关闭数据库 (shutdown)	关闭数据库 (shutdown)
	修改数据库(alter database open/mount/backup)	修改数据库(alter database open/mount/backup)
	更改字符集	不可以
	创建数据库(create database)	不能创建数据库
	删除数据库 (drop database)	不能删除数据库
	创建参数文件(create spfile)	创建参数文件(create spfile)
	修改归档日志(alter database archivelog)	修改归档日志(alter database archivelog)
	恢复数据库 (alter database recover)	只能完全恢复,不能执行不完全恢复
	拥有限制会话权限(restricted session)	拥有限制会话权限(restricted session)
	可以让用户作为 sys 用户连接	可进行基本的操作,但不能查看用户数据
	登录之后是 sys 用户	登录后连接的用户是 public
	可以 SYSDBA 身份登录 Enterprise Manager Database Control	不能用 SYSOPER 身份登录 Enterprise Manager Database Control

显然,不论哪个用户名,只要是以 SYSDBA 身份连接,则登录后的用户就是 sys。只有 sys 用户才能以 SYSOPER 身份连接,且登录后连接的用户是 public,其他用户无权以 SYSOPER 身份连接,如图 5-30 所示。

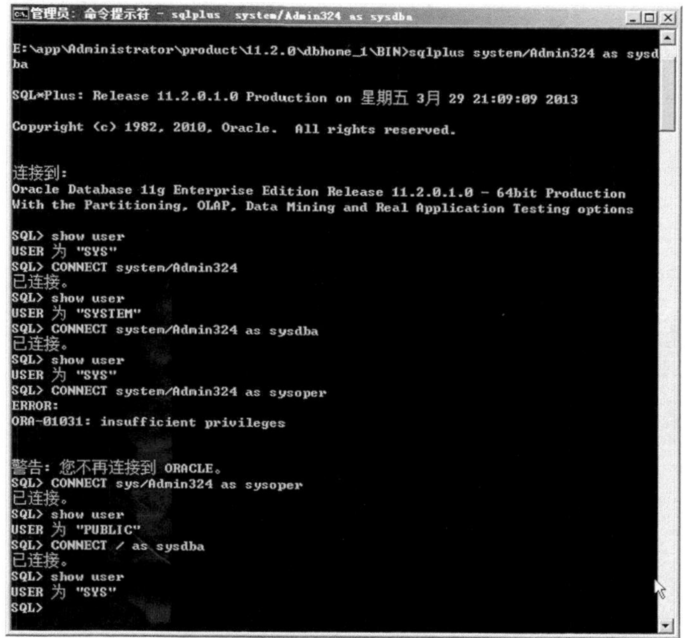

图 5-30 以 SYSDBA 和 SYSOPER 身份登录后连接的用户

注意：Oracle 允许具有 SYSDBA 和 SYSOPER 系统权限的用户在数据库还没打开的情况下访问数据库实例。显然，对 SYSDBA 和 SYSOPER 权限不依赖于整个数据库是否完全启动，只要实例已启动，对 SYSDBA 和 SYSOPER 的控制完全超出了数据库本身。而 DBA 角色只有在数据库启动后才能有效。

2. RESTRICTED SESSION 系统权限

被授予 RESTRICTED SESSION 系统权限的用户只能使用 RESTRICT 模式启动数据库。只有数据库管理员才应拥有 RESTRICTED SESSION 系统权限。RESTRICTED SESSION 能限制用户登录 Oracle，此种状态下，实例与数据库的装载或未装载，打开还是关闭均无关。

RESTRICTED SESSION 系统权限适用场合：

当系统需要执行一些管理性的操作，且运行这些操作时不允许其他用户同时访问数据库时才使用 RESTRICT 模式启动数据库。如导出或导入数据库数据，使用 SQL * Loader 完成数据装载，临时防止用户使用数据，在迁移和更新操作期间等。

5.5 概要文件 PROFILE

Oracle 的概要文件 Profile 是一组用于限制用户行为的参数集合，从而对用户使用的数据库资源进行限制。通过创建并指定概要文件给用户，可调整每个数据库用户使用系统资源的多少。在大型复杂且用户较多的企业组织中，概要文件是十分有用的。

管理概要文件需要具有 ALTER PROFILE、CREATE PROFILE 及 DROP PROFILE 系统权限。

5.5.1 创建概要文件

使用查询语句 SELECT DISTINCT resource_name, limit FROM dba_profiles ORDER BY resource_name;可列出在概要文件中加以限制的参数，如图 5-31 所示。

```
管理员: 命令提示符 - sqlplus  sys/Admin324 as sysdba
SQL> show user
USER 为 "SYS"
SQL> SELECT DISTINCT resource_name, limit FROM dba_profiles ORDER BY resource_na
me;

RESOURCE_NAME                    LIMIT
-------------------------------- ----------------------------------------
COMPOSITE_LIMIT                  DEFAULT
COMPOSITE_LIMIT                  UNLIMITED
CONNECT_TIME                     DEFAULT
CONNECT_TIME                     UNLIMITED
CPU_PER_CALL                     DEFAULT
CPU_PER_CALL                     UNLIMITED
CPU_PER_SESSION                  DEFAULT
CPU_PER_SESSION                  UNLIMITED
FAILED_LOGIN_ATTEMPTS            10
FAILED_LOGIN_ATTEMPTS            UNLIMITED
IDLE_TIME                        DEFAULT

RESOURCE_NAME                    LIMIT
-------------------------------- ----------------------------------------
IDLE_TIME                        UNLIMITED
LOGICAL_READS_PER_CALL           DEFAULT
LOGICAL_READS_PER_CALL           UNLIMITED
LOGICAL_READS_PER_SESSION        DEFAULT
LOGICAL_READS_PER_SESSION        UNLIMITED
PASSWORD_GRACE_TIME              7
PASSWORD_GRACE_TIME              DEFAULT
PASSWORD_LIFE_TIME               180
PASSWORD_LIFE_TIME               DEFAULT
PASSWORD_LOCK_TIME               1
PASSWORD_LOCK_TIME               DEFAULT
```

图 5-31 概要文件中可用的参数

当创建用户时，若没有特别指定配概要文件，则会使用默认的概要文件 DEFAULT。DBA 也可另创建概要文件，并指定给一组用户。默认的概要文件为用户提供了无限制的资源使用。

注意： 概要文件是数据库中创建的一个对象。

下面介绍创建概要文件 EnterDB_Profile 的步骤。

(1) 启动 Oracle Enterprise Manager 11g Database Control，并由 sys 用户以 SYSDBA 的身份登录数据库。在"服务器"选项卡的"安全性"一栏中选择"概要文件"，如图 5-32 所示。

在"概要文件"页中，"对象类型"选择"概要文件"，然后单击"创建"按钮，如图 5-33 所示。

(2) 在"名称"文本框中输入概要文件名字 ENTERDB_PROFILE，"一般信息"选项卡如图 5-34 所示。

其中，"一般信息"中每个参数的可选择值如表 5-8 所示。

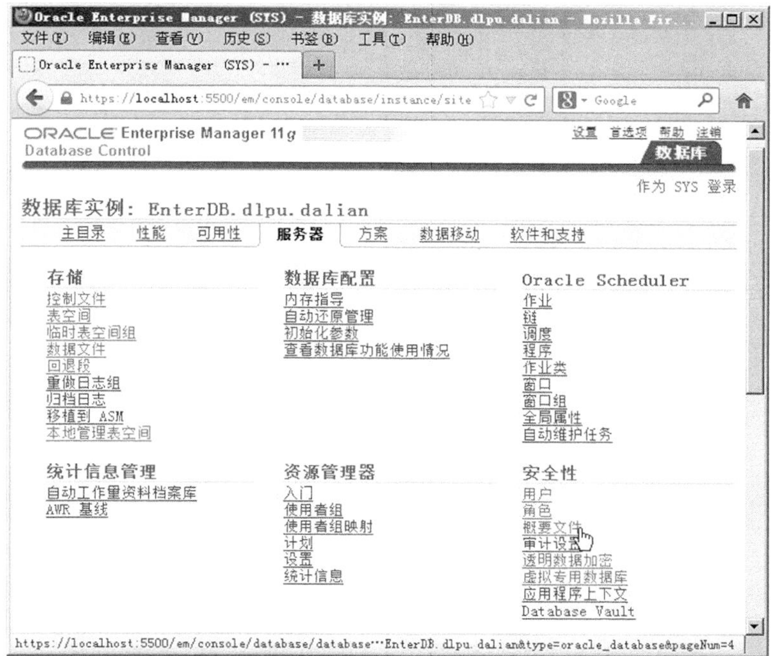

图 5-32 sys 登录 OEM Database Control

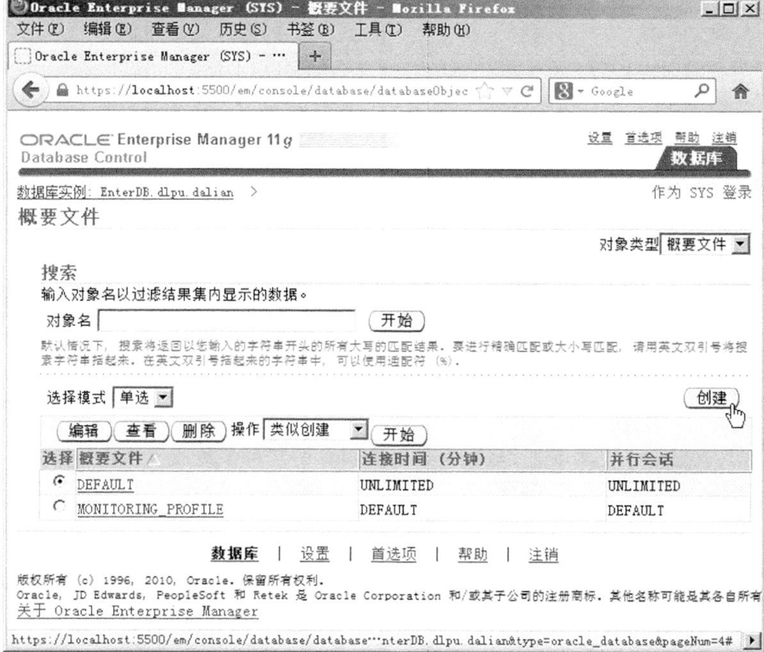

图 5-33 创建概要文件

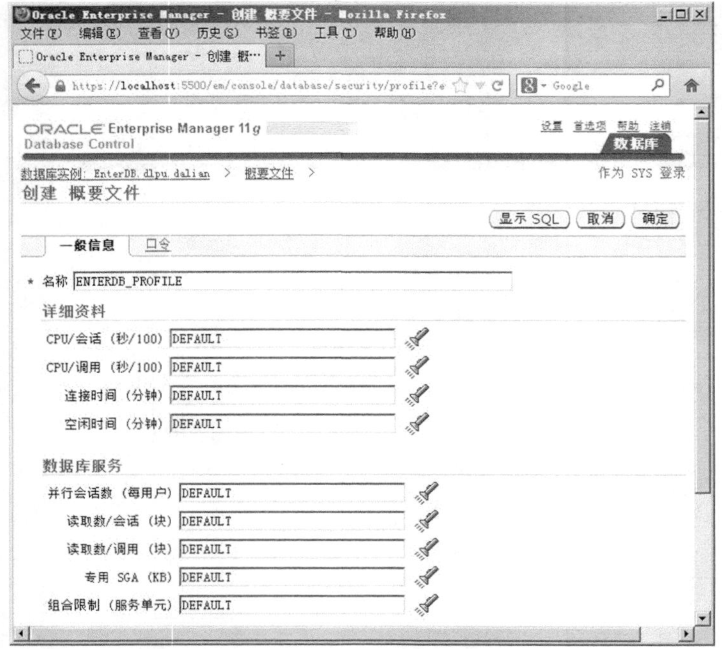

图 5-34 “一般信息”选项卡

表 5-8 概要文件“一般信息”的常用参数值

	参 数	可选择的常用值				
详细资料	CPU/会话(秒/100)	DEFAULT	UNLIMITED	1000	6000	36000
	CPU/调用(秒/100)	DEFAULT	UNLIMITED	1000	6000	36000
	连接时间(分钟)	DEFAULT	UNLIMITED	30	60	120
	空闲时间(分钟)	DEFAULT	UNLIMITED	1	15	60
	并行会话数(每用户)	DEFAULT	UNLIMITED	1	2	10
数据库服务	读取数/会话(块)	DEFAULT	UNLIMITED	1000	5000	10000
	读取数/调用(块)	DEFAULT	UNLIMITED	1000	5000	10000
	专用 SGA(KB)	DEFAULT	UNLIMITED	4	16	256
	组合限制(服务单元)	DEFAULT	UNLIMITED	1000000	5000000	10000000

“口令”选项卡如图 5-35 所示。

概要文件“口令”中的参数值如表 5-9 所示。

表 5-9 概要文件有关口令的常用参数值

项目	参 数	可选择的常用值				
口令	有效期（天）	DEFAULT	UNLIMITED	30	60	120
	最大锁定天数	DEFAULT	UNLIMITED	30	60	120
历史记录	保留的口令数	DEFAULT	UNLIMITED	1	2	10
	保留天数	DEFAULT	UNLIMITED	30	60	120
复杂性	复杂性函数	DEFAULT	NULL			
登录失败	锁定前允许的最大失败登录次数	DEFAULT	UNLIMITED	3	6	10
	锁定天数	DEFAULT	UNLIMITED	5	10	20

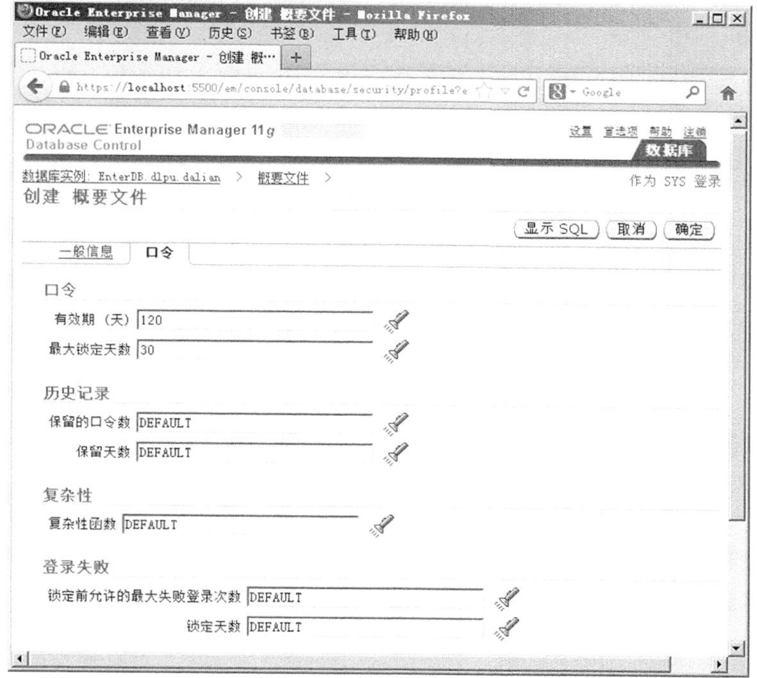

图 5-35 "口令"选项卡

单击"显示 SQL"按钮,可得到创建概要文件 EnterDB_Profile 的 SQL 语句:

```
SQL>CREATE PROFILE Enterdb_Profile LIMIT CPU_PER_SESSION DEFAULT
CPU_PER_CALL DEFAULT
CONNECT_TIME DEFAULT
IDLE_TIME DEFAULT
SESSIONS_PER_USER DEFAULT
LOGICAL_READS_PER_SESSION DEFAULT
LOGICAL_READS_PER_CALL DEFAULT
PRIVATE_SGA DEFAULT
COMPOSITE_LIMIT DEFAULT
PASSWORD_LIFE_TIME 120
PASSWORD_GRACE_TIME 30
PASSWORD_REUSE_MAX DEFAULT
PASSWORD_REUSE_TIME DEFAULT
PASSWORD_LOCK_TIME DEFAULT
FAILED_LOGIN_ATTEMPTS DEFAULT
PASSWORD_VERIFY_FUNCTION DEFAULT
```

最后单击"确定"按钮,完成创建概要文件 Enterdb_Profile。

显然,概要文件包含全部的资源使用参数,只是设置不同而已。

系统资源主要包括:

(1) CPU/会话(CPU_PER_SESSION)：允许一个会话占用CPU的时间总量，以秒/100为单位。

(2) CPU/调用(CPU_PER_CALL)：允许一个调用占用CPU的最大时间值。以秒/100为单位。

(3) 连接时间(CONNECT_TIME)：允许一个会话持续的时间最大值。该限值以分钟为单位。

(4) 空闲时间(IDLE_TIME)：允许一个会话处于空闲状态的最大时间值。空闲时间是会话中持续不活动的一段时间。长时间运行的查询和其他操作不受此限值的约束。该限值以分钟为单位。

(5) 并行会话(SESSIONS_PER_USER)：允许一个用户进行的并行会话的最大数量。

(6) 读取数/会话(块)(LOGICAL_READS_PER_SESSION)：会话中允许数据块读取的总数。该限值包括从内存和磁盘读取的块。

(7) 读取数/调用(块)(LOGICAL_READS_PER_CALL)：允许一个调用在处理一个SQL语句时读取数据块的最大数量。

(8) 专用SGA(KB)(PRIVATE_SGA)：在系统全局区(SGA)的共享池中，一个会话可分配的专有空间最大值。专有SGA的限值只在使用多线程服务器体系结构的情况下使用。该限值以KB为单位。

(9) 组合限制(服务单元)(COMPOSITE_LIMT)：一个会话耗费的资源总量。一个会话耗费的资源总量是以下几项的加权和：会话占用CPU的时间、连接时间、会话中的读取数和分配的专用SGA空间量。

(10) 有效期(天)(PASSWORD_LIFE_TIME)：设定同一口令所允许使用的有效天数。若同时指定了PASSWORD_GRACE_TIME参数，如果在宽限期限内没有改变口令，则口令会失效，连接数据库会被拒绝。如果没有设置PASSWORD_GRACE_TIME参数，其默认值为UNLIMITED，将引发一个数据库警告，但是允许用户继续连接，需重新设口令。

(11) 最大锁定天数(PASSWORD_GRACE_TIME)：设定在口令失效前，给予该用户重新设置新口令的宽限天数。在口令失效之后，当以该用户登录时会出现警告信息显示该天数。如果没有在宽限天数内修改口令，口令将失效。

(12) 保留的口令数(PASSWORD_REUSE_MAX)：设定重新启用一个以前曾用过的口令之前必须对该口令进行重新设置的次数。

(13) 保留天数(PASSWORD_REUSE_TIME)：许多系统不允许用户重新启用过去曾用过的口令。该资源项设定了一个失效口令要经过多少天，用户才可以重新使用该口令。默认为UNLIMITED。

(14) 复杂性函数(PASSWORD_VERIFY_FUNCTION)：在登录到数据库时，允许被指定使用概要文件的用户使用一个PL/SQL例行程序来校验口令。PL/SQL例行程序必须在本地使用，才能在使用该概要文件的数据库上执行。Oracle公司已提供该应用的脚本，用户也可定制自己的验证脚本。默认为DEFAULT。

（15）锁定前允许的最大失败登录次数（FAILED_LOGIN_ATTEMPTS）：设定用户被锁定之前登录到 Oracle 数据库时用户账户可以失败的次数。一旦用户尝试登录数据库的次数累计达到该设定值时，该用户的账户就被锁定，账户解锁只能由 DBA 完成。

（16）锁定天数（PASSWORD_LOCK_TIME）：当登录失败的次数达到 FAILED_LOGIN_ATTEMPTS 设定的次数时，导致用户被锁定而设定账户被锁定的天数。

需要注意的问题：

（1）DEFAULT：表示使用 DEFAULT 概要文件中为该资源指定的限值。

（2）UNLIMITED：表示可以不受限制地使用资源。

（3）保留的口令数（PASSWORD_REUSE_MAX）与保留天数（PASSWORD_REUSE_TIME）两者间是相互排斥的，即在一个概要文件中不能同时使用这两种方法。这两个参数的取值组合如表 5-10 所示，其中 Non 表示此种组合无效；√ 表示此种组合有效。

表 5-10　保留的口令数与保留天数取值组合

		PASSWORD_REUSE_MAX 可取的值		
		整型值	**DEFAULT**	**UNLIMITED**
PASSWORD_REUSE_TIME 可取的值	整型值	Non	Non	√
	DEFAULT	Non	Oracle 使用在默认概要文件中定义的任何一个值	Oracle 使用在默认概要文件中设置的 PASSWORD_REUSE_TIME 值
	UNLIMITED	√	Oracle 使用在默认概要文件中定义的 PASSWORD_REUSE_MAX 值	Oracle 不使用这两个口令资源组合

5.5.2　为用户指定概要文件

除了在创建用户时为用户直接指定概要文件外，也可在概要文件创建完成后，单独将概要文件指定给用户。

语法格式如下：

```
SQL>ALTER USER <user_name> PROFILE <profile_name>;
```

其中，<user_name>为用户名，<profile_name>为概要文件名。

【例 5-19】　创建用户 app_developer。

```
SQL>CREATE USER app_developer IDENTIFIED BY "iamadeveloper!" ACCOUNT UNLOCK;
SQL>GRANT connect TO app_developer;
```

将概要文件 Enterdb_Profile 指定给用户 app_developer：

```
SQL>ALTER USER app_developer PROFILE Enterdb_Profile;
```

5.5.3 用概要文件管理用户口令

使用概要文件可控制用户对其口令的使用。通过 SELECT * FROM user_astatus_map；可查询用户口令状态，如图 5-36 所示。口令状态直接影响用户的使用。

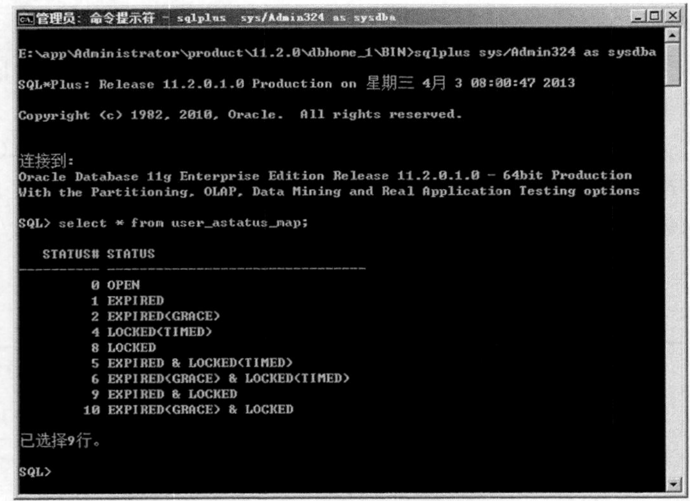

图 5-36 用户口令状态

用户口令有 9 种状态，如表 5-11 所示。

表 5-11 用户状态

状态号	状　态	含　义
0	OPEN	当前账户开放，用户可自由登录
1	EXPIRED	用户口令已过期，超过了 PASSWORD_LIFE_TIME 设置的生存期，而且也超过 PASSWORD_GRACE_TIME 设置的宽限期。用户必须在修改口令后才可以登录系统，登录时系统会提示修改口令
2	EXPIRED(GRACE)	用户超过了 PASSWORD_LIFE_TIME 设置的生存期，但并未超过 PASSWORD_GRACE_TIME 设置的宽限期。若 PASSWORD_GRACE_TIME 设为 UNLIMITED，则下次登录时就不会有任何提示，如同 OPEN 状态；若不是 UNLIMITED，则在用户口令过期后的第一次登录，系统会提示用户，口令在指定的时间段以后会过期，需要及时修改系统口令
4	LOCKED(TIMED)	这是一个有条件的用户锁定，由 password_lock_time 进行控制，在用户锁定日期 lock_date 加上锁定时间 password_lock_time 确定的日期后用户会自动解锁。用户状态在用户登录时才会发生变化
8	LOCKED	账户是锁定的，用户不可以登录，必须由数据库管理员把账户打开用户才可以登录

续表

状态号	状 态	含 义
5	EXPIRED & LOCKED (TIMED)	同状态 1 及 4
6	EXPIRED(GRACE) & LOCKED(TIMED)	同状态 2 及 4
9	EXPIRED & LOCKED	同状态 1 及 8
10	EXPIRED(GRACE) & LOCKED	同状态 2 及 9

由表 5-11 可见，不论用户的状态被锁定还是超期，只要将用户的状态号更改为 0，其状态就是 OPEN，可供用户自由登录。

部分参数与用户状态间的关系如图 5-37 所示。

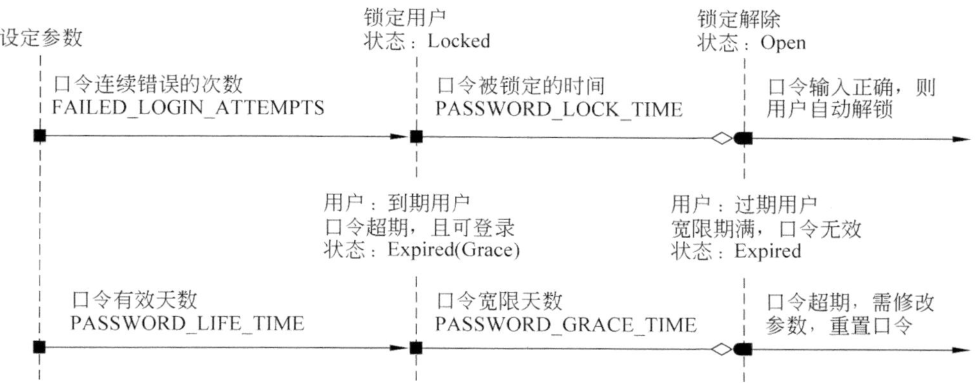

图 5-37 部分参数与用户状态关系

1. 终止用户口令，使其超期

口令超期使得用户无法再次使用该口令登录数据库。命令语法格式：

```
SQL>ALTER USER <username> PASSWORD EXPIRE;
```

【例 5-20】 使 app_developer 用户口令超期。

```
SQL>ALTER USER app_developer PASSWORD EXPIRE;
```

如图 5-38 所示。

2. 用户解锁

导致用户被锁定的原因有两种：

(1) 用户从第一次登录失败开始计算，连续登录失败的次数超过了由概要文件中 FAILED_LOGIN_ATTEMPTS 参数所设定的值，用户状态就立即变为 LOCKED，即被锁定。

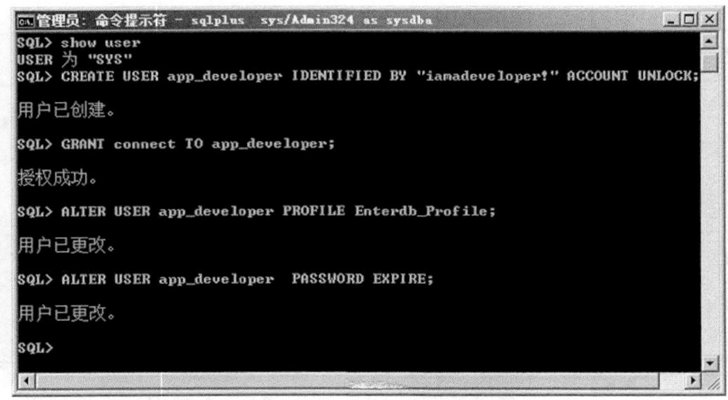

图 5-38　用户口令超期

(2) 由 DBA 直接对该用户加锁。

解除用户锁定必须由 DBA 完成，具体方法如下。

方法一：无须更换新口令，既解锁用户，同时又解除口令过期。

```
SQL>ALTER USER <user_name>IDENTIFIED BY <Original_password>ACCOUNT UNLOCK;
```

其中，＜user_name＞为用户名；＜Original_password＞是用户原来的口令。

方法二：只解锁用户，不能解除口令过期。

```
SQL>ALTER USER <user_ name>ACCOUNT UNLOCK;
```

3. 解除用户口令超期

用户口令超期与用户被锁定不同。导致口令超期的原因都是由概要文件中的参数设置引起的。用 SQL * Plus 登录 Oracle 数据库时，因用户口令超期而引起的常见错误提示信息及原因如表 5-12 所示。

表 5-12　常见错误提示信息及原因

SQL * Plus 错误提示信息	主要原因
ORA-28000: the account is locked	概要文件中 FAILED_LOGIN_ATTEMPTS 设置了一定次数，当连续输入错误口令次数达到设定的次数导致用户被锁定
ORA-28001: the password has expired	登录口令超出了概要文件中 PASSWORD_LIFE_TIME 和 PASSWORD_GRACE_TIME 设置的口令有效天数及宽限期
ORA-28002: the password will expire within 7 days	登录口令超过了概要文件中 PASSWORD_LIFE_TIME 设置的有效天数，但没有超过 PASSWORD_GRACE_TIME 设置的 7 天宽限期

对处于 EXPIRED 状态的用户，Oracle 不直接提供解除超期的语句。用户过期必须由用户自行更改口令，使得用户的状态由 EXPIRED 变为 OPEN，用户才能重新使用。

方法1：使用用户原口令的密文更改口令。

在忘记或不知道原口令明文的情况下只能使用此法。此法只适用于Oracle 10g和9i，不适用于Oracle 11g。

(1) 用sys登录数据库。

```
SQL>CONN/AS SYSDBA
```

(2) 从数据字典dba_users中查询超期用户的口令密文。

```
SQL>SELECT password FROM dba_users
    WHERE username='<User_Name>';
```

其中，<User_Name>是超期用户，必须大写。查询结果是超期用户的口令密文<Encrypt_Password>。

(3) 用查询出的密文<Encrypt_Password>更改超期用户口令。

```
SQL>ALTER USER <User_Name>
IDENTIFIED BY VALUES '<Encrypt_Password>';
```

这样，即使不知道原口令也可以用其密文来更改口令，既保持了口令不变，又可使用户的状态由EXPIRED变为OPEN。

方法2：更改用户的状态号。

不论用户处于何种状态，都可使用此法。

(1) 用sys登录数据库。

```
SQL>CONN/AS SYSDBA
```

(2) 更新用户的状态。

当用户状态为OPEN时，其状态号为0。执行下列更新语句即可改变状态：

```
SQL>UPDATE user$ SET astatus=0 WHERE name='<User_Account>';
```

方法3：更改概要文件的口令有效期。

在实际应用中，有的用户在正常使用数据库一段时间后出现无法再次登录Oracle数据库的现象；登录时Oracle提示的错误代码显示为ORA-28002或ORA-28001。其主要原因：用户使用了Oracle 11g中默认的DEFAULT概要文件，文件中设置了用户口令有效期PASSWORD_LIFE_TIME，默认值为180天。

解决办法：使用具有DBA权限的用户登录数据库，修改对应用户的概要文件属性，重置该过期用户密码即可。

(1) 启动SQL * Plus，并用sys登录数据库。

(2) 查看指定给该用户的概要文件及用户状态，通常是DEFAULT：

```
SQL>SELECT username,account_status PROFILE FROM dba_users;
```

结果表明，连接数据库的用户状态已为EXPIRED。

(3) 查看指定概要文件<user_defined_profile>的口令有效期设置：

```
SQL>SELECT * FROM dba_profiles s
    WHERE s.profile='<user_defined_profile>' AND
      resource_name='PASSWORD_LIFE_TIME';
```

此处<user_defined_profile>是概要文件名;文件名必须大写。如果概要文件是默认的,则直接换成 DEFAULT 即可。DEFAULT 概要文件的 PASSWORD_LIFE_TIME 有效期为 180 天。

(4) 将口令有效期修改成 UNLIMITED。

```
SQL>ALTER PROFILE <user_defined_profile>
    LIMIT PASSWORD_LIFE_TIME UNLIMITED;
```

修改之后无须重启数据库,参数会立即有效。

(5) 修改用户口令。

概要文件的参数修改后,还没有被提示 ORA-28002 或 ORA-28001 警告的用户不会再碰到同样的提示;已经被提示的用户必须重新设置一次口令,新旧口令一致即可。

```
SQL>ALTER USER <User_Account> IDENTIFIED BY '<User_Password>';
```

4. 指定用户允许登录的最大次数

使用参数 FAILED_LOGIN_ATTEMPTS 可为数据库用户指定被锁定之前所允许连续尝试登录的最大次数。

(1) 以 sys 用户及 SYSDBA 身份启动 SQL * Plus,创建一个用户 app_client,口令为 iamaclient!,并授予其 CREATE SESSION 系统权限。

```
SQL>CREATE USER app_client IDENTIFIED BY "iamaclient!";
SQL>GRANT  CREATE SESSION to app_client;
```

(2) 为用户 app_client 指定概要文件 Enterdb_Profile。

```
SQL>ALTER USER app_client PROFILE Enterdb_Profile;
```

(3) 先设定每列输出的宽度,然后查询用户 app_client 在被锁定之前所允许尝试登录的最大次数。

```
SQL>COLUMN profile FORMAT A18
SQL>COLUMN resource_name FORMAT A26
SQL>COLUMN resource_type FORMAT A15
SQL>COLUMN limit FORMAT A18
SQL>SELECT * FROM dba_profiles WHERE profile='ENTERDB_PROFILE' AND resource_
name='FAILED_LOGIN_ATTEMPTS';
```

(4) 用 app_client 用户登录数据库,以测试 app_client 的有效性。

```
SQL>CONNECT app_client/iamaclient!
```

(5) 仍用 sys 用户连接数据库，将被锁定之前所允许尝试登录的最大次数改成 3 次。

```
SQL>ALTER PROFILE Enterdb_Profile LIMIT failed_login_attempts 3;
```

(6) 再次查询用户 app_client 在被锁定之前所允许尝试登录的最大次数，以验证修改成功。

```
SQL>SELECT * FROM dba_profiles WHERE profile='ENTERDB_PROFILE' AND resource_
name='FAILED_LOGIN_ATTEMPTS';
```

(7) 用 app_client 登录系统，并有意使口令错误 3 次后再登录系统就会提示用户已被锁定，如图 5-39 所示。

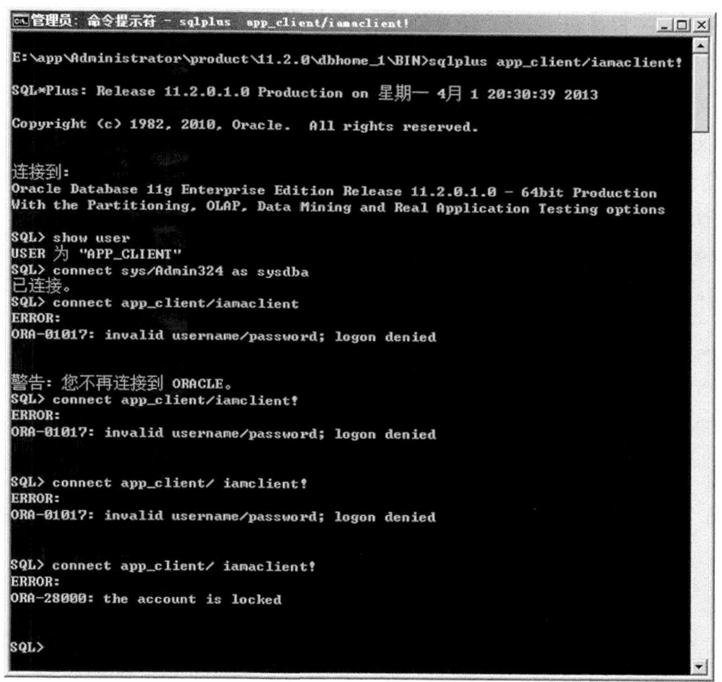

图 5-39 验证用户被锁定

用 sys 用户名登录，可查看 app_client 用户的状态及锁定日期。

```
SQL>SELECT a.username, a.account_status, a.lock_date
FROM dba_users a WHERE a.username='APP_CLIENT';
```

执行下列命令可把 app_client 解锁：

```
SQL>ALTER USER app_client ACCOUNT UNLOCK;
```

5. 指定用户登录失败后被锁定的天数

用参数 password_lock_time 可以指定登录失败后用户被锁定的天数。在被锁定的天数用户再次登录时，只有输入的口令正确无误，用户才可以自动解锁。若该参数最后的值是 UNLIMITED,或需要立即给用户解锁,则需要 DBA 用手动方式来给用户解锁。

指定概要文件 Enterdb_Profile 的用户登录失败后,用户被锁定 7 天:

```
SQL>ALTER PROFILE Enterdb_Profile LIMIT password_lock_time 7;
```

查看被指定 Enterdb_Profile 概要文件的 app_client 用户的状态:

```
SQL>SELECT a.username, a.account_status, a.lock_date
    FROM dba_users a WHERE a.username='APP_CLIENT';
```

6. 账户有效期及最大宽限天数

指定用户的有效期参数为 PASSWORD_LIFE_TIME,达到这个天数的用户叫作到期用户。到期用户在登录时会被系统提示口令将在多少天过期,但此时仍可以使用该口令。到期用户最多宽限的天数由参数 PASSWORD_GRACE_TIME 来指定。如果在宽限期中没有更改用户的口令,则用户过期,此时的用户叫作过期用户。如果要登录数据库,则必须更改到期用户的口令。此处以 app_client 用户为例,其指定的概要文件是 ENTERDB_PROFILE。

(1) 以 SYSDBA 身份登录。

(2) 查询用户的状态及超期日期。

```
SQL>COL USERNAME FORMAT  A10;
SQL>COL ACCOUNT_STATUS FORMAT  A15;
SQL>SELECT username, account_status, lock_date, expiry_date
    FROM dba_users a WHERE a.username='APP_CLIENT';
```

(3) 修改配置文件的 PASSWORD_LIFE_TIME 值后,用户属性中的 expiry_date 字段将有值生成。

```
SQL>ALTER PROFILE Enterdb_Profile LIMIT PASSWORD_GRACE_TIME 7 PASSWORD_LIFE_
TIME 210;
```

从 dba_users 数据字典中查询修改后的 expiry_date 字段值的变化,如图 5-40 所示。其中,expiry_date 代表该用户的到期日期。

```
SQL>SELECT username, account_status, lock_date, expiry_date FROM dba_users a
WHERE a.username='APP_CLIENT';
```

注意:expiry_date=alter profile 语句的执行时间+password_life_time(210)。

5.5.4 管理用户口令的复杂性

有时为了增强口令的复杂性,可为口令指定一个复杂性校验函数。用户可自行编写该校验函数,也可使用系统所提供的函数模板。口令校验函数必须是由 sys 所拥有的。在 Oracle 9i 中,该模板在 Oracle_Home\ora92\rdbms\admin 目录下,脚本为 utlpwdmg.sql。

在 Oracle 11g 中,口令校验函数模板所在目录为<Oracle_Base>\product\11.2.0\

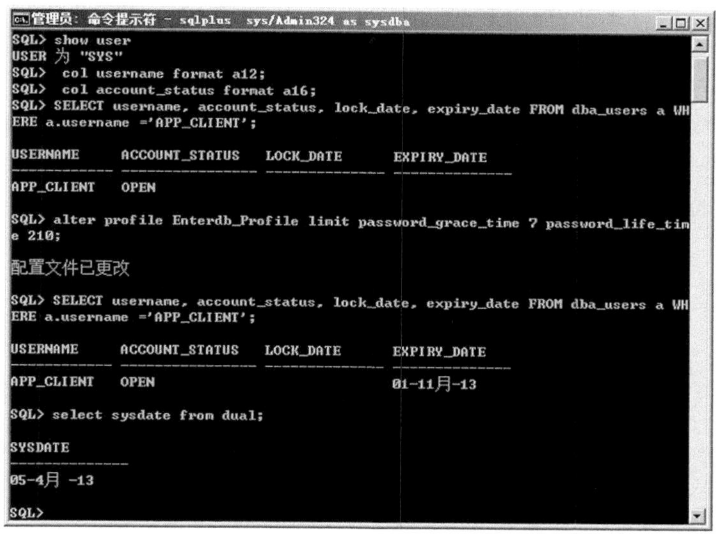

图 5-40 修改账户有效期及最大宽限天数

dbhome_1\RDBMS\ADMIN，如 E:\app\Administrator\product\11.2.0\dbhome_1\RDBMS\ADMIN，脚本文件名同上。utlpwdmg.sql 脚本文件是可编辑的，用户可根据实际需求编写或更改。

使用系统口令校验函数后可实现以下口令规则：

- 口令不能少于 4 个字符。
- 口令不能与用户名相同。
- 口令至少包含一个字符、一个数字和一个特殊字符等。

作 业 题

1. 为什么在 Windows XP 上安装 Oracle 9i 并创建数据库后，用 sys 用户名登录数据库时无须输入口令就可直接登录到数据库中？

2. 请创建用户 myuser，默认的表空间是 users，临时表空间为 temp，概要文件为 my_profile。

(1) 如果以该用户登录数据库，连续 3 次输入错误的口令，则使其被锁定；并在锁定 3 天后，当用户在此输入正确口令后自动解锁。

(2) 该用户的口令有效期为 120 天；有效期到期后可宽限的天数为 8 天。

(3) 一旦该用户被锁定，解除该锁定。

(4) 如果该用户的状态为 EXPIRED(GRACE)，更改其口令状态为 OPEN。

请用 SQL 语句命令实现上述任务。

3. 当数据库用户登录时，系统给出 ERROR：ORA-28001：the password has expired 的错误信息提示，请分析具体可能的原因，并给出具体解决办法。

4. 当数据库用户登录时,若遇到 ERROR: ORA-28000: the account is locked 的错误信息提示,请分析有几种可能的原因导致系统出现此错误信息,并给出具体解决办法。

5. 比较系统权限与对象权限的区别,请举例说明。

6. 请比较 WITH ADMIN OPTION 与 WITH GRANT OPTION,并说明分别在何种情形下使用。

7. 当数据库创建及安装后,应采取哪些安全措施? 请详细说明。

第6章 chapter 6

表与视图

本章目标

学会根据实际需要正确选择表的类型；掌握创建表、管理表的方法；掌握 Excel 文件与数据库互传、视图的概念及创建方法。

6.1 数据表及视图规划

6.1.1 数据表规划

良好的规划有助于提高代码设计及系统维护的效率。表的规划是在数据库逻辑设计及物理模型基础上实现的，它依赖于特定的 DBMS。表规划的主要任务是针对所选定的 DBMS 确定表的结构、约束、主关键字、外部关键字，以及与每个表有关的具体事务及存储参数等。

在规划表的存储及其参数时应考虑两方面因素：空间使用率和表的操作性能。空间的有效使用与操作性能是一对矛盾，以哪方面为主，可以用表的存储参数加以控制。本系统用户多，而且数据的录入及查询比较集中，因此对操作性能的要求显得更为突出。

在实际应用中，表存储参数设置不正确是导致用户对表的 DML 操作很慢的主要原因之一。在创建表时，如果没有为表指定存储参数，则 Oracle 为其指定默认值，但默认值并不适合所有对象，必须考虑表中记录的平均长度及数据库块的大小，根据实际自行指定。表的存储参数除了区的初始大小外，还有空闲的数据块，与此有关的两个参数是 PCTFREE 和 PCTUSED。使用 PCTFREE 和 PCTUSED 可以增加查询及更新数据的性能；降低数据块未使用空间量。

PCTFREE、PCTUSED 能控制一个段里所有数据块中自由空间的使用。PCTFREE 是一个数据块保留的用于块里已有行的可能更新的自由空间占数据块总大小的最小百分比，默认值为 10。PCTUSED 参数设置了数据块是否空闲的界限。该块可以用于存储行数据和其他信息的空间所占的最小百分比，默认值为 40。当数据块的使用空间低于 PCTUSED 的值时，此数据块标志为空闲。该空闲空间仅用于插入新的行。如果数据块已经达到了由 PCTFREE 所确定的上边界时，Oracle 就认为此数据块已经无法再插入新的行了。

如果要有效地重新使用空间，提高空间的利用率，可把 PCTUSED 值设置的高一点，为此，系统需要付出额外的 I/O 操作。高的 PCTUSED 值意味着相对比较满的块都会放到空闲块列表 FREELIST 中。所以，当这些块再次写满之前只允许接受若干行记录，从而导致更多的 I/O。

若以追求高性能为主，将 PCTUSED 值设置的较低些，则数据块可在插满之前容纳更多的行，从而减少插入操作的 I/O。Oracle 向系统申请新块的性能要高于重新使用现有的块。

PCTFREE 和 PCTUSED 的取值倾向与适用情形如表 6-1 所示。

表 6-1　存储参数取值与适用情形

参数 取值	PCTFREE	PCTUSED
较小	适合数据段很少更改的情况	当数据块的使用低于 PCTUSED 所设值时，处理成本降低。只增加数据库未用空间
较大	可以改善更新性能。较大值适合更新频繁的段	改善空间性能，但增加了插入、更新操作的处理成本

本案例选定 Oracle 作为 DBMS。根据教务管理业务实际及表 5-1 的结果规划出表的存储及其他参数，如表 6-2 所示。表空间采取本地化的区管理，避免了在数据字典里面频繁写入空闲空间、已使用空间的信息，提高了空间管理的并发性。其中，区为本地管理，段为自动管理，区的初始值为 64KB。

表 6-2　表的存储及其他参数

<table>
<tr><th>表</th><th>存储方式</th><th>用户</th><th colspan="2">默认的表空间</th><th>事务处理数</th><th>其他</th></tr>
<tr><td>db_college
db_major
db_teach_course</td><td rowspan="2">堆表</td><td rowspan="2">staffuser</td><td rowspan="2">tbs_main</td><td>空闲空间：10%
已用空间：40%</td><td>① 初始值：2
② 最大值：4</td><td>选默认</td></tr>
<tr><td>db_teacher
db_student
db_course</td><td>空闲空间：10%
已用空间：50%</td><td>① 初始值：2
② 最大值：4</td><td>设置高速缓存，值为 keep</td></tr>
<tr><td rowspan="3">db_grade</td><td rowspan="3">索引组织表＋分区表</td><td rowspan="3">staffuser</td><td>tbs_bio_foo</td><td rowspan="3">空闲空间：5%
已用空间：50%</td><td rowspan="3">① 初始值：1
② 最大值：30</td><td rowspan="3">① 允许 DML 并行操作
② 设置高速缓存，值为 keep</td></tr>
<tr><td>tbs_infor_mati</td></tr>
<tr><td>tbs_art_fash_busi</td></tr>
<tr><td>db_faculty_per</td><td>堆表</td><td>teauser</td><td rowspan="2">tbs_teach_std</td><td rowspan="2">默认值</td><td rowspan="2">① 初始值：1
② 最大值：4</td><td rowspan="2">选默认</td></tr>
<tr><td>db_student_per</td><td>堆表</td><td>stduser</td></tr>
</table>

将表 db_grade 规划为分区表，4 个分区，每个分区都给出一个分区名并分别对应一个表空间；把 college_no 作为指定列值的依据，不同的列值分布于不同的表空间。将 tbs_teach_std 表空间作为分区列值默认对应的分区。

考虑到数据库维护与管理的因素，将 tbs_main 表空间指定给表 db_grade 的索引组织表。具体如表 6-3 所示。

表 6-3 db_grade 分区表规划

索引组织表	分 区 表			
表空间	分区依据的列	分区列值	分区名	分区表空间
Tbs_main	college_no	04,05,07	db_grade_p1	tbs_art_fash_busi
		01,02	db_grade_p2	tbs_bio_foo
		03,06	db_grade_p3	tbs_infor_mati
		DEFAULT	db_grade_p4	tbs_teach_std

本案例涉及 9 个表，其中 db_faculty_per 和 db_student_per 用于存储用户登录口令信息，其余存储与成绩有关的教务信息。多数表之间存在主外键关联。所以在创建表时，应首先创建作为父表的 db_college、db_major、db_student、db_teacher 和 db_course，然后再创建子表 db_grade、db_teach_course 等。表约束设计如表 6-4 所示。

表 6-4 表约束设计

表	主关键字		外部关键字		父表	check 约束	
	字段名	约束名	字段名	约束名		字段名	约束名
db_college	college_no	pk_college_no					
db_major	major_no	pk_major_no	college_no	fk_college_no	db_college		
db_student	register_no	pk_register_no	major_no	fk_s_major_no	db_major		
db_teacher	work_id	pk_work_id	major_no	fk_f_major_no	db_major		
			college_no	fk_f_colle_no	db_college		
db_course	course_no	pk_course_no	major_no	fk_c_major_no	db_major	term_no	ck_term_no
db_grade	register_no, work_id. course_no college_no	pk_rno_wid_cno	register_no	fk_register_no	db_student		
			work_id	fk_grade_wid	db_teacher		
			course_no	fk_grade_cno	db_course		
			college_no	fk_g_colle_no	db_college		
db _ teach _course	course _ no, work_id	pk _ cs _ no _ wk _id	course_no	fk_tc_curse_no	db_course	launch_ term	ck_lc_term
			work_id	fk_tc_work_id	db_teacher		
db_faculty_ per	work_id	pk_fa_work_id					
db_student_ per	register_no	pk_st_regist_no					

6.1.2 视图规划

本案例中有两类用户：教师和学生。

（1）教师用户 teauser：查询并可更改 staffuser 模式下的部分信息，如表 6-5 所示。

表 6-5　teauser 查询并可更改的信息

定义视图名称	查询的列	可更改的列	相关表
vt_teach_colleg	work_id, t_name, t_titles, major_name, college_name, t_address, t_telephone, t_position, t_email		db_teacher db_major db_college
vt_teach_upd		t_address, t_email, t_telephone, t_position	db_teacher
vt_ teach_cs	course_no, work_id, course_name, launch_year, launch_term, executed_plan		db_teach_course
vt_teach_grade	register_no, course_name, t_name, credit, registered_date, registered_year, final_Grade, registered_term, makeup_flag		db_grade db_teacher db_Student
vt_grade_upd		registered_term, final_Grade, makeup_flag	db_grade

教师可查询承担教学任务的信息；更新与自己相关的部分字段信息；查询学生选课注册信息；录入课程的学生成绩、查询该课程成绩，在得到授权许可后修改学生成绩。

(2) 学生用户 stduser：能查询自己的信息、课程及选课成绩，以及教师承担的教学任务等；允许修改自己的部分信息。stduser 查询并可更改 staffuser 模式下的信息，如表 6-6 所示。

表 6-6　stduser 查询并可更改的信息

定义视图名称	查询的列	可更改的列	相关表
vs_grade_teach	register_no, course_name, registered_date, registered_year, registered_term, final_grade, makeup_flag, credit, t_name		db_grade db_teacher
vs_grade_upd		course_name, registered_date, work_id, registered_year, registered_term	db_grade
vs_student	register_no, s_name, s_gender, s_class, s_dateofbirth, s_tele, s_address, s_postcode, s_email, s_mail_address		db_Student
vs_student_upd		s_mail_address, s_postcode, s_address, s_tele, s_email	db_Student

为实现创建视图及通过视图更新相关数据的目标，为 teauser 和 stduser 用户授予 CREATE VIEW、DROP ANY VIEW 等系统权限；还需得到 staffuser 授予 teauser 和 stduser 在与查询列相关表上的 SELECT 对象权限，以及在与可更改列相关表上的 UPDATE 对象权限。

6.2 创　建　表

创建表有两种方式：一是登录企业管理器 OEM Database Control，由 sys 创建表；二是由表的所有者执行 SQL 语句创建表。

6.2.1 用 OEM Database Control 创建表

用 sys 用户名登录企业管理器 OEM Database Control，将创建的表指定给任何模式/用户。单击“方案”选项卡，选择“表”。在“对象类型”中选择“表”，并单击“创建”按钮，进入选择表组织页面。默认表组织是“标准”的堆表，单击“继续”按钮，如图 6-1 所示。

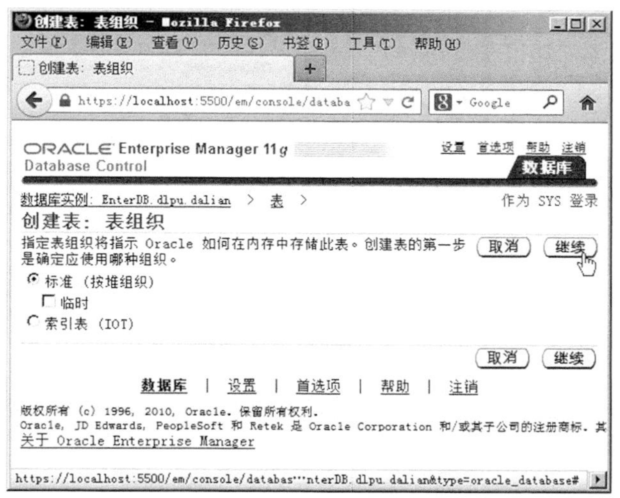

图 6-1　选择表组织

1. 创建表 db_college

在创建表的“一般信息”选项卡中，在“名称”文本框中输入表名 db_college，在“方案”文本框中输入 staffuser，在“表空间”文本框中输入 tbs_main。根据预先设计的表物理模型定义，在列的属性中定义各个列的名称、类型和长度等，如图 6-2 所示。

单击“约束条件”选项卡，在“约束条件”下拉列表中选择 PRIMARY，并单击“添加”按钮。根据表 6-3 的规划，从“可用列”中选 college_no，并移动到“可选列”中。约束名中输入 pk_college_no，并单击“继续”按钮，如图 6-3 所示。

单击“存储”选项卡，区的初始大小为 64KB，空闲空间百分比(PCTFREE)选默认值 10。“事务处理数”下的“初始值”为 1，“最大值”为 4，如图 6-4 所示。

在“选项”选项卡中，选择“并行”复选框，如图 6-5 所示。

创建表 db_college 的脚本：

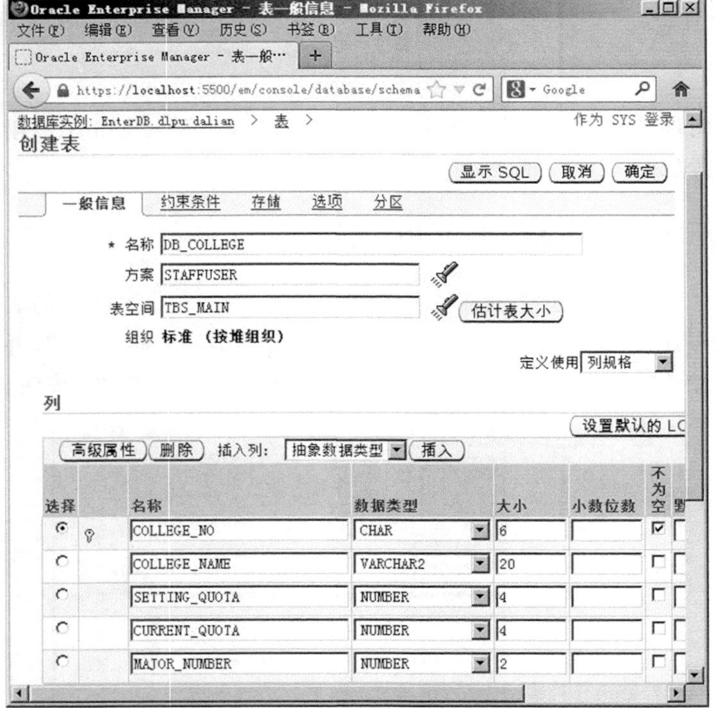

图 6-2　定义表一般信息

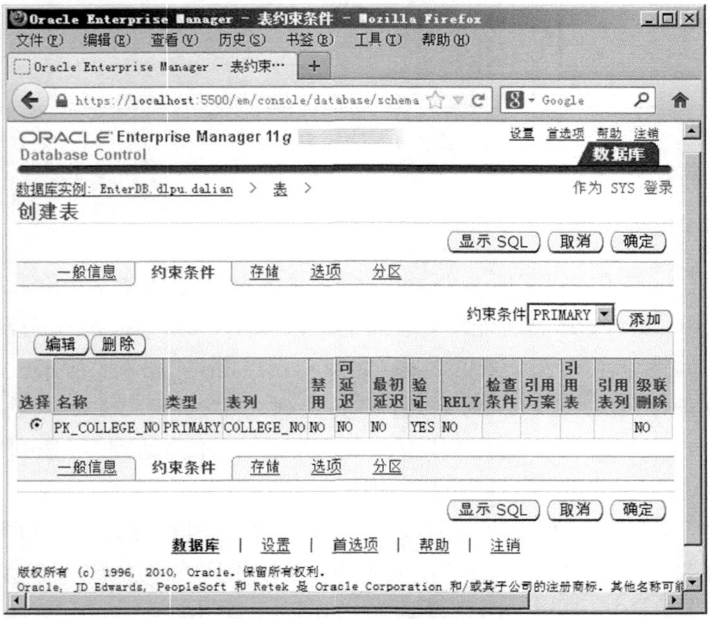

图 6-3　定义表约束

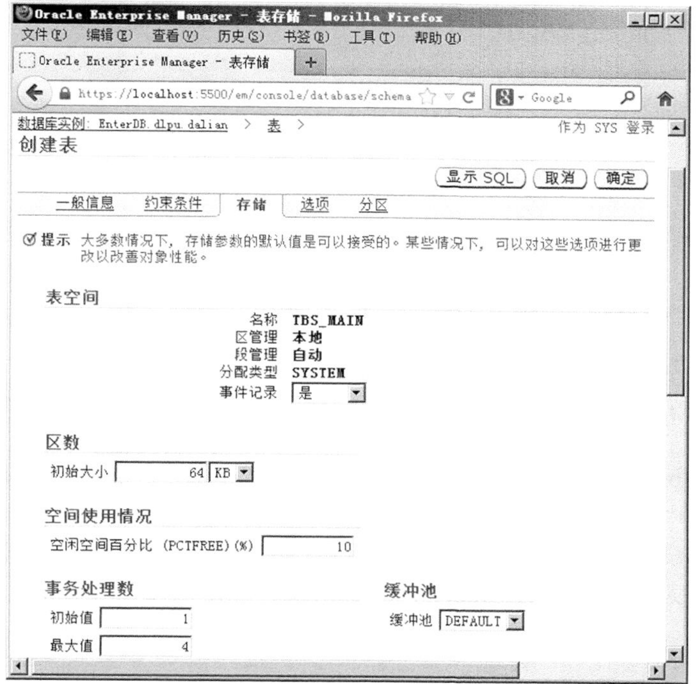

图 6-4　表存储参数

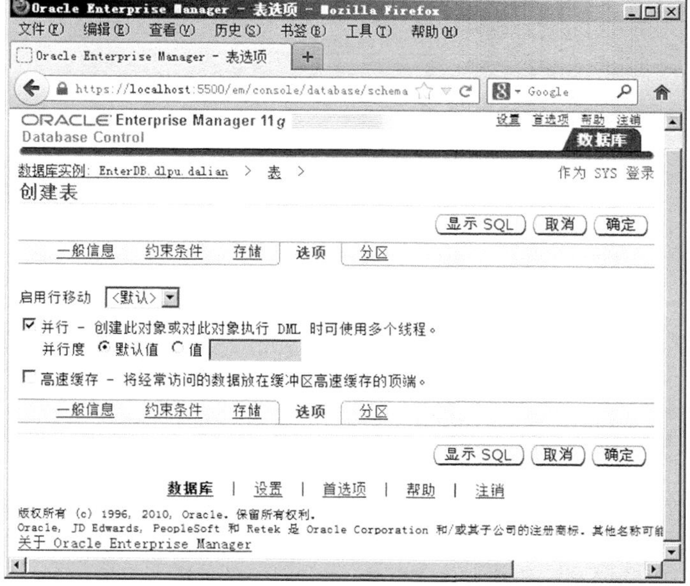

图 6-5　表的并行选项

```
---script_6-1_db_college.sql
---创建表 db_college 的脚本
```

```
---启动 SQL * Plus,并用 staffuser 用户登录并执行该 DDL 语句
CREATE TABLE DB_COLLEGE(
college_no CHAR(6) NOT NULL,
college_name VARCHAR2(20),
setting_quota NUMBER(4),
current_quota NUMBER(4),
major_number NUMBER(2),
CONSTRAINT pk_college_no PRIMARY KEY (college_no) VALIDATE)
TABLESPACE TBS_MAIN
INITRANS 1 MAXTRANS 4 PARALLEL
/
```

2. 创建表 db_major

与创建表 db_college 类似,所不同的是在"存储"和"选项"选项卡参数全部采用默认值。在创建表的"一般信息"选项卡中,在"名称"文本框中输入表名 db_major;在"方案"文本框中输入 staffuser;在"表空间"文本框中输入 tbs_main。根据预先设计的表物理模型定义,在列的属性中定义各个列的名称、类型和长度等,如图 6-6 所示。

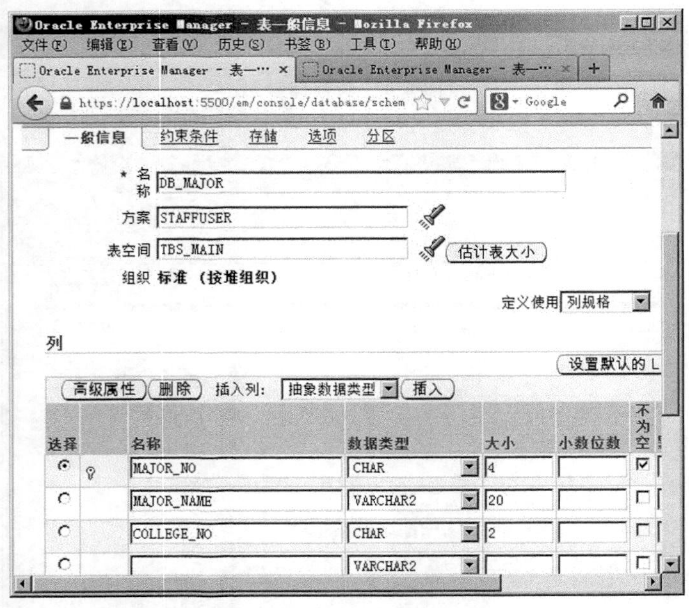

图 6-6 定义表 db_major 一般信息

单击"约束条件"选项卡,在"约束条件"下拉列表中选择 PRIMARY,并单击"添加"按钮。在"添加 PRIMARY 约束条件"页中,定义约束名称为 pk_major_no,从"可用列"中选择 major_no,并单击"移动"按钮,将其移到"所选列"栏,然后单击"继续"按钮,完成定义主键约束,如图 6-7 所示。

注意:在定义各种约束时,不论是主键还是外键约束等,如果没有给约束指定具体的

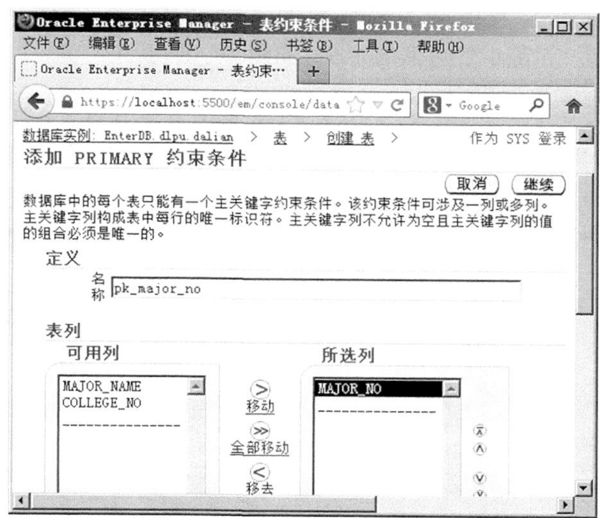

图 6-7 定义主键约束

名称，则在创建表时系统将自动生成并赋予该约束一个以 sys_c 开头的约束名，如 sys_c001128 等。出于管理维护方便起见，应自行定义约束名。约束名应尽可能反映约束对象。

在“约束条件”选项卡的“约束条件”下拉列表中选择 FOREIGN，并单击“添加”按钮，开始定义该表的外部关键字，如图 6-8 所示。

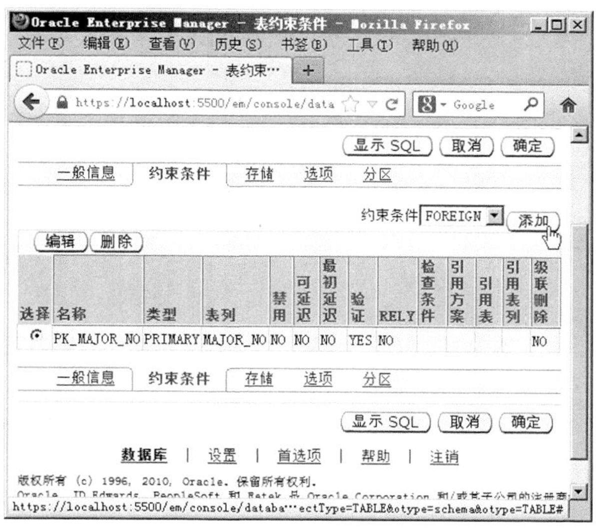

图 6-8 定义外键方式

在“添加 FOREIGN 约束条件”选项卡中，定义约束名称为 fk_college_no。从“可用列”栏中选择 college_no，并单击“移动”按钮，将其移到“所选列”栏，作为当前表的外键。然后在“引用表”文本框中输入 staffuser. db_college 父表，或单击图标选择也可。单击

“开始”按钮，在其“可用列”栏中显示出列名，此处选择 college_no，并移动到“所选列”栏中。单击“继续”按钮，完成外键约束的定义，如图 6-9 所示。

图 6-9　定义外键约束

图 6-10 即为已定义的主键与外键约束。然后单击“确定”按钮，完成表 db_major 的创建。

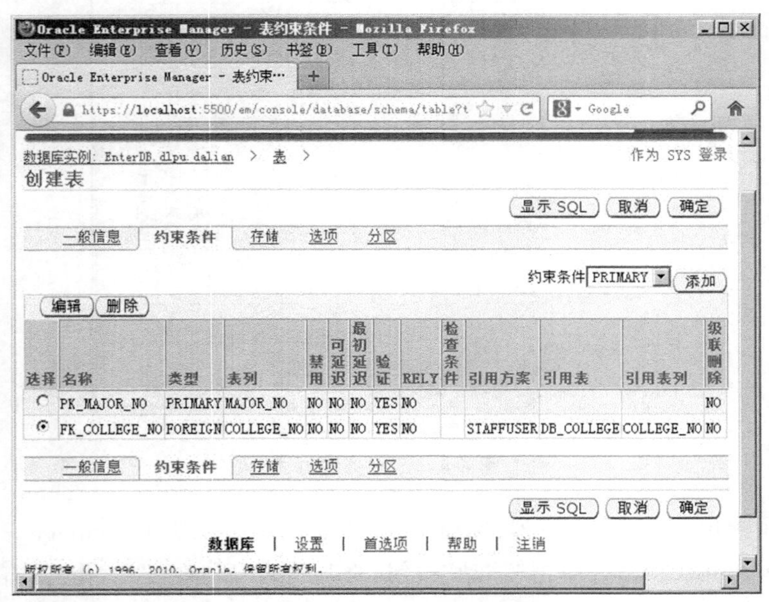

图 6-10　已定义的主外键约束

创建表 db_major 的 DDL 语句如下：

```
---script_6-2_db_major.sql
---创建表 db_major 的脚本
---启动 SQL*Plus,用 staffuser 用户登录并执行该 DDL 语句
CREATE TABLE db_major(
major_no CHAR(4),
major_name VARCHAR2(20),
college_no CHAR(2),
CONSTRAINT fk_college_no FOREIGN KEY(college_no)
REFERENCES db_college(college_no) VALIDATE,
CONSTRAINT pk_major_no PRIMARY KEY(major_no) VALIDATE)
TABLESPACE tbs_main
PCTFREE 10
INITRANS 1
MAXTRANS 255
STORAGE (BUFFER_POOL DEFAULT)
LOGGING NOCOMPRESS
/
```

6.2.2 用 SQL 语句创建表

在命令行中启动 SQL * Plus，并以 staffuser 登录数据库 EnterDB. dlpu. dalian。与通过企业管理器创建表不同，用户 staffuser 登录数据库后，如没有特别指明，则创建的表及其他对象就默认属于该 staffuser 模式，即所有表及其他对象都在 staffuser 用户名下。

1. 创建表 db_Student

表类型：带有主键约束的标准表。

在 SQL 命令中输入如下 DDL 语句脚本：

```
---script_6-3_db_Student.sql
---创建表 db_Student 的脚本
---启动 SQL*Plus,并用 staffuser 用户登录并执行该 DDL 语句
CREATE TABLE db_Student(
Register_no       Char(12) not null,
Major_no          char(4),
S_name            Char(8),
S_Gender          Char(2),
S_dateofbirth     Date,
S_class           Char(2),
S_address         Varchar2(40),
S_postcode        Char(6),
S_mail_address    Varchar2(60),
S_tele            Char(11),
```

```
S_email         Varchar2(20),
CONSTRAINT fk_s_major_no FOREIGN KEY(major_no)
REFERENCES db_major(major_no) VALIDATE,
CONSTRAINT pk_register_no PRIMARY KEY(register_no) VALIDATE)
TABLESPACE tbs_main
PCTFREE 10
PCTUSED 50
INITRANS 2
MAXTRANS 4
PARALLEL
STORAGE (BUFFER_POOL KEEP)
LOGGING NOCOMPRESS
/
```

其中,部分关键字的含义如下:

- CONSTRAINT:定义主键和外键。
- REFERENCES:定义与外键相关联的表。
- TABLESPACE:指定表的默认表空间。
- PCTFREE 10:一个数据块所保留的用于块中已有行可能更新的自由空间占块大小的最小百分比。如 PCTFREE 为 10,则块将保留至少 10%的空间用于更新数据操作。若已用空间大于 90%,则会申请新的块来存储。
- PCTUSED 50:在新行被插入块里之前,该块可用于存储行数据和其他信息的空间所占的最小百分比。当指定 PCTFREE=10%,Oracle 会在该表数据段的每个块都保留 10%的空间用于已有行的更新。当块的已使用空间上升至整个块的 90%时,这个块将被移出空闲列表 FREELISTS。在提交了 DELETE、UPDATE 操作之后,Oracle 处理该语句并检查对应块已使用空间是否低于 PCTUSED 设定的 50%,如果是,则这个块被放进 FREELISTS,用于插入新数据的可用空间,如图 6-11 所示。

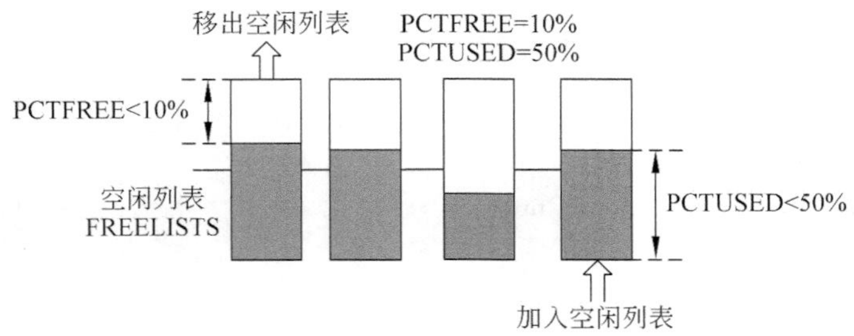

图 6-11　PCTUSED 与 PCTFREE

- INITRANS 2:用于每个数据块中可处理行级锁事务的数。
- MAXTRANS 4:表上最大可接受的并发事务数为 4。在 10g 以后,此参数被弃用。
- PARALLEL:并行度,默认值为 1。并行度可最大限度利用多个 CPU 资源,达到提高数据库工作效率的目的。

- STORAGE (BUFFER_POOL KEEP)：指定表中数据放在内存高速缓冲池里，以提高系统性能。
- LOGGING NOCOMPRESS：指表是非压缩的，且事务操作将记录在日志中。

执行过程如图 6-12 所示。

从数据字典 user_tables 中查询并验证所创建的 db_Student 表是否成功，如图 6-13 所示。

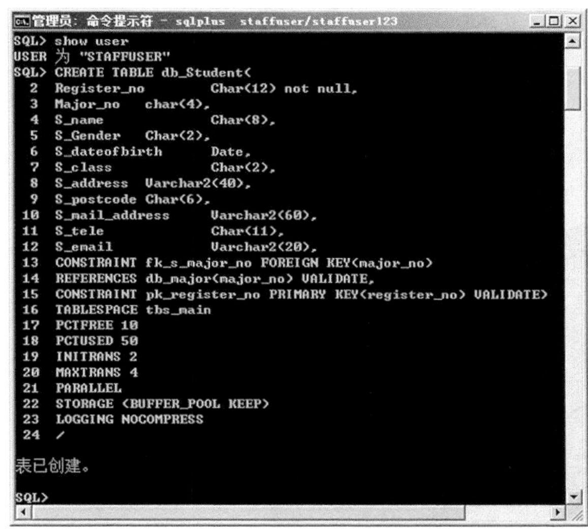

图 6-12 创建表 DDL 语句

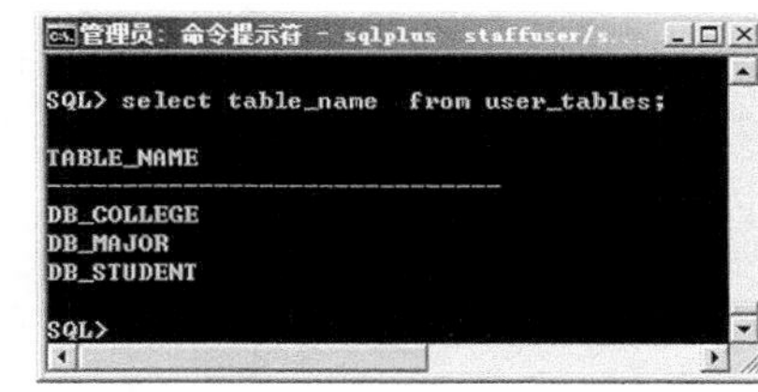

图 6-13 查询数据字典 user_tables

2. 创建表 db_teacher

表类型：带有主键约束的标准表。

在 SQL 命令中输入如下 DDL 语句脚本：

```
---script_6-4_db_teacher.sql
---创建表 db_teacher 的脚本
---用 staffuser 用户登录并执行该 DDL 语句
CREATE TABLE db_teacher(
Work_id       CHAR(6) NOT NULL,
T_name        CHAR(8),
T_Titles      CHAR(6),
Major_no      CHAR(4),
college_no    CHAR(2),
T_address     VARCHAR2(40),
T_telephone   CHAR(11),
T_position    CHAR(10),
T_email       VARCHAR2(20),
CONSTRAINT fk_f_major_no FOREIGN KEY(major_no)
REFERENCES db_major(major_no) VALIDATE,
```

```
CONSTRAINT fk_f_colle_no FOREIGN KEY(college_no)
REFERENCES db_college(college_no) VALIDATE,
CONSTRAINT pk_work_id PRIMARY KEY(work_id) VALIDATE)
TABLESPACE tbs_main
PCTFREE 10
PCTUSED 40
INITRANS 2
MAXTRANS 4
PARALLEL
STORAGE(BUFFER_POOL DEFAULT)
LOGGING NOCOMPRESS
/
```

执行过程如图 6-14 所示。

```
管理员: 命令提示符 - sqlplus  staffuser/staffuser123
SQL> CREATE TABLE db_teacher(
Work_id             CHAR(6) NOT NULL,
T_name              CHAR(8),
T_Titles     CHAR(6),
Major_no     CHAR(4),
college_no CHAR(2),
T_address    VARCHAR2(40),
T_telephone         CHAR(11),
T_position CHAR(10),
T_email             VARCHAR2(20),
CONSTRAINT fk_f_major_no FOREIGN KEY(major_no)
REFERENCES db_major(major_no) VALIDATE,
CONSTRAINT fk_f_colle_no FOREIGN KEY(college_no)
REFERENCES db_college(college_no) VALIDATE,
CONSTRAINT pk_work_id PRIMARY KEY(work_id) VALIDATE)
TABLESPACE tbs_main
PCTFREE 10
PCTUSED 40
INITRANS 2
MAXTRANS 4
PARALLEL
STORAGE (BUFFER_POOL DEFAULT)
LOGGING NOCOMPRESS
/

表已创建。

SQL>
```

图 6-14 创建表 db_teacher

3. 创建表 db_course

表类型：带有主键及 CHECK 约束的标准表。
在 SQL 命令中输入如下 DDL 语句脚本：

```
---script_6-5_db_course.sql
---创建表 db_course 的脚本
---用 staffuser 用户登录并执行该 DDL 语句
CREATE TABLE db_course(
course_no       VARCHAR2(9) NOT NULL,
Major_no        CHAR(4),
term_no         CHAR(1),
year_no         CHAR(9),
course_name     VARCHAR2(20),
```

```
credit          NUMBER(4),
Planned_hour    NUMBER(3),
Lab_hour        NUMBER(2),
week_hour       NUMBER(4,1),
course_type     CHAR(4),
exam_type       CHAR(4),
remarks         VARCHAR2(12),
CONSTRAINT fk_c_major_no FOREIGN KEY(major_no)
REFERENCES db_major(major_no) VALIDATE,
CONSTRAINT ck_db_course_term_no
CHECK(term_no in('1','2','3','4','5','6','7','8')) VALIDATE,
CONSTRAINT pk_course_no PRIMARY KEY(course_no) VALIDATE)
TABLESPACE tbs_main
PCTFREE 10
PCTUSED 50
INITRANS 2
MAXTRANS 4
PARALLEL
STORAGE (BUFFER_POOL KEEP)
LOGGING NOCOMPRESS
/
```

执行过程如图 6-15 所示。

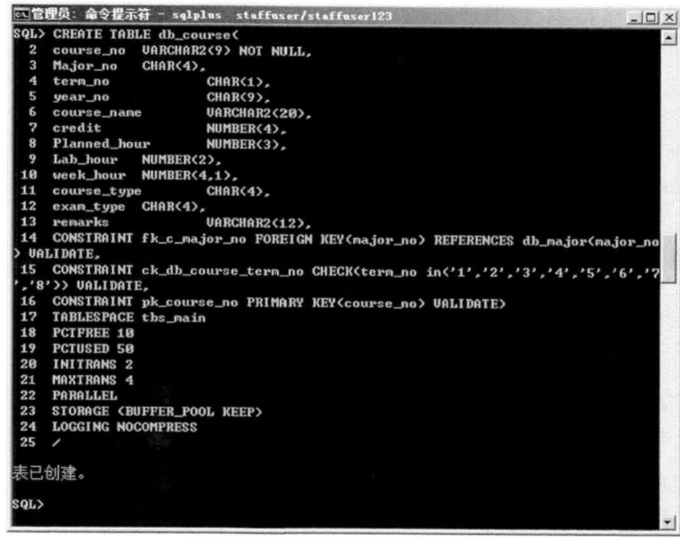

图 6-15 创建表 db_course

4. 创建表 db_teach_course

表类型：带有主键及 CHECK 约束的标准表。

在 SQL 命令中执行如下 DDL 语句脚本：

```
---script_6-6_db_teach_course.sql
---创建表 db_teach_course 的脚本
---用 staffuser 用户登录并执行该 DDL 语句
CREATE TABLE db_teach_course(
course_no        VARCHAR2(9) NOT NULL,
Work_id          CHAR(6) NOT NULL,
course_name      VARCHAR2(20),
launch_year      CHAR(9),
launch_term      CHAR(1),
Executed_plan    VARCHAR2(20),
CONSTRAINT pk_cs_no_wk_id PRIMARY KEY(course_no,work_id) VALIDATE,
CONSTRAINT fk_tc_course_no FOREIGN KEY(course_no)
REFERENCES db_course(course_no) VALIDATE,
CONSTRAINT fk_tc_work_id FOREIGN KEY(work_id)
REFERENCES db_teacher(work_id) VALIDATE)
TABLESPACE tbs_main
PCTFREE 10
PCTUSED 40
INITRANS 2
MAXTRANS 4
PARALLEL
STORAGE (BUFFER_POOL DEFAULT)
LOGGING NOCOMPRESS
/
ALTER TABLE db_teach_course ADD CONSTRAINT ck_lc_term CHECK(launch_term IN('1',
'2','3','4','5','6','7','8'));
```

执行过程如图 6-16 所示。

5. 创建表 db_grade

表类型：带有主外键约束的索引组织表及分区表。

由于 db_grade 存储全校所有学生 4 年内的学习成绩，表容量比较大。通常学生在每学期末或开学初集中查询成绩，其查询的方式均以学号为查询条件，因此 db_grade 表的文件组织方式以索引组织表 IOT(Index-Orgnized Table)形式比较好。考虑到学生管理及选课仍以学院为单位，所以 db_grade 采用分区表的形式存储。

db_grade 采用分区表的优点如下：

(1) 大大改善查询性能。使得查询操作仅搜索与其有关的分区，不影响其他分区的使用，提高了数据检索速度。

(2) 增强可用性。若表的某个分区出现故障而无法使用，表的其余分区仍可正常工作。

(3) 均衡系统的输入输出。把不同分区映射到不同磁盘，从而改善系统的性能。

(4) 便于维护数据库。如果表的某个分区因故障需要修复数据，只修复该分区即可。

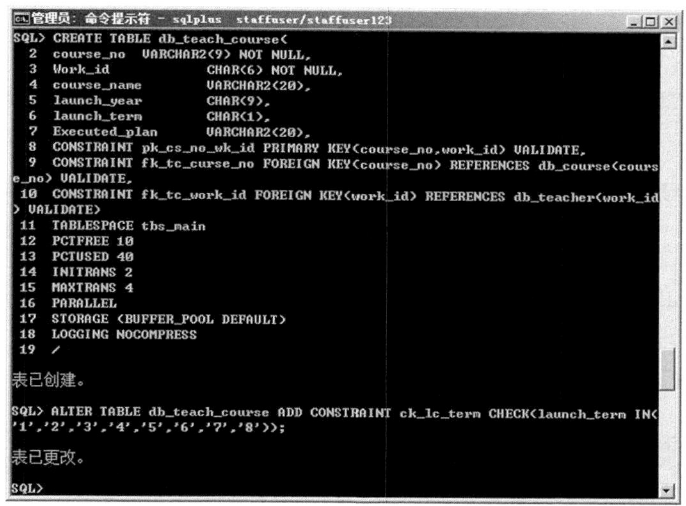

图 6-16 创建表 db_teach_course

为清楚地说明创建分区表的过程，这里采用企业管理器创建 db_grade 表分区的具体过程。

(1) 用 sys 企业登录企业管理器，在单击“表”后单击“创建”按钮，然后选择“索引表(IOT)”并单击“继续”按钮。在“一般信息”选项卡中输入表的名称、所属方案、表空间以及表的所有列及其类型，如图 6-17 所示。

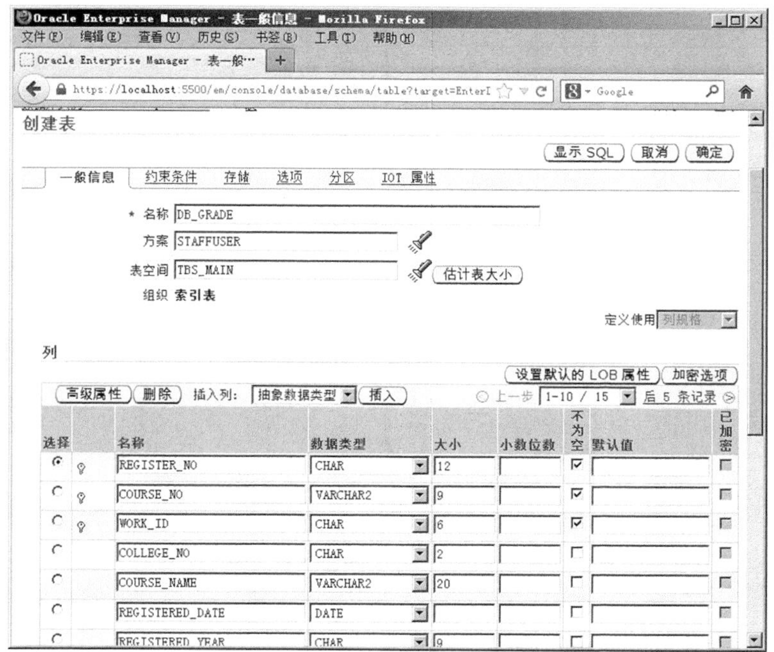

图 6-17 定义 db_grade 的一般信息

（2）定义约束。单击“约束条件”选项卡，创建表的各个约束，如图6-18和图6-19所示。

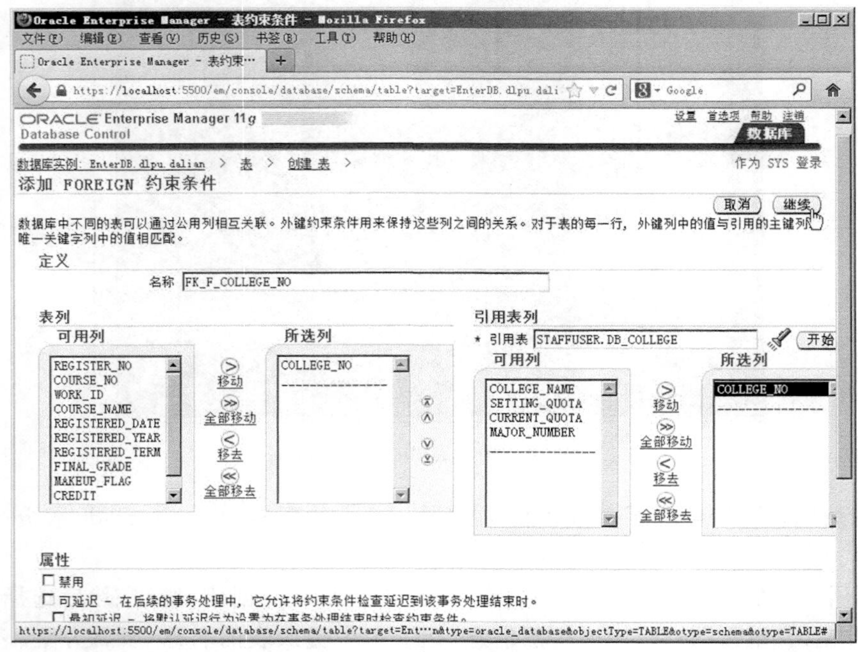

图6-18 定义外键约束

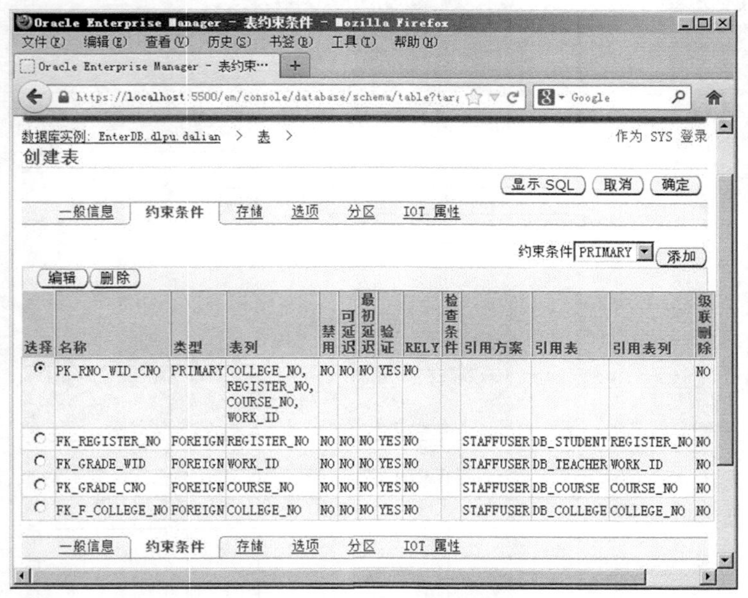

图6-19 已定义的约束列表

（3）定义存储参数，如图6-20所示。

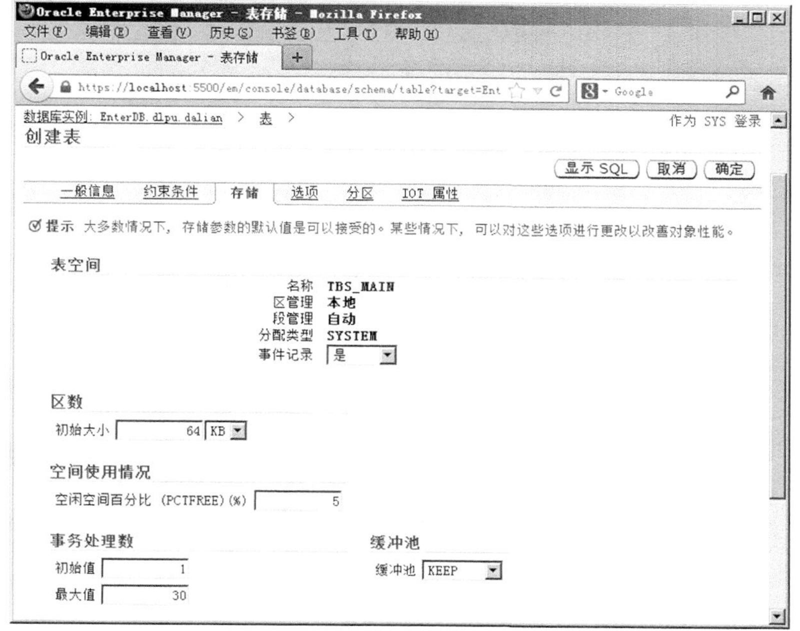

图 6-20　定义存储参数

(4) 定义选项,此处选择“并行”复选框,如图 6-21 所示。

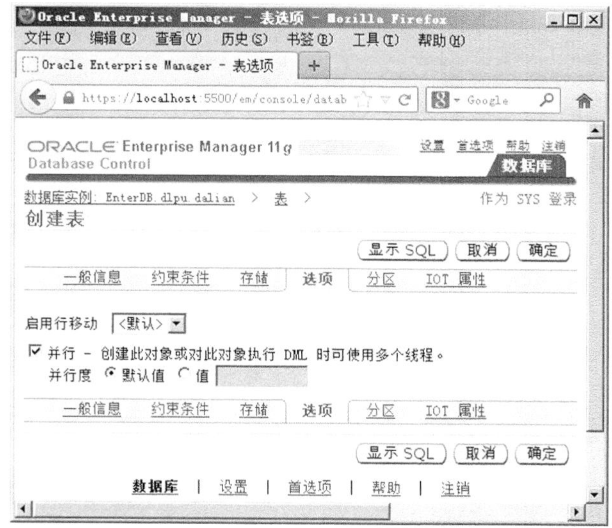

图 6-21　定义并行选项

(5) 定义分区表。单击“分区”选项卡,单击“创建”按钮,如图 6-22 所示。

(6) 分区方法。由于分区的依据是学院编码 college_no,且其值是明确有限的列表值,则选择“列表”单选按钮,如图 6-23 所示。

(7) 选择作为分区依据的表列。选择 COLLEGE_NO 列,然后单击“下一步”按钮,

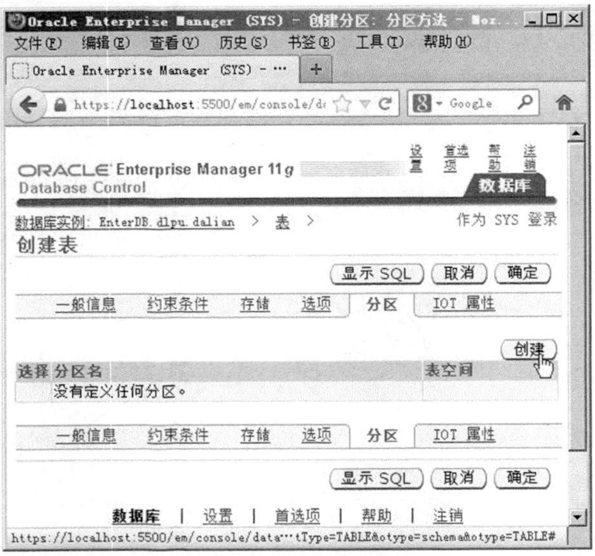

图 6-22　创建分区

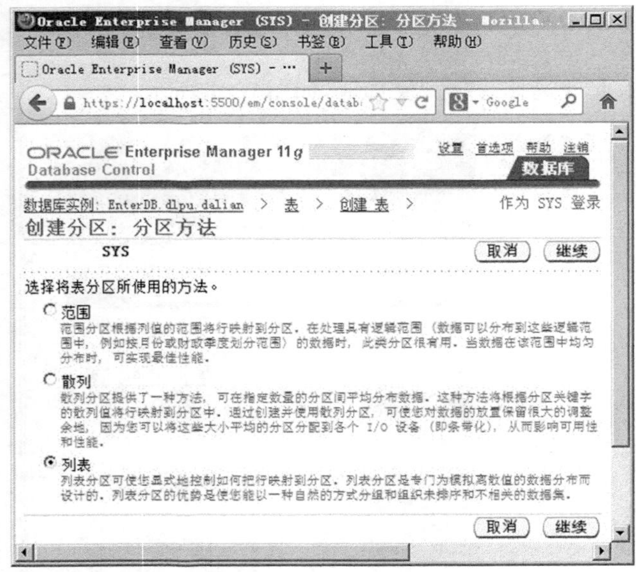

图 6-23　选定分区方法

如图 6-24 所示。

(8) 确认分区数。输入 4,然后单击"下一步"按钮,如图 6-25 所示。

(9) 确定分区表空间。选择"使用表空间列表进行循环分配"单选按钮,如图 6-26 所示。

(10) 选择分区表空间。此处选择 tbs_art_fash_busi、tbs_bio_foo 和 tbs_infor_mati 表空间,并单击"选择"按钮,如图 6-27 所示。

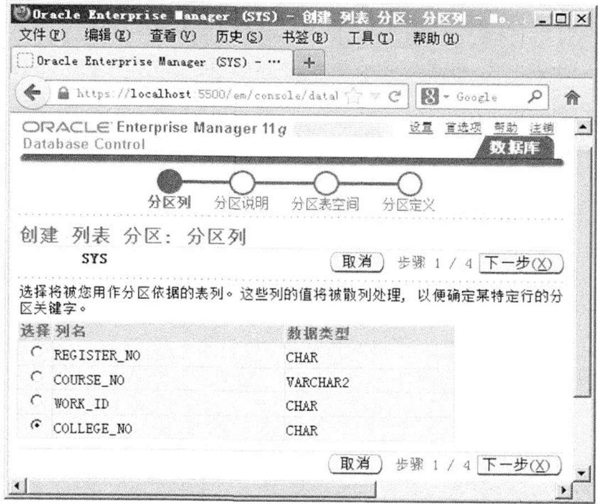

图 6-24　选定分区依据的列

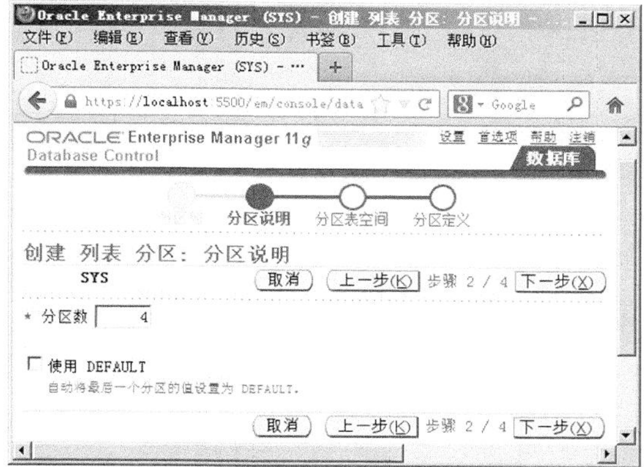

图 6-25　确认分区数

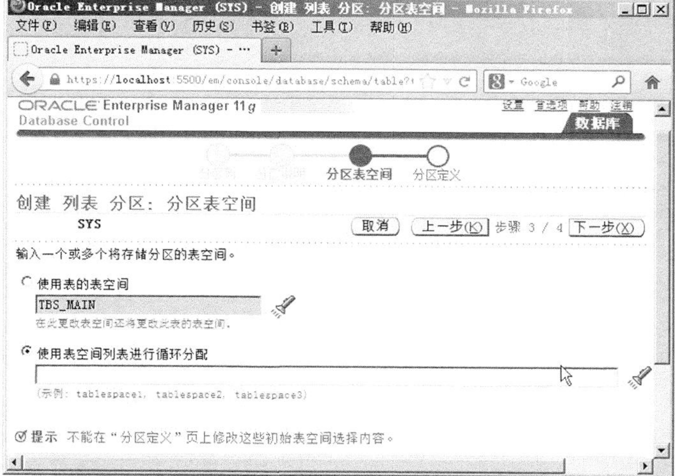

图 6-26　确定分区表空间

图 6-27　选择分区表空间

选择后的分区表空间如图 6-28 所示。

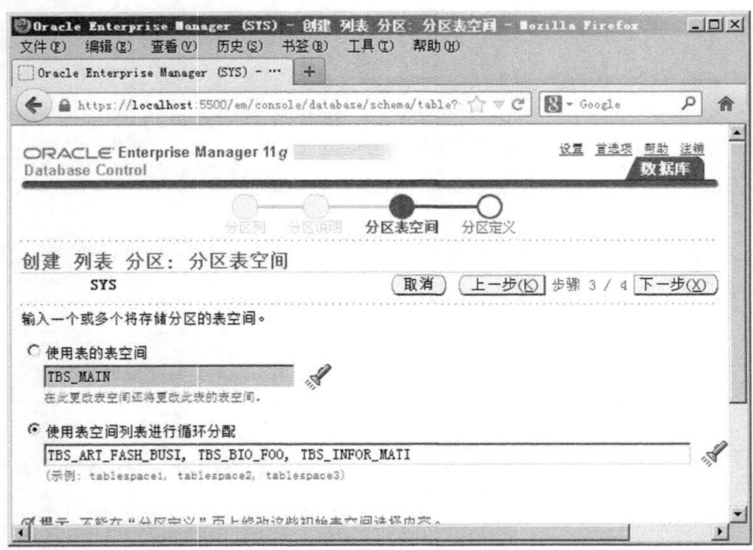

图 6-28　选择后的分区表空间

(11) 根据预先规划，输入分区列的值列表，并指定默认分区表空间，如图 6-29 所示。

(12) 单击索引组织表"IOT 属性"选项卡，此处选择默认，并单击"确定"按钮，如图 6-30 所示。

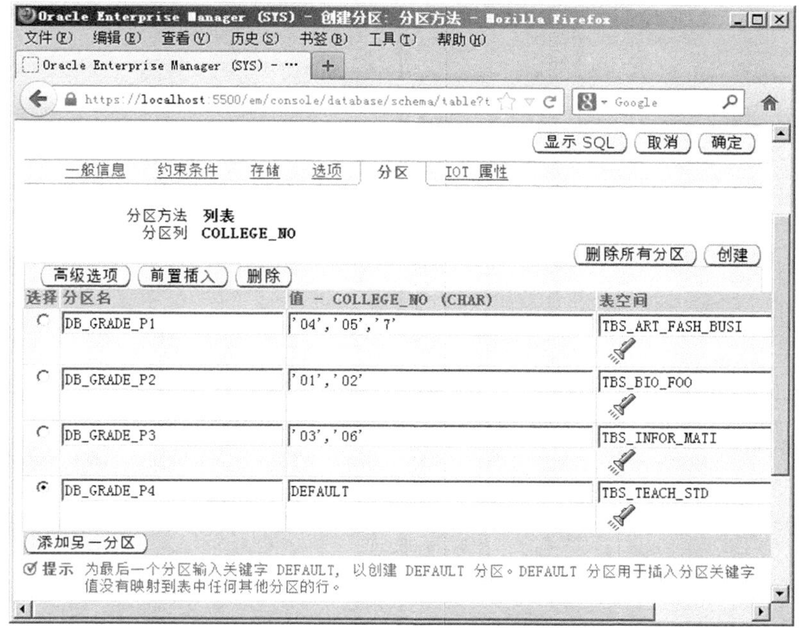

图 6-29 分区列的值列表

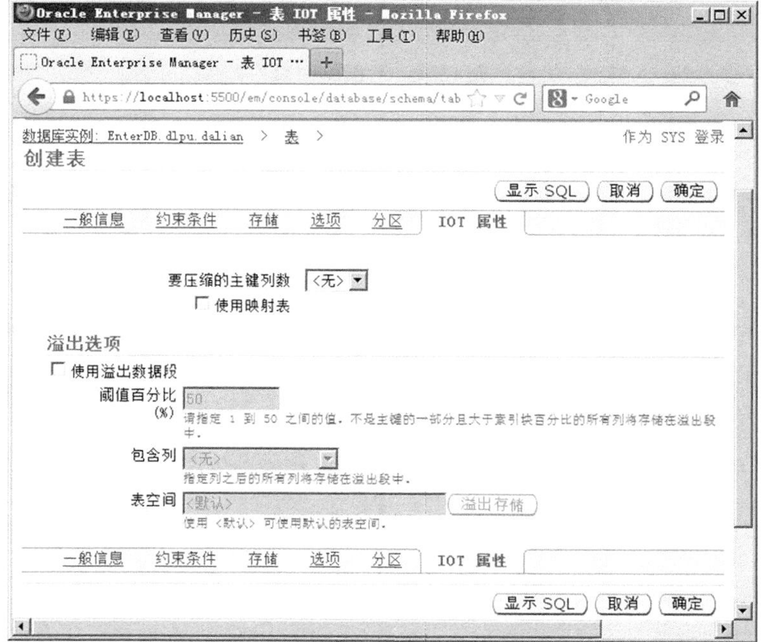

图 6-30 IOT 选项卡

图 6-31 中列出的是所有已创建的表。

用 SQL 语句也同样可以完成创建分区表 db_grade。在 SQL 命令中输入如下 DDL

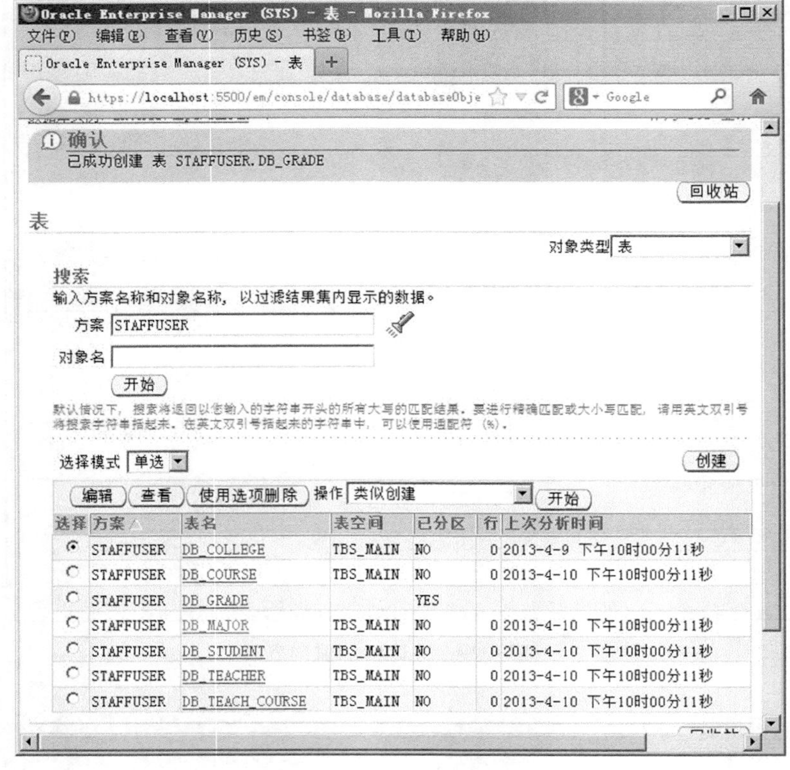

图 6-31　已创建的表

语句：

```
---script_6-7_db_grade.sql
---创建表 db_grade 的脚本
---表 db_grade 使用索引组织表为文件组织方式,以分区表为存储方式
---设定 4 个分区,其中一个为默认分区
---用 staffuser 用户登录并执行该 DDL 语句
CREATE TABLE db_grade(
register_no         CHAR(12)     NOT NULL,
course_no           VARCHAR2(9)  NOT NULL,
work_id             CHAR(6)      NOT NULL,
college_no          CHAR(2)      NOT NULL,
course_name         VARCHAR2(20),
registered_date     DATE,
registered_year     CHAR(9),
registered_term     CHAR(1),
final_grade         NUMBER(6,2),
makeup_flag         CHAR(1),
credit              NUMBER(4,1),
```

```
CONSTRAINT pk_rno_wid_cno PRIMARY KEY(college_no,register_no, course_no,work_
id) VALIDATE,
CONSTRAINT fk_register_no FOREIGN KEY(register_no)
REFERENCES db_student(register_no) VALIDATE,
CONSTRAINT fk_grade_wid FOREIGN KEY(work_id)
REFERENCES db_teacher(work_id) VALIDATE,
CONSTRAINT fk_grade_cno FOREIGN KEY(course_no)
REFERENCES db_course(course_no) VALIDATE,
CONSTRAINT fk_f_college_no FOREIGN KEY (college_no)
REFERENCES db_college(college_no) VALIDATE)
ORGANIZATION INDEX TABLESPACE tbs_main
PCTFREE 5
INITRANS 1
MAXTRANS 30
STORAGE (BUFFER_POOL KEEP)
PARTITION BY LIST (college_no) (
PARTITION db_grade_p1 VALUES('04','05','07') TABLESPACE tbs_art_fash_busi,
PARTITION db_grade_p2 VALUES('01','02') TABLESPACE tbs_bio_foo,
PARTITION db_grade_p3 VALUES('03','06') TABLESPACE tbs_infor_mati,
PARTITION db_grade_p4 VALUES(DEFAULT) TABLESPACE tbs_teach_std)
PARALLEL
/
```

其中：

- ORGANIZATION INDEX TABLESPACE tbs_main：指定 tbs_main 为组织索引的表空间，也可以选择其他表空间，如 tbs_index。

注意：在 Oracle 9iR2 中运行创建 db_grade 的脚本时会出现“ORA-25198：仅支持对按索引组织的表进行范围和散列分区”错误，其原因是 Oracle 9i 不支持索引组织表的列表分区，所以删除用以表示索引组织表的 ORGANIZATION INDEX 关键字即可。

- BUFFER_POOL KEEP：设置高速缓存，提高系统访问数据的性能。
- PARTITION BY LIST (college_no)：以 college_no 列作为分区的依据。
- PARTITION db_grade_p1 VALUES('04','05','07') TABLESPACE tbs_art_fash_busi：分区 db_grade_p1 对应表空间 tbs_art_fash_busi，存储 college_no 的值分别为'04','05','07'所代表的行数据。
- PARTITION db_grade_p4 VALUES(DEFAULT) TABLESPACE tbs_teach_std：将除了分区 db_grade_p1、db_grade_p2、db_grade_p3 列出值以外的其他值所对应的行存储到表空间 tbs_teach_std 里。

6. 创建表 db_faculty_per

表类型：带有主键约束的标准表。

表 db_faculty_per 存储应用程序用户登录数据库时口令验证信息，属于 teauser 用户。其中，work_id 列为主键，主键约束名为 pk_faculty_per_wid。

启动 SQL * Plus，用 teauser 登录数据库，在 SQL 命令中执行如下 DDL 语句脚本：

```
---script_6-8_db_faculty_per.sql
---创建表 db_faculty_per 的脚本
---用 teauser 用户名登录并执行该 DDL 语句
CREATE TABLE db_faculty_per(
work_id           CHAR(6)  NOT NULL,
login_pwd_f       VARCHAR2(20),
pwd_tip1_f        VARCHAR2(20),
pwd+answer1_f     VARCHAR2(16),
password_tip2_f   VARCHAR2(20),
pwd+answer2_f     VARCHAR2(16),
CONSTRAINT pk_faculty_per_wid PRIMARY KEY(work_id) VALIDATE)
TABLESPACE tbs_teach_std
PARALLEL
/
```

注意：在 Oracle 9iR2 中定义表列时，列名中不允许出现“+”；但在 Oracle 11g 中是允许的。

7. 创建表 db_student_per

表类型：带有主键约束的标准表。

表 db_student_per 存储应用程序用户登录数据库时验证学生登录口令信息，属于 stduser 用户。其中，register_no 列为主键，主键约束名为 pk_student_per_regist_no。

启动 SQL * Plus，用 stduser 登录数据库，在 SQL 命令中执行如下 DDL 语句：

```
---script_6-9_db_student_per.sql
---创建表 db_student_per 的脚本
---用 stduser 用户登录并执行该 DDL 语句
CREATE TABLE db_student_per(
register_no       CHAR(12) NOT NULL,
login_pwd_s       VARCHAR2(20),
pwd_tip1_s        VARCHAR2(20),
pwd+answer1_s     VARCHAR2(16),
password_tip2_s   VARCHAR2(20),
pwd+answer2_s     VARCHAR2(16),
CONSTRAINT pk_student_per_regist_no PRIMARY KEY(register_no) VALIDATE)
TABLESPACE tbs_teach_std
PCTFREE 10
INITRANS 1
MAXTRANS 255
```

```
STORAGE (BUFFER_POOL DEFAULT)
LOGGING NOCOMPRESS
PARALLEL
/
```

6.3 创建应用视图

6.3.1 授予用户对象权限

操作步骤如下：

(1) 在命令行启动 SQL * Plus，用 sys 登录数据库，分别为用户 teauser 和 stduser 授予 CREATE VIEW；DROP ANY VIEW 系统权限，如图 6-32 所示。

图 6-32 授予用户系统权限

(2) 为用户 teauser 授予对象权限。

① 由 sys 用户登录企业管理器，在“服务器”选项卡中单击“安全”中的“用户”，在其用户列表中选择 teauser 并单击“编辑”按钮。然后在打开的页中单击“对象权限”选项卡，在“选择对象类型”下拉列表中选择“表”选项，单击“添加”按钮，如图 6-33 所示。

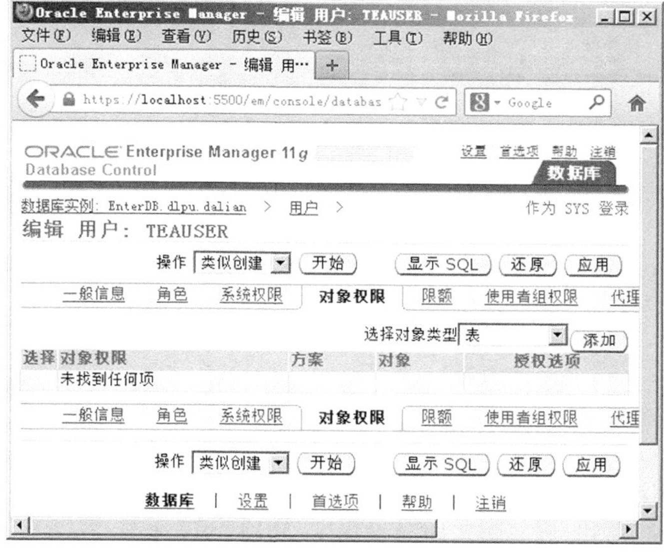

图 6-33 编辑对象权限

② 单击图标以选择表对象，如图 6-34 和图 6-35 所示。

③ 针对相关表选择对象权限，具有相同对象权限的表一起选择并选定对象权限；不

图 6-34 选择模式

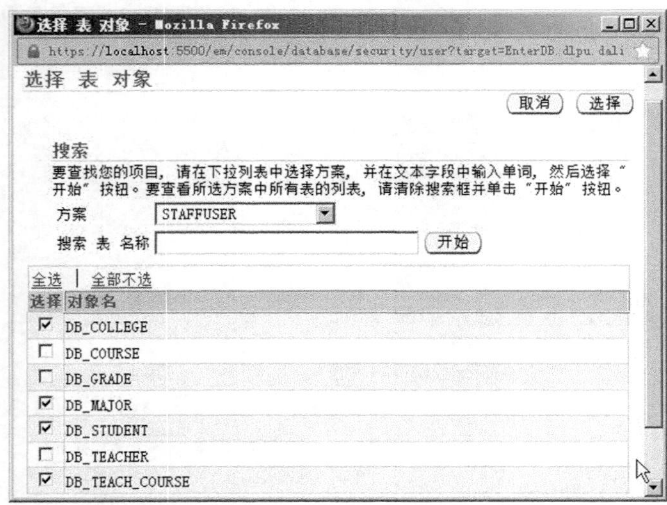

图 6-35 选定相关表对象

同对象权限相关的表需单独选择，如图 6-36 和图 6-37 所示。

④ 单击“确定”按钮，确认授予的对象权限，如图 6-38 所示。

由 sys 执行 SQL 语句，也可实现授予 teauser 对象权限。可执行的 SQL 脚本如下：

```
---script_6-10_grant2teauser_obj_previ.sql
---用 staffuser 用户登录并执行该 DCL 语句，授予 teauser 对象权限
```

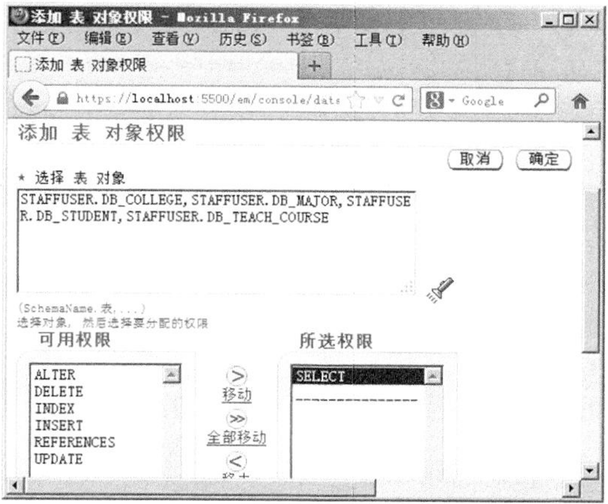

图 6-36　选择对象权限

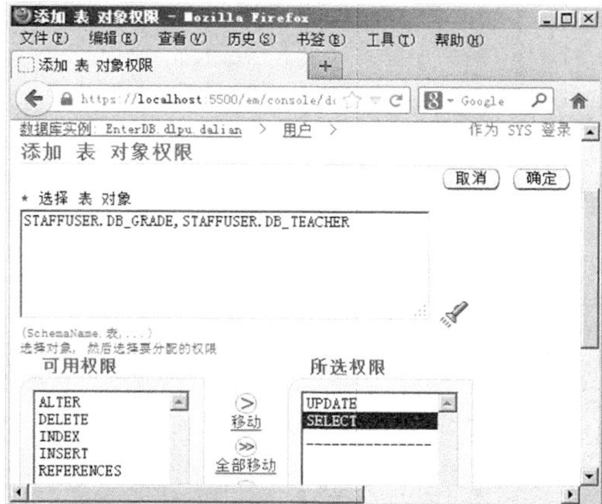

图 6-37　不同对象权限相关表

图 6-38　成功授予对象权限

```
GRANT SELECT ON staffuser.db_college TO teauser;
GRANT SELECT ON staffuser.db_grade TO teauser;
GRANT UPDATE ON staffuser.db_grade TO teauser;
GRANT SELECT ON staffuser.db_major TO teauser;
GRANT SELECT ON staffuser.db_student TO teauser;
GRANT SELECT ON staffuser.db_teacher TO teauser;
GRANT UPDATE ON staffuser.db_teacher TO teauser;
GRANT SELECT ON staffuser.db_teach_course TO teauser;
```

(3) 为用户 stduser 授予对象权限。

在命令行中启动 SQL * Plus,用表对象的属主 staffuser 登录数据库,并授予相关对象权限给 stduser,如图 6-39 所示。

```
---script_6-11_grant2stduser_obj_previ.sql
---用 staffuser 用户登录并执行该 DDL 语句,授予 stduser 对象权限
GRANT DELETE ON staffuser.db_grade TO stduser;
GRANT INSERT ON staffuser.db_grade TO stduser;
GRANT SELECT ON staffuser.db_grade TO stduser;
GRANT SELECT ON staffuser.db_student TO stduser;
GRANT UPDATE ON staffuser.db_student TO stduser;
GRANT SELECT ON staffuser.db_teacher TO stduser;
```

图 6-39 授予 stduser 对象权限

6.3.2 创建用户视图

1. 创建视图 vt_tea_maj_coll

视图类型:带有 WHERE 子句的多表视图。

从视图 vt_tea_maj_coll 可查询教师的数据。用 teauser 用户登录并执行下面 SQL 脚本语句，创建视图 vt_tea_maj_coll。

```
---script_6-12_view_vt_tea_maj_coll.sql
---用 teauser 用户登录并执行该 DDL 语句
CREATE VIEW vt_tea_maj_coll AS
SELECT t.work_id,t.t_name,t.t_titles,m.major_name,c.college_name,t.t_address,
t.t_telephone,t.t_position,t.t_email
FROM staffuser.db_teacher t, staffuser.db_major m,staffuser.db_college c
WHERE t.major_no=m.major_no and t.college_no=c.college_no;
```

2. 创建视图 vt_teach_upd

视图类型：单表视图。

运行以下脚本创建可更新的视图 vt_teach_upd。用户 teauser 通过该视图可修改教师的信息。

```
---script_6-13_view_vt_teach_upd.sql
---用 teauser 用户登录并执行该 DDL 语句
CREATE VIEW vt_teach_upd AS
SELECT work_id,t_name,t_titles,t_position,t_address,t_telephone,t_email
FROM staffuser.db_teacher;
/
```

3. 创建视图 vt_teach_cs

视图类型：单表视图。

通过视图 vt_teach_cs 查询教师承担的教学任务，如图 6-40 所示。

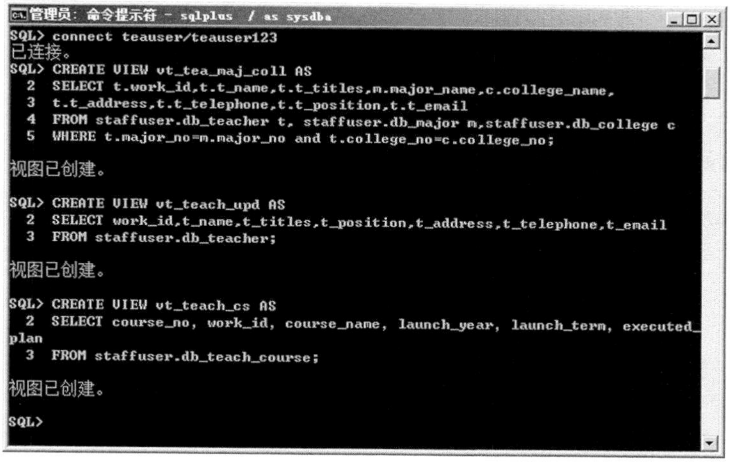

```
管理员: 命令提示符 - sqlplus / as sysdba
SQL> connect teauser/teauser123
已连接。
SQL> CREATE VIEW vt_tea_maj_coll AS
  2  SELECT t.work_id,t.t_name,t.t_titles,m.major_name,c.college_name,
  3  t.t_address,t.t_telephone,t.t_position,t.t_email
  4  FROM staffuser.db_teacher t, staffuser.db_major m,staffuser.db_college c
  5  WHERE t.major_no=m.major_no and t.college_no=c.college_no;

视图已创建。

SQL> CREATE VIEW vt_teach_upd AS
  2  SELECT work_id,t_name,t_titles,t_position,t_address,t_telephone,t_email
  3  FROM staffuser.db_teacher;

视图已创建。

SQL> CREATE VIEW vt_teach_cs AS
  2  SELECT course_no, work_id, course_name, launch_year, launch_term, executed_
plan
  3  FROM staffuser.db_teach_course;

视图已创建。

SQL>
```

图 6-40 用户 teauser 创建视图

```
---script_6-14_view_vt_teach_cs.sql
---用 teauser 用户登录并执行该 DDL 语句
CREATE VIEW vt_teach_cs AS
SELECT course_no,work_id,course_name,launch_year,launch_term,executed_plan
FROM staffuser.db_teach_course;
/
```

4. 视图 vt_teach_grade

视图类型：带有 WHERE 子句的多表视图。
通过视图 vt_teach_grade 查询学生成绩。

```
---script_6-15_view_vt_teach_cs.sql
---用 teauser 用户登录并执行该 DDL 语句
CREATE VIEW vt_teach_grade AS
SELECT s. s_name,g.course_name,t.t_name,g.registered_date,g.registered_year,
g.final_Grade,g.registered_term,g.makeup_flag, g.credit
FROM staffuser.db_grade g,staffuser.db_teacher t,staffuser.db_Student s WHERE
g.work_id=t.work_id and g.register_no=s.register_no;
/
```

5. 视图 vt_teach_grade_upd

视图类型：单表视图。
用 teauser 用户登录，通过更新 vt_teach_grade_upd 来录入学生成绩。

```
---script_6-16_view_vt_teach_grade_upd.sql
---用 teauser 用户登录并执行该 DDL 语句
CREATE VIEW vt_teach_grade_upd AS
SELECT register_no,registered_term,final_Grade,makeup_flag
FROM staffuser.db_grade;
/
```

6. 视图 vs_grade_teach

视图类型：带有 WHERE 子句的多表视图。
学生 stduser 用户通过视图 vs_grade_teach 查询课程及教师任课情况。

```
---script_6-17_view_vs_grade_teach.sql
---用 stduser 用户登录并执行该 DDL 语句
CREATE VIEW vs_grade_teach AS
SELECT g.register_no,g.course_name,g.registered_date,g.registered_year,g.
registered_term,g.final_grade,g.makeup_flag,g.credit,t.t_name
FROM staffuser.db_grade g,staffuser.db_teacher t WHERE g.work_id=t.work_id;
```

```
/
```

7. 视图 vs_grade_upd

视图类型：单表视图。

学生根据视图 vs_grade_teach 提供的选课信息向视图 vs_grade_upd 插入选定的课程、授课教师、学期及学年等。

```
---script_6-18_view_vs_grade_upd.sql
---用 stduser 用户登录并执行该 DDL 语句
CREATE VIEW vs_grade_upd AS
SELECT course_name, registered_date, work_id, registered_year, registered_
term,credit
FROM staffuser.db_grade;
/
```

8. 视图 vs_student

视图类型：单表视图。
学生从视图 vs_student 中可查询其本人的信息。

```
---script_6-19_view_vs_student.sql
---用 stduser 用户登录并执行该 DDL 语句
CREATE VIEW vs_student AS
SELECT register_no,s_gender,s_dateofbirth,s_class,s_address,s_postcode,s_
name,s_mail_address,s_tele,s_email
FROM staffuser.db_Student;
/
```

9. 视图 vs_student_upd

视图类型：单表视图。
学生从视图 vs_student 中可更新其本人的信息。

```
---script_6-20_view_vs_student_upd.sql
---用 stduser 用户登录并执行该 DDL 语句
CREATE VIEW vs_student_upd AS
SELECT s_mail_address,s_postcode,s_address,s_tele,s_email
FROM staffuser.db_Student;
/
```

用户 stduser 创建视图，如图 6-41 所示。

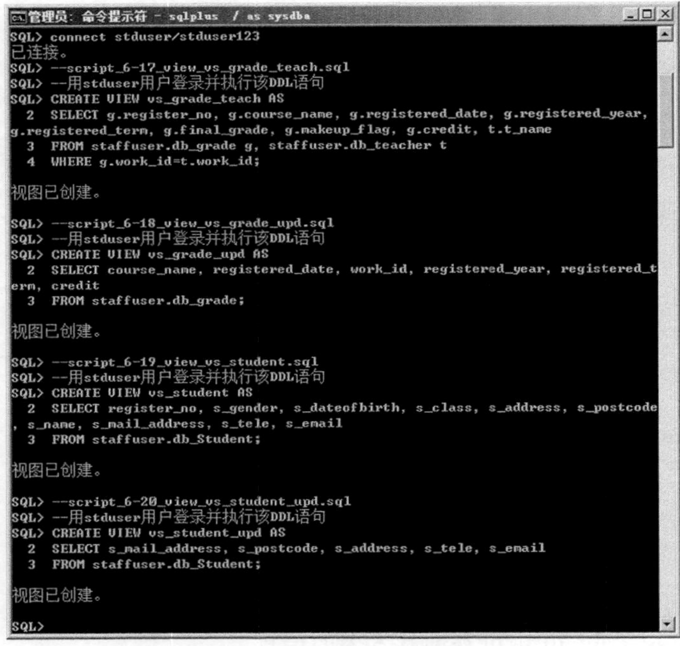
```
SQL> connect stduser/stduser123
已连接。
SQL> --script_6-17_view_vs_grade_teach.sql
SQL> --用stduser用户登录并执行该DDL语句
SQL> CREATE VIEW vs_grade_teach AS
  2  SELECT g.register_no, g.course_name, g.registered_date, g.registered_year,
g.registered_term, g.final_grade, g.makeup_flag, g.credit, t.t_name
  3  FROM staffuser.db_grade g, staffuser.db_teacher t
  4  WHERE g.work_id=t.work_id;

视图已创建。

SQL> --script_6-18_view_vs_grade_upd.sql
SQL> --用stduser用户登录并执行该DDL语句
SQL> CREATE VIEW vs_grade_upd AS
  2  SELECT course_name, registered_date, work_id, registered_year, registered_t
erm, credit
  3  FROM staffuser.db_grade;

视图已创建。

SQL> --script_6-19_view_vs_student.sql
SQL> --用stduser用户登录并执行该DDL语句
SQL> CREATE VIEW vs_student AS
  2  SELECT register_no, s_gender, s_dateofbirth, s_class, s_address, s_postcode
, s_name, s_mail_address, s_tele, s_email
  3  FROM staffuser.db_Student;

视图已创建。

SQL> --script_6-20_view_vs_student_upd.sql
SQL> --用stduser用户登录并执行该DDL语句
SQL> CREATE VIEW vs_student_upd AS
  2  SELECT s_mail_address, s_postcode, s_address, s_tele, s_email
  3  FROM staffuser.db_Student;

视图已创建。

SQL>
```

图 6-41　用户 stduser 创建视图

6.4 管　理　表

在数据库中，表的呈现形式有三种：

(1) 实表。或称基本表，它是存放用户数据的数据库对象，表及其数据存储在永久表空间里。

(2) 查询表。就是通过查询语句得到的结果集，一般以子查询的形式出现，其数据在内存中。

(3) 视图。就是虚表，它是存储在数据库系统表空间里的 SQL 语句，是一个逻辑实体。视图中的数据存储在由数据库在临时表空间创建的表里，数据全部来源于基本表。

管理表必须具有 CREATE TABLE、ALTER TABLE 和 DROP TABLE 系统权限。有此权限的是表的属主。

6.4.1 修改表

在表创建完成后，有时需要修改表。用 ALTER TABLE 可对表进行下列修改：

(1) 修改、增加或删除列的定义、大小和约束。

(2) 修改表的存储参数。

(3) 给表分配一个区。

(4) 移动或将一个表更名。

(5) 可使约束有效或失效。

(6) 添加、删除、移动或修改分区。

(7) 修改表的属性,如 CACHE 和 NOLOGGING。

注意:在对象创建完后,有些参数就不能修改,特别是不能在 STORAGE 子句中更改 INITIAL 参数。

1. 表更名

格式:

```
ALTER TABLE <current_table_name>RENAME TO <new_name>;
```

其中,＜current_table_name＞是表名,＜new_name＞是更改后的表名。

运行后的结果如图 6-42 所示。

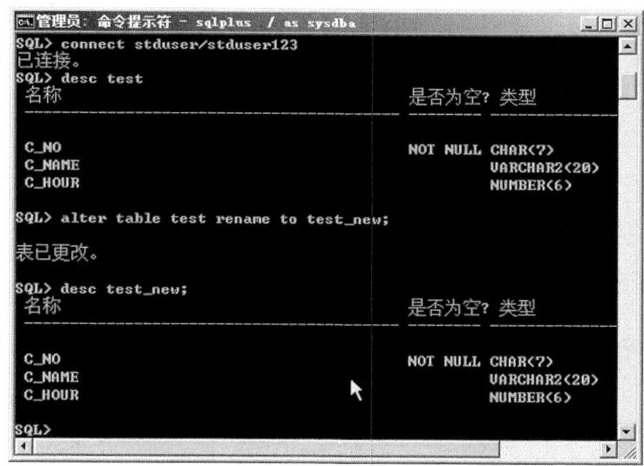

图 6-42 表更名

2. 使表上的约束失效

格式:

```
ALTER TABLE <table_name>DISABLE
CONSTRAINT <constraint_name>;
```

其中,＜table_name＞为表名,＜constraint_name＞为约束名。

3. 使表上的约束生效

格式:

```
ALTER TABLE <table_name>ENABLE CONSTRAINT<constraint_name>;
```

运行后的结果如图 6-43 所示。

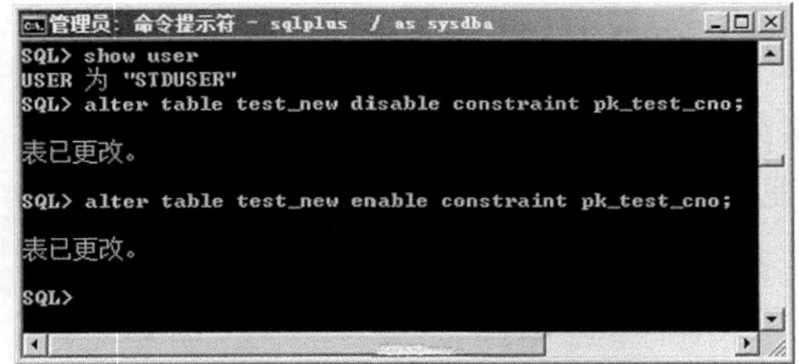

图 6-43　使表约束有效与失效

4. 增加一个列

格式：

```
ALTER TABLE <table_name>
ADD(<column_name data_type>,<column_name data type>);
```

5. 更名一个列

格式：

```
ALTER TABLE <table_name>
RENAME COLUMN <current_column_name> TO <new_column_name>;
```

6. 更改列的属性类型

格式：

```
ALTER TABLE <table_name>
MODIFY(<column_name data_type>,…,);
```

如图 6-44 所示。

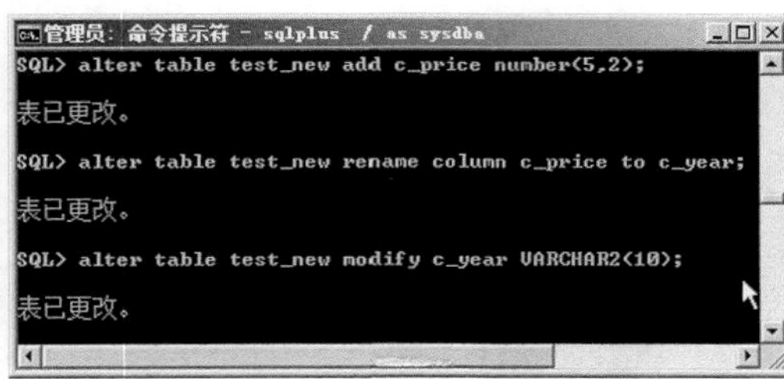

图 6-44　修改列

7. 给表添加一个唯一约束

格式：

```
ALTER TABLE <table_name>
```

```
ADD(CONSTRAINT <constraint_name>UNIQUE(<column_name>));
```

8. 删除一个唯一约束

格式：

```
ALTER TABLE <table_name>DROP <column_name>
CONSTRAINT <constraint_name>UNIQUE CASCADE;
```

9. 删除一个列

格式：

```
ALTER TABLE <table_name>DROP COLUMN <column_name>;
```

10. 将表移动到其他表空间

格式：

```
ALTER TABLE <moved_table_name>MOVE TABLESPACE <dest_tablespace_name>;
```

运行后结果如图 6-45 所示。

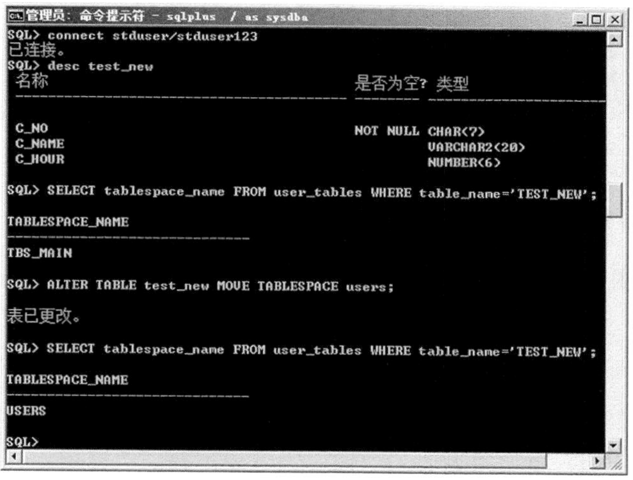

图 6-45 将表移动到其他表空间

11. 将一个列设置成不可用

将该列设置成 UNUSED 后，使用户感觉到该列是不存在的，即使查询也看不到。
格式：

```
ALTER TABLE <table_name>SET UNUSED COLUMN <column_name>;
```

12. 删除表中不可用的列

格式：

```
ALTER TABLE <table_name>DROP UNUSED COLUMNS;
```

运行后结果如图 6-46 所示。

图 6-46 设置列不可用

13. 创建带有数据的表

使用 SELECT 语句创建带有数据的表,并带有表的全部定义。

格式：

```
CREATE TABLE <table_name>
PCTFREE <integer>PCTUSED <integer>
INITRANS <integer>MAXTRANS <integer>
TABLESPACE <tablespace_name>
AS <select statement>;
```

【例 6-1】 根据存有数据的表 test_new 创建一个名为 test_archive 且带有同样数据的表。

```
CREATE TABLE test_archive
    PCTFREE   10   PCTUSED   90
    INITRANS   1   MAXTRANS   200
    TABLESPACE users
    AS   SELECT * FROM test_new;
```

```
/
```

14. 创建一个空表

使用SELECT语句创建不带有数据的表,并带有表的全部定义。

格式:

```
CREATE TABLE <_new_table_name>AS
SELECT * FROM  <original_table_name>WHERE 1=2;
```

15. 改变表的日志模式

使一个记录日志(Logging)的表变成非记录日志(No Logging)。

格式:

```
ALTER TABLE <table_name> NOLOGGING;
```

16. 表的ROWID

格式:

```
SELECT ROWID,<column_names>FROM  <table_name>;
```

ROWID是唯一标志记录物理位置的ID。Oracle的物理扩展ROWID有18位。ROWID具体可以分为4部分:前6位表示数据对象编号;第7~9位表示相对表空间的数据文件号;第10~15位表示该记录在数据文件中的第几个数据块;最后3位表示该记录是数据块中的第几条记录。

6.4.2 删除表

1. 删除表

格式:

```
DROP TABLE <table_name>;
```

2. 删除表及其约束

格式:

```
DROP TABLE <table_name>CASCADE CONSTRAINTS;
```

6.4.3 操纵数据

在Oracle数据库中,对单行或多行数据进行插入、更新或删除的命令是INSERT、UPDATE和DELETE。这些DML操作将记录到日志文件中。

1. 插入数据

1) 多列表的插入

格式：

```
INSERT INTO <table_name>
VALUES (<comma_separated_value_list>);
```

其中，<table_name>是插入数据的目标表；<comma_separated_value_list>是插入行的数据列表，数据列表的值与表中列的顺序或位置必须一一对应。

插入数据到 db_college 表，如图 6-47 所示。

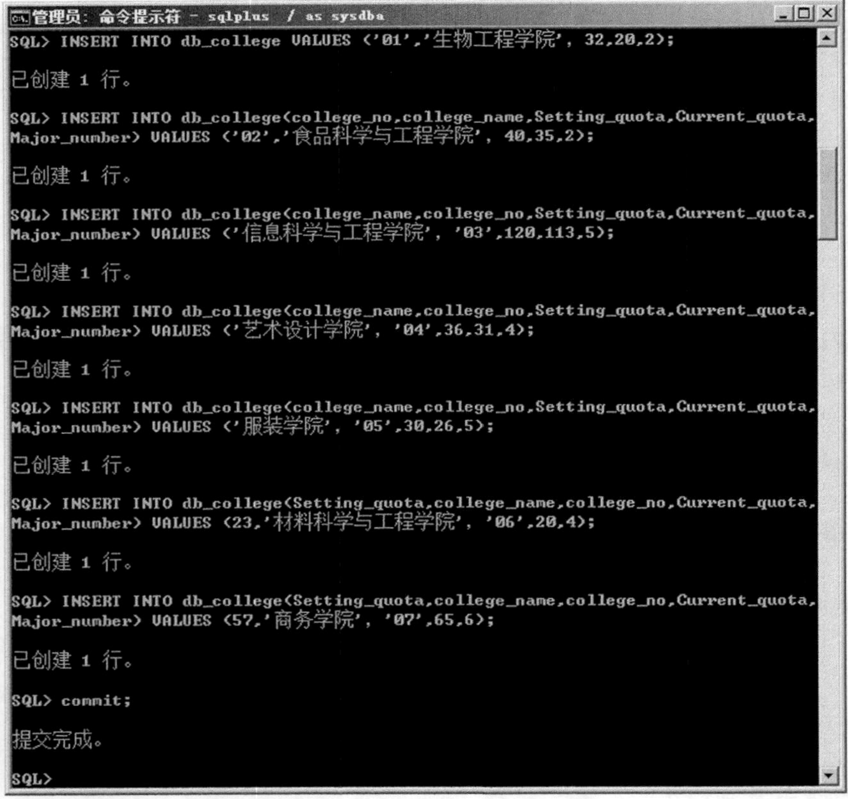

图 6-47 插入数据到 db_college 表

```
---script 6-21 insert_into_db_college.sql
---由 staffuser 登录数据库，向 db_college 表插入数据
INSERT INTO db_college VALUES('01','生物工程学院',32,20,2);
INSERT INTO db_college
(college_no,college_name,Setting_quota,Current_quota,Major_number) VALUES('02
','食品科学与工程学院',40,35,2);
INSERT INTO db_college
```

```
(college_name,college_no,Setting_quota,Current_quota,Major_number) VALUES('信息科学与工程学院','03',120,113,5);
INSERT INTO db_college
(college_name,college_no,Setting_quota,Current_quota,Major_number) VALUES('艺术设计学院','04',36,31,4);
INSERT INTO db_college
(college_name,college_no,Setting_quota,Current_quota,Major_number) VALUES('服装学院','05',30,26,5);
INSERT INTO db_college
(Setting_quota,college_name,college_no,Current_quota,Major_number) VALUES(23,'材料科学与工程学院','06',20,4);
INSERT INTO db_college
(Setting_quota,college_name,college_no,Current_quota,Major_number) VALUES(57,'商务学院','07',65,6);
commit;
/
```

2）插入数据到 db_major 表

具体脚本如下：

```
---script_6-22_insert_into_db_major.sql
---用 staffuser 登录数据库,执行向 db_major 表插入数据的命令
---生物工程学院 所属专业
INSERT INTO db_major VALUES('0101','生物工程','01');
INSERT INTO db_major VALUES('0102','生物技术','01');
---食品科学与工程学院 所属专业
INSERT INTO db_major VALUES('0201','食品质量与安全','02');
INSERT INTO db_major VALUES('0202','食品科学与工程','02');
---信息科学与工程学院 所属专业
INSERT INTO db_major VALUES('0301','数学','03');
INSERT INTO db_major VALUES('0302','物理学','03');
INSERT INTO db_major VALUES('0303','计算机科学与技术','03');
INSERT INTO db_major VALUES('0304','电子信息工程','03');
INSERT INTO db_major VALUES('0305','通信工程','03');
---艺术设计学院 所属专业
INSERT INTO db_major VALUES('0401','环境艺术设计','04');
INSERT INTO db_major VALUES('0402','视觉传达设计','04');
INSERT INTO db_major VALUES('0403','数字媒体艺术','04');
INSERT INTO db_major VALUES('0404','雕塑','04');
INSERT INTO db_major VALUES('0405','工业工程','04');
---服装学院 所属专业
INSERT INTO db_major VALUES('0501','服装艺术设计','05');
INSERT INTO db_major VALUES('0502','服装表演专业','05');
INSERT INTO db_major VALUES('0503','饰品设计','05');
INSERT INTO db_major VALUES('0504','形象设计','05');
```

```
INSERT INTO db_major VALUES('0505','摄影','05');
---材料科学与工程学院 所属专业
INSERT INTO db_major VALUES('0601','化学工程与工艺','06');
INSERT INTO db_major VALUES('0602','材料科学与技术','06');
----商务学院  所属专业
INSERT INTO db_major VALUES('0701','信息管理系统','07');
INSERT INTO db_major VALUES('0702','人力资源管理','07');
INSERT INTO db_major VALUES('0703','电子商务','07');
INSERT INTO db_major VALUES('0704','物流管理','07');
commit;
/
```

事先把插入语句保存到脚本 script_6-31_insert_into_db_major.sql 文件中。

在 SQL>提示符下执行 SQL 脚本文件命令格式如下：

```
SQL>@<script_path>\<sql_script_file>
```

示例如图 6-48 所示。

图 6-48 插入数据到 db_major 表

以同样的方式，可以为 db_teacher 和 db_course 以及 db_teach_course 表插入数据。

3) 用查询语句插入数据

格式：

```
INTO <table_name><SELECT Statement>;
```

其中，<table_name>是目标表，<SELECT Statement>是查询语句，如图 6-49 所示。

4) 条件插入

条件插入是根据插入行的某个列值确定插入到哪个表中。

格式：

```
INSERT
WHEN (<condition>) THEN  INTO <table_name1>(<column_list>)
  VALUES (<values_list>)
WHEN (<condition>) THEN  INTO <table_name2>(<column_list>)
  VALUES (<values_list>)
ELSE
```

```
管理员: 命令提示符 - sqlplus / as sysdba
SQL> create table db_college_new as select * from db_college where 1=2;

表已创建。

SQL> INSERT INTO db_college_new SELECT college_no,college_name,Setting_quota,Cur
rent_quota,Major_number FROM db_college;

已创建7行。

SQL> select * from  db_college_new;

CO COLLEGE_NAME          SETTING_QUOTA CURRENT_QUOTA MAJOR_NUMBER
-- --------------------- ------------- ------------- ------------
01 生物工程学院                     32            20            2
02 食品科学与工程学院               40            35            2
03 信息科学与工程学院              120           113            5
04 艺术设计学院                     36            31            4
05 服装学院                         30            26            5
06 材料科学与工程学院               23            20            4
07 商务学院                         57            65            6

已选择7行。

SQL>
```

图 6-49　用查询语句插入

```
  INTO <table_name3> (<column_list>)  VALUES (<values_list>)
SELECT <column_list>FROM <table_name>;
/
```

其中,<condition>是判断待插入行往哪插入的条件,一般以插入行某个列的值作为判断依据;<table_name>是目标表;<column_list>是目标表的列。创建目标表的界面如图 6-50 所示。

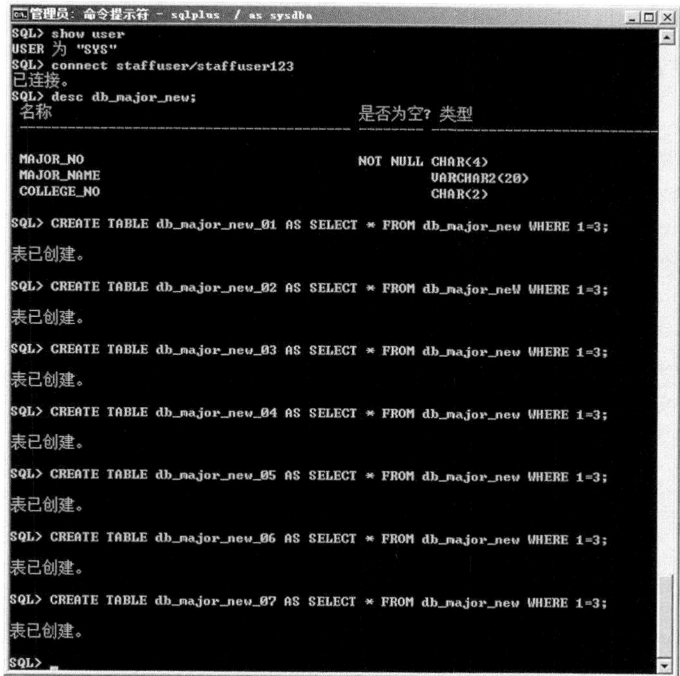

```
管理员: 命令提示符 - sqlplus / as sysdba
SQL> show user
USER 为 "SYS"
SQL> connect staffuser/staffuser123
已连接。
SQL> desc db_major_new;
 名称                                      是否为空? 类型
 ----------------------------------------- -------- ----------------------------

 MAJOR_NO                                  NOT NULL CHAR(4)
 MAJOR_NAME                                         VARCHAR2(20)
 COLLEGE_NO                                         CHAR(2)

SQL> CREATE TABLE db_major_new_01 AS SELECT * FROM db_major_new WHERE 1=3;

表已创建。

SQL> CREATE TABLE db_major_new_02 AS SELECT * FROM db_major_neW WHERE 1=3;

表已创建。

SQL> CREATE TABLE db_major_new_03 AS SELECT * FROM db_major_new WHERE 1=3;

表已创建。

SQL> CREATE TABLE db_major_new_04 AS SELECT * FROM db_major_new WHERE 1=3;

表已创建。

SQL> CREATE TABLE db_major_new_05 AS SELECT * FROM db_major_new WHERE 1=3;

表已创建。

SQL> CREATE TABLE db_major_new_06 AS SELECT * FROM db_major_new WHERE 1=3;

表已创建。

SQL> CREATE TABLE db_major_new_07 AS SELECT * FROM db_major_new WHERE 1=3;

表已创建。

SQL> _
```

图 6-50　创建目标表

【例 6-2】 创建 7 个结构相同的表。

根据表 db_major 创建 7 个结构相同的表，从 db_major 中查询数据，并按照 college_no 值的不同执行条件插入，分别插入到不同的表里。条件插入也可称为单表分解，即从某个表或视图中查询并根据条件插入到相应表里，如图 6-51 所示。

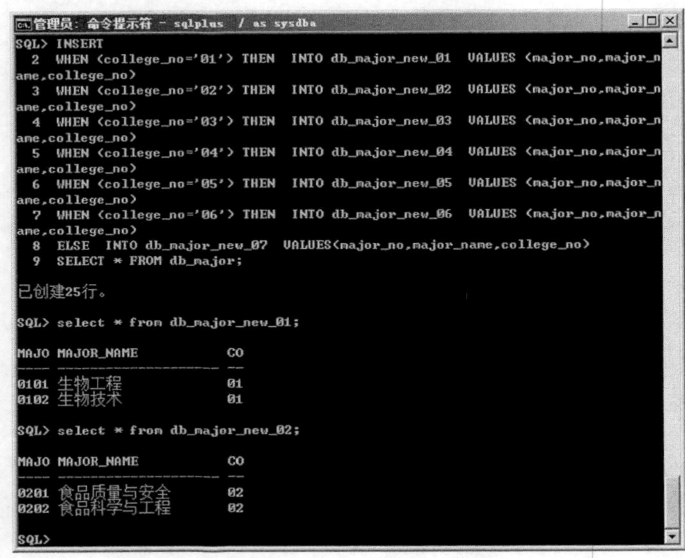

图 6-51 单表分解

查询脚本如下：

```
SQL> INSERT
WHEN (college_no='01') THEN
INTO db_major_new_01  VALUES (major_no,major_name,college_no)
WHEN (college_no='02') THEN
INTO db_major_new_02  VALUES (major_no,major_name,college_no)
WHEN (college_no='03') THEN
INTO db_major_new_03  VALUES (major_no,major_name,college_no)
WHEN (college_no='04') THEN
INTO db_major_new_04  VALUES (major_no,major_name,college_no)
WHEN (college_no='05') THEN
INTO db_major_new_05  VALUES (major_no,major_name,college_no)
WHEN (college_no='06') THEN
INTO db_major_new_06  VALUES (major_no,major_name,college_no)
ELSE
INTO db_major_new_07  VALUES(major_no,major_name,college_no)
SELECT * FROM db_major;
/
```

5）过滤插入行

格式：

```
INSERT INTO (<SQL_statement>WITH CHECK OPTION) VALUES(value_list);
```

其作用是设置插入行的过滤条件。

【例 6-3】 向表 db_college_new 插入一行。

```
SQL>INSERT INTO
(SELECT college_no, college_name, setting_quota FROM db_college_new
WHERE college_no <10 WITH CHECK OPTION)
VALUES ('09','传媒学院', 36);
/
```

其中,子句 WHERE college_no <10 WITH CHECK OPTION 表示只有插入行的 college_no 值小于 10 才可以插入,否则禁止插入,并出现错误提示信息"ORA-01402:视图 WITH CHECK OPTION where 子句违规"。若省略 SELECT 中 college_no 列以及 VALUES 中对应的值,系统也会出现上述错误,如图 6-52 所示。

图 6-52 过滤插入行

6) 插入日期数据

日期类型数据的插入与其他类型数据有所不同,必须用日期函数转换方可插入。如:

```
SQL>INSERT INTO db_student(register_no,major_no,s_name,
s_gender,s_dateofbirth)
VALUES('201030301223','0301','张硕',
'男',TO_DATE('23-12-2007','DD-MM-YYYY'));
```

2. 更新数据

1）更新指定行

格式：

```
UPDATE <table_name>
SET <column_name>=<value> WHERE <column_name>=<value>;
```

【例 6-4】 将专业编码为 0102 的专业更新为“生物安全”。

```
SQL>UPDATE db_major_new
    SET major_name='生物安全'
    WHERE major_no='0102';
```

2）基于单值查询结果的更新

格式：

```
UPDATE <table_name>
SET <column_name>=(SELECT <column_name>
                   FROM <table_name
                   WHERE <column_name><condition><value>)
WHERE <column_name><condition><value>;
```

【例 6-5】 将表 db_major_new 中以“生物”开头的专业名称尾部加上“应用”。

```
SQL>UPDATE db_major_new m  SET m.major_name=
      (SELECT u.major_name||'应用' FROM db_major_new u
      WHERE u.major_name=m.major_name AND u.major_name LIKE '生物%')
    WHERE m.major_name LIKE '生物%';
```

3）仅更新满足查询条件的结果

格式：

```
UPDATE (<SELECT Statement>)
SET <column_name>=<value>
WHERE <column_name><condition><value>;
```

【例 6-6】 将名字以“生物”开头的专业所在学院编码更新为 99。

```
SQL>UPDATE (SELECT *  FROM db_major_new
            WHERE major_name LIKE '生物%')
    SET college_no='99'
    WHERE major_name LIKE '生物%';
/
```

如图 6-53 所示。

4）更新分区表

只更新某个指定分区中的记录。

```
管理员: 命令提示符 - sqlplus / as sysdba
SQL> UPDATE (SELECT *
  2          FROM db_major_new
  3          WHERE major_name LIKE '生物%')
  4  SET college_no = '99'
  5  WHERE major_name LIKE '生物%';

已更新2行。

SQL> SELECT * FROM db_major_new
  2  WHERE major_name LIKE '生物%';

MAJO MAJOR_NAME           CO
---- -------------------- --
0101 生物工程             99
0102 生物安全             99

SQL> commit;

提交完成。

SQL> SELECT * FROM db_major_new where major_name LIKE'生物%';

MAJO MAJOR_NAME           CO
---- -------------------- --
0101 生物工程             99
0102 生物安全             99

SQL> UPDATE (SELECT *
  2          FROM db_major_new
  3          WHERE major_name LIKE '生物%')
  4  SET college_no = '99'
  5  WHERE major_name not LIKE '生物%';

已更新0行。

SQL>
```

图 6-53 更新查询结果

格式：

```
UPDATE <table_name> PARTITION (<partition_name>)
SET <column_name>=<value>
WHERE <column_name><condition><value>;
/
```

【例 6-7】 将分区表 db_grade 的 db_grade_p4 分区中补考标识 makeup_flag 为 1 的所有人的成绩改为 0 分。

```
SQL>UPDATE db_grade PARTITION (db_grade_p4) p
SET p.final_grade=0
WHERE makeup_flag='1';
/
```

3. 删除数据

DELETE 语句可实现单行删除、批量删除及有条件的删除；也可针对分区表的某个分区删除等。

1) 从子查询中删除

格式：

```
DELETE FROM (<select Statement>);
```

【例 6-8】 删除的数据必须符合子查询的条件。

```
SQL>DELETE FROM (SELECT * FROM db_major_new
                WHERE major_name LIKE '数学%');
/
```

在功能上，该语句与下列语句等价：

```
SQL>DELETE FROM db_major_new
    WHERE major_name LIKE '数学%';
/
```

2）删除分区数据

格式：

```
DELETE FROM <table_name>PARTITION <partition_name>;
```

【例 6-9】 删除分区表 db_grade 的 db_grade_p4 分区中的数据。

```
SQL>DELETE FROM db_grade PARTITION (db_grade_p4);
```

4. 截断数据

TRUNCATE 用于截断表中数据，但与 DELETE 命令不同。

(1) TRUNCATE 是删除表中所有行但不影响表结构及其列、约束、索引等，删除的数据不可恢复；DELETE 删除的数据可恢复。

(2) DELETE 是常规的 DML 操作，可生成重做日志，同时需要在 UNDO 表空间中使用段，一旦需要，还可用 ROLLBACK 命令恢复已删除的数据。TRUNCATE 属 DDL 命令，不产生行级锁，也不产生重做或回滚操作。表中所有最初分配的区会被释放。完成 TRUNCATE 操作后不可恢复。

(3) TRUNCATE 将重新设置表的高水位线和所有的索引，使其回到最初设置的大小。查询整个表时，实施了 TRUNCATE 操作的表比实施 DELETE 操作的表要快得多。

(4) TRUNCATE 不触发任何 DELETE 触发器；DELETE 则可以触发。

形式上，TRUNCATE 是直接删除表中数据。实际上，TRUNCATE 是将表的高水位线 HWM(High Water Mark)重新设置为 0。Oracle 用高水位线代表数据块历史数据使用空间的最高位，全表扫描是读取高水位线以下的所有块，高水位线之上没有数据。在数据库表刚建立的时候，由于没有任何数据，因此这个时候水位线是空的，也就是说 HWM 为最低值。

当插入了数据以后，现有空间不足而进行空间的扩展时，高水位线会向上移。若一个表经常有 DELETE 操作，数据虽然被删除了，但是高水位线却没有降低，即使做 SHRINK 操作，但因 DELETE 不能回收高水位，高水位之下很多空闲空间也无法使用，则在插入数据时只使用 HWM 以上的数据块，高水位线会自动上涨，所以对全表扫描性能产生影响。

所以，当一个 Oracle 数据库开发完毕并在交付用户使用前，用 TRUNCATE 命令清空数据库是最佳的办法。

命令格式：

```
SQL>TRUNCATE TABLE <table_name>
[<PRESERVE|PURGE>] [MATERIALIZED VIEW LOG]
[<DROP|REUSE>STORAGE];
```

其中,DROP STORAGE 是默认选项;PURGE 选项:当物化视图被截断时,物化视图所产生的日志也同时被清除。

(1) 清空表并移动高水位为最初值。

格式:

```
SQL>TRUNCATE TABLE <table_name>;
```

【例 6-10】 清空表 test 并移动高水位为最初值。

```
SQL>TRUNCATE TABLE test;
```

(2) 清空表但并不移动高水位。

格式:

```
SQL>TRUNCATE TABLE <table_name>REUSE STORAGE;
```

【例 6-11】 清空表 test 但并不移动高水位。

```
SQL>TRUNCATE TABLE test REUSE STORAGE;
```

(3) 截断分区表的一个分区。

格式:

```
SQL>ALTER TABLE <table_name>TRUNCATE PARTITION <partition_name>;
```

【例 6-12】 截断分区表 test_trunc 的一个分区。

(1) 创建一个分区表 test_trunc。

```
SQL>CREATE TABLE test_trunc (province VARCHAR2(6),sales NUMBER(7,2)) PARTITION
BY LIST (province)(
PARTITION northeast VALUES ('辽宁', '吉林', '黑龙江') TABLESPACE users,
PARTITION middlewest VALUES ('北京', '上海', '重庆') TABLESPACE users);
```

(2) 插入部分测试数据。

```
SQL>INSERT INTO test_trunc VALUES ('辽宁', 1000);
SQL>INSERT INTO test_trunc VALUES ('吉林', 2000);
SQL>INSERT INTO test_trunc VALUES ('上海', 3000);
SQL>INSERT INTO test_trunc VALUES ('北京', 4000);
SQL>COMMIT;
```

(3) 查询插入行的测试数据。

```
SQL>SELECT * FROM test_trunc PARTITION(northeast);
SQL>SELECT * FROM test_trunc PARTITION(middlewest);
```

(4) 截断 test_trunc 表中 middlewest 分区的数据。

```
SQL>ALTER TABLE test_trunc
     TRUNCATE PARTITION middlewest;
```

最后,查询实施截断操作后的数据,验证截断操作是否成功。

```
SQL>SELECT * FROM parttab PARTITION(northwest);
SQL>SELECT * FROM parttab PARTITION(middlewest);
```

注意:当执行 TRUNCATE TABLE 时,可能会出现"ORA-02266:表中的唯一/主键被启用的外部关键字引用"的错误信息。其原因是当前表中主键被其子表的外键所引用。

解决办法:首先使其关键字失效,执行截断操作。

然后执行截断操作完毕后,再使关键字重新生效。

```
SQL>ALTER TABLE <table_name>DISABLE PRIMARY KEY CASCADE;
SQL>TRUNCATE TABLE <table_name>;
SQL>ALTER TABLE <table_name>ENABLE PRIMARY KEY;
```

5. 多表合并

多表合并可以将两个或两个以上表的数据合并到一个表中。如果目标表中数据不存在,则将数据插入到表中。如果数据行的主要部分已经存在,则修改其他部分。

用 MERGE 语句可实现从一个表中选择满足一定条件的行,同时更新或插入到其他表中。根据 ON 子句可决定对目标表的操作是更新还是插入。若目标表中的行存在则进行更新操作;若不存在,则进行插入操作。MERGE 语句避免了使用多个 INSERT 和 UPDATE 的 DML 语句。

使用 MERGE 语句的先决条件:用户必须具有在目标表上实施插入 INSERT 和更新 UPDATE 的对象权限,以及在源表上进行查询 SELECT 的权限。

MERGE 语句的语法格式:

```
MERGE <hint>INTO <table_name>
USING <table_view_or_query>
ON (<condition>)
WHEN MATCHED THEN <update_clause_with_where>
DELETE <where_clause>
WHEN NOT MATCHED THEN <insert_clause_with_where>;
/
```

几个主要关键词的含义:

- INTO <table_name>:使用 INTO 子句指定要更新或插入的目标表。
- USING <table_view_or_query>:指定更新或插入数据的源表。源表可以是基本表、视图,也可以是子查询。
- ON(<condition>):实施 MERGE 合并时,用于确定插入或更新操作的条件。一般用比较运算符来连接,也可以使用常量。对于在目标表中满足查询条件的每一行,Oracle 用源表中对应行的数据来更新。如果条件不满足,则 Oracle 将源表中对应的行插入到目标表中。

- WHEN MATCHED：该子句对应于 ON 条件匹配成功,即条件为真值,则执行其后的相应更新或删除语句。
- DELETE <where_clause>：从 Oracle 10g 开始,在 MERGE 中提供了在数据操作期间删除行的选项。它指定对目标表带条件的删除操作。该子句是可选的。它必须与 WHEN MATCHED THEN 中的 UPDATE 子句一起使用。DELETE 子句必须带有 WHERE 条件,用以删除目标表中与 DELETE WHERE 条件匹配但并不与 ON 条件匹配的行。
- WHEN NOT MATCHED：该子句对应于 ON 条件匹配不成功,即条件为假值,则执行其后的插入语句。WHEN MATCHED 与 WHEN NOT MATCHED 没有先后顺序关系。
- update_clause_with_where：当 ON 的条件为真值时,指定对目标表更新操作。如果目标表是视图,则更新视图时不能为更新的视图指定默认 DEFAULT。
- insert_clause_with_where：当 ON 的条件为假值,则指定插入到目标表列的值。如果目标表是视图,则更新视图时有个限制,不能为插入目标视图指定默认值 DEFAULT。

根据实际需要,用户还可在目标表上创建 BEFORE 或 AFTER 行触发器,用于记录哪些是更新或删除的行,哪些是插入的行等,其原理如图 6-54 所示。

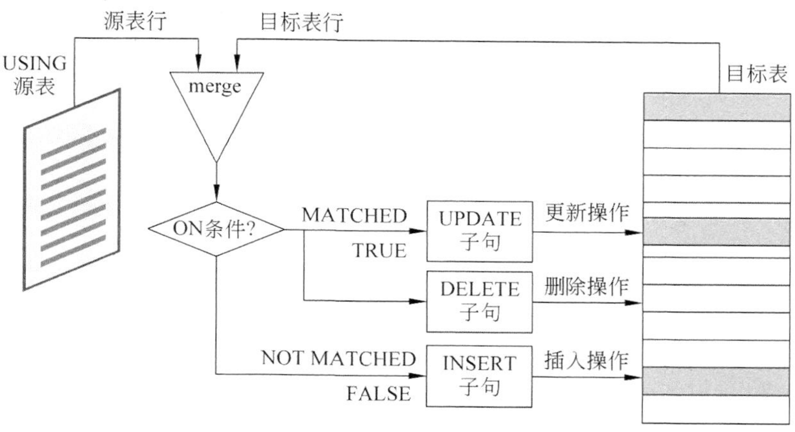

图 6-54 MERGE 操作流程

注意：INSERT 和 UPDATE 子句是可选的,子句中可带 WHERE 条件子句;在 ON 条件中可以使用常量,不必连接源表和目标表。UPDATE 子句后面可以跟 DELETE 子句,用以删除不需要的行。

6.5 Excel 文件与数据库互传

实际应用中,经常需要将存储在后缀为.xsl 的 Excel 文件中的数据直接装载到数据库的表中。Oracle 为此提供了多种不同方法,既可用 Oracle 开发工具 SQL Developer 导入 Excel 文件,也可用外部表及 SQL * Loader 导入 Excel 文件。

注意:在导入数据前,必须先将存有数据的 Excel 文件转换成.csv 或.prn 格式的文件。

文件格式转换方法:

在 Microsoft Excel 中选择“另存为”命令。在弹出的对话框中的“文件类型”下拉列表中选择“带格式文本文件(空格分隔)”,这是标准格式化文本文件类型,其文件后缀为.prn;或选择 CSV(逗号分隔)以形成一个逗号定界文件,其文件后缀为.csv。

后缀为.prn 与.csv 的区别是:

(1) 两种格式文件数据的装入方法不同。

(2) .prn 后缀的文本文件中每个行是等长的,数据间按原库文件列长度紧凑排列,字符型列数据需左对齐;数据类型列的数据需右对齐,不足部分用空格补齐。“带格式文本文件(*.prn)”格式只能保存活动工作表中的单元格所显示的文本和数值。若数据行中的单元格包含的字符超过 240 个,则超过 240 个的字符将在转换的文件中自动换行。数据列以逗号分隔,每一行数据都以回车符结束。在用此格式保存之前,必须确保需要转换的所有数据均清楚可见,并且在数据列之间有足够的空格。否则,转换后的文件中的数据可能会丢失或分隔不正确。必要时,可调整工作表中的列宽。

(3) 在.csv 后缀的文件中,各记录不一定是等长。数据列的位置必须按其定义顺序依次排列,字符型列和数据型列的左右端空格被消去。CSV(*.csv) 文件格式只保存活动工作表中的单元格所显示的文本和数值。数据列以逗号分隔,每行数据都以回车符结束。如果单元格中包含逗号,则该单元格中的内容以双引号引起。

6.5.1 用外部表导入 Excel 数据

利用 Oracle 的外部表可以将外部数据读入数据库,并插入到数据库中。这种方法不必执行导入操作,更新外部 Excel 表或文本文件后可直接查询数据。由于仅在查询时操作一次数据,因此对系统资源占用较小。

外部表是 Oracle 为读取数据库之外的批量数据文件而设置的功能。在数据库中,外部表与常规表不同,在创建外部表过程中,它在数据库中不使用任何与之相关的区,也不创建表段,它只是将能访问外部表的元数据存储在数据字典中。所以,创建外部表时不需要指定或设置没有任何与存储有关的子句参数。

Oracle 通过驱动程序 Oracle_Loader 提供了一种数据映射的能力,它允许使用 Oracle 装载技术从外部表中读取数据。数据库中的外部表并不实际存储数据。

如果创建的外部表带有 NOLOG,则授予创建外部表的用户在目录上的 READ 权限即可。若创建的外部表不带 NOLOG,则必须授予其读写权限。

10g 以前的版本只能创建只读的外部表,不能完成插入、删除和更新操作。Oracle Database 10g 开始,外部表可读可写。

使用外部表需要系统权限:CREATE TABLE、CREATE ANY TABLE 和 DROP ANY TABLE。与外部表相关的数据字典有 dba_external_tables、all_external_tables 和 user_external_tables。

1. 建立外部表

现有 db_student_infor.csv 文件中存储了学生的详细数据,以下是通过创建数据库外部表的方式将 db_student_infor.csv 文件中的数据装载到表 db_student 的过程。

(1) 创建用于保存外部文件的目录对象。

在操作系统环境下,创建用于存放外部数据文件的目录。此处创建的目录为 E:\ext_dir,目录中还存放错误信息和日志文件。

(2) 创建文本文件。

将存有学生详细数据的文件 db_student_infor.csv 复制到 E:\ext_dir 中。注意:.csv 文件存储的每行数据都是用逗号分割的。

(3) 在数据库中创建文件所在的目录对象。

① 以数据管理员 sys 连接。

```
Sqlplus /nolog
SQL>CONNECT/AS SYSDBA;
```

② 在数据库中创建目录对象并建立与磁盘目录之间的映射。

```
SQL>CREATE OR REPLACE DIRECTORY ext_dir AS 'E:\ext_data_dir';
```

实际上,这是在数据字典中创建 Oracle 目录入口,由数据字典指向以上文件所驻留的 Windows 目录。

③ 为创建外部表的用户授予相应的权限。

```
SQL>GRANT READ ON DIRECTORY ext_dir TO staffuser;
SQL>GRANT WRITE ON DIRECTORY ext_dir TO staffuser;
```

(4) 创建外部表的结构,即创建外部表元数据。

在数据库中创建外部表的命令格式:

```
CREATE TABLE <table_name> (
<column_definitions>)
ORGANIZATION EXTERNAL
(TYPE oracle_loader
DEFAULT DIRECTORY <oracle_directory_object_name>
ACCESS PARAMETERS (
RECORDS DELIMITED BY newline
BADFILE <file_name>
```

```
DISCARDFILE <file_name>
LOGFILE <file_name>
[READSIZE <bytes>]
[SKIP <number_of_rows>
FIELDS TERMINATED BY '<terminator>'
REJECT ROWS WITH ALL NULL FIELDS
MISSING FIELD VALUES ARE NULL
(<column_name_list>))\
LOCATION ('<file_name>'))
[PARALLEL]
REJECT LIMIT <UNLIMITED|integer>
[NOMONITORING];
/
```

以最终用户 staffuser 连接数据库：

```
CONNECT staffuser/staffuser123
```

创建外部表的脚本如下：

```
---script_6-23_external_table_into_db_student.sql
---将 E:\ext_data_dir 目录下 db_student_csv.csv 文件的数据插入到表 db_student 中
CREATE TABLE ext_std(
register_no         CHAR(12),
major_no            CHAR(6),
s_name              CHAR(8),
s_gender            CHAR(2),
s_dateofbirth       DATE,
s_class             CHAR(2),
s_address           VARCHAR2(40),
s_postcode          CHAR(6),
s_mail_address      VARCHAR2(60),
s_tele              CHAR(11),
s_email             VARCHAR2(20))
ORGANIZATION EXTERNAL(
TYPE oracle_loader
DEFAULT DIRECTORY ext_dir
ACCESS PARAMETERS (
RECORDS DELIMITED BY NEWLINE
BADFILE   'bad_%a_%p.bad'
LOGFILE   'log_%a_%p.log'
FIELDS TERMINATED BY '  ,'
MISSING FIELD VALUES ARE NULL
REJECT ROWS WITH ALL NULL FIELDS
(register_no,major_no,s_name,s_gender,s_dateofbirth,s_class,s_address,s_
postcode,s_mail_address,s_tele,s_email))
```

```
LOCATION ('db_student_csv.csv')
)
PARALLEL
REJECT LIMIT unlimited
NOMONITORING;
/
```

注意：当创建目录时，与 Oracle 中命名的目录对象相对应的操作系统目录必须是已经存在的 OS 目录路径。

其中：

- TYPE：指定把外部文件数据装载到表中所使用的驱动程序，默认值为 Oracle_Loader。
- ACCESS PARAMETERS：指定访问参数。这些参数由访问驱动程序定义，是不透明的。
- PARALLEL：表示可在数据源上进行并行查询的数。只有当处理的数据量较大时才指定 PARALLEL，否则对系统无益。
- REJECT LIMIT：值为 0～UNLIMITED。它指定了查询外部表期间允许拒绝的错误数量。

(5) 查询数据。

```
SQL>SELECT * FROM  ext_std_infor;
```

查询结束后，在 E:\ext_dir 目录中产生有关数据载入的日志文件以及存有丢弃数据的坏文件。

(6) 插入数据。

通过外部表，使用 INSERT INTO…SELECT FROM 语句可从外部文件中读取数据并直接装载到表 db_student 中，实现数据的快速装载。这种方法比使用 SQL * Loader 要快得多。

```
SQL > INSERT INTO db_student (register_no, major_no, s_name, s_gender, s_
dateofbirth,s_class,s_address,s_postcode,s_mail_address,s_tele,s_email)
SELECT * FROM emp_ext;
SQL>COMMIT;
```

2. 修改外部表

外部表的修改与常规表基本相同，除下列仅用于外部表的部分 ALTER TABLE 子句外，其余与常规表相同。

1) 更改丢弃的记录数

格式：

```
ALTER TABLE <external_table>REJECT LIMIT <reject_value>;
```

2) 更改默认的目录说明

格式：

```
ALTER TABLE <external_table> DEFAULT DIRECTORY <new_directory>;
```

3) 改变访问参数

无须删除和重建外部表的元数据即可改变访问参数。

格式：

```
ALTER TABLE <external_table>
ACCESS PARAMETERS (FIELDS TERMINATED BY '<terminator>');
```

4) 更改外部文件名称

格式：

```
ALTER TABLE  <external_table> LOCATION ('<file_name>');
```

3. 删除外部表

用 DROP TABLE 语句删除外部表只在数据字典中删除该表的元数据，对实际数据并不产生影响，Oracle 数据库不能直接删除磁盘文件。

格式：

```
DROP TABLE <External_file_name>;
```

6.5.2 用 SQL * Loader 导入批量数据

SQL * Loader 是 Oracle 自带的数据加载工具，在<Oracle_Home>\BIN 目录下，如 Oracle 11g R2 版本的 E:\app\Administrator\product\11.2.0\dbhome_1\BIN，Oracle 9i R2 版本在<driver>:\Oracle\ora92\bin 目录下，工具名为 sqlldr.exe。该工具导入数据比较专业，有各种参数及选项可供选择，是数据库中导入大型数据的主要选择。

使用 SQL * Loader 完成装载数据文件通常由数据文件、控制文件、日志文件、废弃文件及错误文件 5 个部分组成。控制文件用来控制整个装载的相关描述信息，一个或多个数据文件作为原始数据；日志文件存储装载过程中产生的日志信息；错误文件存储不合乎规范的数据，对不满足控制文件中记录选择标准的一些物理记录则存储在废弃文件中。装载数据过程中，数据文件和控制文件是核心。

控制文件中设置的参数信息告诉 SQL * Loader 在哪里寻找需要转载的数据、怎样翻译数据，并将数据插入到哪里等。编写控制文件时要注意，控制文件是一个文本文件，后缀必须为.ctl。其语法结构自由，参数不区分大小写。

数据文件则可以有多个，必须先将 Excel 数据文件另存为.csv 或文本文件格式，并在控制文件中明确指定这些数据文件所在位置及文件名。

使用 SQL * Loader 装载数据比较灵活，可把导入命令写入批处理文件中，直接进行批量处理；同时提供各种参数选择，不需要操作 Oracle 服务器。

以下步骤是将外部数据直接装载到 db_student 表中的过程。

(1) 创建控制文件。

创建控制文件是完成装载任务的第一步。将存储批量数据的 db_student_csv.csv

文件复制到 E:\ext_data_dir 目录中，并在该目录下创建名为 db_controlfile.ctl 的控制文件。

注意：控制文件的创建可在记事本中完成，该文件必须存储成后缀为.ctl 的文件，否则命令运行时会出现"SQL * Loader-500 无法打开文件"的错误信息。

控制文件 db_controlfile.ctl 的脚本如下所示，表 db_student 中的 s_dateofbirth 字段为日期型，所以在插入时必须用 DATE "YYYY-MM-DD"进行转换。

```
---script_6-24_db_controlfile.ctl
LOAD DATA
INFILE 'E:\ext_data_dir\db_student_csv.csv'
APPEND INTO TABLE db_student
FIELDS TERMINATED BY ','
OPTIONALLY ENCLOSED BY '"'
TRAILING NULLCOLS
(register_no,major_no,s_name,s_gender,s_dateofbirth  date "yyyy-mm-dd",s_
class,s_address,s_postcode,s_mail_address,s_tele,s_email)
```

其中：

- infile：定义存有批量数据的 Excel 文件 db_student_csv.csv 所在位置。
- append into table：定义数据装载模式及目标表，必须根据实际选择一种数据更新模式，如表 6-7 所示。

表 6-7 数据装载模式

模式	说　明
insert	这是默认的，向一个空表插入数据行
replace	删除表中所有行，装载新的数据
append	新行被添加到表的末尾。如果是空表，则 append 与 insert 一样
truncate	指定的内容和 replace 的相同，会用 truncate 语句删除现存数据

- fields terminated by：将.csv 文件以逗号分隔成列。
- optionally enclosed by：在插入数据表时不包含内容中的双引号。
- trailing nullcols：设置表的列没有对应值时允许为空。

(2) 设置目标表所在的数据库为默认数据库。

```
E:\app\Administrator\product\11.2.0\dbhome_1\BIN>SET Oracle_SID=EnterDB
```

(3) 使表 db_student 中的外键约束 fk_s_major_no 和 sys_c0011827 失效。

用 staffuser 登录数据库，使其外键约束 fk_s_major_no 及检查约束 sys_c0011827 失效：

```
SQL>ALTER TABLE db_student MODIFY CONSTRAINT fk_s_major_no NOVALIDATE DISABLE
CONSTRAINT fk_s_major_no
DISABLE  CONSTRAINT sys_c0011827;
```

然后退出 SQL * Plus。

(4) 运行装载数据命令。

在操作系统命令提示符下输入装载数据命令,如图 6-55 所示。

```
---script_6-25_command_line_sqlldr.bat
E:\app\Administrator\product\11.2.0\dbhome_1\BIN>sqlldr  userid=staffuser/
staffuser123 control=E:\ext_data_dir\db_controlfile.ctl log=E:\ext_data_dir\
log.log
```

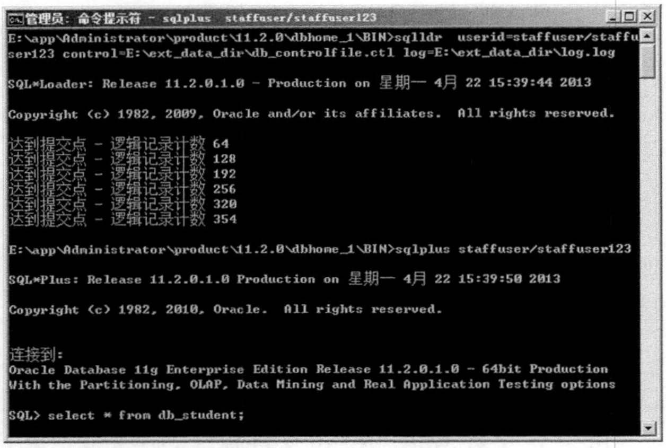

图 6-55 装载数据命令

其中:

- userid:指定以目标表 db_student 所属用户来登录数据库。
- control:指定控制文件及其所在路径。
- log:转载数据时产生的日志信息。

用记事本创建一个批处理文件 script_6-34_command_line_sqlldr.bat,将上述命令存入该批处理文件,也可实现同样效果,双击该批处理文件即可。

(5) 查询装载后的数据。

```
SQL>SELECT * FROM db_student;
```

(6) 用 staffuser 登录数据库,使表 db_student 中的外键约束 fk_s_major_no 及检查约束 sys_c0011827 重新有效。

```
SQL>ALTER TABLE db_student ENABLE CONSTRAINT fk_s_major_no;
SQL>ALTER TABLE db_student ENABLE CONSTRAINT sys_c0011827;
```

6.5.3 导出数据库数据到 Excel

将 Oracle 数据库导出到 Excel 的方法如图 6-56 所示。

在装有 MS Office Excel 的客户端必须安装 Oracle 客户端系统;安装的 MS Office Excel 与其操作系统必须匹配,32 位或 64 位;否则,由于其数据源 ODBC 不匹配,则在连

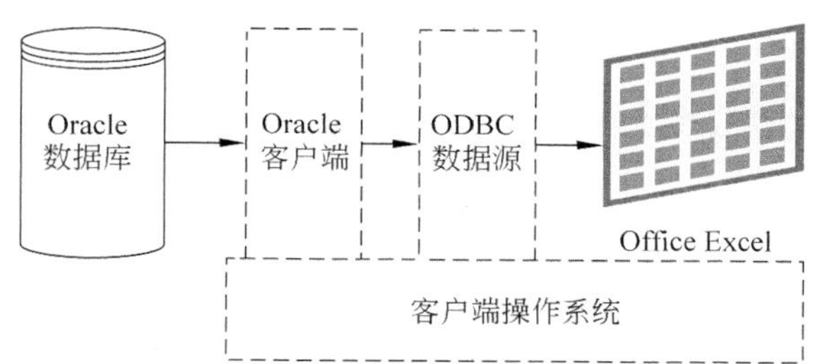

图 6-56 将数据库导出到 Excel

接中会出现图 6-57 和图 6-58 所示的错误。

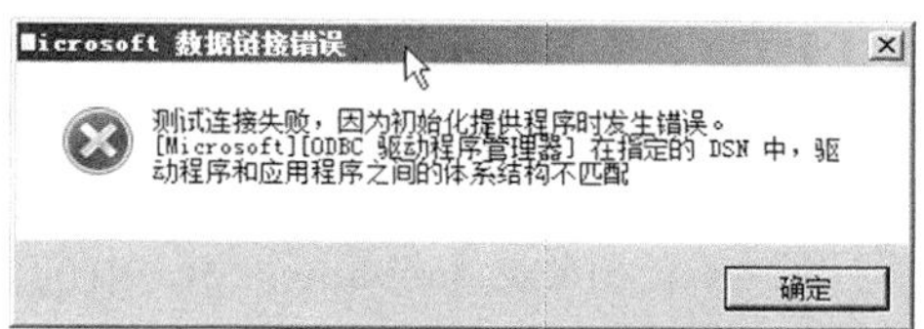

图 6-57 ODBC 不匹配之一

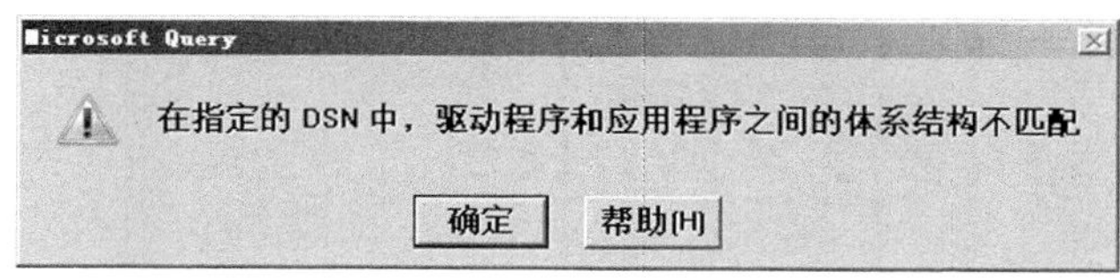

图 6-58 ODBC 不匹配之二

(1) 配置 ODBC 数据源：选择"开始"→"控制面板"→"管理工具"→"数据源(ODBC)"命令，添加一个用户或系统 DSN；选择数据源的驱动程序，如图 6-59 所示。

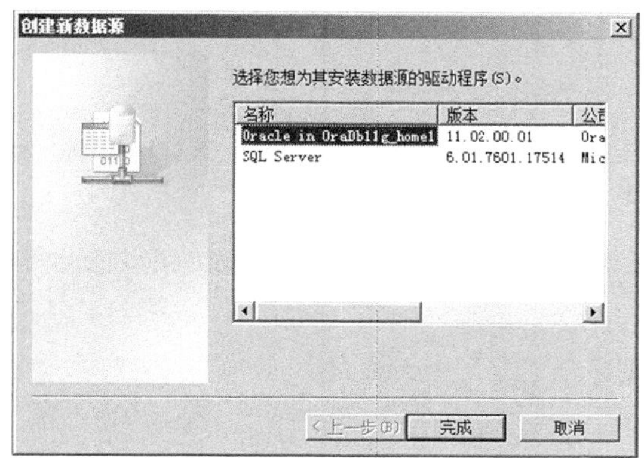

图 6-59 选择数据源的驱动程序

(2) 配置 Oracle ODBC 驱动程序，如图 6-60 所示。

(3) 测试连接，此处以要导出数据表 db_student 所属的用户 staffuser 连接，如图 6-61 所示。其中，service name 是数据库的 SID。

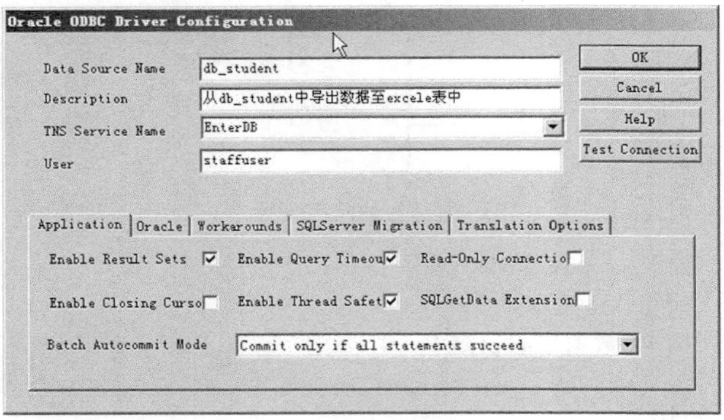

图 6-60 配置 Oracle ODBC 驱动程序

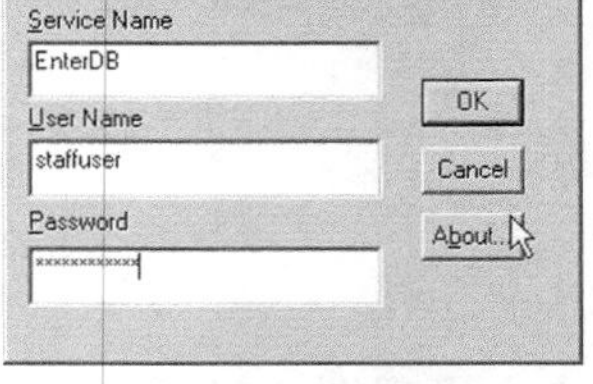

图 6-61 测试连接

注意：在测试连接过程中可能会出现“ERROR：ORA-12545：因目标主机或对象不存在，连接失败”的错误提示，其原因是系统安装后，主机名被更改过。

解决办法：将主机名与 listener. ora 及 tnsnames. ora 中的 HOST 值保持一致，然后重新启动监听器即可。图 6-62 为创建用户数据源。

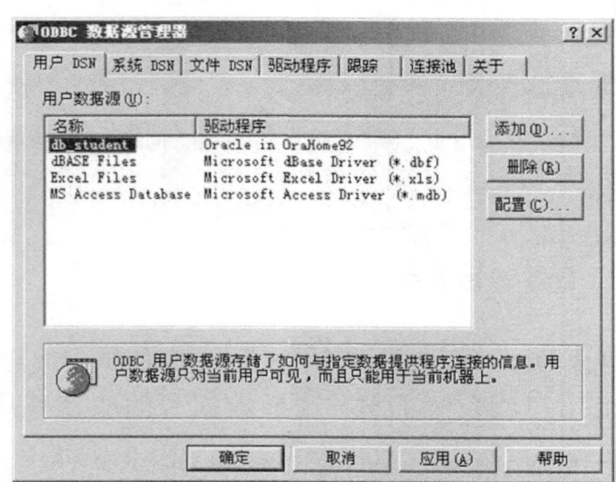

图 6-62 用户数据源

(4) 打开 MS Office Excel 并新建一个表单；从菜单中选择“数据”→“导入外部数据”→“新建数据库查询”命令，如图 6-63 所示。

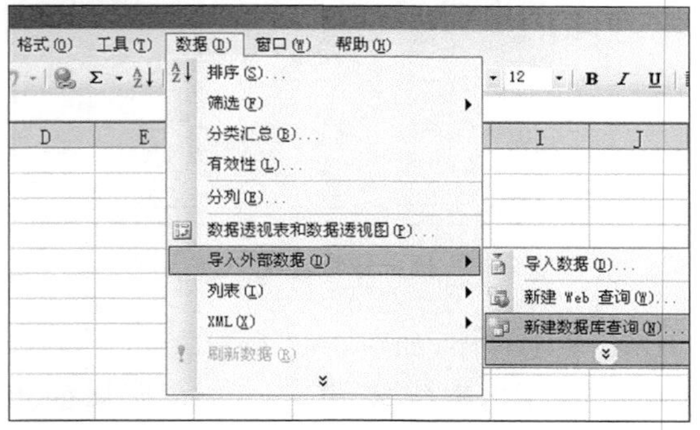

图 6-63 选择新建数据库查询

(5) 从列表中选择已创建的数据源,并连接数据库,如图 6-64 所示。

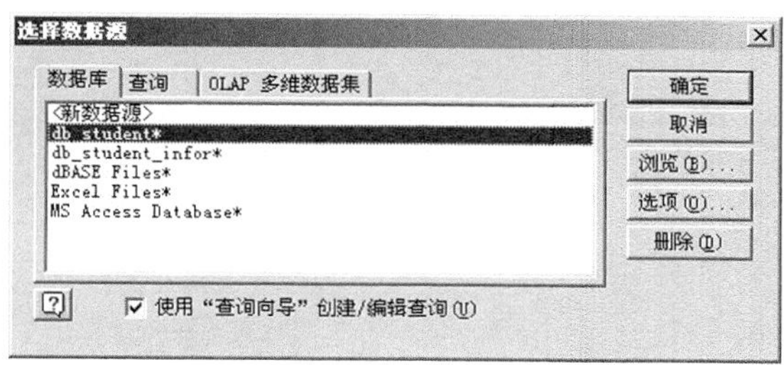

图 6-64 选择数据源

(6) 连接数据库成功后,系统显示出可用的表,从中选择 db_student 表,如图 6-65 所示。

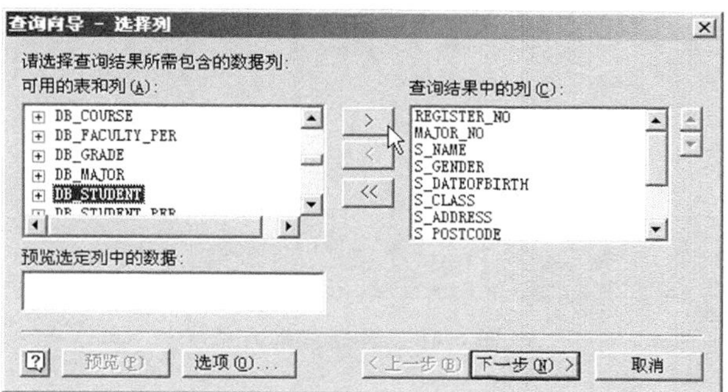

图 6-65 选择可用的表和列

(7) 根据需要设置筛选数据的条件,如图 6-66 所示。

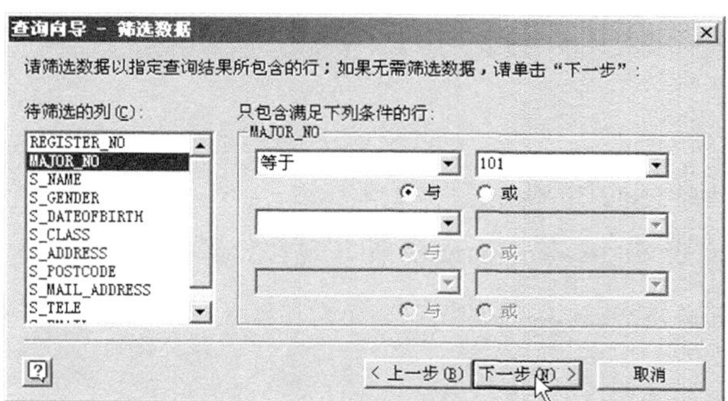

图 6-66 设置筛选数据的条件

(8) 指定数据排序的方式,如图 6-67 所示。

(9) 选择查询方式,以及导入数据的位置,完成数据库数据的导出,如图 6-68 所示。

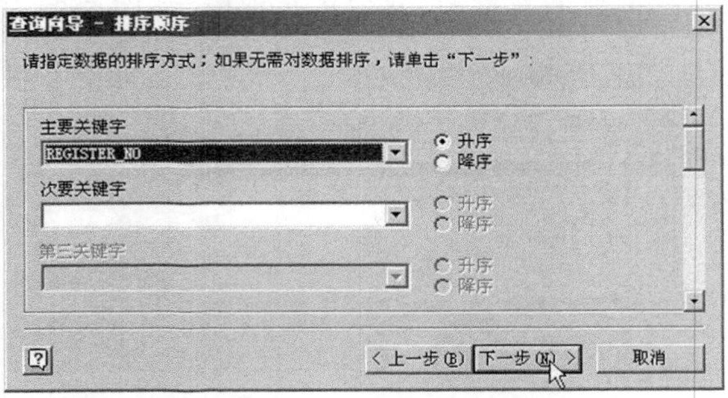

图 6-67 选择数据排序方式

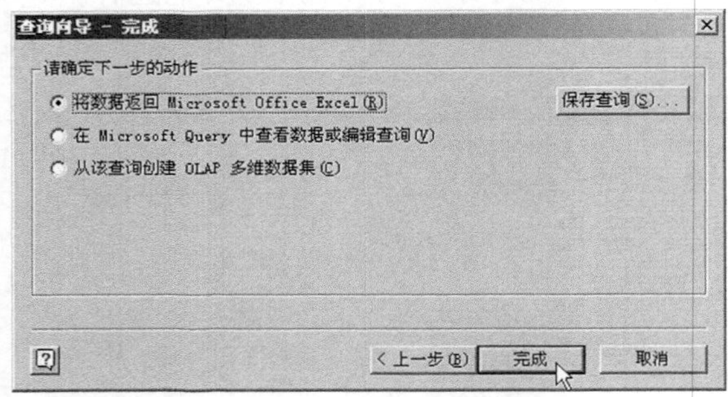

图 6-68 选择查询方式

6.6 数据查询

6.6.1 查询表或视图中所有列和行

格式：

```
SQL>SELECT * FROM <table/view__name>;
```

【例 6-13】 查询表 db_major_new 中所有列和行数据。

```
SQL>SELECT * FROM db_major_new;
```

6.6.2 SAMPLE 采样子句的查询

格式：

```
SQL>SELECT * FROM <table_name>SAMPLE (percentage_of_rows)
WHERE <condition>;
```

或

```
SELECT * FROM <table_name>SAMPLE BLOCK (percentage_of_rows)
```

```
WHERE <condition>;
```

其中,SAMPLE为采样子句;＜percentage_of_rows＞是一个数字,表示占表中总行数的采样百分比。SAMPLE的百分比需在(0.000001,100)范围内,该子句只对单表有效,不能用于表的连接或远程表。

SAMPLE选项:按行采样,执行采样表扫描,Oracle从表中读取特定百分比的行。SAMPLE BLOCK选项:Oracle读取指定百分比的数据块。两者皆需判定其是否满足WHERE条件以返回结果,如图6-69所示。

图6-69 带SAMPLE子句的查询

6.6.3 分组查询

带GROUP BY及HAVING子句的查询。

格式:

```
SQL>SELECT <column_name_bygroup>, <aggregating_operation>
FROM <table_name>
GROUP BY <column_name_bygroup>
HAVING <aggregating_op_result><condition><value>;
```

【例6-14】 查询表db_major_new中拥有专业数两个以上的学院编号和专业数。

```
SQL>SELECT college_no, count(major_name)
    FROM db_major_new
    GROUP BY college_no
    HAVING count(major_name)>2
    ORDER BY college_no;
```

6.6.4 使用函数查询

格式：

```
SQL>SELECT <function(<column_name>)
FROM <table_name>;
```

【例 6-15】 显示当前时间。

```
SQL>SELECT TO_CHAR(sysdate,'YYYY-MM-DD:HH24:MI:SS')"NOW"
    FROM dual;
```

其中，dual 表是在 Oracle 建库时与数据字典一起自动创建的，它属于 sys 模式，其他任何用户都可直接使用，不必加上其所属的模式。dual 表只有一个名为 dummy 的列，其数据类型是 VARCHAR2(1)，包含一行，其值为"X"。

6.6.5 从指定的分区查询

格式：

```
SQL>SELECT DISTINCT <column_name_list>
FROM <partitioned_table_name>
PARTITION (<specified_partition_name>);
```

其中，＜partitioned_table_name＞为分区表；＜specified_partition_name＞为指定分区名。

【例 6-16】 从分区表 db_grade 的 db_grade_p3 分区中查询所有人的成绩信息。

```
SQL>SELECT DISTINCT register_no,course_name,registered_date,
registered_year,final_grade FROM db_grade PARTITION (db_grade_p3);
```

6.6.6 Oracle 内置函数

Oracle 内置函数有多种，以下列出了一些常用的内置函数。例句是在数据库中的样例模式 scott 下运行的，所以数据库创建时需先将 scott 用户解锁。如表 6-8～表 6-10 所示。

1. 数值型内置函数

表 6-8 数值型函数

序号	内置函数功能	格 式	例 句
1	返回数值绝对值	ABS(＜value＞)	SELECT ABS(－120) FROM dual;
2	返回一列的平均值	AVG(＜value＞)	SELECT AVG (initial_extent) FROM user_tables; SELECT AVG (DISTINCT initial_extent) FROM user_tables;
3	大于或等于该值的最小十进制整数	CEIL(＜value＞)	SELECT CEIL(86323678.67) FROM dual;

续表

序号	内置函数功能	格　　式	例　　句
4	返回非空字符串值	COALESCE(<value>, <value>, …)	SELECT COALESCE (ename, job) FROM emp;
5	返回在一组值中的分布值	CUME_DIST(<value>)	SELECT CUME_DIST (2600, .05) WITHIN GROUP (ORDER BY sal, comm) cume_dist_of_2600FROM emp;
6	计算一行在一组有序的行中的排名	DENSE_RANK(<value>)	SELECT DENSE_RANK (1900, .05) WITHIN GROUP(ORDER BY sal DESC, comm) dense_rank_of_1900FROM emp;
7	返回小于或等于该值的最大十进制整数	FLOOR(<string_or_column>)	SELECT FLOOR (3695.27) FROM dual;
8	从多个值中选出最大值	GREATEST(<value>, <value>, …)	SELECT GREATEST(42, 37.6, 70) FROM dual;
9	返回使用DENSE_RANK进行排名第一的行	SELECT <aggreg_func (colu_name) > KEEP (DENSE_RANK FIRST ORDER BY <colu_name>) FROM <table_name> GROUP BY <colu_name>;	SELECT deptno, MIN (sal) KEEP (DENSE_RANK FIRST ORDER BY comm) WORST, MAX (sal) KEEP (DENSE_RANK LAST ORDER BY comm) BEST FROM empGROUP BY deptno;
10	返回用DENSE_RANK排列完毕的最后一行	SELECT <aggregate_function (column_name)> KEEP(DENSE_RANK LAST ORDER BY <column_name>) FROM <table_name> GROUP BY <column_name>;	SELECT deptno, MIN (sal) KEEP (DENSE_RANK LAST ORDER BY comm) WORST, MAX (sal) KEEP (DENSE_RANK LAST ORDER BY comm) BEST FROM empGROUP BY deptno;
11	从多值中返回最小的	LEAST(<value>, <value>, …)	SELECT LEAST(19, 27.6, 17) FROM dual;
12	返回字符串长度	LENGTH(<value>)	SELECT bytes, LENGTH(bytes) FROM user_segments;
13	返回字节长度	LENGTHB(<value>)	SELECT bytes, LENGTHB (bytes) FROM user_segments;
14	返回查询结果最大值	MAX(<column_name>)	SELECT MAX(initial_extent) FROM all_tables;
15	返回集合的中间值	MEDIAN(<column_name>)	SELECT MEDIAN (initial_extent) FROM all_tables;
16	返回查询结果最小值	MIN(<column_name>)	SELECT MIN(initial_extent) FROM all_tables;
17	求模数	MOD(<m_value>, <n_value>)	SELECT MOD(7, 3) FROM dual;
18	把字符串转换成数值型数据	TO_NUMBER(<value>[, <format>, <NLS parameter>])	SELECT TO_NUMBER('041186323678') FROM dual;

2. 字符型内置函数

表 6-9 字符型函数

序号	内置函数功能	格 式	例 句
1	求字符的 ASCII 码值	ASCII(n)	SELECT ASCII('D') FROM dual;
2	根据 ASCII 码值求字符	CHR(n)	SELECT CHR(68) FROM dual;
3	将字符串全部大写	UPPER(<string>)	SELECT UPPER('David Smith') FROM dual;
4	将字符串全部小写	LOWER(<string>)	SELECT LOWER('David Smith') FROM dual;
5	将字符串首字母大写	INITCAP (<string>)	SELECT INITCAP ('DAVID SMITH') FROM dual;
6	在规定总长度内,于字符串左侧填充字符	LPAD(<str1>,len,pad)	SELECT LPAD('David Smith', 26, 'x') FROM dual;
7	截断字符串左边空格	LTRIM(<str1>)	SELECT '>'‖LTRIM(' David Smith ')‖'<' FROM dual;
8	返回最大字符串	MAX(<character_string>)	SELECT MAX(table_name) FROM user_tables;
9	返回最小字符串	MIN(<character_string>)	SELECT MIN(table_name) FROM user_tables;
10	字符串倒排	REVERSE(<string_or_column>)	SELECT REVERSE('David Smith') FROM dual;
11	在规定总长度内,于字符串右侧填充字符	RPAD(<str1>,len,pad)	SELECT RLPAD('David Smith', 26, 'x') FROM dual;
12	截断字符串右边空格	RLTRIM(<str1>)	SELECT '>'‖RTRIM(' David Smith ')‖'<' FROM dual;
13	截断空格	TRIM(<string_or_column>)	SELECT TRIM(' David Smith ') FROM dual;
14	从一个字符串中截掉一个字符	TRIM(<character_to_trim> FROM <string_or_column>)	SELECT TRIM('D' FROM ' David Smith') FROM dual;
15	根据字符函数值截掉字符	TRIM(<string_or_column>)	SELECT ASCII(SUBSTR('David Smith',1,1)) FROM dual;SELECT TRIM(CHR(68) FROM 'David Smith') FROM dual;
16	将其他数据类型数据转换成字符串类型	TO_CHAR(<string_or_column>, <format>)	SELECT TO_CHAR(SYSDATE, 'MM/DD/YYYY HH:MI:SS') FROM dual; SELECT TO_CHAR(86323678) FROM dual;

3. 日期型内置函数

表 6-10 日期型函数

序号	内置函数功能	格 式	例 句
1	当前日期	Sysdte	SELECT TO_CHAR(SYSDATE, 'DD-MON-YYYY HH:MI:SS') FROM dual;
2	增(+)减(-)日期	＜date＞+＜integer＞＜date＞-＜integer＞	SELECT SYSDATE+1 FROM dual; SELECT SYSDATE-1 FROM dual;
3	增加月数	ADD_MONTHS(＜date＞, ＜number of months_integer＞)	SELECT add_months(SYSDATE, 3) FROM dual; SELECT TO_DATE('04-26-2013', 'MM-DD-YYYY') FROM dual; SELECT TO_DATE('04/27/2013', 'MM/DD/YYYY') FROM dual;
4	显示会话时间区及当前日期	sessiontimezone,current_date	SELECT sessiontimezone, current_date FROM dual;
5	返回日期中最大的日期	GREATEST(＜date＞, ＜date＞,…)	SELECT GREATEST(SYSDATE+10, SYSDATE, SYSDATE-9), SYSDATE FROM dual;
6	调整日期时间间隔	INTERVAL '＜integer＞' ＜unit＞其中,＜unit＞为时间单位:Hour-小时 Minute-分钟 Second-秒	SELECT TO_CHAR(SYSDATE, 'HH:MI:SS') FROM dual;SELECT TO_CHAR(SYSDATE+INTERVAL '5' MINUTE, 'HH:MI:SS') FROM dual;SELECT TO_CHAR(SYSDATE-INTERVAL '5'HOUR, 'HH:MI:SS') FROM dual;
7	返回一个月中最后日期	LAST_DAY(＜date＞)	SELECT LAST_DAY(TO_DATE('10-02-2012','DD-MM-YYYY')) FROM dual;
8	返回最早的日期	LEAST(＜date＞, ＜date＞, ＜date＞, …)	SELECT LEAST(SYSDATE+16, SYSDATE-10, SYSDATE-13) FROM dual;
9	返回日期的字符长度	LENGTH(＜date＞)	SELECT LENGTH(last_ddl_time) FROM user_objects;
10	返回最新日期	MAX(＜date＞)	SELECT MAX(hiredate) FROM emp;
11	返回最早日期	MIN(＜date＞)	SELECT MIN(hiredate) FROM emp;
12	返回两个日期间的月数	MONTHS_BETWEEN(＜latest_date＞, ＜earliest_date＞)	SELECT MONTHS_BETWEEN(SYSDATE-100, SYSDATE+365) FROM dual;
13	返回紧随该日期几天之后的日期	NEXT_DAY(＜date＞, ＜day of the week＞)	SELECT NEXT_DAY(SYSDATE, 4) FROM dual;
14	将日期转成零点时间	TRUNC(＜date_time＞)	SELECT TO_CHAR(TRUNC(SYSDATE), 'DD-MON-YYYY ') FROM dual;
15	该日期的第一天	TRUNC(＜date_time＞, 'MM')	SELECT TO_CHAR(TRUNC(SYSDATE, 'MM'), 'DD-MON-YYYY') FROM dual;
16	该日期年份的第一天	TRUNC(＜date_time＞, 'YYYY')或 TRUNC(＜date_time＞,'YEAR')	SELECT TO_CHAR(TRUNC(SYSDATE, 'YYYY'), 'DD-MON-YYYY HH:MI:SS') FROM dual;

续表

序号	内置函数功能	格　式	例　句
17	将字符串转换成日期	TO _ DATE (< string >, <date_format>)	SELECT TO _ DATE ('01-05-2013', 'DD-MM-YYYY') FROM dual;
18	将日期型数据转换成带时间格式的字符串	TO _ CHAR (< date _ or _ column>, <format>)	SELECT TO_CHAR(SYSDATE, 'MM/DD/YY HH24:MI:SS') FROM dual;

4. DECODE 函数

格式：

```
SQL>SELECT DECODE(column_name,<if_this_value>,<return_alia_value>)
    FROM <table_name>;
```

【例 6-17】 DECODE 函数查询。

(1) 复杂查询：

```
SQL>SELECT work_id,DECODE(t_titles,'教授','正高级职称',
                          '副教授','副高级职称',
                          '讲师','中级职称',
                          '助教', '初级职称',
                          '其他未知专业职务') OCCUPATION, t_titles
FROM db_teacher
WHERE ROWNUM <12;
```

(2) 分类汇总：

```
SQL>SELECT SUM(T_prof) T_professor,SUM(v_prof) v_professor,
      SUM(T_lectur) T_lectur,SUM(T_assitant)  T_assitant
    FROM (SELECT t_titles,DECODE(job,'教授',COUNT(*),0) T_prof,
                 DECODE(t_titles,'副教授',COUNT(*),0) v_prof,
                 DECODE(t_titles,'讲师',COUNT(*),0) T_lectur,
                 DECODE(t_titles,'助教',COUNT(*),0) T_assitant
      FROM db_teacher
      GROUP BY t_titles);
```

5. CASE 函数

格式：

```
CASE WHEN (<column_value>=<value>) THEN  result1
          WHEN (<column_value>=<value>) THEN  result2
     :
     WHEN (<column_value>=<value>)  THEN  resultn
          ELSE <resultn+1>
```

```
END
```

【例 6-18】 使用 CASE 进行分类查询。

```
SQL>SELECT work_id, CASE WHEN (t_titles='助教') THEN '初级职称'
                    WHEN (t_titles='讲师') THEN '中级职称'
                    WHEN (t_titles='副教授') THEN '副高级职称'
                    WHEN (t_titles='教授') THEN '正高级职称'
                    ELSE '其他'
                    END  titles_discript
FROM db_teacher;
```

【例 6-19】 使用 CASE 进行范围查询。

```
SQL>SELECT register_no,
          CASE WHEN (final_grade BETWEEN 90 AND 100) THEN '优秀'
               WHEN (final_grade BETWEEN 80 AND 89) THEN '良好'
               WHEN (final_grade BETWEEN 70 AND 79) THEN '中等'
               WHEN (final_grade BETWEEN 60 AND 69) THEN '及格'
               ELSE '不及格'
               END grade_level
FROM db_grade;
```

【例 6-20】 用 CASE 语句建立视图。

```
SQL>CREATE OR REPLACE VIEW db_grade_view AS
    SELECT register_no,
    CASE WHEN (final_grade BETWEEN 90 AND 100) THEN '优秀'
         WHEN (final_grade BETWEEN 80 AND 89) THEN '良好'
         WHEN (final_grade BETWEEN 70 AND 79) THEN '中等'
         WHEN (final_grade BETWEEN 60 AND 69) THEN '及格'
              ELSE '不及格'
         END grade_level
FROM db_grade;
```

作 业 题

1. 自行查阅资料，比较普通表与分区表的差异。

2. 分区表有哪几种类型？请自行建立不同类型的分区表，并写出具体的 SQL 语句。

3. 若 db_grade 表存放全校各专业学生的成绩，db_grade_a 表存放信息学院及机械学院的学生成绩，db_grade_b 表存放食品学院的学生成绩，请将 db_grade_a 及 db_grade_b 表中的学生成绩并到全部 db_grade 表中。写出 SQL 语句，并测试。

4. 为什么 db_grade 表的文件组织方式是索引组织表 IOT？请查阅相关资料，详细阐述索引组织表 IOT 的原理。

第 7 章 chapter 7

存 储 过 程

本章目标

掌握创建及调用存储过程的方法。

7.1 用户数据使用需求规划

根据表 1-1 中所列学生用户功能规划出所需存储过程。如表 7-1 所示。

表 7-1 与 stduser 相关的部分存储过程

定义存储过程名	功　能	相关表及列	所属用户
p_query_std_inf	查询学生个人信息	相关表：db_student 查询：register_no 输出：s_address,s_postcode,s_mail_address,s_tele,s_email	staffuser
p_upd_std_inf	修改学生个人信息	相关表：db_student 查询：register_no 更新：s_address,s_postcode,s_mail_address,s_tele,s_email	staffuser
p_query_std_grade	查询考试成绩	相关表：db_grade 查询：register_no 和 course_name	staffuser
p_ins_upd_course	在线选课	相关表：db_student,db_teacher,db_teach_course,db_grade	staffuser
p_cancel_reg_course	注销已选课	相关表：db_student,db_major,db_teach_course,db_grade	staffuser
p_upd_std_pwd	修改登录口令	相关表：db_student_per 查询：register_no,login_pwd_s 更新：login_pwd_s	stduser

根据表 1-2 所列教师用户的功能规划出下列存储过程。如表 7-2 所示。

表 7-2　与 teauser 相关的部分存储过程

定义存储过程名	功　能	相关表及列	所属用户
p_query_tea_grade	查询学生成绩	相关表：db_student,db_major,db_teacher,db_grade 查询：register_no,work_id,course_name	staffuser
p_insert_tea_grade	录入学生成绩	相关表：db_grade	staffuser
p_upd_tea_grade	修改学生成绩	相关表：db_grade	staffuser
p_upd_tea_pwd	修改口令	相关表：db_faculty_per 查询：work_id,login_pwd_f 更新：login_pwd_f	teauser
p_upd_staf_course	修改教学计划	相关表：db_teach_course,db_course 查询：work_id,course_no 更新：course_no,course_name	staffuser

7.2 创建存储过程

7.2.1 创建存储过程 p_query_std_inf

功能：根据输入的学号，查询学生的部分信息。

(1) 用 OEM Database Control 创建过程。

用 sys 用户登录企业管理器 OEM Database Control，创建的存储过程可以指定给任何模式/用户。单击“方案”选项卡，选择“过程”。在“对象类型”中选择“过程”，并单击“创建”按钮，进入创建过程页面，如图 7-1 所示。在“名称”文本框中输入 p_query_std_

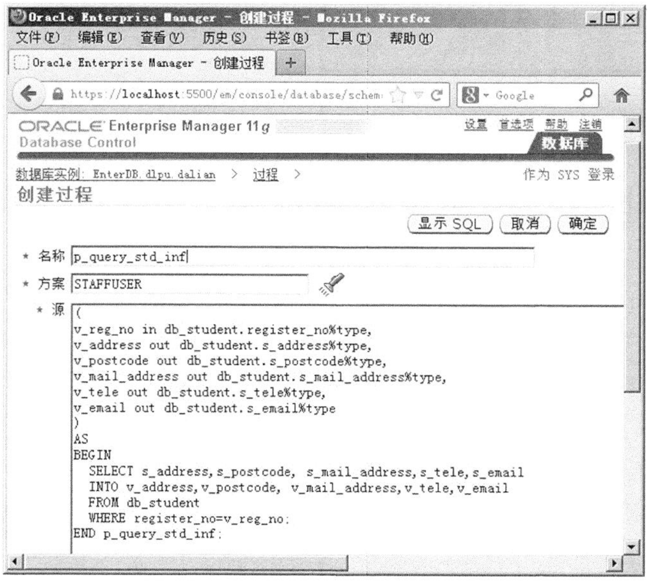

图 7-1　创建过程

inf;在“方案”文本框中输入 staffuser;在“源”列表框中输入该存储过程的具体语句。单击“确定”按钮,创建并保存该过程,如果语句中出现编译错误,则在该页面的下方出现提示信息。

具体脚本如下:

```
---script_7-1_p_query_std_inf.sql
---该存储过程存储在 staffuser 模式下,stduser 用户需经授权才能执行该存储过程
CREATE OR REPLACE PROCEDURE p_query_std_inf(
v_reg_no IN db_student.register_no%type,
v_address OUT db_student.s_address%type,
v_postcode OUT db_student.s_postcode%type,
v_mail_address OUT db_student.s_mail_address%type,
v_tele OUT db_student.s_tele%type,
v_email OUT db_student.s_email%type)
AS
BEGIN
  SELECT s_address,s_postcode,s_mail_address,s_tele,s_email
  INTO v_address,v_postcode,v_mail_address,v_tele,v_email
  FROM db_student
  WHERE register_no= v_reg_no;
END p_query_std_inf;
/
```

(2) 查询已创建的过程。

数据字典 user_objects 存储了当前用户所创建的所有对象,如表、索引、约束、过程和函数等;user_source 则存储了所有已创建对象的具体脚本。

① 查询当前用户所创建的对象可查询数据字典 user_objects。

格式:

```
SQL>SELECT object_name,object_type,status
    FROM user_objects WHERE object_name='<object_name>';
```

② 查询已创建对象的具体脚本可查询数据字典 user_source。

格式:

```
SQL>SELECT text FROM user_source
    WHERE name='<object_name>';
```

其中,对象名称<object_name>必须全部大写。

(3) 调用并测试。

测试过程是否能满足实际需要,可通过直接调用来测试。

启动 SQL * Plus,用 staffuser 用户连接数据库,在 SQL 提示符下执行下列脚本:

```
---script_7-2_testing_p_query_std_inf.sql
---用 staffuser 用户连接数据库
```

```
SET SERVEROUTPUT ON
DECLARE
l_reg_no db_student.register_no%type default '201030304101';
l_address db_student.s_address%type;
l_postcode db_student.s_postcode%type;
l_mail_address db_student.s_mail_address%type;
l_tele db_student.s_tele%type;
l_email db_student.s_email%type;
BEGIN
P_QUERY_STD_INF(l_reg_no,l_address,l_postcode,l_mail_address,l_tele,l_email);
DBMS_OUTPUT.PUT_LINE ('学号为'||l_reg_no||'学生的家庭地址是：'||l_address||';邮编'||
l_postcode);
DBMS_OUTPUT.PUT_LINE('通信地址：'||l_mail_address);
DBMS_OUTPUT.PUT_LINE('联系电话：'||l_tele);
DBMS_OUTPUT.PUT_LINE('电子信箱：'||l_email);
END;
/
```

其中，SET SERVEROUTPUT ON 用于在 SQL * Plus 中打开屏幕输出开关；DBMS_OUTPUT. PUT_LINE 用于将 PL/SQL 变量中的信息显示在屏幕上；%TYPE 用于将变量映射到表的某个列或某个变量上，两者的长度类型均相同。测试结果如图 7-2 所示。

图 7-2 测试过程

7.2.2 创建存储过程 p_upd_std_inf

功能：根据输入的学号更新学生的部分信息。

在基于命令行的 SQL * Plus 中创建该过程。

(1) 用 staffuser 连接数据库，然后执行下列脚本：

```
---script_7-3_p_upd_std_inf.sql
```

```
---该存储过程存储在 staffuser 模式下,stduser 用户需经授权才能执行该存储过程
CREATE OR REPLACE PROCEDURE p_upd_std_inf(
v_reg_no in db_student.register_no%type,
v_address in db_student.s_address%type,
v_postcode in db_student.s_postcode%type,
v_mail_address in db_student.s_mail_address%type,
v_tele in db_student.s_tele%type,
v_email in db_student.s_email%type
)
AS
BEGIN
UPDATE db_Student
SET
s_address=v_address,s_postcode=v_postcode,s_mail_address=v_mail_address,s_tele=v_
tele,s_email=v_email
WHERE register_no=v_reg_no;
END p_upd_std_inf;
/
```

执行结果如图 7-3 所示。

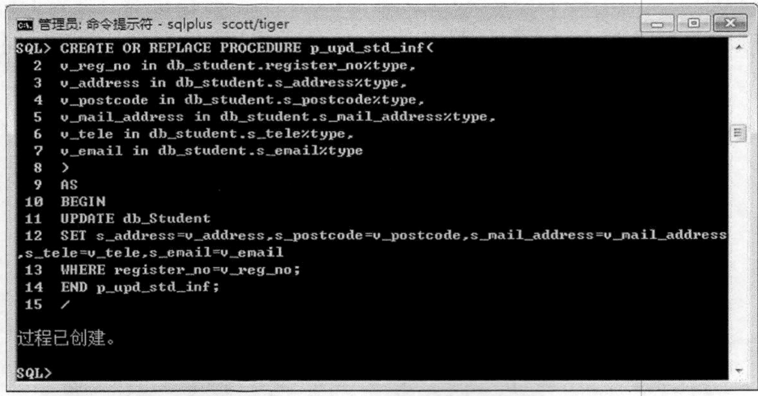

图 7-3 创建过程 p_upd_std_inf

(2) 测试。

在无名块中定义实际参数并为其赋值,然后调用 p_upd_std_inf 过程,如图 7-4 所示。输入学号'201030304101',更新学生的部分信息。测试脚本如下:

```
---script_7-4_testing_p_upd_std_inf.sql
---功能:测试更新
---用 staffuser 用户连接数据库
SET SERVEROUTPUT ON
DECLARE
v_reg_no db_student.register_no%type;
v_address db_student.s_address%type;
v_postcode db_student.s_postcode%type;
```

```
SQL> set serveroutput on
SQL> DECLARE
  2  v_reg_no db_student.register_no%type;
  3  v_address db_student.s_address%type;
  4  v_postcode db_student.s_postcode%type;
  5  v_mail_address db_student.s_mail_address%type;
  6  v_tele db_student.s_tele%type;
  7  v_email db_student.s_email%type;
  8  BEGIN
  9  v_reg_no:= '201030304101';
 10  v_address:= '辽宁省大连市中山区桂林街';
 11  v_postcode:='116001';
 12  v_mail_address:='大连工业大学信息科学与工程学院计算机系';
 13  v_tele:='41186323678';
 14  v_email:='oracle.ren@gmail.com';
 15
 16  p_upd_std_inf(v_reg_no,v_address,v_postcode,v_mail_address,v_tele,v_email);

 17  commit;
 18  END;
 19  /

PL/SQL 过程已成功完成。

SQL>
```

图 7-4　测试 p_upd_std_inf 过程

```
v_mail_address db_student.s_mail_address%type;
v_tele db_student.s_tele%type;
v_email db_student.s_email%type;
BEGIN
v_reg_no:='201030304101';
v_address:='辽宁省大连市中山区桂林街';
v_postcode:='116001';
v_mail_address:='大连工业大学信息科学与工程学院计算机系';
v_tele:='41186323678';
v_email:='oracle.ren@gmail.com';

p_upd_std_inf(v_reg_no,v_address,v_postcode,v_mail_address,v_tele,v_email);
commit;
END;
/
```

调用 p_query_std_inf 过程，验证上述更新是否成功，如图 7-5 所示。

```
SQL> DECLARE
  2  l_reg_no db_student.register_no%type default  '201030304101';
  3  l_address db_student.s_address%type;
  4  l_postcode db_student.s_postcode%type;
  5  l_mail_address db_student.s_mail_address%type;
  6  l_tele db_student.s_tele%type;
  7  l_email db_student.s_email%type;
  8  BEGIN
  9  p_query_std_inf(l_reg_no,l_address,l_postcode,l_mail_address,l_tele,l_email
);
 10  DBMS_OUTPUT.PUT_LINE ('学号为'||l_reg_no||'学生的家庭地址是:'||l_address||'
邮编'||l_postcode);
 11  DBMS_OUTPUT.PUT_LINE('通讯地址: '||l_mail_address);
 12  DBMS_OUTPUT.PUT_LINE('联系电话: '||l_tele);
 13  DBMS_OUTPUT.PUT_LINE('电子信箱: '||l_email);
 14  END;
 15  /
学号为201030304101学生的家庭地址是:辽宁省大连市中山区桂林街邮编116001
通讯地址: 大连工业大学信息科学与工程学院计算机系
联系电话: 41186323678
电子信箱: oracle.ren@gmail.com

PL/SQL 过程已成功完成。

SQL>
```

图 7-5　测试更新是否成功

7.2.3 创建存储过程 p_ins_upd_course_grade

功能：学生根据 db_teach_course 及 db_teacher 表提供的数据获得选课编号、课程名称、授课教师编号、开课学年、开课学期和学分等；并向 db_grade 表中插入除了最终成绩 final_grade 和补考标识 makeup_flag 两个字段之外的其他字段值；或更改已注册的课程。

（1）创建过程。

具体脚本如下：

```
---script_7-5_p_ins_upd_course_grade.sql
---用 staffuser 用户连接数据库
CREATE OR REPLACE PROCEDURE p_ins_upd_course_grade
(v_reg_no       db_grade.register_no%type,
v_course_no     db_grade.course_no%type,
v_course_name   db_grade.course_name%type,
v_work_id       db_grade.work_id%type,
v_college_no    db_grade.course_no%type,
v_reg_date      db_grade.registered_date%type,
v_reg_year      db_grade.registered_year%type,
v_reg_term      db_grade.registered_term%type,
v_credit        db_grade.credit%type
)
AS
BEGIN
UPDATE db_grade
SET course_no=v_course_no,course_name=v_course_name,work_id=v_work_id,
    college_no=v_college_no,registered_date=v_reg_date,
    registered_year=v_reg_year,registered_term=v_reg_term,credit=v_credit
WHERE register_no=v_reg_no;
IF SQL%NOTFOUND THEN
  INSERT        INTO        db_grade(register_no,course_no,course_name,work_id,
college_no,registered_date,registered_year,registered_term,credit)
VALUES(v_reg_no,v_course_no,v_course_name,v_work_id,
         v_college_no,v_reg_date,v_reg_year,v_reg_term,v_credit);
END IF;
COMMIT;
END p_ins_upd_course_grade;
/
```

其中，SQL%NOTFOUND 为隐式游标的属性，执行更新操作时，若没有找到更新的行时，SQL%NOTFOUND 为假值。创建过程如图 7-6 所示。

（2）测试过程。

启动 SQL * Plus，用 staffuser 用户连接数据库，执行下列脚本，实现注册功能。

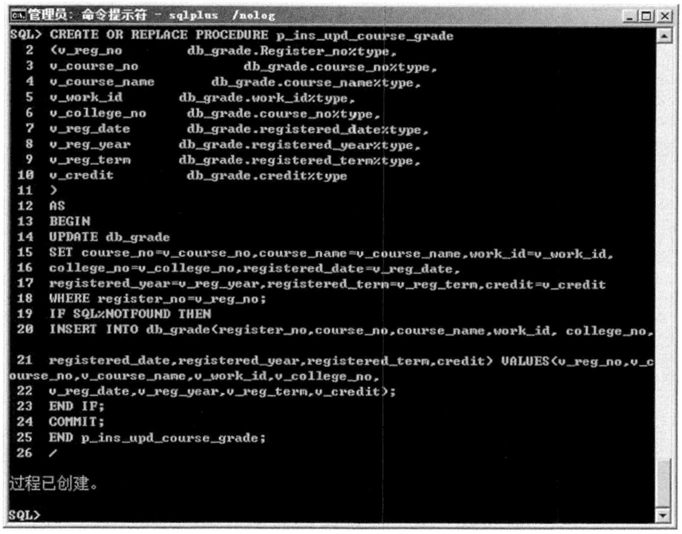

```
管理员: 命令提示符 - sqlplus /nolog
SQL> CREATE OR REPLACE PROCEDURE p_ins_upd_course_grade
  2  (v_reg_no          db_grade.Register_no%type,
  3  v_course_no             db_grade.course_no%type,
  4  v_course_name       db_grade.course_name%type,
  5  v_work_id          db_grade.work_id%type,
  6  v_college_no        db_grade.course_no%type,
  7  v_reg_date          db_grade.registered_date%type,
  8  v_reg_year         db_grade.registered_year%type,
  9  v_reg_term         db_grade.registered_term%type,
 10  v_credit            db_grade.credit%type
 11  )
 12  AS
 13  BEGIN
 14  UPDATE db_grade
 15  SET course_no=v_course_no,course_name=v_course_name,work_id=v_work_id,
 16  college_no=v_college_no,registered_date=v_reg_date,
 17  registered_year=v_reg_year,registered_term=v_reg_term,credit=v_credit
 18  WHERE register_no=v_reg_no;
 19  IF SQL%NOTFOUND THEN
 20  INSERT INTO db_grade(register_no,course_no,course_name,work_id, college_no,

 21  registered_date,registered_year,registered_term,credit) VALUES(v_reg_no,v_c
ourse_no,v_course_name,v_work_id,v_college_no,
 22  v_reg_date,v_reg_year,v_reg_term,v_credit);
 23  END IF;
 24  COMMIT;
 25  END p_ins_upd_course_grade;
 26  /

过程已创建。

SQL>
```

图 7-6 创建注册课程过程

```
---script_7-6_testing_p_ins_upd_course_grade.sql
DECLARE
l_reg_no          db_grade.register_no%type;
l_course_no       db_grade.course_no%type;
l_course_name     db_grade.course_name%type;
l_work_id         db_grade.work_id%type;
l_college_no      db_grade.course_name%type;
l_reg_date        db_grade.registered_date%type;
l_reg_year        db_grade.registered_year%type;
l_reg_term        db_grade.registered_term%type;
l_credit          db_grade.credit%type;
BEGIN
l_reg_no :='201030304103';
l_course_no:='CS482';
l_course_name:='高级数据库应用';
l_work_id:='040030';
l_college_no:='04';
l_reg_date:=sysdate;
l_reg_year:='2013-2014';
l_reg_term:='1';
l_credit:=2.5;
p_ins_upd_course_grade(l_reg_no,l_course_no,l_course_name,l_work_id,l_college_
no,l_reg_date,l_reg_year,l_reg_term,l_credit);
END;
/
```

测试注册课程如图 7-7 所示。

```
管理员: 命令提示符 - sqlplus  /nolog
SQL> DECLARE
  2  l_reg_no         db_grade.Register_no%type;
  3  l_course_no               db_grade.course_no%type;
  4  l_course_name        db_grade.course_name%type;
  5  l_work_id        db_grade.Work_id%type;
  6  l_college_no      db_grade.course_name%type;
  7  l_reg_date  db_grade.Registered_date%type;
  8  l_reg_year  db_grade.Registered_year%type;
  9  l_reg_term       db_grade.Registered_term%type;
 10  l_credit          db_grade.credit%type;
 11  BEGIN
 12  l_reg_no   :='201030304103';
 13  l_course_no:='CS482';
 14  l_course_name :='高级数据库应用';
 15  l_work_id :='040030';
 16  l_college_no:='04';
 17  l_reg_date := sysdate;
 18  ---l_reg_date : =to_date(sysdate,'yyyy-mm-dd');
 19  l_reg_year :='2013-2014';
 20  l_reg_term :='1';
 21  l_credit :=2.5;
 22   p_ins_upd_course_grade(l_reg_no,l_course_no,l_course_name,l_work_id,l_coll
ege_no,l_reg_date,l_reg_year,l_reg_term,l_credit);
 23  END;
 24  /

PL/SQL 过程已成功完成。

SQL>
```

图 7-7 测试注册课程过程

(3) 查询并验证注册信息。

执行查询语句，验证调用 p_ins_upd_course_grade 过程注册课程数据是否成功。

```
SQL> SELECT course_no,course_name FROM db_grade
     WHERE registered_no=='201030304103' and
           register_year='2013-2014';
```

7.2.4 创建存储过程 p_cancel_reg_course

功能：根据学号、课号及授课教师编号即可从 db_grade 表中注销所选课程。

```
---script_7-7_p_cancel_reg_course.sql
---由 staffuser 登录执行创建过程脚本
CREATE OR REPLACE PROCEDURE p_cancel_reg_course(
l_reg_no       IN    db_grade.register_no%type,
l_course_no    IN    db_grade.course_no%type,
l_work_id      IN    db_grade.work_id%type
)
AS
BEGIN
  DELETE db_grade
  WHERE register_no=l_reg_no AND course_no=l_course_no
        AND work_id=l_work_id;
  IF SQL%NOTFOUND THEN
    DBMS_OUTPUT.PUT_LINE('学号为'||l_reg_no|| '所选课程编号为: '
    ||l_course_no||'的课程不存在!');
  END IF;
```

```
  COMMIT;
END p_cancel_reg_course;
/
```

其中，字符常量必须用单引号括起来。创建过程如图 7-8 所示。

图 7-8 创建注销选课过程

注意：若在创建存储过程中遇到编译错误，系统将把存储过程的源代码保存到数据库中，但不能被调用。只有在消除了代码错误并经过编译成功后，才能调用存储过程。

消除编译错误的方法有两种：一是逐行语句检查并验证；二是登录企业管理器控制台 Enterprise Manager Console。在该存储过程所属模式下，找到该存储过程并在编辑状态下定位出错位置，修改并编译即可。

7.3 存储过程的结构与调用

7.3.1 存储过程结构

存储过程是完成特定功能且被命名的 PL/SQL 块，可单独编译，并存储在数据库中。任何连接到数据库中的应用都可访问这些存储过程。Oracle 提供了 4 种类型的 PL/SQL 块：存储过程、函数、包、触发器。在存储过程、函数、包或触发器中可以调用存储过程。

创建存储过程需要一定的系统权限，不同情形下所需要的系统权限不同，如表 7-3 所示。

表 7-3 与存储过程相关的系统权限

情　　形	需要的系统权限
在当前用户模式下创建存储过程	create procedure
在任意用户模式下创建或替换过程	create any procedure
修改任意用户模式下的存储过程	alter any procedure
调试任意用户模式下的存储过程	debug any procedure
删除任意用户模式下的存储过程	drop any procedure
执行任意用户模式下的存储过程	execute any procedure

与存储过程有关的数据字典如表7-4所示。

表7-4　与存储过程有关的数据字典

DBA	ALL	USER
dba_arguments	all_arguments	user_arguments
dba_errors	all_errors	user_errors
dba_object_size	all_object_size	user_object_size
dba_procedures	all_procedures	user_procedures
dba_source	all_source	user_source

一个过程包含两部分：过程说明和过程体。说明部分由关键字PROCEDURE开始，以存储过程名或过程名后跟参数列表表示结束。参数说明是可选的，过程可以不带参数。

过程体是由关键字IS开始，直到关键字END结束。END后的存储过程名是可选的。

1. 创建存储过程的格式

```
CREATE [ OR REPLACE ] PROCEDURE [ schema. ] procedure_name
  [(parameter_name[IN|{{OUT|{IN OUT}}[NOCOPY]}] datatype
  [{:=|DEFAULT} expression]
  [,pparameter_name [IN|{ OUT|{IN OUT}}[NOCOPY]}] datatype
  [{:=|DEFAULT} expression]])]
  [ AUTHID { CURRENT_USER | DEFINER } ]
  { IS | AS }
  { [declare_section ]
  BEGIN
    <Executive_code
      [EXCEPTION
    <exception_handlers>]
      END [procedure_name]
  | LANGUAGE { JAVA NAME string
  | C [ NAME name ] LIBRARY lib_name
    [AGENT IN (argument[,argument ]…) ]
  [ WITH CONTEXT][PARAMETERS (parameter[,parameter]...)]}
  | EXTERNAL};
```

其中，存储过程的参数有三种模式：IN、OUT和IN OUT。

- IN参数：把值传给被调用的存储过程。IN参数像一个变量，只能在调用存储过程前赋值，不能在存储过程体内赋值。
- OUT参数：将处理后的值返回给存储过程的调用者。OUT参数像一个未初始化的变量，它的值不能赋给其他变量或再赋给自己。程序在退出前要显示地将值赋给全部 OUT 参数,否则与之相应的实参值不确定。若返回成功,PL/SQL 给实参赋值;若通过例外处理退出,则 PL/SQL 不给实参赋值。

- IN OUT 参数:把初始化值传给被调用的存储过程,并将修改的值返回给调用者。IN OUT 参数像一个初始化的变量,因此可以被赋值,也可以将其值赋给其他变量。

创建存储过程也是 DDL 操作,隐含着一条 COMMIT 操作。

AUTHID{DEFINER| CURRENT_USER}:用以限制调用者的权限;AUTHID DEFINER 表示允许用户以对象的定义者权限调用该对象;AUTHID CURRENT_USER 表示以调用者的权限使用该对象。调用的存储过程必须在调用者或当前会话用户所拥有权限的制约之下。

NOCOPY:只是编译器的提示,不是编译指令。

【例 7-1】 创建一个无默认值的存储过程。

```
---script_7-8_create_procedure_with_no_default.sql
CREATE OR REPLACE PROCEDURE no_default(num_rows PLS_INTEGER) IS
BEGIN
  FOR rec IN (SELECT object_name FROM user_objects
             WHERE rownum <num_rows+1)
  LOOP
    dbms_output.put_line(rec.object_name);
  END LOOP;
END no_default;
/
```

测试:

```
SET SERVEROUTPUT ON
EXEC no_default(6);
```

【例 7-2】 创建多个 IN 和 OUT 模式参数的存储过程。

```
CREATE OR REPLACE PROCEDURE multi_params (
 infor1 IN       VARCHAR2,
 infor2 OUT      VARCHAR2,
 infor3 IN OUT   VARCHAR2) IS
BEGIN
 infor2 :=infor1 ||'OUT 参数';
 infor3 :=infor3 ||'IN 和 OUT 参数';
END multi_params;
/
```

测试:

```
SET SERVEROUTPUT ON
DECLARE
 in_parm VARCHAR2(50) :='这是 IN 模式参数 ';
 out_parm VARCHAR2(50);
```

```
 io_parm VARCHAR2(50) :='这是 IN OUT 模式参数 ';
BEGIN
 multi_params(in_parm,out_parm,io_parm);
 dbms_output.put_line(out_parm ||' '|| io_parm);
END;
/
```

2. 创建带有游标的过程

(1) 显式声明游标和隐式记录的格式。

```
CREATE OR REPLACE PROCEDURE <procedure_name>
IS
CURSOR <cursor_name> IS
       <SQL statement>
BEGIN
  FOR <record_name> IN <cursor_name> LOOP
    <other code>
  END LOOP;
END <procedure_name>;
/
```

【例 7-3】 创建带有显式游标的存储过程。

```
---script_7-9-1_create_procrdure_with_explicit_cursor.sql
CREATE OR REPLACE PROCEDURE std_cur_pro IS
CURSOR std_cur IS SELECT s_name FROM db_student;
BEGIN
  FOR std_rec IN std_cur LOOP
  dbms_output.put_line(std_rec.s_name);
END LOOP;
END std_cur_pro;
/
```

测试：

```
SET SERVEROUTPUT ON
EXEC std_cur_pro;
```

(2) 隐式定义游标的格式。

```
CREATE OR REPLACE PROCEDURE <procedure_name> IS
BEGIN
  FOR <record_name> IN (<SQL statement>)  LOOP
  <other code>
  END LOOP;
END <procedure_name>;
/
```

【例 7-4】 创建带有隐式游标的存储过程。

```
---script_7-9-2_create_procrdure_with_implicit_cursor.sql
CREATE OR REPLACE PROCEDURE imp_cur_pro IS
BEGIN
  FOR std_rec IN (SELECT s_name FROM db_student)
  LOOP
  dbms_output.put_line(std_rec.s_name);
  END LOOP;
END imp_cur_pro;
/
```

测试：

```
SET SERVEROUTPUT ON
CALL imp_cur_pro( );
```

7.3.2 存储过程的调用

1. 调用形式

在 SQL * Plus 中调用已创建的存储过程有三种形式：

(1) 在匿名 PL/SQL 块中直接调用存储过程名。

格式：

```
BEGIN
<Stored_Procedure_name(para1,para2,para,…)>
END;
```

(2) 使用 CALL 命令调用。

格式：

```
CALL Stored_Procedure_name(para1,para2,para,…)
```

(3) 用 EXECUTE 命令调用。

格式：

```
EXEC Stored_Procedure_name(para1,para2,para,…)
```

若要调用其他用户模式下的存储过程，必须得到其他用户所授予的在该存储过程上的 EXECUTE 对象权限。

2. 参数传递方式

调用含有形式参数的存储过程时，必须有对应的实际参数。由实参向形参传递值有三种方法，如表 7-5 所示。

表 7-5 参数传递方式

方 法	具 体 描 述
位置对应法	实参与形参保持次序、类型、个数一致
指定法	实参的次序可以随意，但需要指定它们与形参的关系；形参与实参的名称是相互独立的，没有关系；名称的对应关系才是最重要的
混合法	首先按位置给出一些实参，剩下的用指定的方法给出

下面用具体示例说明。首先创建一个用于删除学生信息的存储过程，脚本如下：

```
---script_7-10_create_proc_with_parameter.sql
CREATE OR REPLACE PROCEDURE delete_std(
p_std_no IN db_student.register_no%TYPE,
p_std_name IN db_student.S_name%TYPE)
IS
invalid_std EXCEPTION;
BEGIN
DELETE FROM db_student
WHERE register_no=p_std_no AND s_name=p_std_name;
IF SQL%NOTFOUND THEN RAISE invalid_std;
END IF;
COMMIT;
EXCEPTION
WHEN invalid_std THEN
    ROLLBACK;
    DBMS_OUTPUT.PUT_LINE('该生不存在!');
END delete_std;
/
```

1）位置对应法

在过程的调用中，实际参数的次序与定义存储过程中的形参次序、类型、个数保持一一对应。例如：

```
SQL>EXECUTE delete_std('201230304327','谢昆');
```

2）指定法

在调用过程时，通过"＝＞"符号给每个形式参数指定值，其次序是任意的。该形式参数就是在定义存储过程时使用的参数。"＝＞"的左边是形式参数的名字，右边是参数的实际值。例如：

```
SQL>CALL delete_std(p_std_no=>'201230304332',p_std_name=>'刘玉喜');
```

3）混合法

首先按次序给出一些参数的实际值，然后用符号"＝＞"给定另外一些形式参数的实际值。例如：

```
SQL>BEGIN
delete_std('201230301317',p_std_name=>'孟晴天');
END;
/
```

3. AUTHID 关键字

所谓的子程序是指存储过程、函数以及包。有时，一个用户没有获得对某个表进行查询或 DML 操作的对象权限，但对属于其他用户的子程序拥有执行权限，该子程序能对该表实施查询或 DML 等操作，所以当调用该子程序时，就相当于该用户拥有了上述本不该有的权限。这就需要限制调用者的权限来保证用户被授予的权限与其所调用的子程序所实施的操作相一致。

在创建子程序时，加入 AUTHID 子句即可实现限制调用者权限的功能。

在创建 PL/SQL 子程序的语句中添加 AUTHID {DEFINER| CURRENT_USER} 关键词，可限制调用者的权限。

创建 PL/SQL 子程序的语句格式如下：

```
CREATE [OR REPLACE ] <module_type><module_name>
  [AUTHID {DEFINER |CURRENT_USER} ]
  AS|IS…
```

其中，<module_type>可分别为 PACKAGE、PROCEDURE 和 FUNCTION 三个关键词。

调用子程序时，调用者的权限有两种：AUTHID DEFINER 和 AUTHID CURRENT_USER。

1) AUTHID DEFINER

表示允许用户以对象的定义者权限调用该子程序。这也是创建包、存储过程或函数的默认选项。AUTHID DEFINER 可以省略，即以 PL/SQL 子程序定义者的权限使用该对象。

在 Oracle 中有一个系统权限 CREATE ANY PROCRDUE，一旦拥有该系统权限，则该用户可在任何模式下创建子程序。创建子程序的用户为定义者，而子程序所在的模式就是该子程序的拥有者。其含义是用户一旦选择了该选项，通过执行一个 PL/SQL 子程序，事实上调用者就成了该子程序的拥有者。尽管调用该子程序的用户没有某个表的 DML 对象权限，如果子程序能实现针对该表的操作，一旦该用户获得了执行该子程序的权限，并执行该子程序，就相当于该用户间接地获得了对该表的 DML 对象权限。所以，这种权限模式并不能保证对象的安全。

2) AUTHID CURRENT_USER

以调用者的权限使用该子程序。在 IS 或 AS 关键词之前用该关键词，表明执行该子程序是有限制的。不论子程序能完成什么操作，都必须在调用者或当前会话用户所拥有权限的制约之下，而不是根据定义者的权限，如图 7-9 所示。

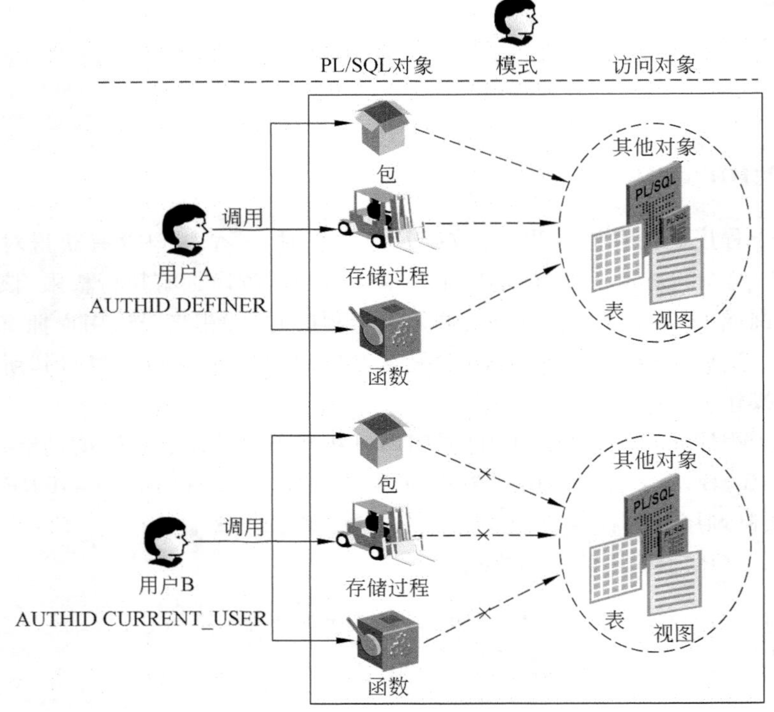

图 7-9　限制调用者权限 AUTHID

7.3.3　存储过程的优缺点

创建存储过程有如下优点：

(1) 预编译。创建存储过程时，经过编译无语法错误后存储在数据库内。每次调用时不必再次编译，减少了编译语句所花的时间。

(2) 缓存。预编译的存储过程会进入缓存，所以对于经常调用的存储过程，除了第一次执行外，再次调用的执行速度会明显提高。

(3) 降低网络传输。存储过程只将处理后的数据传递给用户。

(4) 可维护性高。更新存储过程通常要比更改、测试和部署应用程序需要的时间和精力少。

(5) 代码的重用。存储过程可被多个应用程序调用。

(6) 增强安全性。通过限制授权来控制用户对存储过程的访问，由存储过程提供对特定数据的访问；也防止 SQL 语句的注入。

存储过程的主要缺点是可移植性差，由于存储过程将应用程序的业务处理绑定到数据库中，限制了应用程序的可移植性。

7.4 PL/SQL 块

PL/SQL 是 Oracle 公司在标准化 SQL 语言的基础上开发的过程化 SQL 语言；它将变量、控制结构、过程和函数等面向过程语言中使用的程序结构要素引入到 SQL 中。利用 PL/SQL 语言编写的程序也称为 PL/SQL 块。

注意：PL/SQL 程序块只能在 SQL * Plus、TOAD 以及 PL/SQL Developer 等工具支持下以解释型方式执行，不能编译成可执行文件而脱离支撑环境执行。

1. PL/SQL 基本结构

块是 PL/SQL 程序的基本结构，也是完成特定功能的一段程序单元。所有 PL/SQL 程序都是由块组成的，这些块之间还可以相互嵌套。

完整的 PL/SQL 程序块结构可分为声明部分、执行部分及异常处理部分三部分。

1）声明部分

声明部分是可选的，以 DECLARE 为标识。该部分定义程序中用到的所有变量、常量、赋值、类型、游标和例外处理名称等。

2）执行部分

执行部分是程序块的必需部分，以 BEGIN 为开始标识，以 END 作为结束标识。执行部分是每个 PL/SQL 程序必备的，包含了对数据库的操作语句和各种流程控制语句。执行部分至少要有一个可执行语句。

3）异常处理部分

异常处理部分是可选的，用于响应应用程序运行中遇到的错误，对程序执行中产生的异常情况进行处理。异常处理位于执行部分的尾部且 END 之前，以 EXCEPTION 为标识。PL/SQL 块中的异常处理部分把程序的主体部分与错误处理部分代码相互隔离。

以下为 PL/SQL 块例子：

```
---script_7-11_PLSQL_block_demo.sql
---功能：演示 PL/SQL 块的结构
---由 staffuser 登录执行创建过程脚本
SET SERVEROUTPUT ON
DECLARE
v_college_no        CHAR(2) not null:='08';
v_college_name      db_college.college_name%type;
v_setting_quota     NUMBER(4);
v_major_number      NUMBER(2):=0;
BEGIN
SELECT college_name,setting_quota,major_number
INTO v_college_name,v_setting_quota,v_major_number
FROM db_college
WHERE college_no=v_college_no;
```

```
DBMS_OUTPUT.PUT_LINE ('学院名称: '||v_college_name);
DBMS_OUTPUT.PUT_LINE ('定编数: '||v_setting_quota);
DBMS_OUTPUT.PUT_LINE ('拥有专业数: '||v_major_number);
EXCEPTION
WHEN NO_DATA_FOUND THEN
DBMS_OUTPUT.PUT_LINE ('不存在编号为'||v_college_no||'的学院!');
END;
/
```

运行结果如图 7-10 所示。

```
管理员: 命令提示符 - sqlplus /nolog
SQL> SET SERVEROUTPUT ON
SQL> DECLARE
  2  v_college_no    CHAR(2) not null:='08';
  3  v_college_name  db_college.college_name%type;
  4  v_setting_quota NUMBER(4);
  5  v_major_number  NUMBER(2):= 0;
  6  BEGIN
  7  --v_college_no :='08';
  8  SELECT college_name,setting_quota,major_number
  9  INTO v_college_name,v_setting_quota,v_major_number
 10  FROM db_college
 11  WHERE college_no =v_college_no;
 12  DBMS_OUTPUT.PUT_LINE ('学院名称: '||v_college_name);
 13  DBMS_OUTPUT.PUT_LINE ('定编数: '||v_setting_quota);
 14  DBMS_OUTPUT.PUT_LINE ('拥有专业数: '||v_major_number);
 15  EXCEPTION
 16  WHEN NO_DATA_FOUND THEN
 17  DBMS_OUTPUT.PUT_LINE ('不存在编号为 '||v_college_no||'的学院! ');
 18  END;
 19  /
不存在编号为 08的学院!

PL/SQL 过程已成功完成。

SQL>
```

图 7-10 演示 PL/SQL 块

其中,DBMS_OUTPUT 是系统包,由 sys 拥有;PUT_LINE 是 DBMS_OUTPUT 中的过程 PUT_LINE。DBMS_OUTPUT. PUT_LINE 仅用于查看 PL/SQL 块的执行情况并在屏幕上显示信息。

2. 定义变量

1) 语法格式

定义变量的语法格式如图 7-11 所示。

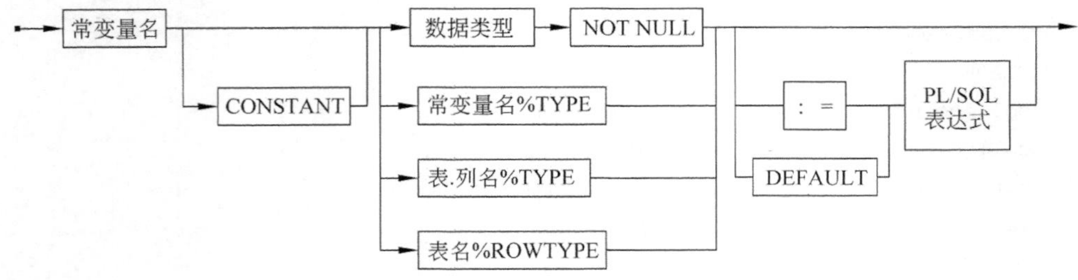

图 7-11 定义变量的语法格式

其中:

- 常变量名：一个常量或变量的名字。

- CONSTANT：常量说明。
- 数据类型：常量或变量的数据类型。
- 常变量%TYPE:指定与常量、变量的数据类型一致。
- 表名.列%TYPE:指定与表中列的数据类型。
- 表名%ROWTYPE:指定表中一行的数据类型一致。
- NOT NULL：该变量不可以为空。
- PL/SQL 表达式：一个任意表达式。

2）变量属性

变量有两个基本属性：%TYPE 和%ROWTYPE。

（1）%TYPE 属性

用%TYPE 属性可声明参照项具有与之前已声明的被参照项相同的数据类型和大小。其中，参照项可以是常量、变量、集合元素、记录的字段或子程序参数，而被参照项是变量或未知类型的列等。用%TYPE 声明的是参照项，而之前声明的是被参照项。如果被参照项是表的列，则参照项还继承被参照项的约束。参照项并不继承被参照项的初始值。一旦被参照项的声明发生变化，则参照项也随之变化。参照项与被参照项如影相随。

优点：不必了解表中列或变量的类型。当修改表中的列或变量的类型、大小后，PL/SQL 程序中相应变量的类型、大小也随之自动修改。

用%TYPE 属性定义变量的格式如图 7-12 所示。

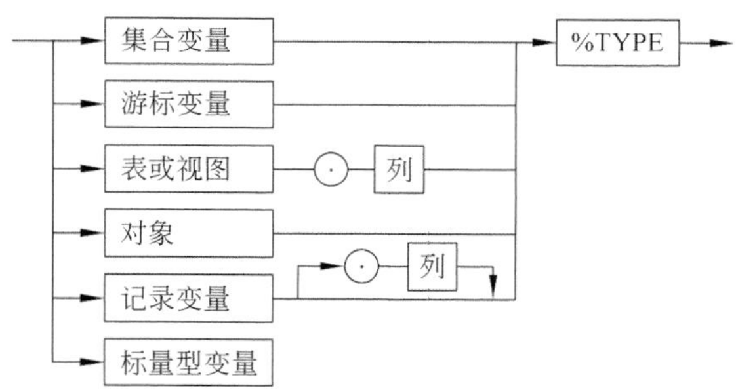

图 7-12 用%TYPE 属性定义变量

【例 7-5】 演示 PL/SQL 块中%TYPE 属性。

```
--script_7-12_PLSQL_%TYPE _demo.sql
SET SERVEROUTPUT ON
DECLARE
v_college_name VARCHAR(20) NOT NULL:='模特学院';
v_college_surname v_college_name%TYPE:='航服学院';
BEGIN
DBMS_OUTPUT.PUT_LINE('学院名称是：'||v_college_name);
DBMS_OUTPUT.PUT_LINE('学院别名是：'||v_college_surname);
END;
/
```

(2) %ROWTYPE 属性

使用%ROWTYPE 可使变量获得整个记录的数据类型。定义格式如图 7-13 所示。

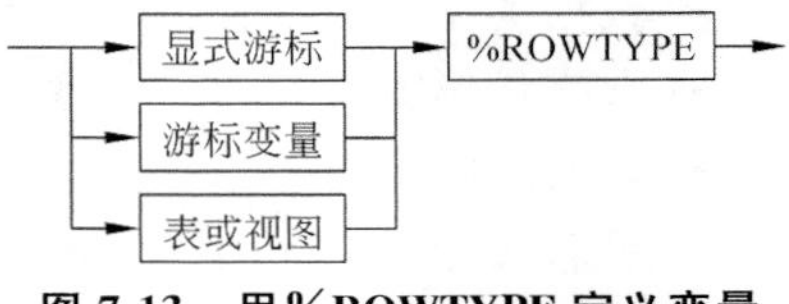

图 7-13　用%ROWTYPE 定义变量

【例 7-6】 用%ROWTYPE 属性表示变量与表的整行类型大小相同。

```
--script_7-13_PLSQL_%ROWTYPE_demo.sql
SET SERVEROUTPUT ON
DECLARE
  college_rec db_college%rowtype;
BEGIN
---为每个字段赋值
college_rec.college_no:='10';
college_rec.college_name:='电子商务学院';
college_rec.setting_quota :=36;
college_rec.current_quota:=28;
college_rec.major_number:=3;
---显式每个字段值
DBMS_OUTPUT.PUT_LINE('学院编号是: '||college_rec.college_no);
DBMS_OUTPUT.PUT_LINE('学院名称是: '||college_rec.college_name);
DBMS_OUTPUT.PUT_LINE('学院编号是: '||college_rec.setting_quota);
DBMS_OUTPUT.PUT_LINE('学院名称是: '||college_rec.current_quota);
DBMS_OUTPUT.PUT_LINE('学院编号是: '||college_rec.major_number);
END;
/
```

【例 7-7】 用%ROWTYPE 定义变量不继承初值及其约束。

```
---script_7-13_PLSQL_%ROWTYPE_demo-1.sql
SET SERVEROUTPUT ON
DECLARE
--db_student 表的 register_no 列默认值为非空
student_rec db_student%rowtype;
BEGIN
---student_rec.register_no 字段未赋值:
student_rec.s_name :='钱罐';
student_rec.major_no :='0304';
---显式每个字段值
  DBMS_OUTPUT.PUT_LINE('学院编号是: '||student_rec.register_no);
  DBMS_OUTPUT.PUT_LINE('学院名称是: '||student_rec.s_name);
END;
/
```

【例 7-8】 用%ROWTYPE 变量表示连接行。

```
DECLARE
---定义一个游标
```

```
CURSOR cur_join IS
SELECT college_name,major_name FROM db_college c,db_major m
WHERE c.college_no=m.college_no;
---包含两个表中的列
join_rec cur_join%ROWTYPE;
BEGIN
NULL;
END;
/
```

【例 7-9】 将一个记录变量的值赋给其他记录变量。

当两个变量具有相同的 RECORD 记录类型;或目标变量用 RECORD 类型定义,源变量用%ROWTYPE 定义,两者的字段在顺序及个数上也匹配,且对应的字段具有相同的数据类型,则可以把一个记录变量的值赋给另一个记录变量。

```
---script_7-13_PLSQL_%ROWTYPE_demo-2.sql
SET SERVEROUTPUT ON
DECLARE
---定义一个名为 name_rec 的记录类型
TYPE name_rec IS RECORD (
f_name db_student.s_name%TYPE DEFAULT '范琳',
f_address db_student.s_address%TYPE DEFAULT '大连市甘井子区轻工苑 1 号');
CURSOR cur_demo IS
SELECT s_name,s_address
FROM db_student;
---定义 name_rec 类型的变量
v_target name_rec;
v_source cur_demo%ROWTYPE;
BEGIN
---赋值前
DBMS_OUTPUT.PUT_LINE('target: '||v_target.f_name||' '||v_target.f_address);
v_source.s_name:='邱春';v_source.s_address:='大连市中山区桂林街';
DBMS_OUTPUT.PUT_LINE('源数据: '||v_source.s_name||
' '||v_source.s_address);
---赋值后
v_target:=v_source;
DBMS_OUTPUT.PUT_LINE('目标数据: '||v_target.f_name||
' '||v_target.f_address);
END;
/
```

【例 7-10】 用 SELECT INTO 把值赋给记录变量。

```
---script_7-13_PLSQL_%ROWTYPE_demo-3.sql
DECLARE
```

```
TYPE RecType IS RECORD (
v_c_name db_college.college_name%TYPE,
v_m_num db_college.major_number%TYPE
);
col_rec RecType;
BEGIN
SELECT college_name,major_number INTO col_rec FROM db_college
WHERE college_no='04';
DBMS_OUTPUT.PUT_LINE ('学院名称为: '||col_rec.v_c_name||'的专业数是 '||col_rec.v_m_
num);
END;
/
```

【例 7-11】 向表中插入记录。

```
---script_7-13_PLSQL_%ROWTYPE_demo-4.sql
DECLARE
new_major db_major%ROWTYPE;
BEGIN
new_major.major_no :='0506';
new_major.college_no :='05';
new_major.major_name :='模特表演';
INSERT INTO db_major VALUES new_major;
END;
/
```

【例 7-12】 更新表中数据并用记录变量返回 SQL 行数据。

```
---script_7-13_PLSQL_%ROWTYPE_demo-5.sql
DECLARE
---定义一个类型
TYPE var_rectype IS RECORD (
v_sname db_student.s_name%TYPE,
v_email db_student.s_email%TYPE);
std_email var_rectype;
old_email db_student.s_email%TYPE;
BEGIN
SELECT s_email INTO old_email FROM db_student
WHERE register_no='201230704223';
UPDATE db_student SET s_email='dlchina@163.com'
WHERE register_no='201230704223'
RETURNING s_name,s_email INTO std_email;
DBMS_OUTPUT.PUT_LINE('姓名为'||std_email.v_sname||'的旧邮箱 '||old_email||'更改为'||
std_email.v_email);
END;
/
```

注意：使用%TYPR 和%ROWTYPE 定义变量各有利弊。优势是表中列发生变化，则定义的变量也会自动改变。由于每次执行时遇到%TYPR或%ROWTYPE,数据库系统都会去查看对应表中列的类型,因此会增加一定的数据库开销。若如果系统中大量使用%TYPR或%ROWTYPE,则对性能会有一定影响。所以,对于高负荷数据库服务器,应该考虑%TYPR或%ROWTYPE对性能的影响。

3) 定义变量的原则

在定义变量时,建议应遵循下列原则:

(1) 用V_<name>的格式命名变量,而命名常量时用C_<name>格式表示;用CUR_<name>格式表示游标;用EX_<name>格式定义例外。

(2) 用:=或DEFAULT保留字对变量进行初始化,否则变量被初始化为NULL。

(3) 每一行最多只能定义一个变量。

(4) %TYPE说明定义变量类型与数据库列的类型一致。

(5) %ROWTYPE说明定义变量类型与数据表行的类型一致。

3. 数据类型

PL/SQL数据类型可分为三类:标量数据类型、复合数据类型和引用类型。

1) 标量数据类型(Scalar)

PL/SQL标量数据类型与数据库内表中字段的SQL数据类型一致,只是其最大值比SQL数据类型要大很多,也是基本类型。

2) 复合数据类型(Composite)

PL/SQL提供了两种复合数据类型:记录类型和集合类型。其中,记录类型是面向单行记录型数据,若要操作多行记录数据则必须使用集合类型。

(1) 记录类型

在PL/SQL中定义的记录类型是本地类型,它是将多个基本数据类型捆绑在一起形成的且其结构为记录形式的数据类型。其中的每部分数据类型不同。

声明记录类型变量的方法是:

① 定义一个记录类型。

语法格式如下:

```
TYPE <type_name> IS RECORD(
<field_name1><data_type> [NOT NULL] [:=expression 1],
<field_name2><data_type> [NOT NULL] [:=expression 2],
⋮
<field_namen><data_type> [NOT NULL] [:=expression n]);
```

② 声明该记录类型的变量。

语法格式如下:

```
<Variable_name><type_name>;
```

访问记录类型变量的成员用如下形式:

```
<Variable_name>.<field_name>;
```

一个 PL/SQL 的记录数据类型与一个数据库表中的行不一样。必须包含一个或多个字段,这些字段的数据类型可以是标量类型、记录类型或 PL/SQL 表类型。用户可以将这些字段的集合看成一个逻辑单元。通常用于 PL/SQL 块,从表中取出一行并进行处理时用 PL/SQL 记录类型变量。

【例 7-13】 记录类型的定义及应用。

```
---script_7-14_record_type_defin_and_var.sql
SET SERVEROUTPUT ON
DECLARE
TYPE schooltype IS RECORD (
school_id NUMBER(2) NOT NULL :='11',
school_name VARCHAR2(20) NOT NULL :='物联网学院',
school_quota NUMBER(4) :=60,
now_quota NUMBER(4):=23
);
first_rec schooltype;
second_rec first_rec%TYPE;
BEGIN
DBMS_OUTPUT.PUT_LINE('first_rec: ');
DBMS_OUTPUT.PUT_LINE('----------');
DBMS_OUTPUT.PUT_LINE('dept_id: '||first_rec.school_id);
DBMS_OUTPUT.PUT_LINE('dept_name: '||first_rec.school_name);
DBMS_OUTPUT.PUT_LINE('mgr_id: '||first_rec.school_quota);
DBMS_OUTPUT.PUT_LINE('loc_id: '||first_rec.now_quota);
DBMS_OUTPUT.PUT_LINE('------------');
DBMS_OUTPUT.PUT_LINE('second_rec: ');
DBMS_OUTPUT.PUT_LINE('------------');
DBMS_OUTPUT.PUT_LINE('dept_id: '||second_rec.school_id);
DBMS_OUTPUT.PUT_LINE('dept_name: '||second_rec.school_name);
DBMS_OUTPUT.PUT_LINE('mgr_id: '||second_rec.school_quota);
DBMS_OUTPUT.PUT_LINE('loc_id: '||second_rec.now_quota);
END;
/
```

另外,PL/SQL 允许使用嵌套记录类型,即一个记录类型中的字段类型可以是其他记录类型。

【例 7-14】 定义嵌套记录类型及应用。

```
---script_7-15_nested_record_type_defin_and_var.sql
SET SERVEROUTPUT ON
DECLARE
TYPE student_rec IS RECORD (
std_name db_student.s_name%TYPE,
std_email db_student.s_email%TYPE);
```

```
TYPE contact_infor IS RECORD (
---嵌套记录
c_name student_rec,
c_tele db_student.s_tele%TYPE);
mystudent contact_infor;
BEGIN
mystudent.c_name.std_name :='刘健';
mystudent.c_name.std_email :='liujian@163.com';
mystudent.c_tele :='41186323678';
DBMS_OUTPUT.PUT_LINE (mystudent.c_name.std_name||' '||
mystudent.c_name.std_email||','||mystudent.c_tele);
END;
/
```

【例 7-15】 从表中查询数据存储到记录类型的 PL/SQL 变量。

```
---script_7-16_select_into_record_variable.sql
SET SERVEROUTPUT ON
DECLARE
TYPE facultype IS RECORD (
faculty_name CHAR(8),
faculty_address VARCHAR2(40));
teacher facultype;
BEGIN
SELECT t_name,t_address INTO teacher FROM db_teacher WHERE Work_id='030034';
DBMS_OUTPUT.PUT_LINE('教师名字：'||teacher.faculty_name);
DBMS_OUTPUT.PUT_LINE('家庭地址：'||teacher.faculty_address);
END;
/
```

(2) 集合类型

对于单行单列的数据，使用标量变量；单行多列数据，使用记录；单列多行数据，则使用集合。

PL/SQL 集合类型包括三类：关联数组(Associative Array)、嵌套表(Nested Table)以及变长数组(Varray)。其中，关联数组只能在 PL/SQL 块中进行定义并使用；而嵌套表及变长数组既可以被用于 PL/SQL，也可以被直接用于数据库表中列的类型。

7.5 游　　标

游标就是把从表中提取出来的多行数据以临时表的形式存放在系统为其提供的内存工作区中，在初始状态下，有一个数据指针指向工作区的首记录，利用 FETCH 语句可以移动该指针将记录逐行取出，并在 PL/SQL 块中进行处理。游标提供了一种对具有多行数据查询结果集中的每一行数据进行单独处理的方法，是设计嵌入式 SQL 应用程序的常用编程方式。

在每个用户会话中，同时可以打开多个游标，其数量是由数据库初始化参数文件中的 OPEN_CURSORS 参数定义。

游标分为静态游标和动态游标。静态游标可分为两大类：

(1) 隐式游标和显式游标。隐式游标包括 SQL 的非查询语句，如 INSERT、UPDATE 和 DELETE；也包括一次性单行语句的查询。

(2) 显式游标需要单独定义 SELECT 查询语句，用于查询多行数据。借助显式游标，应用程序可以对一组记录逐个进行处理。

7.5.1 显式游标的使用

显式游标的使用需 4 个步骤：

(1) 定义游标。

定义游标名以及作为游标体的 SELECT 语句。

格式：

```
CURSOR<cursor_name>[(parameter[,parameter]…)]IS
<select_statement>;
```

游标参数只能为输入参数，其格式为：

```
parameter_name [IN] datatype [{:=|DEFAULT} expression]
```

注意：在为参数指定数据类型时，不能在数据类型中添加长度约束。如 NUMBER(7)、CHAR(12)等都是错误的。在定义游标时，不能有 INTO 查询子句，如果要指定游标查询结果行的顺序，可用 ORDER BY 子句。

(2) 打开游标。

执行游标体中的 SELECT 语句，并将其符合条件的查询结果载入工作区，同时指针指向工作区的第一条记录，标识游标结果集合。若游标体的查询语句中带有 FOR UPDATE 选项，OPEN 语句还将锁定表中游标结果集对应的数据行。

格式：

```
OPEN<cursor_name.[([parameter=>]value[
                  ,[parameter=>] value]…)];
```

若使用带有参数的游标时，可以使用位置表示法和名称表示法为其参数传递值。游标只能打开一次，重复打开会出错。当游标关闭后才能用 OPEN 语句重新打开游标。一般在 OPEN 语句之后，用游标属性%ISOPEN 可判断游标是否打开。

(3) 提取游标数据。

从结果集合中逐行提取数据，并赋值给指定的输出变量。

格式：

```
FETCH <cursor_name>INTO {variable_list|record_variable };
```

用游标属性%FOUND可测试提取数据是否成功，直到游标工作区中没有记录为止。

在使用FETCH语句时，应注意以下几点：

① 当第一次执行FETCH语句时，它将工作区中的第一条记录赋给变量，并将指针下移指向下一条记录。

② 游标指针只能下移，不能回退。如果查询完第二条记录后又想回退到第一条记录，则必须关闭游标并重新打开游标。

③ 游标必须先打开，之后才能用FETCH语句获取记录，这样才能保证工作区内有数据。

④ 必须保证INTO子句中的变量、顺序、类型与工作区中每行记录的字段数、顺序以及数据类型一一对应。

（4）关闭游标。

当游标中的结果集数据提取完毕，应及时关闭游标。目的是释放该游标所占用的系统资源，并使该游标的工作区无效，不能再使用FETCH语句获取其中数据。用OPEN语句可重新打开关闭后的游标。

格式：

```
CLOSE <cursor_name>;
```

【例7-16】 获取学生的信息。

```
---script_7-17_declare_cursor_steps.sql
SET SERVEROUTPUT ON
DECLARE
  v_sname VARCHAR2(8);
  CURSOR cur_Std IS SELECT S_name FROM db_student;
BEGIN
  OPEN cur_Std;
  LOOP
  FETCH cur_Std INTO v_sname;
  DBMS_OUTPUT.PUT_LINE(v_sname);
  EXIT WHEN cur_Std%NOTFOUND;
  END LOOP;
  CLOSE cur_Std;
END;
/
```

7.5.2 FOR循环与游标

在游标使用过程中，用FOR循环可简化操作。其主要功能是：

（1）系统隐含地用%ROWTYPE定义了一个数据类型与相关游标完全一致的变量，并以此作为循环的计算器。

（2）系统自动打开游标，而不是用OPEN语句显式地打开游标。

(3) 系统自动地从游标工作区中提取数据并放入计数器变量中。

(4) 当游标工作区中所有记录都被提取完毕或循环中断时,系统自动关闭游标。

总之,游标 FOR 循环隐式地声明一个%ROWTYPE 型变量及计数器,并打开游标,重复地从结果集中取出数据送到变量中,并在处理完所有行后关闭游标。计数器只在该循环内定义,不能在循环之外引用它。FOR 循环可以嵌套。

游标 FOR 循环的语法如下:

```
FOR <record_variable> IN (corsor_name[(para1[,para2]…)]|(select statement)
LOOP
  statements
END LOOP;
```

【例 7-17】 创建带参数的 FOR 游标。

```
---script_7-18_for_cursor.sql
SET SERVEROUTPUT ON
DECLARE
CURSOR cur_major IS
  SELECT major_no,major_name FROM db_major ORDER BY major_no;
CURSOR cur_std(p_major VARCHAR2) IS
    SELECT Register_no,s_name FROM db_student
    WHERE major_no=p_major
    ORDER BY Register_no;
total_number number(5);
v_major char(4);
BEGIN
  FOR rec_major IN cur_major LOOP
  DBMS_OUTPUT.PUT_LINE('专业:'||rec_major.major_no||'-'||rec_major.major_name);
    total_number:=0;
    v_major :=rec_major.major_no;
    FOR rec_std IN cur_std(v_major) LOOP
DBMS_OUTPUT.PUT_LINE('学生姓名:'||rec_std.s_name||'学号:'||rec_std.Register_no);
      total_number:=total_number+1;
    END LOOP;
    DBMS_OUTPUT.PUT_LINE('专业'||rec_major.major_no||'的总人数:'|| total_number);
  END LOOP;
END;
/
```

7.5.3 隐式游标

在查询结果为多条记录并需要逐行处理的情况下需要使用显式游标,主要针对查询语句的处理。对于 DELETE、UPDATE 和 INSERT 等操作,则由 Oracle 系统自动地为这些操作设置游标并为其创建工作区。这些由系统隐含创建的游标称为隐式游标,隐式游标的名字一律由 Oracle 系统定义为 SQL。用户不需要单独创建隐式游标，也无须干预隐式游标的所有操作，由 Oracle 自动完成。用户可以访问隐式游标的相关属性。

7.5.4 游标属性

游标属性反应游标状态信息。若判断游标是否打开或在提取数据时是否有数据等均可用游标属性判断。不论是显式还是隐式游标都有 4 个属性，如表 7-6 所示。

表 7-6 游标属性

属性名	类 型	说 明
%isopen	布尔型	若游标打开，则值为 true
%notfound	布尔型	若没有返回行，则值为 true
%found	布尔型	若获得数据行，则值为 true，它与%notfound 相反
%rowcount	数值型	截止当前从工作区中返回的总行数

引用游标属性的方法：

(1) 显式游标：

```
游标名.[属性名]
```

注意：属性名与游标名之间没有空格。游标的属性只能在 PL/SQL 块中使用，而不能在 SQL 命令中使用。

(2) 隐式游标：

```
SQL.[属性名]
```

对隐式游标来说，对于 INSERT、UPDATE 或 DELETE 及 SELECT INTO 语句，%ROWCOUNT 属性返回其操作的行数。

注意：

① 对 SELECT INTO 语句只能返回一行，若返回多于一行，则产生 TOO_MANY_ROWS 例外，并且%ROWCOUNT 的属性值为 1，而不是实际的行数。在 Oracle 自动打开 SQL 游标前，%NOTFOUND 属性为 NULL。

② 当执行 SELECT INTO 查询未找到满足条件的行时，会触发系统预定义例外处理 ORA_01403：NO_DATA_FOUND。

③ 当执行带有 WHERE 子句的 UPDATE 或 DELETE 语句未找满足条件的行时，触发 SQL%NOTFOUND。

④ 在显式游标中循环提取数据，用%NOTFOUND 或%FOUND 来确定循环退出的条件，不能用 NO_DATA_FOUND。

【例 7-18】 获取游标属性。

```
---script_7-19_cursor_attribute.sql
CREATE OR REPLACE PROCEDURE pro_cursor_attribute(
```

```
p_majorno NUMBER)
AUTHID DEFINER AS
BEGIN
  DELETE FROM db_major
  WHERE major_no=p_majorno;
  IF SQL%FOUND THEN
    DBMS_OUTPUT.PUT_LINE('成功删除专业编号：'||p_majorno);
  ELSE
    DBMS_OUTPUT.PUT_LINE('不存在专业编号 '||p_majorno);
  END IF;
END;
/
```

测试：

```
CALL pro_cursor_attribute(0808);
/
```

由于 Oracle 在执行完相关 SQL 语句之后自动关闭隐式游标，因此%ISOPEN 属性总是为 FALSE。

7.5.5 用游标更新和删除数据

若要更新或删除游标中提取出的行，必须在游标体的查询语句中使用 FOR UPDATE 选项。作用：锁定游标结果集及其在表中对应数据行和列，从而防止其他事务处理更新或删除这些被锁定的行，直到当前事务处理提交或回滚为止。

语法格式：

```
SELECT <SQL_statement> FROM <table_name>
FOR UPDATE [OF column[,column]…] [NOWAIT]
```

若用 FOR UPDATE 声明游标，则在 DELETE 和 UPDATE 语句中必须使用 WHERE CURRENT OF 子句，用以建立游标中的结果集与表中行的映射并对其修改或删除。子句 NOWAIT 是可选关键词，它告诉 Oracle 请求修改的行是否被其他用户锁定。如果被锁定，则返回一个错误信息给 Oracle。即通知 Oracle 不要等待，控制立刻返回运行程序。若不用该项，则一直等到可以使用该行为止。

【例 7-19】 定义 FOR UPDATE 游标。

```
---script_7-20_for update_cursor.sql
DECLARE
v_std_no CHAR(12);
v_std_address VARCHAR2(40);
v_std_email VARCHAR2(20);
CURSOR cur_std IS
  SELECT Register_no,S_address,S_email
```

```
  FROM db_student FOR UPDATE;
BEGIN
  OPEN cur_std;
  LOOP
  FETCH cur_std INTO v_std_no,v_std_address,v_std_email;
  IF v_std_no='201030403302' THEN
  UPDATE db_student
  SET s_email='0411'+v_std_email
  WHERE CURRENT OF cur_std;
END IF;
EXIT WHEN cur_std%NOTFOUND;
END LOOP;
DBMS_OUTPUT.PUT_LINE ('旧邮箱是: '||v_std_email);
SELECT s_email INTO v_std_no FROM db_student
WHERE Register_no='201030403302';
DBMS_OUTPUT.PUT_LINE ('新邮箱是: '||v_std_no);
END;
/
```

7.5.6 游标变量

游标变量也是一个指针，指向多行查询结果集合中当前数据行。游标变量是动态的，游标则是静态的。游标只能固定指向一个查询的内存处理区域，而游标变量则可以与不同的查询语句相连，在某一时刻它可以指向不同查询语句的内存处理区域，只要这些查询语句的返回类型兼容即可。

游标变量并不局限于一个特定的查询；可以为其指定一个值。在表达式中可使用游标变量；游标变量也可作为子程序参数，在子程序之间传递查询结果；还可被用于 PL/SQL 的存储过程或函数或包与客户端之间传递查询结果。不能向游标变量传递参数，但可传递整个查询。

以下是使用游标变量的基本步骤。

(1) 声明游标变量。

首先定义游标变量的类型。定义游标变量类型的完整语法格式如下：

```
TYPE <ref_cursor_type_name> IS REF CURSOR [RETURN[return_type]];
```

然后为该类型声明一个游标变量。声明游标变量的格式如下：

```
<cursor_variable><ref_cursor_type_name>;
```

其中，<ref_cursor_type_name>是引用类型的名字；<return_type>是最终被该游标变量返回的记录类型。游标变量的返回类型必须是记录类型。它可以作为用户自定义记录显式地声明，或者用%ROWTYPE 隐式声明。REF 指出新类型是指向已定义类型的指针。因此，游标变量的类型为 REF CURSOR。一旦定义了引用类型，则可声明变量。<cursor_variable>是声明的游标变量名。

若指定了返回类型[return_type]，则 REF CURSOR 类型及该类型的游标变量是强型的；若没有指定返回类型，则是弱型的。强类型的游标变量只能关联其返回指定类型的查询；弱类型的游标变量可以关联任何查询。弱类型的游标变量比起强类型游标变量容易出错，但更加灵活。弱的 REF CURSOR 类型是可以相互改变的。可以将弱游标变量的值指定给其他弱类型的游标变量。同样，若两游标变量具有相同的类型，则可以把强类型的游标变量的值指定给其他强类型游标变量。

(2) 打开游标变量。

格式：

```
OPEN {<cursor_variable>|:<host_cursor_variable>}
FOR <select_statement>;
```

其中，<cursor_variable>为游标变量，<host_cursor_variable>为 PL/SQL 主机环境中声明的游标变量。

OPEN…FOR 语句可以在关闭当前的游标变量之前重新打开游标变量，而不会导致 CURSOR_ALREAD_OPEN 异常错误。打开新的游标变量时，Oracle 将被释放前一个查询的内存处理区。

(3) 提取游标变量数据。

使用 FETCH 语句提取游标变量结果集合中的数据。格式为：

```
FETCH {<cursor_variable>|:<host_cursor_variable>}
INTO {variable [,variable]…|record_variable};
```

其中，<cursor_variable>和<host_cursor_variable>分别为游标变量和宿主游标变量名称；variable 和 record_variable 分别为普通变量和记录变量名称。

(4) 关闭游标变量。

格式：

```
CLOSE {<cursor_variable>|:<host_cursor_variable>}
```

其中，<cursor_variable>和<host_cursor_variable>分别为游标变量和宿主游标变量名称。如果应用程序试图关闭一个未打开的游标变量，则将导致 invalid_cursor 异常错误。

【例 7-20】 游标变量查询。

```
---script_7-21-for ref_cursor.sql
SET SERVEROUTPUT ON
DECLARE
  v_grade db_grade.final_grade%TYPE;
  v_fgrade db_grade.final_grade%TYPE;
  factor INTEGER :=2;
  TYPE stdcurtyp IS REF CURSOR;
  curva stdcurtyp;
```

```
BEGIN
  DBMS_OUTPUT.PUT_LINE('系数=' || factor);
  OPEN curva FOR
        SELECT final_grade,final_grade* factor
        FROM db_grade
  WHERE register_no LIKE '201030304%';
LOOP
  FETCH curva INTO v_grade,v_fgrade;
  EXIT WHEN curva%NOTFOUND;
  DBMS_OUTPUT.PUT_LINE('成绩='||v_grade);
  DBMS_OUTPUT.PUT_LINE('乘系数后的成绩='||v_fgrade);
END LOOP;
  factor :=factor+1;
  DBMS_OUTPUT.PUT_LINE('factor=' || factor);
  OPEN curva FOR
  SELECT final_grade,final_grade* factor
  FROM db_grade
  WHERE register_no LIKE '201030304%';
LOOP
  FETCH curva INTO v_grade ,v_fgrade;
  EXIT WHEN curva%NOTFOUND;
  DBMS_OUTPUT.PUT_LINE('成绩=' ||v_grade);
  DBMS_OUTPUT.PUT_LINE('乘系数后的成绩=' || v_fgrade);
END LOOP;
CLOSE curva;
END;
/
```

【例 7-21】 使用游标表达式。

```
---script_7-22_cursor_expression.sql
SET SERVEROUTPUT ON
DECLARE
TYPE std_cur_typ IS REF CURSOR;
std_cur std_cur_typ;
major_name db_major.major_name%TYPE;
std_name db_student.s_name%TYPE;
CURSOR cl IS
SELECT major_name,CURSOR(SELECT s.s_name
                         FROM db_student s
                         WHERE s.major_no=m.major_no
                         ORDER BY s.s_name) students
FROM db_major m
WHERE major_name LIKE '生%'
```

```
ORDER BY major_name;
BEGIN
OPEN c1;
LOOP
---处理查询结果的每行数据
    FETCH c1 INTO major_name,std_cur;
    EXIT WHEN c1%NOTFOUND;
    DBMS_OUTPUT.PUT_LINE('专业：'||major_name);
    LOOP
---处理子查询结果的每行数据
      FETCH std_cur INTO std_name;
      EXIT WHEN std_cur%NOTFOUND;
      DBMS_OUTPUT.PUT_LINE('—学生姓名：'||std_name);
    END LOOP;
ENAD LOOP;
CLOSE c1;
END;
/
```

【例 7-22】 带返回类型的游标。

```
---script_7-23_cursor_with_return.sql
SET SERVEROUTPUT ON
DECLARE
---定义一个与 db_student 表中的这几个列相同的记录数据类型
    TYPE std_rec_type IS RECORD(
        v_register_no db_student.Register_no%TYPE,
        v_name db_student.s_name%TYPE,
        v_tele db_student.S_tele%TYPE);
---声明一个该记录数据类型的记录变量
    v_std_record std_rec_type;
---定义一个游标数据类型
    TYPE std_cursor_type IS REF CURSOR
        RETURN std_rec_type;
---声明一个游标变量
    c1 std_cursor_type;
BEGIN
    OPEN c1 FOR SELECT register_no,s_name,s_tele
              FROM db_student WHERE major_no='302';
    LOOP
      FETCH c1 INTO v_std_record;
      EXIT WHEN c1%NOTFOUND;
      DBMS_OUTPUT.PUT_LINE('学生学号：'||v_std_record.v_register_no
```

```
                ||'学生姓名：'||v_std_record.v_name
                ||'联系电话：'||v_std_record.v_tele);
    END LOOP;
    CLOSE c1;
END;
/
```

7.6 异常处理

PL/SQL 程序运行时总会遇到一些错误或未预料到的事件。一个健壮的程序应提供异常处理功能，正确处理各种出错情况，并尽可能从可能出现的 Oracle 错误、PL/SQL 运行错误等中恢复。注意：PL/SQL 异常处理不能处置 PL/SQL 编译错误，这些错误发生在 PL/SQL 程序执行之前，属于代码错误。

Oracle 提供异常情况和异常处理来实现错误处理。

异常有三类：

(1) 内部定义的异常。内部定义的异常由运行系统隐式地自动引发，且总是只有一个错误代码，但没有错误名称，需要用户在程序中定义并为其命名。

(2) 预先定义的异常。预先定义的异常有错误代码和已命名的名称，无须在程序中定义，由 Oracle 自动将其引发。

(3) 用户定义。在 PL/SQL 程序块中对可能的非正常情况进行定义，然后在程序中定义并显式地将其引发。

异常处理部分一般放在 PL/SQL 程序体 BEGIN 和 END 之间的后半部，其结构为：

```
EXCEPTION
  WHEN <first_exception> THEN <code_to_handle_1th_exception>
  WHEN <second_exception> THEN <code_to_handle_2th_exception>
  WHEN OTHERS THEN <code_to_handle_others_exception>
END;
/
```

其中，异常处理可以按任意次序排列，但 WHEN OTHERS 必须放在最后。OTHERS 表示在异常处理部分未出现的其他异常情况。最多只能有一个 WHEN OTHERS 子句；在块中开始一个出错处理部分必须以关键字 EXCEPTION 开始。

7.6.1 预定义的异常处理

Oracle 中有一些预先定义好的错误名，这些命名的错误与相应的 Oracle 中错误代码是对应的。在 Oracle 已经定义了这些错误，可直接在 PL/SQL 块出错部分的 WHEN 子句中进行处理。如表 7-7 所示。

表 7-7 Oracle 预定义的异常处理

对应的错误名	oracle 错误	说　　明
dup_val_on_index	ora_00001	试图通过一个重复值更新或插入一条语句，即违反了唯一性约束
timeout_on_resource	ora_00051	在等待资源时发生超时现象
invalid_cursor	ora_01001	非法的游标操作，如游标没有打开时执行 fetch 操作
invalid_number	ora_01722	字符串转换成数字时失败，即有一个无效数字
no_logged_on	ora_01012	没有连接到 oracle 就对数据库进行调用
login_denied	ora_01017	在连接中用了无效的用户名/口令
no_data_found	ora_01403	执行 select 语句未查询到数据
sys_invalid_rowid	ora_01410	一个隐式的 chartorowid 转换时，包含了无效的字符或格式
too_many_rows	ora_01422	未使用游标，select 语句返回了多行数据
value_error	ora_06502	由于长度类型不合适，出现数字、数据转换、字符串或限制型错误
zero_divide	ora_01476	被 0 除
self_is_null	ora-30625	程序调用空实例的 member 方法，内置参数 self 是空值
storage_error	ora_06500	pl/sql 运行时内存被破坏或不够就会引发内部的 pl/sql 错误
program_error	ora_06501	内部的 pl/sql 错误
rowtype_mismatch	ora_06504	游标变量和 pl/sql 结果集之间数据类型不匹配
cursor_already_open	ora_06511	试图打开一个已经打开的游标
access_into_null	ora_06530	参考了没有初始化的数据库对象、lob 或其他非集合的符合类型（即这些对象的值都是 null）
collection_is_null	ora_06531	参考了没有初始化的嵌套表或 varray 集合中的元素，或调用了没有初始化的集合方法
subscript_outside_limit	ora_06532	使用了一个下标比 varray 边界值高的元素
subscript_beyond_count	ora_06533	使用了一个比嵌套表或 varray 初始化元素个数多的元素
case_not_found	ora-06592	在 case 语句的 when 子句中没有选择，也没有 else 子句

在异常处理中，Oracle 提供了两个系统函数 SQLCODE 和 SQLERRM，用以获取异常代码和完整错误提示信息。对系统内部预定义异常可通过 SQLCODE 返回一个 Oracle 错误编号。SQLCODE 返回的编号除了 NO_DATA_FOUND 是正值外，其余均为负值。SQLERRM 用于返回对应的错误信息。对用户定义的异常，SQLCODE 返回＋1，而且 SQLERRM 返回“用户定义异常”；若没有异常发生，操作正常执行，则 SQLCODE 返回 0，SQLERRM 返回信息“ORA-0000：正常，成功完成”。

【例 7-23】 系统预定义例外。

```
---script_7-24_predefined_exception_demo.sql
```

```
CREATE OR REPLACE PROCEDURE retrieve_data(e_column VARCHAR2,e_name VARCHAR2
)
IS
temp VARCHAR2(30);
BEGIN
temp :=e_column;
SELECT COLUMN_NAME INTO temp FROM USER_TAB_COLS
WHERE TABLE_NAME=UPPER(e_name) AND COLUMN_NAME=UPPER(e_column);
temp :=e_name;
SELECT OBJECT_NAME INTO temp FROM USER_OBJECTS
WHERE OBJECT_NAME=UPPER(e_name)AND OBJECT_TYPE='TABLE';
EXCEPTION
WHEN NO_DATA_FOUND THEN
     DBMS_OUTPUT.PUT_LINE('SELECT操作在'||temp||'表上没找到数据');
WHEN OTHERS THEN
     DBMS_OUTPUT.PUT_LINE('未预期的错误');
END;
/
```

7.6.2 内部定义的异常处理

内部定义的异常也称为非预定义异常。对于这类异常情况的处理，首先必须对非预定义的 Oracle 错误进行定义。步骤如下：

(1) 在 PL/SQL 块的定义部分定义异常情况。

格式：

```
<exception_name>EXCEPTION;
```

(2) 使用 EXCEPTION_INIT 语句将定义好的异常名与标准 Oracle 错误联系起来。

格式：

```
PRAGMA EXCEPTION_INIT(<exception_name>,<handle_code>);
```

其中，<exception_name>为定义的异常名；<handle_code>为标准的 Oracle 错误代码。

(3) 在 PL/SQL 块的异常情况处理部分对异常情况做出相应的处理。

在 PL/SQL 中，PRAGMA EXCEPTION_INIT 用于编译器将一个 Oracle 错误编号与异常名字建立关联。PRAGMA 也称为伪指令，是关键词，表示该语句是直接编译器。它使得 PL/SQL 编译器解释发生在块内与 Oracle 错误编号相关联的所有异常。

【例 7-24】 内部定义异常处理，删除指定专业的记录信息，以确保该专业没有学生。

```
---script_7-25_naming_internally_defined_exception.sql
INSERT INTO db_major VALUES('308','物联网工程','03');
```

```
DECLARE
  v_majorno db_major.major_no%TYPE := &Majorno;
  majorno_remaining EXCEPTION;
  PRAGMA EXCEPTION_INIT(majorno_remaining,-2292);
  /* -2292是违反一致性约束的错误代码 */
BEGIN
  DELETE FROM db_major WHERE major_no=v_majorno;
EXCEPTION
  WHEN majorno_remaining THEN
    DBMS_OUTPUT.PUT_LINE('违反数据完整性约束!');
  WHEN OTHERS THEN
    DBMS_OUTPUT.PUT_LINE(SQLCODE||'---'||SQLERRM);
END;
/
```

7.6.3 用户自定义异常处理

当一个与异常相关的错误出现时，就会隐含触发该异常错误。用户自定义的异常错误就是使用RAISE语句来显式触发。当引发一个异常错误时，控制就转向到EXCEPTION块异常错误部分，执行错误处理代码。对于这类异常情况的处理，使用步骤如下：

(1) 在PL/SQL块的定义部分定义异常情况。

格式：

```
<exception_name>EXCEPTION;
```

(2) 在执行部分通过条件来触发异常。

格式：

```
RAISE <exception_name>;
```

(3) 在PL/SQL块的异常情况处理EXCEPTION部分对异常情况做出相应的处理。

【例7-25】 用户自定义异常错误处理。

```
---script_7-26_user-defined_exceptions.sql
DECLARE
  v_sno db_student.register_no%TYPE := &stdno;
  not_found EXCEPTION;
BEGIN
  DELETE db_student WHERE register_no=v_sno;
  IF SQL%NOTFOUND THEN
    RAISE not_found;
  END IF;
EXCEPTION
  WHEN not_found THEN
    DBMS_OUTPUT.PUT_LINE('无法删除学号为：'||v_sno||'的学生,该生不存在!请退出');
```

```
  WHEN OTHERS THEN
    DBMS_OUTPUT.PUT_LINE('其他错误!');
END;
/
```

7.6.4 RAISE_APPLICATION_ERROR

如果用户需要在程序中自定义格式为 ORA-<error_messages>的错误信息,则必须使用 Oracle 提供的标准包 DBMS_STANDARD 中所定义的 RAISE_APPLICATION_ERROR 过程重新定义异常错误消息。它为应用程序提供了一种与 Oracle 交互的方法。使用 RAISE_APPLICATION_ERROR 时,可不必在其前边加 DBMS_STANDARD。

RAISE_APPLICATION_ERROR 的语法格式如下:

```
RAISE_APPLICATION_ERROR(<error_number>,<error_message>,
[keep_errors]);
```

其中:

(1) <error_number>是−20 000～−20 999 之间的参数,该错误编号用户可根据需要任意定义。

(2) <error_message>是需定义的相应错误提示信息,提示信息应小于 2K。

(3) <keep_errors>为可选项,如果<keep_errors>=TRUE,则新错误将被添加到已经引发的错误列表中。如果<keep_errors>=FALSE,则新错误将替换当前的错误列表。默认时为 FALSE。

【例 7-26】 定义带有 RAISE_APPLICATION_ERROR 的例外处理。

```
----script_7-27_exception_with_raise_application_error.sql
CREATE or REPLACE PROCEDURE register_status (
Reg_date DATE,
now_date DATE
) AUTHID DEFINER
IS
BEGIN
IF Reg_date >=now_date THEN
RAISE_APPLICATION_ERROR(-20000,'注册日期已过。');
END IF;
END;
/
```

测试:

```
DECLARE
past_due EXCEPTION;
PRAGMA EXCEPTION_INIT (past_due,-20000);
BEGIN
```

```
register_status (TO_DATE('21-07-2012','DD-MM-YYYY'),
                TO_DATE('9-07-2012','DD-MM-YYYY'));
EXCEPTION
WHEN past_due THEN
DBMS_OUTPUT.PUT_LINE(TO_CHAR(SQLERRM(-20000)));
END;
/
```

作 业 题

1. 根据表 7-1 的规划，写出创建 p_upd_std_pwd 存储过程的具体语句并测试。
2. 根据表 7-2 的规划，写出创建 p_upd_staf_course 存储过程的具体语句并测试。
3. 查阅资料并举例说明，在存储过程中调用 Java 程序的方法并测试。
4. 查阅资料并举例说明，在存储过程中调用 C 语言程序的方法并测试。

第8章 函　　数

本章目标

掌握函数的结构与定义及调用方法。

8.1 用户数据使用需求规划

根据表1-3中所列管理部门用户功能，规划出所需函数，如表8-1所示。

表8-1 所需函数及功能

定义函数名	功　　能	相关表及列	所属用户
fun_query_std_gra	查询单科考试成绩	相关表：db_grade 查询：register_no 和 course_name	staffuser
fun_std_avg_gra	按学期查询学生平均成绩	相关表：db_grade 查询：register_no 和 course_name	staffuser
fun_std_total_avg_gra	查询学生所有课程平均成绩	相关表：db_grade 查询：register_no 和 course_name	staffuser
fun_std_tot_gpa	查询某学生的 GPA	相关表：db_grade 查询：register_no	staffuser
fun_std_term_avg_gra	按专业、学期查询学生平均成绩	相关表：db_grade 查询：register_no 和 registered_term	staffuser

8.2 创建函数

8.2.1 创建函数 fun_query_std_gra

功能：查询指定学号、指定课程以及指定教师所授课的学生成绩。

在 SQL 提示符下执行如下脚本：

```
---script_8-1_fun_query_std_gra.sql
CREATE OR REPLACE FUNCTION fun_query_std_gra(
v_reg_no db_grade.register_no%type,
```

```
v_cno varchar2,v_teaid char)
RETURN NUMBER
IS
v_std_c_grade number;
BEGIN
SELECT final_grade into v_std_c_grade FROM db_grade
WHERE register_no=v_reg_no AND course_no=v_cno AND work_id=v_teaid;
RETURN v_std_c_grade;
EXCEPTION
WHEN NO_DATA_FOUND THEN RETURN 999;
END fun_query_std_gra;
/
```

测试：

查询由编号为040030的教师讲授的、课号为CS482课程中学号为201030304103的学生的成绩。

方式1：

```
SELECT fun_query_std_gra('201030304103','CS482','040030')
FROM dual;
```

方式2：

```
SET SERVEROUTPUT ON
BEGIN
  DBMS_OUTPUT.PUT_LINE(fun_query_std_gra('201030304103','CS482','040030'));
END;
/
```

8.2.2 创建函数 fun_std_avg_gra

功能：查询学生指定学期平均的成绩。

在SQL提示符下执行如下脚本：

```
---script_8-2_fun_std_avg_gra.sql
CREATE OR REPLACE FUNCTION fun_std_avg_gra(
v_reg_no db_grade.register_no%type,
v_term char)
RETURN NUMBER
IS
  v_std_avg_grade number ;
BEGIN
SELECT avg(final_grade) INTO v_std_avg_grade
FROM db_grade
WHERE register_no=v_reg_no and registered_term=v_term;
```

```
RETURN v_std_avg_grade;
EXCEPTION
WHEN NO_DATA_FOUND THEN RETURN 999;
END fun_std_avg_gra;
/
```

测试：

查询学号为201030304103的学生在第3学期所学课程的平均成绩：

```
SELECT fun_std_avg_gra('201030304103','3') FROM dual;
```

8.3 函数结构与定义

函数是一个命名的程序单元，可接收参数并返回计算结果。函数可被用于表达式和DML及查询语句中。

函数包括两部分：函数声明和函数体。

(1) 函数声明部分以关键字FUNCTION开始，以声明返回结果数据类型RETURN子句结束。函数形式参数声明是可选项。

(2) 函数体以关键字IS或AS开始，以关键字END结束。与存储过程一样，函数体的PL/SQL块由三部分组成：声明部分、可执行部分和异常处理部分。

其中，声明部分包括声明仅在该函数内有效的类型、游标、常量、变量和例外处理等。可执行部分包括赋值、控制、执行和处理Oracle数据的语句。可执行部分必须至少包含一条语句，该语句也可以为NULL语句。异常处理部分则包括执行程序过程中对产生的异常进行处理的程序。异常处理部分是可选的。

8.3.1 函数的定义

定义函数的语法结构如下：

```
CREATE [OR REPLACE] FUNCTION <function_name>
  (parameter1[{IN|OUT|IN OUT}] type1 [DEFAULT value1],
  [parameter2 [{IN|OUT|IN OUT}] type2 [DEFAULT value1]],
  ⋮
  [(parametern [{IN|OUT|IN OUT}] typen [DEFAULT valuen]])
  [ AUTHID DEFINER | CURRENT_USER ]
RETURN <return_type>
  IS|AS
    <constant,exception,and variable declarations>
BEGIN
    <Executive_code>
    RETURN <expression>
[EXCEPTION
      <exception_handlers>]
```

```
END <function_name>;
/
```

其中：

(1) 关键字 OR REPALCE 表示创建一个新函数时，若新函数名与原来函数同名则替换函数主体。

(2) { IN | OUT | IN OUT }表示函数形式参数的三种模式。省略模式，参数为 IN 模式。IN 模式的形式参数只能将实参传递给形参，并带进函数内部，只能读而不能赋值，函数返回时实参的值不变。OUT 模式的形式参数会忽略调用时的实参值，即该形参的初始值总是为 NULL，但在函数内部可读也可赋值，函数返回时形参的值会赋给实参。IN OUT 则具有前两种模式的特性，调用时实参的值总是传递给形参；结束时形参的值传递给实参。调用函数时，对于 IN 模式的实参可以是常量或变量，但对于 OUT 和 IN OUT 模式的实参必须是变量。应避免在函数中使用 OUT 和 IN OUT 参数。函数可以不带参数或者带有多个参数，但是一个函数只能返回一个值。

(3) RETURN <return_type>表示函数返回单值数据的类型。

(4) AUTHID DEFINER | CURRENT_USER 是可选的，用以限制调用者的权限。AUTHID DEFINER 表示允许用户以对象的定义者权限调用该对象。AUTHID CURRENT_USER 表示以调用者的权限使用该对象。调用的函数必须在调用者或当前会话用户所拥有权限的制约之下。

【例 8-1】 测定字符串的首字符是否是数字。

```
CREATE OR REPLACE FUNCTION first_is_digit (string_in VARCHAR2)
  RETURN BOOLEAN
  IS
BEGIN
    IF (SUBSTR(string_in,1,1)
        IN ('0','1','2','3','4','5','6','7','8','9'))
      THEN RETURN true;
    END IF;
  EXCEPTION
    WHEN OTHERS THEN RETURN false;
END first_is_digit;
/
```

测试：

```
SET SERVEROUTPUT ON
BEGIN
  IF first_is_digit('dalianPU')=TRUE THEN
    DBMS_OUTPUT.PUT_LINE('首位是数字');
  ELSE
    DBMS_OUTPUT.PUT_LINE('首位不是数字');
  END IF;
```

```
END;
/
```

【例 8-2】 判断输入的数字是否是奇数。

```
CREATE OR REPLACE FUNCTION number_odd (number_in NUMBER)
  RETURN BOOLEAN
IS
BEGIN
    IF MOD(number_in,2)=1 THEN RETURN TRUE;
    END IF;
EXCEPTION
    WHEN OTHERS THEN RETURN FALSE;
END number_odd;
/
```

【例 8-3】 函数嵌套。

```
CREATE OR REPLACE FUNCTION nested_func (mydate DATE)
  RETURN VARCHAR2
IS
  sys_year VARCHAR2(6);
  FUNCTION inside_func (year_char VARCHAR2)
      RETURN VARCHAR2
  IS
  BEGIN
      sys_year:=TO_CHAR(TO_NUMBER(year_char)* 2);
      RETURN sys_year;
  END;
BEGIN
  sys_year:=TO_CHAR(mydate,'YYYY');
  sys_year:=inside_func(sys_year);
  RETURN sys_year;
END nested_func;
/
```

测试：

```
SELECT nested_func(sysdate) FROM dual;
```

【例 8-4】 测定字符串是否完全是数字字符串。

```
CREATE OR REPLACE FUNCTION numeric_stri(string_in VARCHAR2)
RETURN BOOLEAN
IS
  nunber_str NUMBER;
BEGIN
  nunber_str :=TO_NUMBER(string_in);
```

```
  RETURN TRUE;
EXCEPTION
  WHEN OTHERS THEN
    RETURN FALSE;
END numeric_stri;
/
```

测试：

```
BEGIN
  IF numeric_stri('369') THEN
    dbms_output.put_line('完全是数字字符串!');
  ELSE
    dbms_output.put_line('非完全数字字符串!');
  END IF;
END;
/
```

8.3.2 函数元数据的查询

在数据字典 user_arguments 和 user_source 中查询函数的元数据，包括参数名、类型、长度以及函数的脚本等。函数名一定要大写，并用单引号引起来。

1. 查询创建函数 nested_func 的源代码

```
SQL>SELECT text FROM user_source WHERE name='NESTED_FUNC';
```

2. 查询创建函数 fun_query_std_gra 时的编译错误

```
SQL>SELECT line,message_number FROM user_errors
WHERE name='FUN_QUERY_STD_GRA' AND TYPE='FUNCTION';
```

8.4 函数的使用

8.4.1 函数使用场合

在任何表达式中都可使用函数，以下多种场合也可使用函数：

(1) SELECT 语句。

(2) WHERE 条件子句中的右侧。

(3) SELECT 语句中 CONNECT BY、START WITH、ORDER BY 以及 GROUP BY 子句。

(4) INSERT 语句中的 VALUES。

(5) UPDATE 的 SET 子句。

8.4.2 使用函数的时机

函数与存储过程具有很多的相同之处，如都使用 IN 模式参数传入数据、OUT 模式参数返回数据；输入参数均可接受默认值，都可以传值。调用时都可以使用位置表示法、名称表示法或组合法传递实际参数，都有声明、执行和异常处理部分，其管理过程都有创建、编译、授权、删除等。但在实际应用中起到的作用各不同，所以，以下因素是影响选择使用函数的依据：

(1) 如果需要返回多个值和不返回值，则使用存储过程；若只需要返回一个值，则使用函数。

(2) 若仅用于执行或实现一个指定的动作，则用存储过程；计算并返回一个值则用函数。

(3) 函数可用于 SQL 语句，即 SQL 语句中的表达式可调用函数来完成复杂的计算；但存储过程不能用于表达式运算。

8.4.3 使用函数的好处

函数与存储过程具有相同的优点：

(1) 函数与存储过程被创建并编译成功后，任何应用程序，如.NET、C++ 和 Java 等都可以调用它。

(2) 函数与存储过程是独立存储的程序单元，易于维护，简化了应用程序的开发，提高了效率与性能。

(3) 提高数据的安全性与完整性。用存储过程或函数实现对数据的操作，通过是否授予用户有执行该过程或函数的权限，即可限制某些用户对数据的操作。

(4) 节省内存空间。当多个用户要执行相同的过程或函数时，只需在内存中加载一次存储过程或函数就可多次被调用。

作 业 题

1. 编写一个函数，用于判断输入的值是否是偶数。
2. 编写一个函数，用于判断输入的字符串中有几个数字。
3. 编写一个函数，使其判断一个输入的字符串中，包含的个数符合长度要求，且首字母为大写，同时还包含除数字及字符以外的其他字符，则返回真值，否则返回假值。
4. 查阅资料并举例说明，在函数中调用 Java 程序的方法并测试。
5. 查阅资料并举例说明，在函数中调用 C 语言程序的方法并测试。

第9章 chapter 9

触 发 器

本章目标

掌握触发器的结构与定义及调用方法；了解并掌握触发器的限制及应用。

9.1 用户功能需求规划

根据表1-4中所列系统的审计功能要求，规划出需用触发器完成的功能。如表9-1所示。

表9-1 与用户staffuser相关的部分触发器

定义存储过程名	功 能	所属用户
tri_startup _db	记录启动数据库的时间、用户等	sys
tri_shutdown_db	记录关闭数据库的时间、用户等	sys
tri _login_user	自动记录登录系统的用户信息，包括登录的IP、主机名、登录时间、用户名等	sys
tri _logout_user	记载注销系统的用户信息，包括注销的IP、主机名、注销时间、用户名等	sys
tri_restrict_upd_time	在周六、周日上午8点至下午5点，不能对数据库db_grade表进行更新修改	staffuser
tri_dele_faculty_his	自动记录离职教师的信息	staffuser
tri _logon_scheme	登录某用户时系统自动记录用户信息	staffuser
tri _logoff_scheme	用户注销时自动记录用户注销的时间、用户名等	staffuser
tri_aud_sche_operation	记录用户的DDL操作	staffuser

9.2 创建触发器

9.2.1 创建触发器 tri_startup_db

（1）由用户sys登录数据库，创建用于存储启动及关闭数据库的日志信息的表updown_log。

脚本如下：

```
---script_9-1_create_table_updown_log.sql
CREATE TABLE updown_log(
database_name     VARCHAR2(30),
event_name        VARCHAR2(20),
event_time        DATE,
triggered_user    VARCHAR2(30)
);
/
```

(2) 创建系统触发器 tri_startup _db。

数据库启动时，激活系统触发器，Oracle 将数据库名称、事件名称、启动事件、触发的用户等日志信息自动插入到表 updown_log 中。

脚本如下：

```
----script_9-2_tri_startup_db.sql
CREATE OR REPLACE TRIGGER tri_startup_db
AFTER STARTUP ON DATABASE
BEGIN
INSERT INTO updown_log(
       database_name,event_name,event_time,triggered_user)
VALUES(sys.database_name,sys.sysevent,sysdate,sys.login_user);
END tri_startup_db;
/
```

其中，sys. database_name 是事件属性函数，返回数据库名字，其中的 sys 是包名。从 11g 开始，该属性函数改为 ora_database_name。sys. sysevent 是事件属性函数，导致激活触发器的事件。sys. login_user 返回导致激活触发器的用户名。当执行上述脚本时，由于当前用户是 staffuser，系统提示："ORA-01031：系统权限不足"，如图 9-1 所示。

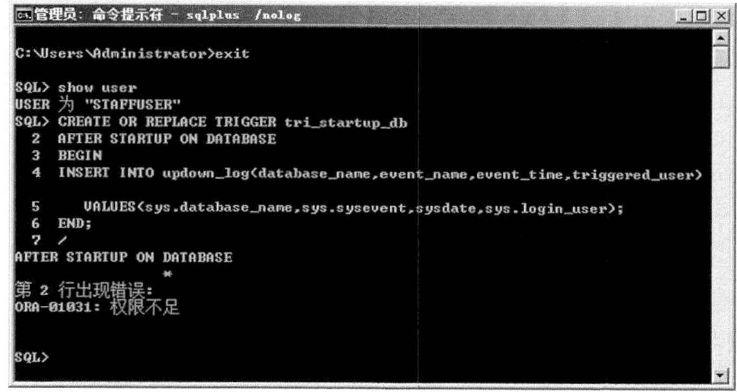

图 9-1　权限不足的提示

更改当前用户为 sys，执行上述脚本，创建表及触发器，如图 9-2 所示。

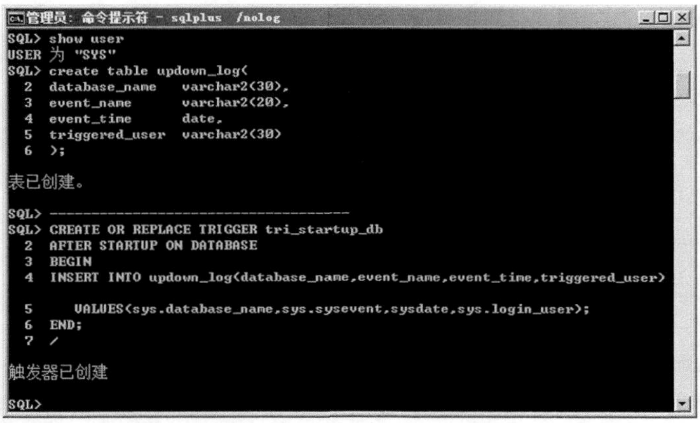

```
管理员: 命令提示符 - sqlplus  /nolog
SQL> show user
USER 为 "SYS"
SQL> create table updown_log(
  2  database_name    varchar2(30),
  3  event_name       varchar2(20),
  4  event_time       date,
  5  triggered_user   varchar2(30)
  6  );

表已创建。

SQL> ------------------------------------
SQL> CREATE OR REPLACE TRIGGER tri_startup_db
  2  AFTER STARTUP ON DATABASE
  3  BEGIN
  4  INSERT INTO updown_log(database_name,event_name,event_time,triggered_user)

  5     VALUES(sys.database_name,sys.sysevent,sysdate,sys.login_user);
  6  END;
  7  /

触发器已创建

SQL>
```

图 9-2　创建触发器

(3) 测试。

首先关闭数据库。

```
SQL>SHUTDOWN
```

然后重新启动数据库。

```
SQL>STARTUP
```

接着查询表 updown_log 可获知数据库启动日志信息。

```
SQL>SELECT * FROM updown_log;
```

9.2.2 创建触发器 tri_shutdown_db

当关闭数据库时,系统触发器被激活,并将数据库名称、事件名称、启动事件、用户等日志信息自动记录到表 updown_log 中。

```
----script_9-3_tri_shutdown_db.sql
CREATE OR REPLACE TRIGGER tri_shutdown_db
BEFORE SHUTDOWN ON DATABASE
BEGIN
INSERT INTO updown_log(database_name,event_name,event_time,triggered_user)
VALUES(sys.database_name,sys.sysevent,sysdate,sys.login_user);
END tri_shutdown_db;
/
```

由于 tri_shutdown_db 属于系统级触发器,创建该触发器的用户必须是 sys 用户。测试方法同上。

9.2.3 创建触发器 tri_login_user

触发器 tri_login_user 自动记录登录系统的用户信息,包括登录的 IP、主机名、登录时间和用户名等。

(1) 创建表 user_login_log，用于存储用户登录数据库的会话 ID、登录时间和主机名等。

创建表的 DDL 语句如下：

```
---script_9-4_create_table_user_login_log.sql
CREATE TABLE user_login_log
(session_id       VARCHAR2(18),
login_on_time     DATE,
login_off_time    DATE ,
user_in_db        VARCHAR2(30),
machine           VARCHAR2(20),
ip_address        VARCHAR2(15),
run_program       VARCHAR2(20)
);
/
```

(2) 创建触发器。当用户登录数据库时，该触发器被激活，自动记录数据库名称、事件名称、启动事件和登录用户等日志信息。

```
---script_9-5_tri_login_user.sql
CREATE OR REPLACE TRIGGER tri_login_user
AFTER LOGON ON DATABASE
BEGIN
  INSERT INTO user_login_log(session_id,login_on_time,
  login_off_time,user_in_db,machine,ip_address,run_program)
  SELECT AUDSID,sysdate,null,sys.login_user,machine,
  SYS_CONTEXT('USERENV','IP_ADDRESS'),program
  FROM v$ session
  WHERE AUDSID=USERENV('SESSIONID');
END tri_login_user;
/
```

其中，USERENV 是 Oracle 提供的描述当前会话的命名空间。

9.2.4 创建触发器 tri_restrict_upd_time

限制用户在工作时间之外对成绩进行修改，在周六、周日、每日上午 8 点之前、下午 5 点之后用户不能修改 db_grade 表数据。触发器 tri_restrict_upd_time 是表级触发器。

用 staffuser 登录，创建触发器脚本如下：

```
---script_9-6_tri_secure_grade.sql
CREATE OR REPLACE TRIGGER secure_grade
BEFORE INSERT OR UPDATE OR DELETE ON db_grade
BEGIN
```

```
  IF (TO_CHAR(sysdate,'DY') IN ('SAT','SUN')) OR
     (TO_NUMBER(sysdate,'HH24') NOT BETWEEN 8 AND 17)
  THEN RAISE_APPLICATION_ERROR(-20505,'对不起!您只能在正常工作时间修改成绩。');
  END IF;
END;
/
```

测试：

将系统时间调整至周末或早 8 点之前或 17 点之后，在 db_grade 上进行 INSERT、UPDATE 或 DELETE 操作，验证触发器。

9.2.5 创建触发器 tri_logon_scheme

(1) 由于 tri_logon_scheme 属系统级触发器，用 staffuser 用户登录数据库，创建保存用户登录信息的表 db_log_event。

脚本如下：

```
---script_9-7_create_table_db_log_event.sql
CREATE TABLE db_log_event
(user_name     VARCHAR2(10),
ip_address     VARCHAR2(20),
logon_date     TIMESTAMP,
logoff_date    TIMESTAMP);
```

(2) 创建登录触发器，用于存储 scheme 的信息。

```
---script_9-8_tri_logon_scheme.sql
CREATE OR REPLACE TRIGGER tri_logon_scheme
AFTER LOGON ON staffuser.schema
BEGIN
    INSERT INTO db_log_event(user_name,ip_address,logon_date)
    VALUES(ora_login_user,ora_client_ip_address,systimestamp);
END tri_logon_scheme;
/
```

其中，ora_login_user 为系统事件属性函数，返回登录用户名。ora_client_ip_address 为客户端的 IP 地址，在单机且 Windows 环境下该值为空。systimestamp 为当前系统时间戳。

9.2.6 创建触发器 tri_aud_sche_operation

(1) 用 staffuser 登录，创建保存用户登录信息的表 db_scheme_activities。

脚本如下：

```
---script_9-9_table_db_scheme_activities.sql
CREATE TABLE db_scheme_activities(
```

```
object_owner       VARCHAR2(30),
object_name        VARCHAR2(30),
object_type        VARCHAR2(20),
altered_by_user    VARCHAR2(30),
alteration_time    DATE);
```

(2) 创建触发器 tri_aud_sche_operation，当更改、创建或删除对象时用于记录相关信息。脚本如下：

```
---script_9-10_tri_aud_sche_operation.sql
CREATE OR REPLACE TRIGGER tri_aud_sche_operation
AFTER ALTER OR CREATE OR DROP ON staffuser.SCHEMA
BEGIN
INSERT INTO db_scheme_activities(object_owner,object_name,
            object_type,altered_by_user,alteration_time)
VALUES(sys .dictionary_obj_owner,sys.dictionary_obj_name,
           sys.dictionary_obj_type,sys.login_user,sysdate);
END;
/
```

测试：更改、创建或删除 staffuser 模式下的任何对象，将导致 tri_aud_sche_operation 触发器动作，然后查询表 db_scheme_activities 即可获取记录信息。

9.3 触发器类型及结构

9.3.1 触发器类型

触发器是一段命名的 PL/SQL 代码块，在特定的条件下被触发并由系统自动调用执行。根据触发事件的类型，将触发器概括为 5 种类型：

1. 数据库触发器

从 Oracle 11g 开始，将早期版本中的数据库触发器改称为系统触发器。当数据库中发生系统事件时，系统自动触发这些触发器，比如登录和退出事件触发器。系统触发器可用于审核系统访问信息，或跟踪系统事件并将它们反映给用户。

2. DDL 触发器

DDL 触发器创建在模式上，也称为模式触发器，也是系统触发器的一种。一旦拥有该触发器的用户为当前用户并启动触发事件，即在该数据库模式中实施创建、修改或删除数据库对象等操作时，DDL 触发器就会自动被触发。DDL 触发器一般用于控制或监控 DDL 操作。

3. DML 触发器

当在表上执行插入、删除或更新数据的操作时，系统自动触发依附于该表上的触发器。DML 触发器分为语句级触发器和行级触发器两种类型，可分别实现因对表中所有数据修改或每行的修改而触发一次触发器。用 DML 触发器可用于控制 DML 语句，从而实现在修改表中数据时，用触发器对其进行审核、检查、保存和替换的目的。DML 触发器还可实现数据的实体完整性及参照完整性。

4. 复合触发器

复合触发器是 Oracle 11g 中新增的一种触发器，它将语句级和行级触发器组合在一起，当执行插入、更新或删除数据的操作时，复合触发器可在 4 个时间点上执行特定操作，这 4 个时间点是触发语句前；触发语句中的每一行变化前；触发语句中的每一行变化后；触发语句后。

5. 替代触发器

替代触发器为无法直接通过 DML 操作修改视图提供了一种透明的方式。其实质是将修改视图的 DML 操作重新定向为针对与该视图相关表的 DML 操作。

9.3.2 触发器结构

触发器的结构大体由以下几个部分组成：

(1) 触发器名。触发器名必须是唯一的，由于触发器有自己的命名空间，因此它可以与模式中的其他任何对象的名称重名。所谓命名空间就是数据库目录中维护的独有标识符列表。

(2) 触发事件。导致触发器被触发的事件。主要有针对表或视图执行的 DML 事件；在用户模式下执行的 DDL 事件；以数据库的启动或退出、异常错误为代表的数据库系统事件；以及登录或退出数据库的用户事件。当一个触发器的触发事件是由多个事件组成时，可用触发器条件谓词探测是哪个事件激活了触发器。

(3) 触发时机。触发时机明确了触发事件与触发器操作的执行顺序，即该触发器是在触发事件发生之前(BEFORE)还是之后(AFTER)触发。

(4) 触发操作。即该触发器被触发之后真正实现的功能，这正是触发器中从 BEGIN 到 END 之间要执行的操作。

(5) 触发对象。指定触发器是创建在哪个对象上，也是发生触发事件的对象，包括数据库、模式、表、视图。只有在这些对象上发生了符合触发时机的触发事件才会执行触发操作。

(6) 触发器条件。是可选子句，用来限制触发器何时运行。只有行级触发器才可以指定触发条件。由 WHEN 子句指定一个逻辑表达式。当相应触发事件发生且该表达式的值为 TRUE 时，触发器才会运行并执行触发操作。

(7) 触发频率。表明触发器内定义的动作被执行的次数。当触发事件发生时，DML 语句级触发器只执行一次；行级触发器执行的次数与 DML 事件影响的行数有关；受到该操作影响的每一行数据，触发器都单独执行一次。

9.3.3 触发器体系结构

触发器体系结构如图 9-3 所示。

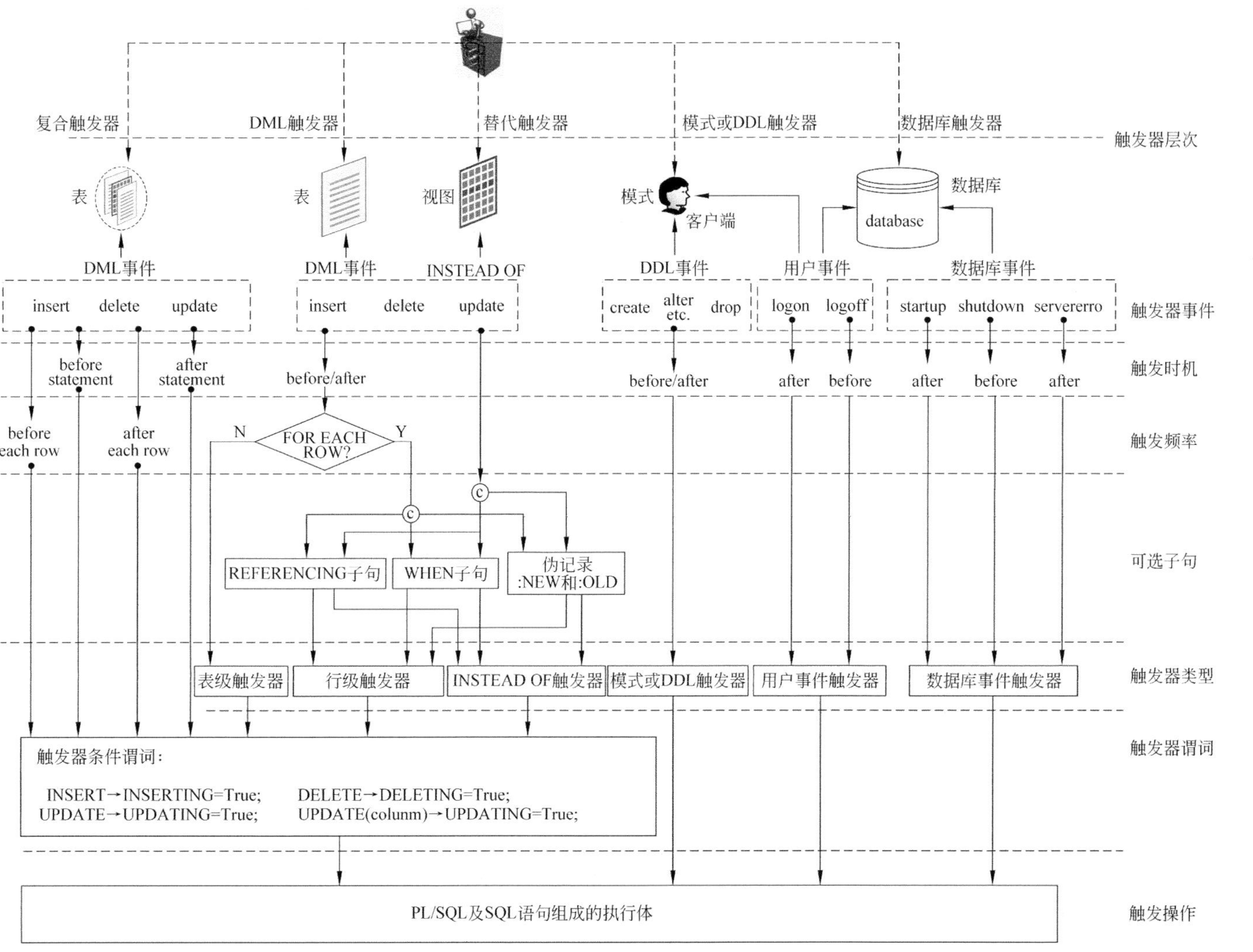
复合触发器
DML触发器
替代触发器
模式或DDL触发器
数据库触发器
触发器层次
表
表
视图
模式
客户端
database
数据库
DML事件
insert
delete
update
DML事件
insert
delete
update
INSTEAD OF
DDL事件
create
alter
etc.
drop
用户事件
logon
logoff
数据库事件
startup
shutdown
servererro
触发器事件
before statement
after statement
before/after
before/after
after
before
after
before
after
触发时机
before each row
after each row
N
FOR EACH ROW?
Y
触发频率
c
c
REFERENCING子句
WHEN子句
伪记录 :NEW和:OLD
可选子句
表级触发器
行级触发器
INSTEAD OF触发器
模式或DDL触发器
用户事件触发器
数据库事件触发器
触发器类型
触发器条件谓词:
INSERT→INSERTING=True;
UPDATE→UPDATING=True;
DELETE→DELETING=True;
UPDATE(column)→UPDATING=True;
触发器谓词
PL/SQL及SQL语句组成的执行体
触发操作

图 9-3 触发器体系结构

9.3.4 相关系统权限

管理触发器需要授予用户相关的系统权限：ALTER ANY TRIGGER；CREATE TRIGGER；CREATE ANY TRIGGER；DROP ANY TRIGGER。如果在数据库上建立触发器，用户还必须具有 ADMINISTER DATABASE TRIGGER 系统权限。

9.3.5 触发器的用途

根据用户需求创建触发器来定制数据库管理系统。其基本用途如下：

(1) 自动生成虚拟列值。

(2) 记录数据库事件。

(3) 搜集访问表的统计数据。

(4) 根据视图组织 DML 语句来修改表数据。

(5) 可对分布式数据库中不同节点上的子表和父表实施参照完整性。

(6) 向订阅应用程序发布数据库事件、用户事件以及 SQL 语句的信息。

(7) 防止在正常业务时间后对表进行 DML 操作。

(8) 防止无效的事务。

(9) 针对无法用约束定义的规则，强制执行复杂的业务或参照完整性。

9.4 系统触发器

9.4.1 系统触发器定义

系统触发器既可创建在模式上，也可创建在整个数据库上。其触发事件或是针对模式的 DDL 语句，或者是数据库操作。根据触发器施加的对象不同，系统触发器可分为数据库事件触发器和模式触发器。

创建系统触发器的语法格式如下：

```
CREATE OR REPLACE TRIGGER[sachema.]<trigger_name>
{BEFORE|AFTER}{ddl_event_list|database_event_list}
ON {DATABASE|[schema.]SCHEMA }
<PL/SQL_block>|CALL<procedure_name>;
```

其中：

(1) <trigger_name>：触发器的名称。

(2) BEFORE|AFTER：触发时机。

(3) ddl_event_list：表示在模式上所发生的一个或多个 DDL 事件，事件之间用 OR 分开。

(4) database_event_list：表示一个或多个数据库事件，事件之间用 OR 分开。

(5) Schema：表示指定的模式。

(6) PL/SQL_block：表示触发器的执行体，即触发器需要完成的操作。

(7) procedure_name：表示可在触发器中调用的过程名。

当触发器创建在模式(SCHEMA)上时，只能由模式所指定用户的 DDL 操作和它们所导致的错误激活触发器，默认时为当前用户模式。当触发器创建在数据库(DATABASE)上时，该数据库所有用户的 DDL 操作及其所导致的错误，以及数据库的启动和关闭均可激活触发器。

9.4.2 系统事件及属性函数

1. 系统事件

Oracle 系统事件如表 9-2 所示。系统事件包括数据库事件及客户端事件。

表 9-2 系统事件

事 件	描 述
alter	执行 alter 语句修改数据字典中数据库对象时触发。但 alter database 语句不能触发触发器
analyze	当数据库搜集或删除统计数据或验证数据库对象结构时触发
associate statistics	当数据库将统计类型与数据库对象相关联时触发
audit	执行 audit 语句时触发
comment	当一个数据库对象的注释被添加到数据字典中时触发
create	执行 create 语句创建数据库对象时触发。但 create database 或 create controlfile 语句不能触发触发器
disassociate statistics	当数据库断开统计类型与数据库对象的关联时触发
drop	执行 drop 语句删除数据库对象时触发
grant	当一个用户将系统权限、角色或对象权限授予其他用户或角色时触发
noaudit	执行 noaudit 时触发
rename	执行 rename 语句更改数据库对象名时触发
revoke	执行 revoke 语句从一个用户或角色中撤销系统权限、角色或对象权限时触发
truncate	执行 truncate 语句时触发
ddl	执行上述任何 ddl 语句时触发
after logon	客户端应用程序登录到数据库时触发
before logoff	当客户端程序注销数据库时触发
after suspend	服务器错误导致交易被挂起时触发
after servererror	服务器出现错误时激活触发器
after startup	数据库启动时触发。该事件只对 database 有效，对 schema 无效
before shutdown	数据库关闭时触发。该事件只对 database 有效，对 schema 无效
after db_role_change	在 data guard 配置中，当一个角色使从备用到主要或从主要到备用发生变化时触发触发器。此事件只对 database 有效，对 schema 无效

2. 事件属性函数列表

当数据库激活了触发器，可以通过事件属性函数获取激活触发器的事件属性。从11g开始，在9i和10g版本中使用sys包来访问的系统函数全部改用以ora_开头的公共同义词。这些属性函数的原始脚本在＜Oracle_Home＞\rdbms\admin\dbmstrig. sql文件中，如E:\app\Administrator\product\11. 2. 0\dbhome_1\RDBMS\ADMIN\dbmstrig. sql。Oracle 11g事件属性函数如表9-3所示。

表9-3 事件属性函数

属　性	数据类型	描　　述
ora_client_ip_address	varchar2	返回在tcp/ip协议下logon事件中客户端的ip地址。Windows系统中，其返回值为nvl
ora_database_name	varchar2(50)	返回数据库名称
ora_des_encrypted_password	varchar2	返回des加密口令
ora_dict_obj_name	varchar(30)	返回对象名。对象名代表了ddl语句的目标
ora_dict_obj_name_list(name_list OUT ora_name_list_t)	pls_integer	返回在事件中被修改的对象名称列表
ora_dict_obj_owner	varchar(30)	实施ddl操作的字典对象的拥有者
ora_dict_obj_owner_list(owner_list OUT ora_name_list_t)	pls_integer	函数接受一个形参，并返回varchar2(64)数据类型的表数据。该形参也返回是因为它是按引用传递的out模式的varchar2变量。dbms_standard包中的形参数据类型被定义为ora_name_list_t。ora_name_list_t是一个varchar2(64)数据类型的表。该函数返回列表中的元素个数，数据类型为pls_integer
ora_dict_obj_type	varchar(20)	函数无形参，返回事件修改的字典对象数据类型
ora_grantee(user_list OUT ora_name_list_t)	pls_integer	函数返回列表中的元素个数
ora_instance_num	number	返回当前数据库实例编号
ora_is_alter_column(column_name IN VARCHAR2)	boolean	函数接受一个代表列名的形参，当列被更改时函数返回真值，列未被更改时返回假值
ora_is_creating_nested_table	boolean	当创建一个带嵌套的表时，它返回boolean类型的真或假值
ora_is_drop_column(column_name IN VARCHAR2)	boolean	函数接受一个代表列名的形参，当列被删除时函数返回真值，当列没有被删除时函数返回假值
ora_is_servererror	boolean	函数接受一个代表错误号的形参，当系统在错误堆栈上找到该错误时，它返回boolean类型的真；否则返回假值
ora_login_user	varchar2(30)	该函数返回当前模式名

续表

属　性	数据类型	描　　述
ora_partition_pos	pls_integer	该函数返回带 sql 文本的数值位置，表示插入分区子句的地方。该函数仅用于 instead of create 触发器
ora_privilege_list(privilege_list OUT ora_name_list_t)	pls_integer	函数接受一个形参。ora_name_list_t 是一个 varchar2(64)数据类型的表。该函数返回列表中的元素个数
ora_revokee(user_list OUT ora_name_list_t)	pls_integer	函数接受一个形参，该函数返回列表中的元素个数
ora_server_error	number	函数接受一个形参，它是错误堆栈上的位置，其中 1 是错误堆栈的顶端。函数返回 number 数据类型的错误号
ora_server_error_depth	pls_integer	函数返回的错误堆栈上的错误号
ora_server_error_msg(position in pls_integer)	varchar2	函数接受一个参数，它是错误堆栈上的位置，其中 1 是错误堆栈的顶端。它返回错误消息文本
ora_server_error_num_params(position in pls_integer)	pls_integer	函数返回错误消息中所有替代字符串的数目
ora_server_error_param(position in pls_integer, param in pls_integer)	varchar2	函数接受一个形参，函数返回形参指定位置的错误消息文本
ora_sql_txt(sql_text out ora_name_list_t)	pls_integer	函数接受一个形参，该函数返回列表中的元素个数
ora_sysevent	varchar2(20)	该函数返回负责激活触发器的系统事件
ora_with_grant_option	boolean	当用授权选项授予权限时它返回真值
space_error_info (error_number OUT NUMBER, error_type OUT VARCHAR2, object_owner OUT VARCHAR2, table_space_name OUT VARCHAR2, object_name OUT VARCHAR2, sub_object_name OUT VARCHAR2)	boolean	函数使用 6 个按引用传递的形参，它们都是 out 模式参数。当触发事件与 out-of-space 条件相关时，该函数返回真，它填充所有输出参数。它至少用支持 6 个参数的日志表实现。当函数返回假时，out 模式变量为空

9.4.3 数据库触发器

1. 数据库事件

数据库触发器必须创建在数据库上，任何数据库用户，只要启动了数据库触发事件就会激活触发器。数据库事件与整个数据库或模式相关联，与表或行无关。与数据库启动及关闭事件相关联的触发器必须定义在数据库上。但与服务器错误及暂停事件相关的触发器只能建在数据库上或特定的模式上。数据库事件如表 9-4 所示。

表 9-4　数据库事件

事　件	激活触发器时机	条件	限　制	有关的属性函数
startup	数据库被打开时	无	不允许在触发器中实施数据库操作	ora_sysevent; ora_login_user; ora_instance_num; ora_database_name
shutdown	只在服务器开始关闭实例之前激活。非正常关闭实例时,不激活触发器	无	不允许在触发器中实施数据库操作	ora_sysevent; ora_login_user; ora_instance_num; ora_database_name
db_role_change	更改角色后,第一次启动数据库	无	忽略返回状态	ora_sysevent; ora_login_user; ora_instance_num; ora_database_name
servererror	若没有设定条件,则一旦有错误该触发器便被激活。编号为 ora-1034,ora-1403,ora-1422,ora-1423,ora-4030,ora-18 和 ora-20 的错误不能激活触发器	errno=eno	取决于错误。忽略返回状态	ora_sysevent; ora_login_user; ora_instance_num; ora_database_name; ora_server_error; ora_is_servererror; space_error_info

2. 数据库触发器

为创建数据库触发器,先创建用于存储用户登录及注销信息的 connect_audit 表,以及存储数据库错误信息的 db_servererror_log 表,用于测试数据库触发器。用 sys 登录数据库,执行如下脚本:

```
----script_9-11_create_table_connect_audit.sql
CREATE TABLE connect_audit(
login_date   DATE,
logoff_date  DATE,
user_name    VARCHAR2(30));
```

【例 9-1】 创建用户登录触发器,用于记录登录用户级时间。

(1) 用 sys 登录数据库,创建存储过程 demo_log_proc,用于完成向 connect_audit 表中插入登录时间及登录用户。

```
----script_9-12_create_procedure_demo_log_proc.sql
CREATE OR REPLACE PROCEDURE demo_log_proc IS
BEGIN
  INSERT INTO connect_audit(login_date,user_name) VALUES (SYSDATE, USER);
END demo_log_proc;
/
```

(2) 创建触发器 logon_trig,使其直接调用存储过程 demo_log_proc。

```
----script_9-13_create_trigger_logon_trig.sql
CREATE OR REPLACE TRIGGER logon_trig
AFTER LOGON ON DATABASE
CALL demo_log_proc
/
```

(3) 测试。

```
SQL>conn staffuser/ staffuser123
SQL>conn stduser/stduser123
SQL>conn teauser/teauser123
SQL>conn / as sysdba
SQL>SELECT * FROM connect_audit;
SQL>drop trigger logon_trig;
```

具体过程如图 9-4 所示。

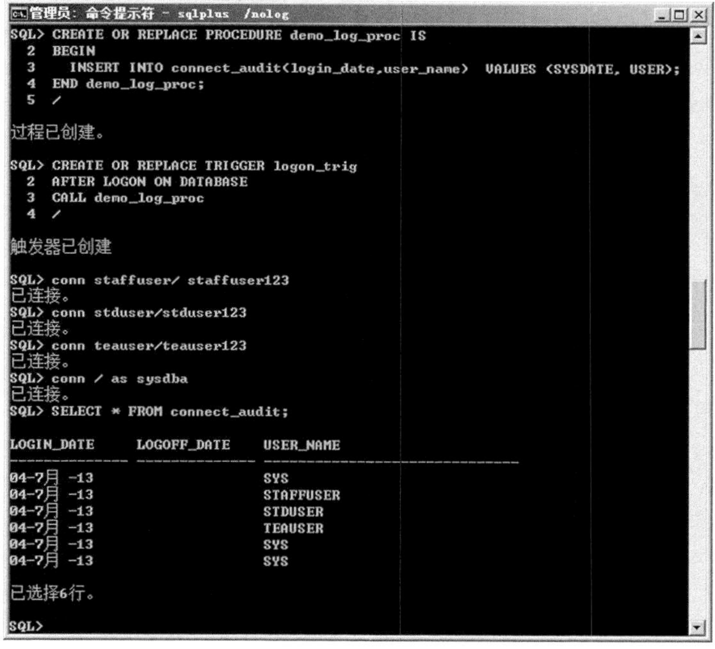

图 9-4 创建触发器 logon_trig

9.4.4 模式触发器

客户端事件是那些与用户的登录、注销以及 DDL 操作相关的事件。所以,模式触发器也称为 DDL 触发器。客户端事件将直接导致模式触发器动作。客户端事件如表 9-5 所示。针对客户端事件创建的模式触发器既可建在模式上,也可建在数据库上。

表 9-5 客户端事件

事 件	触发器触发时机	属 性 函 数
before alter after alter	当修改一个对象时	ora_login_user;ora_dict_obj_owner; ora_instance_num;ora_database_name; ora_dict_obj_type;ora_dict_obj_name; ora_sysevent;ora_des_encrypted_password;(针对 alter user 事件); ora_is_alter_column(针对 alter table 事件); ora_is_drop_column(针对 alter table 事件);
before drop after drop	删除一个对象时	ora_sysevent;ora_login_user;ora_instance_num; ora_database_name;ora_dict_obj_type; ora_dict_obj_name;ora_dict_obj_owner
before analyze; after analyze	当执行一个分析语句时	ora_sysevent;ora_login_user;ora_instance_num; ora_database_name; ora_dict_obj_name; ora_dict_obj_type;ora_dict_obj_owner
before associate statistics; after associate statistics	当执行一个相关的统计语句时	ora_sysevent;ora_login_user;ora_instance_num; ora_database_name;ora_dict_obj_name; ora_dict_obj_type;ora_dict_obj_owner; ora_dict_obj_name_list;ora_dict_obj_owner_list
before audit; after audit; before noaudit; after noaudit	当执行一个审计或非审计语句时	ora_sysevent;ora_login_user; ora_instance_num;ora_database_name
before comment; after comment	为一个对象加注释时	ora_sysevent;ora_login_user;ora_instance_num; ora_database_name;ora_dict_obj_name; ora_dict_obj_type;ora_dict_obj_owner
before create; after create	创建一个对象时	ora_sysevent;ora_login_user; ora_instance_num;ora_database_name; ora_dict_obj_type;ora_dict_obj_name; ora_dict_obj_owner;ora_is_creating_nested_table(针对 create table 事件)
before ddl; after ddl	执行 ddl 语句时触发。但由 PL/SQL 子程序接口执行的 alter database、create controlfile、create database 及 ddl 并不触发	ora_sysevent;ora_login_user;ora_instance_num; ora_database_name;ora_dict_obj_name; ora_dict_obj_type;ora_dict_obj_owner
before disassociate statistics; after disassociate statistics	当执行解除关联统计语句时	ora_sysevent;ora_login_user;ora_instance_num; ora_database_name;ora_dict_obj_name; ora_dict_obj_type;ora_dict_obj_owner; ora_dict_obj_name_list;ora_dict_obj_owner_list

续表

事 件	触发器触发时机	属 性 函 数
before grant; after grant	执行授权语句时	ora_sysevent;ora_login_user;ora_instance_num; ora_database_name;ora_dict_obj_name; ora_dict_obj_type;ora_dict_obj_owner; ora_grantee;ora_with_grant_option;ora_privileges
before logoff;	当用户开始注销时	ora_sysevent;ora_login_user;ora_instance_num; ora_database_name
after logon	在用户成功登录后	ora_sysevent;ora_login_user;ora_instance_num; ora_database_name;ora_client_ip_address
before rename; after rename	当执行更名语句时	ora_sysevent;ora_login_user;ora_instance_num; ora_database_name;ora_dict_obj_name; ora_dict_obj_owner;ora_dict_obj_type
before revoke; after revoke	当执行撤销语句时	ora_sysevent;ora_login_user;ora_instance_num; ora_database_name;ora_dict_obj_name; ora_dict_obj_type;ora_dict_obj_owner; ora_revokee;ora_privileges
after suspend	由于空间分配失败导致SQL语句暂停执行。触发器必须修正空间条件,以使得该SQL语句能恢复执行	ora_sysevent;ora_login_user;ora_instance_num; ora_database_name;ora_server_error; ora_is_servererror;space_error_info
before truncate; after truncate	当截断一个对象时	ora_sysevent;ora_login_user;ora_instance_num; ora_database_name;ora_dict_obj_name; ora_dict_obj_type;ora_dict_obj_owner

(1) 启动 SQL * Plus 并用 sys 登录,为 staffuser 用户授权。

```
Sqlplus /nolog
SQL>Connect/as sysdba
SQL>GRANT create procedure TO staffuser;
SQL>GRANT create table TO staffuser;
SQL>GRANT create trigger TO staffuser;
SQL>GRANT create sequence TO staffuser;
SQL>GRANT create view TO staffuser;
```

(2) 用 staffuser 登录。

```
SQL>Connect staffuser/staffuser123
```

(3) 创建 ddl_event_log 表,用于存储 DDL 事件的信息。

```
---script_9-14_create_table_ddl_event_log.sql
CREATE TABLE ddl_event_log(
operation       VARCHAR2(30),
object_owner    VARCHAR2(30),
object_name     VARCHAR2(30),
sql_text        VARCHAR2(64),
```

```
try_by          VARCHAR2(30),
try_date        DATE);
```

【例 9-2】 在模式上创建模式触发器,用于自动记录 DDL 事件。

(1) 执行下列脚本,创建模式触发器 ddl_act_on_sche_trig,事件属性由系统事件属性函数获取。

```
---script_9-15_ddl_act_on_sche_trig.sql
CREATE OR REPLACE TRIGGER ddl_act_on_sche_trig
BEFORE CREATE ON SCHEMA
BEGIN
  INSERT INTO ddl_event_log
  SELECT ora_sysevent,ora_dict_obj_owner,
  ora_dict_obj_name,NULL,USER,SYSDATE
  FROM DUAL;
END ddl_act_on_sche_trig;
/
```

(2) 测试。

```
---script_9-16_testing_sche_trig.sql
```

① 查询当前 staffuser 模式下用户拥有的对象。

```
SQL>col object_name format a20
SQL>SELECT object_name,object_type FROM user_objects;
```

② 查询触发器的类型、触发事件及其所依赖的对象类型。

```
SQL>col trigger_name format a22
SQL>col triggering_event format a20
SQL>SELECTtrigger_name,trigger_type,
      triggering_event,base_object_type FROM user_triggers;
```

③ 在 staffuser 模式下创建若干个对象。

```
SQL>CREATE SEQUENCE sequence_test;
SQL>CREATE TABLE dalian_polytech_univ(uni_name VARCHAR2(30),
                                      uni_address VARCHAR2(50));
SQL>CREATE OR REPLACE VIEW v_dlpu AS
      SELECT * FROM dalian_polytech_univ;
```

④ 查询并验证触发器 ddl_act_on_sche_trig 的有效性。

```
SQL>set linesize 150
SQL>SELECT operation,object_owner,object_name
      FROM ddl_event_log;
SQL>TRUNCATE TABLE ddl_event_log;
```

⑤ 改变用户并创建对象,以验证在 staffuser 用户下的 ddl_act_on_sche_trig 触发器

是否有效。

```
SQL>conn system/Admin324
SQL>CREATE TABLE staffuser.myschool(schoolname VARCHAR2(20));
```

⑥ 更改用户为 staffuser。

```
SQL>conn staffuser/staffuser123
SQL>SELECT operation,object_owner,object_name
FROM ddl_event_log;
```

测试结论：

验证结果表明，只有当拥有模式触发器的用户 staffuser 创建对象，才能激活建在模式(Schema)上的触发器 ddl_act_on_sche_trig；其他用户的 DDL 事件对该触发器无影响。

```
SQL>TRUNCATE TABLE ddl_event_log;
```

模式触发器也可以建在数据库上，此时该数据库所有用户的 DDL 操作均可激活触发器。

【例 9-3】 在数据库上创建 DDL 事件触发器 ddl_act_on_db_trig。

(1) 用 sys 连接数据库，并给 staffuser 授予 administer database trigger 的系统权限。然后再用 staffuser 连接数据库。

```
SQL>conn/as sysdba
SQL>GRANT administer database trigger TO staffuser;
SQL>conn staffuser/staffuser123;
```

(2) 在数据库上创建模式触发器，实现用系统属性函数获取由 DDL 操作引发的事件，并存储于 ddl_event_log 表。

脚本如下：

```
---script_9-17_ddl_act_on_db_trig.sql
CREATE OR REPLACE TRIGGER ddl_act_on_db_trig
BEFORE CREATE ON DATABASE
BEGIN
  INSERT INTO ddl_event_log
  SELECT ora_sysevent,ora_dict_obj_owner,
  ora_dict_obj_name,NULL,USER,SYSDATE
  FROM DUAL;
END ddl_act_on_db_trig;
/
```

(3) 测试模式触发器。

```
----script_9-18_testing_db_trig.sql
```

① 查询当前 staffuser 模式下用户拥有的对象。

```
SQL>col object_name format A20
SQL>SELECT object_name,object_type FROM user_objects;
```

② 查询触发器的类型、触发事件及其所依赖的对象类型。

```
SQL>col trigger_name format A22
SQL>col triggering_event format A20
SQL>SELECT trigger_name,trigger_type,triggering_event,
        base_object_type FROM user_triggers;
```

③ 清空表中数据。

```
SQL>TRUNCATE TABLE ddl_event_log;
```

④ 在拥有触发器 ddl_act_on_db_trig 的 staffuser 用户模式下开始创建对象。

```
SQL>CREATE SEQUENCE sequence_2;
SQL>CREATE TABLE dalian_city(
      city_name VARCHAR2(20),population number(7));
SQL>CREATE OR REPLACE VIEW v_dalian AS SELECT * FROM dalian_city;
```

⑤ 查询触发器被激活后，ddl_event_log 表中记录事件的情况。

```
SQL>SET LINESIZE 150
SQL>SELECT operation,object_owner,object_name FROM ddl_event_log;
SQL>TRUNCATE TABLE ddl_event_log;
```

⑥ 更换用户 sys 登录，并创建对象。

```
SQL>conn/as sysdba
SQL>CREATE TABLE staffuser.hello(hello_a VARCHAR2(20));
```

⑦ 重新回到 staffuser 用户模式下，检查触发器记录 DDL 事件的情况。

```
SQL>conn staffuser/staffuser123
SQL>SELECT operation,object_owner,object_name
     FROM ddl_event_log;
```

测试结论：

不论是拥有模式触发器的用户还是其他用户，在创建对象时均可激活创建在数据库上的模式触发器。

```
SQL>DROP TRIGGER ddl_act_on_db_trig;
SQL>TRUNCATE TABLE ddl_event_log;
```

9.5 DML 触发器

9.5.1 DML 触发器的定义

DML 触发器是应用比较多的一种。DML 触发器建在表上或视图上，其触发事件是 DML 语句 DELETE、INSERT 和 UPDATE 的组合。要创建针对 MERGE 语句的触发器,分别创建针对 MERGE 操作而分解成 INSERT 和 UPDATE 事件的触发器。

创建 DML 系统触发器的语法格式如下：

```
CREATE [OR REPLACE] TRIGGER <trigger_name>
{BEFORE|AFTER|INSTEAD OF|FOR}
{INSERT|DELETE|UPDATE[OF column[,column …]]}
[OR{INSERT|DELETE|UPDATE[OF column[, column …]]}…]
ON [schema.]table_name|[schema.]view_name
[REFERENCING{OLD [AS] old|NEW [AS] new|PARENT as parent}]
[FOR EACH ROW]
[{FORWARD | REVERSE} CROSSEDITION]
[{FOLLOWS | PRECEDEX} schema.other_trigger]
[{ENABLE | DISABLE}]
[WHEN trigger_condition])
BEGIN
    PL/SQL_BLOCK | CALL procedure_name;
END <trigger_name>;
```

其中：

- OR REPLACE:表示如果存在同名触发器,则覆盖原有同名触发器。
- BEFORE|AFTER：表示触发时机。指出触发器的触发时序分别为前触发或后触发方式,前触发是在执行触发事件之前触发当前所创建的触发器;后触发是在执行触发事件之后触发当前所创建的触发器。
- FOR：组合 4 个以上触发器成为触发器组,该选项是 11g 新增功能。
- INSERT|DELETE|UPDATE[OF column[,column …]]：表示触发事件,事件可以并行出现,中间用 OR 连接。对于 UPDATE 事件,某些列的修改也会引起触发器的动作。
- ON [schema.]table_name|[schema.]view_name：表示针对哪个表或视图创建触发器。
- REFERENCING：说明相关名称。在行触发器的 PL/SQL 块和 WHEN 子句中,相关名称可参照当前的新、旧列值来使用,默认的相关名称分别为 OLD 和 NEW。触发器的 PL/SQL 块中应用相关名称时必须在 OLD 和 NEW 前加冒号(：),但在 WHEN 子句中则不能加冒号。
- FOR EACH ROW：表示触发器为行级触发器,省略则为语句级触发器。行触发器和语句触发器的区别在于：对于行触发器来说,当一个 DML 语句操作影响数据库中的多行数据时,对于其中的每个数据行,若符合触发约束条件则激活一次触发器。而语句触发器将整个语句操作作为触发事件,当它符合约束条件时仅激活一次触发器。当省略 FOR EACH ROW 选项时,BEFORE 和 AFTER 触发器为语句触发器。
- {FORWARD|RESVERSE} CROSSEDITION：此选项是 11g 新增的不停机版本升级功能。为保证用户在升级版本过程中仍然可以访问数据,Oracle 提供了

CROSSEDITION 触发器来处理版本升级或降级过程中的数据问题。若升级版本,则使用 FORWARD CROSSEDITION 触发器,该触发器在当前版本的父版本中触发。如果是降级版本,使用 RESVERSE CROSSEDITION 触发器,该触发器在当前版本和子版本中触发。

- {FOLLOWS|PRECEDES} schema.other_trigger:创建一系列触发器,控制触发器的执行顺序,使其按序执行。此项是 11g 新增功能。
- {ENABLE|DISABLE}:默认为 ENABLE。此项是 Oracle 11g 新增选项。
- WHEN trigger_condition:表示触发约束条件,当该条件满足时触发器才能执行。trigger_condition 为逻辑表达式,其中必须包含相关名称,不能包含查询语句,也不能调用 PL/SQL 函数。WHEN 子句指定的触发约束条件只能用在 BEFORE 和 AFTER 行触发器中,不能在其他类型的触发器中使用。
- PL/SQL_BLOCK:触发体语句,是触发器需要完成的操作。
- CALL procedure_name:调用已存在的存储过程。

9.5.2 编写 DML 触发器的要素

掌握编写触发器的基本要素,就能快速写出触发器的代码。

(1) 明确 DML 触发器的用途。DML 触发器可实现强制执行商业规则;更新其他表的数据;提取当前处理行的数据;自动通知已发生事件等。

(2) 确定触发表。即在哪个表上定义触发器。

(3) 确定触发事件。DML 触发事件有 INSERT、UPDATE 和 DELETE 三种。

(4) 确定触发时机。触发的时机有 BEFORE 和 AFTER 两种,分别表示触发事件发生在 DML 语句执行之前和语句执行之后。

(5) 确定触发级别。触发级别有语句级和行级触发器两种。语句级触发器表示 SQL 语句只触发触发器一次。行级触发器表示 SQL 语句影响的每一行都要触发一次。

9.5.3 触发顺序及条件谓词

1. 触发顺序

在同一表上可以定义多个 DML 触发器,但触发器本身与激活触发器的 SQL 语句在执行顺序上有一定的先后顺序关系。

触发顺序:

(1) 若存在语句级 BEFORE 触发器,则执行一次语句级 BEFORE 触发器。

(2) 在 SQL 语句的执行过程中,若存在行级 BEFORE 触发器,则在 SQL 语句对每行操作之前都要先执行一次行级 BEFORE 触发器,然后再对行进行操作。

(3) 如果表上有约束,则进行完整性约束检查。

(4) 执行 DML 操作。

(5) 如果创建了行级 AFTER 触发器,则在 SQL 语句对每行操作之后都要再执行一次行级 AFTER 触发器。

(6) 如果存在语句级 AFTER 触发器,则在 SQL 语句执行完毕后,最后执行一次语句级 AFTER 触发器,如图 9-5 所示。

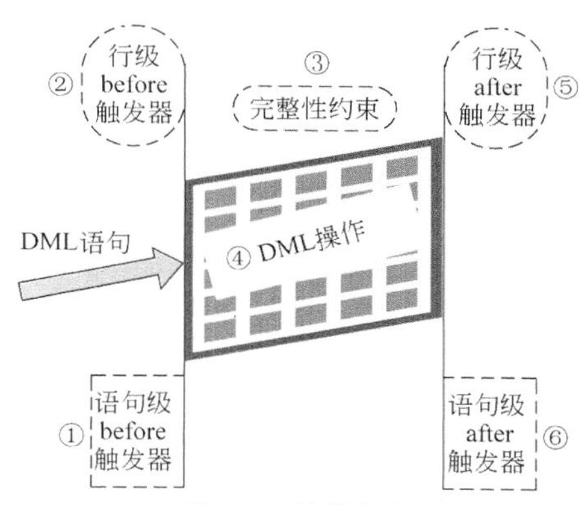

图 9-5 触发顺序

2. 条件谓词

DML 触发器的触发事件可由多个 DML 触发事件组成,某一时刻只能有一个事件激活触发器。为了在触发器的执行代码中区分具体的触发事件,可以使用条件谓词来探测是哪个 DML 事件激活触发器。

DML 触发器的条件谓词有三个:INSERTING、UPDATING 和 DELETING。

(1) 当触发事件是 INSERT 时,INSERTING 返回值为 TRUE,否则返回值为 FALSE。

(2) 当触发事件是 UPDATE,或更新了指定的列时,UPDATING 返回值为 TRUE,否则返回值为 FALSE。

(3) 当触发事件是 DELETE 时,DELETING 返回值为 TRUE,否则返回值为 FALSE。

触发事件与条件谓词之间的关系矩阵如表 9-6 所示。

表 9-6 触发事件与条件谓词

触发事件	条件谓词			
	INSERTING	**UPDATING**	**UPDATING('column')**	**DELETING**
INSERT	true	false	false	false
UPDATE	false	true	true	false
DELETE	false	false	false	true

9.5.4 触发时机适用情形

触发时机有两个:BEFORE 和 AFTER。它们通常适用于不同情形。

1. BEFORE 触发器

(1) 重新设置或修改被更新或插入的列值。

(2) 进行复杂的安全规则检查,如限制时间等。

(3) 增强商业应用规则。

(4) 由于触发器是在完整性约束之前执行,通过触发器的逻辑引发一个例外,可有效地拒绝触发语句操作。

(5) 用于增强数据的完整性。

2. AFTER触发器

(1) 审计用户信息。

(2) 导出生成的数据,若导出数据是存储到其他表中,而不是触发器所依赖的表,则使用AFTER;如果将派生的数据是保存到当前触发器所依赖的表,则必须用BEFORE触发器实现。

(3) 远程数据的复制。

9.5.5 DML触发器的限制

触发器是因事件的发生而自动被触发,无须调用。与其他类型触发器一样,DML触发器也有一些限制:

(1) CREATE TRIGGER语句文本的字符长度不能超过32KB,对于大于32KB的触发器,可将其部分脚本编写成存储过程或函数,在触发器中调用该过程或函数即可。

(2) 触发器中及触发器所调用的过程或函数不能使用诸如COMMIT、ROLLBACK和SVAEPOINT的数据库事务控制语句。

(3) 触发器体内的SELECT语句只能是SELECT…INTO…结构,或者是定义游标所使用的SELECT语句。

(4) 不能在触发体内使用DDL语句。

(5) 触发器中不能使用LONG、LONG RAW类型。

(6) 触发器内可以参照LOB类型的列值,但不能通过:NEW修改LOB列中的数据。

(7) 一个表最多只能创建12个触发器,但同一事件、同一触发时机、同一类型的触发器只能有一个,各个触发器之间不能相互矛盾。

(8) 触发器只能被事件触发,不能被调用,也不能接受参数。

(9) 如果有多个触发器被定义成相同触发时机、相同触发事件,且最后定义的触发器是有效的,则最后定义的触发器被触发,其他触发器不执行。

9.5.6 语句级触发器

一个DML事件只能导致相应语句级触发器执行一次,与表中数据的行数没有关系。

【例9-4】 创建语句级触发器tri_state_lev_db_grade。

功能:在触发器内通过条件谓词探测触发事件。

(1) 用staffuser登录数据库,然后执行下列脚本:

```
---script_9-19_tri_state_lev_db_grade.sql
CREATE OR REPLACE TRIGGER tri_state_lev_db_grade
AFTER INSERT OR UPDATE OR DELETE ON db_grade
DECLARE
  v_Msg VARCHAR2(30):='语句级触发器被触发';
BEGIN
  IF INSERTING THEN
```

```
    dbms_output.put_line('当插入数据时,'||v_Msg);
  ELSIF UPDATING THEN
    dbms_output.put_line('当更新数据时,'||v_Msg);
  ELSIF DELETING THEN
    dbms_output.put_line('当删除数据时,'||v_Msg);
  END IF;
END tri_state_lev_db_grade;
/
```

(2) 测试。

首先将屏幕显示开关打开。

```
SET SERVEROUTPUT ON
```

然后执行 DML 操作。

```
SQL> INSERT INTO db_grade(register_no,course_no,course_name,
college_no,work_id,final_grade)
  VALUES ('200930303340','COM794','通信原理','03','070008',89);
commit;
SQL>UPDATE db_grade SET Final_Grade='96' WHERE Register_no='200930303340' and
course_no='COM794' and Work_id='070008';
SQL>DELETE FROM db_grade WHERE ROWNUM=1;
```

如图 9-6 所示。

```
SQL>DROP TRIGGER tri_state_lev_db_grade;
```

图 9-6 创建语句级触发器

9.5.7 行级触发器

在 DML 事件触发下，行级触发器执行的次数与表中数据的行数有关。行级触发器由触发语句所处理的行激发。在 DML 触发器内部可以访问正在处理中的行数据。这种访问是通过两个行级触发器的两个属性标识符:OLD 和:NEW 实现的。属性标识符是一种特殊的 PL/SQL 绑定变量，该标识符前面的冒号说明它们不是普通的 PL/SQL 变量，而是使用在嵌套 PL/SQL 中宿主变量上的绑定变量。PL/SQL 编译器将把这种变量按记录类型处理，即<triggering_table>%ROWTYPE，其中<triggering_table>是定义触发器所依赖的触发表。用格式:NEW. field_name 引用当前正在处理行的字段数据，其中 field_name 是该触发表的字段名。标识符:OLD 和:NEW 也被称为伪记录。表 9-7 是在不同 DML 语句中:OLD 和:NEW 伪记录字段值。

表 9-7 :old 和:new 伪记录字段值

触发事件	标识符:old	标识符:new
INSERT	无定义-所有字段为空 NULL	该语句结束时将要插入的值
UPDATE	更新前行的原始值	该语句结束时将要更新的值
DELETE	行删除前的原始值	无定义-所有字段为空 NULL

在实际使用上，伪记录的使用也有一些限制:

(1) 伪记录:OLD 和:NEW 不能在行级的操作中使用，只能在触发器中使用。

(2) :OLD 和:NEW 不能作为实际子程序的参数使用。

(3) 触发器不能改变:OLD 字段值的值;:OLD 对 INSERT 语句没有定义。

(4) :NEW 对 DELETE 语句没有定义。如果在 INSERT 语句中使用:OLD，在 DELETE 语句中使用:NEW 标识符，则 PL/SQL 编译器不会报错，编译的结果将使该字段为空。

(5) BEFORE 触发器可以在 INSERT 和 UPDATE 语句中改变:NEW 字段的值。

从 Oracle 8i 开始，Oracle 定义了另外一个相关标识符: PARENT。如果触发器定义在嵌套表中的话，标识符:OLD 和:NEW 就引用嵌套表中的行，而: PARENT 则引用其父表的当前行。标识符:NEW 中的值是可以更改的，而:OLD 则不可以更改。

【例 9-5】 创建表 9-1 中 tri_dele_faculty_his 触发器。

功能: 用于自动记载离职教师的信息，达到审计目的。

(1) 用 staffuser 用户连接数据库。

```
SQL>conn staffuser/staffuser123
```

(2) 创建存储离职教师历史信息的表 db_teacher_his。

```
SQL>CREATE TABLE db_grade_his AS SELECT * FROM db_grade WHERE 1=2;
```

(3) 创建 tri_dele_faculty_his 触发器。

当删除表 db_teacher 中行数据时，在该表上创建的 tri_dele_faculty_his 触发器应能够在删除行数据之前把被删除行的数据自动完整地插入到 db_teacher_his 中。

脚本如下：

```
---script_9-20_tri_dele_db_grade_his.sql
CREATE OR REPLACE TRIGGER tri_dele_db_grade_his
BEFORE DELETE ON db_grade
FOR EACH ROW
BEGIN
INSERT INTO db_grade_his VALUES(:old.register_no,:old.course_no,
:old.work_id,:old.college_no,:old.course_name,:old.registered_date,:old.
registered_year,:old.registered_term,:old.final_grade,:old.makeup_flag,:old.
credit);
END tri_dele_db_grade_his;
/
```

测试：

```
SQL>DELETE FROM db_grade WHERE ROWNUM=1;
```

【例 9-6】 创建触发器 tri_no_exceed_cur_date。

功能：加强数据完整性约束；在数据更新前进行复杂的数据检查，使修改的日期不能超过当前日期。

```
---script_9-21_tri_no_exceed_cur_date.sql
CREATE OR REPLACE TRIGGER tri_no_exceed_cur_date
BEFORE UPDATE OF registered_date ON db_grade
FOR EACH ROW
DECLARE
  invalid_date EXCEPTION;
BEGIN
  IF :new.registered_date >SYSDATE THEN
  RAISE invalid_date;
END IF;
EXCEPTION
WHEN invalid_date THEN
     RAISE_APPLICATION_ERROR(-20005,'修改的日期不能晚于当前日期');
END tri_no_exceed_cur_date;
/
```

测试：

```
SQL>UPDATE db_grade
SET registered_date=to_date('22-10-2013','DD-MM-YYYY');
```

触发器也可以代替主键和外键的约束功能，用于约束数据的输入。

触发器与约束有所不同：

(1) 触发器仅对新输入的数据有效，对已存储于表中的数据无效。约束既对新输入的数据有效，也对已存储于表中的数据有约束作用。

(2) 对于同样的规则要求，约束具有易于编写且出错少的优点；但触发器可实现约束无法完成的复杂商业规则。

(3) Oracle强烈建议：用户在下列场合下用触发器约束数据输入。

① 当子表和父表在分布式数据库的不同节点上时，使用触发器来加强其参照完整性。

② 无法用约束实现的复杂商业规则或参照完整性。

【例9-7】 创建触发器tri_grade_percentage。

功能：插入到表中的成绩是录入卷面成绩的60%。利用:NEW可更改的特性实现在插入记录之前更改其字段值的目的，如图9-7所示。

```
---script_9-22_tri_grade_percentage.sql
CREATE OR REPLACE TRIGGER tri_grade_percentage
BEFORE INSERT OR UPDATE OF final_grade ON db_grade
FOR EACH ROW
BEGIN
  IF INSERTING THEN INSERT INTO db_grade
VALUES(:new.register_no,:new.course_no,:new.work_id,:new.college_no,:new.course
_name,:new.registered_date,:new.registered_year,:new.registered_term,:new.final
_grade * 0.60,:new.makeup_flag,:new.credit);
  ELSIF UPDATING THEN
    UPDATE db_grade SET final_grade= :new.final_grade * 0.60;
  END IF;
END tri_grade_percentage;
/
```

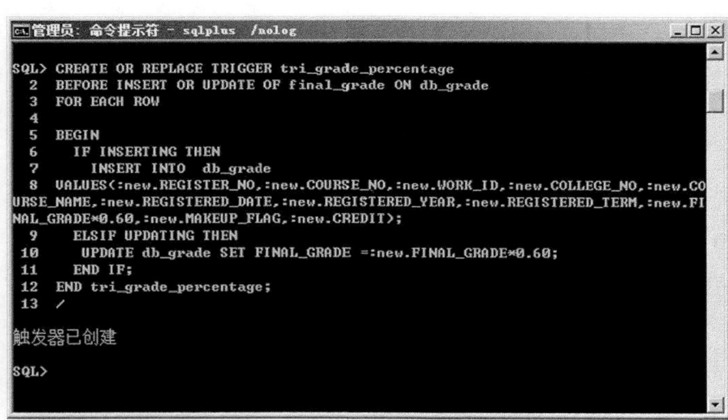

图9-7 更改:new的字段值

测试：

向db_grade表中插入一条记录，然后用SELECT语句查询其结果。

【例9-8】 创建触发器tri_when_restrict。

功能：

（1）使用 WHEN 条件子句的过滤功能。

（2）用 REFERENCING 子句为标识符 NEW 指定不同名称；实现在插入记录之前，为成绩低于 60 分的记录自动设置补考标识'1'。

WHEN 条件子句只适用于行级触发器。一旦指定了 WHEN 子句，触发器将只执行满足 WHEN 子句条件的行。

注意：在 WHEN 的条件中，OLD 和 NEW 或在 REFERENCING 子句中为 OLD 和 NEW 起的别名前面都不加冒号(:)。

```
---script_9-23_tri_when_restrict.sql
CREATE OR REPLACE TRIGGER tri_when_restrict
BEFORE INSERT OR UPDATE OF final_grade ON db_grade
REFERENCING NEW AS new_rec
FOR EACH ROW
WHEN (new_rec.final_grade< 60)
BEGIN
    :new_rec.makeup_flag := '1';
END tri_when_restrict;
/
```

【例 9-9】 创建触发器 tri_follows_prior。

功能：采用 FOLLOWS 子句可实现强制控制多个触发器执行顺序的目的，使得触发器 tri_follows_prior 紧跟在 tri_when_restrict 被激活后执行。指定触发器 tri_follows_prior 在已创建的 tri_when_restrict 触发器之后执行。若 final_grade 成绩低于 60，则将其修改为 999。

```
---script_9-24_tri_follows_prior.sql
CREATE OR REPLACE TRIGGER tri_follows_prior
BEFORE INSERT OR UPDATE OF final_grade ON db_grade
REFERENCING NEW AS new_rec
FOR EACH ROW
Follows staffuser.tri_when_restrict
WHEN (new_rec.final_grade< 60)
BEGIN
    :new_rec.final_grade := 999;
END tri_follows_prior;
/
```

其中，若使用 FOLLOWS 子句选项，则 FOLLOWS 子句的位置一定要在 FOR EACH ROW 和 WHEN 子句之间，否则会出现错误“ORA-04079：无效的触发器说明”。

9.5.8 管理触发器

1. 查看特定对象上的触发器

格式：

```
SQL>SELECT trigger_name,status FROM user_triggers
    WHERE table_name='<capital_table_name>';
```

【例 9-10】 查看 db_grade 表上的触发器。

```
SQL>SELECT trigger_name,status FROM user_triggers
    WHERE table_name='DB_GRADE';
```

2. 查看触发器的源代码

格式:

```
SQL>SELECT line,text FROM user_source
    WHERE name='<capital_trigger_name>';
```

【例 9-11】 查看触发器 tri_grade_percentage 的源代码。

```
SQL>col text format a70
SQL>SELECT line,text FROM user_source
      WHERE name='TRI_GRADE_PERCENTAGE';
```

3. 禁用触发器

数据库触发器有两种状态:

(1) 有效状态(ENABLE)。当触发事件发生时,处于有效状态的数据库触发器将被触发。

(2) 无效状态(DISABLE)。当触发事件发生时,处于无效状态的数据库触发器将不会被触发。

数据库触发器的这两种状态可以互相转换。

当触发器被禁用后,该触发器不会因表上的 DML 操作而触发,直到该触发器被解除禁用。

格式:

```
SQL>ALTER TRIGGER <trigger_name>DISABLE;
```

【例 9-12】 将触发器 tri_grade_percentage 禁用。

```
SQL>ALTER TRIGGER tri_grade_percentage DISABLE;
```

4. 启用触发器

被禁用的触发器可以被解除禁用。

格式:

```
SQL>ALTER TRIGGER <trigger_name>ENABLE;
```

【例 9-13】 启用触发器 tri_grade_percentage。

```
SQL>ALTER TRIGGER tri_grade_percentage ENABLE;
```

5. 禁用、启用表上的所有触发器

ALTER TRIGGER 语句一次只能改变一个触发器的状态，而 ALTER TABLE 语句则一次能够改变与指定表相关的所有触发器的使用状态。

格式：

```
SQL>ALTER TABLE <table_name> DISABLE| ENABLE ALL TRIGGERS;
```

【例 9-14】 使表 db_grade 上的所有触发器失效。

```
SQL>ALTER TABLE db_grade DISABLE ALL TRIGGERS;
```

【例 9-15】 使表 db_grade 上的所有触发器有效。

```
SQL>ALTER TABLE db_grade ENABLE ALL TRIGGERS;
```

6. 重新编译触发器

在触发器体内调用的函数或过程被删除或修改后，触发器的状态就会被标识为无效。此时，必须重新编译触发器，否则触发器是无效的，这将导致 DML 语句执行失败。在 PL/SQL 程序中可以调用 ALTER TRIGGER 语句重新编译已经创建的触发器。

格式：

```
SQL>ALTER TRIGGER <trigger_name> COMPILE;
```

【例 9-16】 将触发器 tri_grade_percentage 重新编译。

```
SQL>ALTER TRIGGER tri_grade_percentage COMPILE;
```

7. 将触发器更名

格式：

```
SQL>ALTER TRIGGER <trigger_name> RENAME TO <new_name>;
```

【例 9-17】 将触发器 tri_grade_percentage 更名为 tri_grade_pct_new。

```
SQL>ALTER TRIGGER tri_grade_percentage RENAME TO tri_grade_pct_new;
```

8. 删除触发器

当删除其他用户模式下的触发器时，需要具有 DROP ANY TRIGGER 系统权限。当删除建立在数据库上的触发器时，用户须具有 ADMINISTER DATABASE TRIGGER 系统权限。另外，当删除表或视图时，建立在这些对象上的触发器也将随之被删除。

格式：

```
SQL> DROP TRIGGER <trigger_name>;
```

【例 9-18】 删除触发器 tri_grade_pct_new。

```
SQL> DROP TRIGGER tri_grade_pct_new;
```

9. 检查无效的触发器

```
SQL> SELECT table_owner,trigger_name,table_name,status
     FROM user_triggers WHERE status='DISABLED';
```

9.6 复合触发器

从 Oracle 11g 开始，Oracle 添加了复合触发器的功能。使用复合触发器可以避免在 Oracle 11g 之前版本中出现的变异表错误(ORA-04091)。

所谓变异表就是当前被 DML 语句修改的且在其上定义了触发器的表。对变异表来说，触发器中的 SQL 语句不能直接读取或修改触发语句的变异表；也不能读取或修改与触发表相关联的约束表中 PRIMARY、UNIQUE 或 FOREIGN 外部关键字。要解决变异表带来的问题，在 Oracle 11g 版本之前只能借助编写不同语句级和行级触发器并通过中间表或包来传递信息来加以实现。

从 Oracle 11g 开始，使用复合触发器就可避免出现访问变异表错误。复合触发器可以将多个独立的触发器集成在一个触发器中，更好的控制基于多个触发点的触发器，解决了变异表带来的上述问题，可以达到更好的逻辑控制，更加易于编写业务逻辑，并共享公共数据，提高系统性能。

9.6.1 复合触发器定义

复合触发器属于 DML 触发器。创建复合触发器的语法格式如下：

```
CREATE [OR REPLACE] TRIGGER trigger_name
FOR {INSERT | UPDATE | UPDATE OF column1[,column2[,…]] |DELETE}
ON table_name
COMPOUND TRIGGER
[declaration_section]
[BEFORE STATEMENT IS
    [declaration_statement;]
BEGIN
    execution_statement;
END BEFORE STATEMENT;]
[BEFORE EACH ROW IS
    [declaration_statement;]
BEGIN
    execution_statement;
```

```
END BEFORE EACH ROW;]
[AFTER EACH ROW IS
    [declaration_statement;]
BEGIN
    execution_statement;
END AFTER EACH ROW;]
[AFTER STATEMENT IS
    [declaration_statement;]
BEGIN
    execution_statement;
END AFTER STATEMENT;]
END [trigger_name];
/
```

复合触发器如同一个多线程的进程;作为一个整体,它有一个声明部分,每个触发点部分还有自己的局部声明部分;触发点部分是复合触发器的次级触发器块。

复合触发器主要包含如下几个组成部分:

(1) 声明部分。用来声明在触发体中使用的变量或子程序。在复合触发器中定义的变量,可以在不同类型的触发语句中使用。

(2) 触发部分。复合触发器既是语句级又是行级触发器。在对表进行插入、更新或删除操作时,可以用复合触发器捕获4个触发点的信息:

① 触发语句之前:BEFORE STATEMENT。

② 触发语句中的每一行发生变化前:BEFORE EACH ROW。

③ 触发语句中的第一行变化后:AFTER EACH ROW。

④ 触发语句之后:AFTER STATEMENT。

当在语句和行事件级别都采取行动时,可以用这些类型的触发器来审核、检查、保存和替换值。

如果在复合触发器体内同时出现上面4个触发点部分,一般建议按照上面的顺序去写,这样可读性更强些。如果某个触发点部分没有出现,则在该部分对应的触发点就没有任何动作发生。

(3) 复合触发器的触发语句必须是DML语句。若触发语句不对行产生影响,且复合触发器既没有BEFORE STATEMENT部分,也没有AFTER STATEMENT部分,则触发器不被触发。

当同时在同一个表上进行语句级和行级触发器的行为时,可以使用复合触发器。可以在表上或视图上定义它们。

复合触发器就是针对每个触发点,将语句级和行级触发器命令综合起来,用以执行复杂的用户命令。在执行处理期间,这些命令共享语句级和行级的数据,从而避免变异表错误。

9.6.2 复合触发器的限制

复合触发器有以下限制:

（1）复合触发器的主体必须是复合触发器块。

（2）复合触发器必须是DML触发器，且定义在表或者视图上。

（3）BEFORE STATEMENT 部分始终是在任何其他触发点执行之前执行一次。

（4）发生在可执行部分的异常必须在该部分中处理，不能将其移交给另一部分。

（5）不能在声明部分、BEFORE STATEMENT 或 AFTER STATEMENT 部分中引用:OLD、:NEW 和 PARENT。

（6）:NEW 伪列的值只能在 BEFORE EACH ROW 部分改变。

（7）复合触发器不支持用 WHEN 子句进行的过滤。

（8）复合触发器不包含自治事务。

（9）复合触发器的激发顺序不固定，复合触发器可与独立触发器的激活顺序交替进行。

（10）如果用 FOLLOWS 选项指定了激活复合触发器的顺序，且 FOLLOWS 的目标不包含作为源码的相应部分，则可以忽略这一顺序。

9.6.3 创建复合触发器

【例 9-19】 创建触发器 tri_grade_warning。

功能：用复合触发器实现获取当前插入或更新成绩的学生学号，计算其截止当前所欠学分总数。当已学课程中，所欠学分总数达到18、小于25，给予严重学业警告。

```
---script_9-25_tri_grade_warning.sql
CREATE OR REPLACE TRIGGER tri_grade_warning
FOR INSERT OR UPDATE ON db_grade
COMPOUND TRIGGER
  v_reg_no db_grade.register_no%TYPE;
  v_credit_total NUMBER;
BEFORE EACH ROW IS
BEGIN
  v_reg_no :=:new.register_no;
END BEFORE EACH ROW;
AFTER STATEMENT IS
  BEGIN
  SELECT sum(credit) INTO v_credit_total FROM db_grade
  WHERE register_no=v_reg_no AND makeup_flag='1' ;
  IF v_credit_total >=18 AND v_credit_total<25 THEN
  raise_application_error(-20000,'截至目前,学号'||v_reg_no||'的学生所欠学分已达到:
  '||v_credit_total|| ' 给予严重学业警告!');
  END IF;
END AFTER STATEMENT;
END tri_grade_warning;
/
```

由此可知，复合触发器可将行级触发器的单行值传递给语句级触发器。创建复合触发器 tri_grade_warning 的过程如图 9-8 所示。

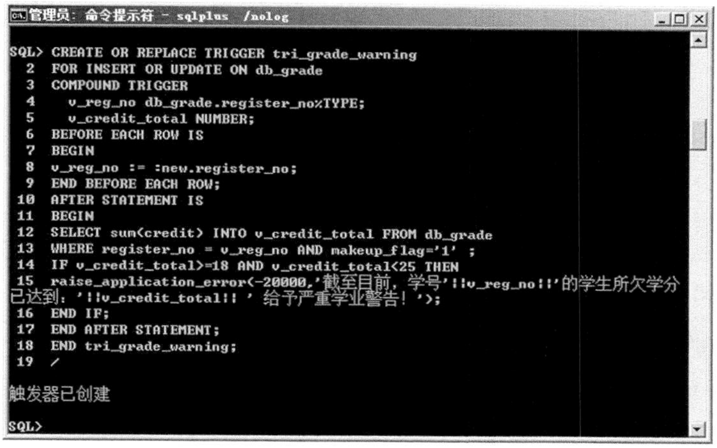

```
管理员: 命令提示符 - sqlplus /nolog

SQL> CREATE OR REPLACE TRIGGER tri_grade_warning
  2  FOR INSERT OR UPDATE ON db_grade
  3  COMPOUND TRIGGER
  4    v_reg_no db_grade.register_no%TYPE;
  5    v_credit_total NUMBER;
  6  BEFORE EACH ROW IS
  7  BEGIN
  8  v_reg_no := :new.register_no;
  9  END BEFORE EACH ROW;
 10  AFTER STATEMENT IS
 11  BEGIN
 12  SELECT sum(credit) INTO v_credit_total FROM db_grade
 13  WHERE register_no = v_reg_no AND makeup_flag='1' ;
 14  IF v_credit_total>=18 AND v_credit_total<25 THEN
 15  raise_application_error(-20000,'截至目前，学号'||v_reg_no||'的学生所欠学分
已达到：'||v_credit_total|| ' 给予严重学业警告！');
 16  END IF;
 17  END AFTER STATEMENT;
 18  END tri_grade_warning;
 19  /

触发器已创建

SQL>
```

图 9-8　创建复合触发器

9.7　替代触发器

在 Oracle 中，由于不能直接对由两个以上的表建立的视图进行操作，因此给出了替代触发器。

替代触发器的语法格式如下：

```
CREATE [OR REPLACE] TRIGGER trigger_name
INSTEAD OF {INSERT|DELETE|UPDATE}
ON view_name
[FOR EACH ROW]
[DECLARE]
  declaration_statements;
BEGIN
  execution_statements;
END [trigger_name];
/
```

显然，替代触发器是建在视图上的 DML 行级触发器，它可读取但不能修改:OLD 和:NEW 值；也不能指定 UPDATE OF 子句。在替代触发器中不能使用 WHEN 条件子句。

创建替代触发器需要注意的问题：

(1) 替代触发器只能创建在视图上，且该视图没有指定 WITH CHECK OPTION。

(2) 不能为替代触发器指定 BEFORE 或 AFTER 选项。

(3) 替代触发器是行级触发器，所以 FOR EACH ROW 是可选子句，没必要指定。

(4) 针对在单个表上创建的视图不必创建替代触发器，用 DML 触发器即可。

【例 9-20】 创建触发器 tri_instead_of_insert。

首先，根据表 db_teacher、db_major 和 db_college 创建视图 view_teacher。

脚本如下：

```
---script_9-26_create_view_view_teacher.sql
CREATE VIEW view_teacher(v_workid,v_tname,v_majorname,
                          v_collegename)as
SELECT t.work_id,t.t_name,m.major_name,c.college_name
FROM db_teacher t,db_major m,db_college c
WHERE t.major_no=m.major_no and t.college_no=c.college_no;
```

然后在视图 view_teacher 上创建替代触发器 tri_instead_of_Insert，当在视图上实施 INSERT 操作时，则该触发器被激活，由触发器完成向 db_teacher 插入数据的功能。

具体脚本如下：

```
---script_9-27_tri_instead_of_insert.sql
CREATE OR REPLACE TRIGGER tri_instead_of_Insert
INSTEAD OF INSERT ON view_teacher
DECLARE
  v_collegeid db_college.college_no%TYPE;
  v_majorid db_major.major_no%TYPE;
BEGIN
  SELECT college_no INTO v_collegeid FROM db_college
  WHERE college_name=:new.v_collegename;
  SELECT major_no INTO v_majorid FROM db_major
  WHERE major_name=:new.v_majorname;
  INSERT INTO db_teacher(work_id,t_name,major_no,college_no)
  VALUES(:new.v_workid,:new.v_tname,v_majorid,v_collegeid);
END tri_instead_of_insert;
/
```

测试：

```
SQL> INSERT INTO view_teacher(v_workid,v_tname,v_majorname,
                               v_collegename)
    VALUES('050008','李乐乐','服装艺术设计','服装学院');
SQL> COMMIT;
```

创建触发器及测试过程如图 9-9 所示。

注意：触发器中没有加 FOR EACH ROW 子句，但也是事实上的行级触发器。此处:NEW 伪记录是在对视图实施 INSERT 操作时产生的，所以:NEW 的列名应根据视图 view_teacher 的列名指定。

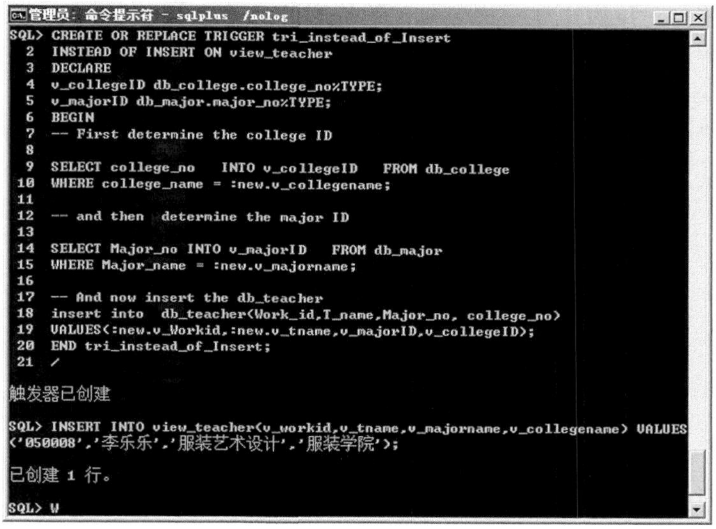
管理员: 命令提示符 - sqlplus /nolog
SQL> CREATE OR REPLACE TRIGGER tri_instead_of_Insert
2 INSTEAD OF INSERT ON view_teacher
3 DECLARE
4 v_collegeID db_college.college_no%TYPE;
5 v_majorID db_major.major_no%TYPE;
6 BEGIN
7 -- First determine the college ID
8
9 SELECT college_no INTO v_collegeID FROM db_college
10 WHERE college_name = :new.v_collegename;
11
12 -- and then determine the major ID
13
14 SELECT Major_no INTO v_majorID FROM db_major
15 WHERE Major_name = :new.v_majorname;
16
17 -- And now insert the db_teacher
18 insert into db_teacher(Work_id,T_name,Major_no, college_no)
19 VALUES(:new.v_Workid,:new.v_tname,v_majorID,v_collegeID);
20 END tri_instead_of_Insert;
21 /
触发器已创建
SQL> INSERT INTO view_teacher(v_workid,v_tname,v_majorname,v_collegename) VALUES
('050008','李乐乐','服装艺术设计','服装学院');
已创建 1 行。
SQL> W

图 9-9 创建替代触发器及测试

作 业 题

1. Oracle 触发器有哪几种类型？分别在发生什么事件时被触发？

2. 针对用户事件 LOGON 及 LOGOOF 所创建的 DDL 触发器与系统触发器有何区别？请用实例加以说明。

3. 如果要获取激活触发器的事件属性，应采用何种途径？举例说明。

4. 如果在同一表上定义了多个 DML 触发器，那么触发器与激活触发器的 SQL 语句及表约束按照什么先后顺序执行？

5. DML 触发器中的条件谓词起到什么作用？

6. 触发时机 BEFORE 和 AFTER 通常适用于哪些情形？请详细说明。

7. 标识符:OLD 和:NEW 与触发表有什么关系？举例说明。

8. 在行级触发器中，当事件和触发时机均满足触发条件时，有时也不被触发，为什么？请举例说明。

9. 现有部门信息表 depet(deptno,dname,location)，deptno 为主键；雇员信息表 emp(eno,ename,job,salary,deptno)，eno 为主键。emp 与 dept 并无外键关联。

(1) 当插入或修改 emp 表中数据时，使其保持表 emp 与表 dept 之间的参照完整性，请编写一个触发器实现其功能。

(2) 当插入或修改 emp 表中 job 为程序员的数据时，emp 表中的 salary 字段的值不能低于 5000，也不能高于 9000，请编写一个触发器实现该功能。

10. 管理触发器需要哪些权限？管理触发器主要完成哪些操作？举例说明。

11. 复合触发器适用于什么情形？有什么限制？

12. 编写触发器，使其完成审计功能，即当数据库启动或服务器出错，或用户登录后，能自动记载数据库启动的时间。

13. 当用户修改其登录口令时，系统自动保留其曾使用过的口令，保留的口令最多10个，并且新设置的口令不能与以往使用过的口令重复，用触发器实现该功能。

第 10 章 chapter 10

包

本章目标

掌握包的结构与定义及调用方法;学会如何在包中调用过程、函数异常处理等。

10.1 用户对系统的需求

在前期已实现的功能中,多数都使用存储过程和函数来满足用户的需求。但存储过程和函数也有一些不足:若需要对存储过程的输入输出参数做适当更改,则必须更改程序,从而增加了维护成本。由于存储过程是将业务处理绑定到数据库中,这也不利于应用程序在不同平台上进行移植等。

为降低数据库维护成本,增强程序的可移植性,并提高系统性能和安全性,可以将功能相近的存储过程及函数等集成并封装到若干个程序模块中。Oracle 包可实现此要求。包的规划如表 10-1 所示。

表 10-1 包规划

包 名	包含的对象名	功 能
pack_get_infor	p_delete_std	创建用于删除学生信息的存储过程
	fun_std_avg_gra	查询学生指定学期平均的成绩
	Fun_query_std_gra	查询指定的学号、课程及教师所授课的成绩
	cur_major	查询专业代码及名称
	ur_std	根据专业代码查询学号及姓名
	stdcurtyp	定义一个游标变量的类型

10.2 创 建 包

10.2.1 创建包 pack_get_infor

(1) 启动 SQL * Plus 并连接数据库。

```
Sqlplus /nolog。
```

```
SQL>connect/AS SYSDBA
```

(2) 为 staffuser 授予相关权限。

```
SQL>GRANT ALTER ANY PROCEDURE TO staffuser;
SQL>GRANT CREATE ANY PROCEDURE TO staffuser;
SQL>GRANT DEBUG ANY PROCEDURE TO staffuser;
SQL>GRANT DROP ANY PROCEDURE TO staffuser;
SQL>GRANT EXECUTE ANY PROCEDURE TO staffuser;
```

(3) 用 staffuser 连接数据库。

```
SQL>connect staffuser/staffuser123
```

(4) 创建包头。即创建包 pack_get_infor 的说明部分,包含一个过程、一个函数、一个游标变量类型。

```
---script_10-1_create_packege_pack_get_infor.sql
CREATE OR REPLACE PACKAGE pack_get_infor IS
---p_delete_std: 创建一个用于删除学生信息的存储过程
PROCEDURE p_delete_std(p_std_no IN db_student.register_no%TYPE,
                       p_std_name IN db_student.S_name%TYPE);
---fun_std_avg_gra: 查询学生指定学期平均的成绩
FUNCTION fun_std_avg_gra(v_reg_no db_grade.register_no%type,
                         v_term char) RETURN number;
---定义一个游标变量的类型: stdcurtyp
TYPE stdcurtyp IS REF CURSOR;
END pack_get_infor;
/
```

(5) 创建包体,即创建 pack_get_infor 的主体部分。

```
CREATE OR REPLACE PACKAGE BODAY pack_get_infor AS
---p_delete_std: 创建一个用于删除学生信息的存储过程
PROCEDURE p_delete_std(p_std_no IN db_student.register_no%TYPE,
p_std_name IN db_student.S_name%TYPE)
IS
  invalid_std EXCEPTION;
BEGIN
  DELETE FROM db_student
  WHERE register_no=p_std_no AND S_name=p_std_name;
  IF SQL%NOTFOUND THEN RAISE invalid_std;
  END IF;
  COMMIT;
  EXCEPTION
  WHEN invalid_std THEN ROLLBACK;
    DBMS_OUTPUT.PUT_LINE('该生不存在!');
```

```
  END delete_std;
---fun_std_avg_gra: 查询学生指定学期平均的成绩
FUNCTION fun_std_avg_gra(v_reg_no db_grade.register_no%type,
                         v_term char)
RETURN NUMBER
IS
  v_std_avg_grade number ;
BEGIN
SELECT avg(final_grade) INTO v_std_avg_grade
FROM db_grade
WHERE register_no=v_reg_no and registered_term=v_term;
RETURN v_std_avg_grade;
EXCEPTION
WHEN NO_DATA_FOUND THEN RETURN 999;
END fun_std_avg_gra;
curva stdcurtyp;
END pack_get_infor;
/
```

10.2.2 测试包

删除学号为201030402239,名字为梁永翁的学生。

```
SQL>EXECUTE pack_get_infor.p_delete_std('201030402239','梁永翁');
```

10.3 包的定义

包是一组相关过程、函数、变量、游标、常量等PL/SQL程序设计元素的集合。它具有面向对象程序设计语言的特点,是对PL/SQL程序设计元素的封装。包与C++或Java等面向对象程序中的类十分相似。包中的变量相当于类中的成员变量,过程和函数相当于类中的方法。包中的程序元素也分为公共元素和私有元素两种,这两种元素的作用域不同。公共元素不仅在包的函数、过程中使用,也可以被包的外部PL/SQL块调用。私有元素只能被该包的内部函数或过程调用。

在PL/SQL设计中,包相当于一个容器,使用包可以简化应用程序的设计,使程序模块化,对外隐藏包内所有的信息。用户只需知道包的说明,不用了解包体的具体细节。当程序首次调用程序包内部的函数或过程时,Oracle将整个程序包调入内存。当再次调用包中的元素时,Oracle便直接从内存中读取,而不需要进行磁盘的I/O操作,从而提高了程序的执行效率。同时,位于内存中的包可被同一会话期间的其他应用程序共享。因此,包增加了重用性并改善了多用户、多应用程序环境的效率。

包数据在用户的整个会话期间都一直存在,当用户获得包的执行权限时,就等于获得包头中所有程序元素的权限。包可以重载过程和函数。

一个包由两个分开的包头和包体部分组成。

(1) 包头(PACKAGE)。包头部分是应用程序的接口,声明包括数据类型、常量、变量、游标、过程、函数和异常错误处理等在内的包的公有元素。

(2) 包体(PACKAGE BODY)。包体则是包头部分的具体实现,它定义了包头部分所声明的游标、过程和函数,在包体中还可以声明包的私有元素。如果在包体中的游标或过程、函数并没有在包头部分中定义,那么这个游标或过程、函数就是私有的。

包头一定要在包体前面定义,包体可以没有,但一定要有包头。

(3) 包头部分和包体分开编译,并作为两个独立的对象分别存放在数据库字典中。在设计应用程序时,可以先创建并编译包头部分,然后再编写引用该包的PL/SQL块。当完成整个应用程序的整体框架后,再来定义包体部分。只要不改变包头部分,就可以单独调试、增加或替换包体的内容,不会影响其他的应用程序。

(4) 更新包头部分后,必须重新编译引用包的应用程序,但更新包体则不需重新编译引用包的应用程序。

创建和修改或调用包必须拥有相应的系统权限: ALTER ANY PROCEDURE、DEBUG ANY PROCEDURE、CREATE ANY PROCEDURE、DROP ANY PROCEDURE、CREATE PROCEDURE和EXECUTE ANY PROCEDURE。

10.3.1 创建包

1. 创建包头的语法格式

```
CREATE [ OR REPLACE ] PACKAGE [ schema. ] package_name
    [AUTHID { CURRENT_USER| DEFINER }]{IS | AS }
{[{type_definition
|cursor_declaration
|{collection_variable_dec
| constant_declaration
| cursor_declaration
| cursor_variable_declaration
| exception_declaration
| object_declaration
| object_ref_declaration
| record_declaration
| variable_declaration }
| function_declaration
| procedure_declaration
| {PRAGMA AUTONOMOUS_TRANSACTION;
| PRAGMA EXCEPTION_INIT (exception_name, error_number );
| PRAGMA INLINE(identifier,{'YES'|'NO'});
| PRAGMA RESTRICT_REFERENCES
({function_name| DEFAULT},
  {RNDS| WNDS| RNPS| WNPS| TRUST}
```

```
  [,{RNDS| WNDS| RNPS| WNPS| TRUST} ]…);
|PRAGMA SERIALLY_REUSABLE;
}}
END [package_name];
/
```

2. 创建包体的语法格式

```
CREATE OR REPLACE PACKAGE BODY <package_name> IS|AS
PROCEDURE <procedure_name> (<parameters>) IS
  <define local variables,constants,and exceptions>
BEGIN
  <procedure_code>;
END <procedure_name>;
PROCEDURE <procedure_name> (<parameters>) IS
  <define local variables,constants,and exceptions>
BEGIN
  <procedure_code>;
END <procedure_name>;
FUNCTION <function_name> (<parameters>)
RETURNING <data_type> IS
  <define local variables,constants,and exceptions>
BEGIN
  <function_code>;
END <function_name>;
END <package_name>;
/
```

几点说明：

(1) 包头和包体必须有相同的名字。即用 CREATE OR REPLACE PACKAGE 创建的包头名称必须和用 CREATE OR REPLACE PACKAGE BODY 创建的包体名称一致。

(2) 包的开始没有 BEGIN 语句,这是与存储过程及函数不同的。

(3) 函数和过程的名称和参数在包头的说明部分定义;具体代码的实现则在包体中定义。

(4) 在包内声明常量、变量、类型定义、异常及游标时不使用关键词 DECLARE。

(5) 包内的过程和函数的定义不需要 CREATE OR REPLACE 子句。

(6) 公共部分的声明没有先后顺序,只要在它们被引用之前声明就可以,且不必重复出现在包体中。

(7) 包头的说明部分可包含带有返回类型的游标名字。游标的定义可在包体中实施。若没指明返回类型,则整个游标中的 SELECT 语句可在说明部分定义,不必在包体中定义。

(8) 包体是与包头相互独立的，包体只能在包头完成编译后才能进行编译。包体中提供包头中说明的子程序的具体实现代码。

调用包的格式：

```
package_name.member_name
```

其中，package_name 为包名；member_name 为包中的过程名、函数名或游标名等。

10.3.2 包的管理

与存储过程、函数一样，包是存储在数据库中的独立对象，可以随时查看其源码。若有需要，在创建包时可以随时查看更详细的编译错误。不需要的包也可以删除。同样，为了避免调用的失败，在更新表的结构后，一定要重新编译依赖于该表的包。在更新了包说明或包体后，也应该重新编译包说明与包体。

1. 重新编译包

格式：

```
SQL>ALTER PACKAGE <package_name>COMPILE;
```

2. 删除包头

格式：

```
SQL>DROP PACKAGE <package_name>;
```

3. 删除包体

格式：

```
SQL>DROP PACKAGE BODY <package_name>;
```

4. 查询包的源代码

格式：

```
SQL>SELECT text FROM user_source
    WHERE name='<package_name>';
```

5. 查询包的参数

查询包中的过程、函数等及其参数。

格式：

```
SQL>DESC <package_name>;
```

10.3.3 创建包的步骤

由于包是过程、函数及游标等其他程序对象的集合，因此创建包的几个步骤如下：

(1) 将每个存储过程和函数调试正确无误。

(2) 用文本编辑软件将各个存储过程和函数以及相关的游标等集成在一起。注意，去掉创建存储过程和函数语句中 CREATE OR REPLACE 的关键字。

(3) 按照包的定义格式将集成的文本前面加上 CREATE OR REPLACE PACKAGE 的包定义。包头与包体的名称必须保持一致。

(4) 按照包体的定义要求，将集成的文本前面加上 CREATE OR REPLACE PACKAGE BODAY 的包体定义。

(5) 使用诸如 SQL * Plus 及 TOAD 等开发工具进行调试。

另外，Oracle 中还有一些以 DBMS_开头的内置系统包，这些包是在创建数据库时与其他对象一同安装的，充当着 API 的作用。很多的功能可由 Oracle 提供的内置的系统包来完成。

作 业 题

1. 使用包需要哪些权限？

2. 针对 db_student 表创建一个包含过程和函数的包，根据学号并通过调用该包中过程，可任意查询学生的家庭地址及联系方式；调用该包中的函数可统计任意专业的学生人数。

3. 包中的函数和过程可以重载。如果两个子程序的参数仅在名称和类型上不同，或两个函数的返回类型不同，能否进行重载？什么情况下可以重载？

第11章 chapter 11

客户端配置与网络连接

本章目标

掌握客户端安装与配置连接、Oracle 监听器与网络配置方法；掌握 Visual Studio .NET 等不同开发环境配置连接 Oracle 数据库的具体方法。

11.1 客户端安装与配置

本案例以 Visual Studio. NET 2012 为开发环境，采用 B/S 结构，前端应用程序主要完成数据的编辑、更新、查询等功能。Oracle Database 11g R2 为数据库 EnterDB 提供数据存储、管理及处理功能。

应用程序必须通过 Oracle 的客户端才能正确连接到数据库并有效地访问数据。Oracle 使用 TCP/IP 作为通信协议。客户端的功能就是负责与服务器通信。在 Oracle 9i 及早期版本，服务器端与客户端软件集成在一起。当安装完整的 Oracle 企业版时，可以选择安装服务器还是客户端。从 Oracle 10g 开始，服务器端与客户端软件相分离，安装时只能安装服务端，若要安装客户端及管理软件需单独下载。

Oracle 支持几乎所有主流开发语言对数据库的访问。由于 Oracle 数据库具有可伸缩性，支持多种不同平台等特性，客户端为不同应用程序访问数据库，或在客户端访问并管理数据库提供了一种可能。Oracle 不仅提供了 Oracle Database Client 客户端安装包供用户下载，还提供了相对简易的客户端驱动程序，如 ODAC、Instant Client、JDBC 及 Universal Connection Pool (UCP)等。只有根据实际加以选择，安装客户端驱动程序并对其正确配置，应用程序才能以适当的连接方式并通过该客户端驱动程序正确地访问数据库。

在配置客户端连接时，必须使用服务器端提供的 5 个重要参数来配置客户端本地的网络服务名，如表 11-1 所示。

网络服务名是本地服务名，是为客户端配置的，用于客户端应用程序连接数据库的句柄，它既可以与全局数据库名或实例名相同，也可以不同，但在客户端中必须是唯一的。

表 11-1　连接服务器端的参数

参　数	含　义
服务名	通常是全局数据库名，指定客户端应用程序要访问的目标
服务器名或 IP 地址	定位数据库所在位置，用主机名或 IP 地址表示
通信协议	客户端与服务器通信规范，默认值为 TCP/IP
服务器监听端口号	监听器的监听位置，用于监听客户端的请求，默认值为 1521
用户名/口令	用于连接数据库并访问数据库对象，以及验证用户是否有效

要保证客户端成功连接到数据库服务器，必须满足客户端和服务器端的配置条件。

(1) 客户端条件

① 保证客户端与服务器端网络物理连接畅通。

② 正确安装适当的客户端软件，不论是 Oracle Database Client，还是 ODAC 或 Instant Client 等。

③ 正确配置客户端 sqlnet. ora 和 tnsnames. ora 文件。

④ 用 Oracle 的 TNSPing 实用程序检测 Oracle Net 连接正常。

(2) 服务器端条件

① 监听器服务 OracleOraDb11g_home1TNSListener 已启动，对应此服务的可执行文件位于<Oracle_Home>\BIN\目录下，文件名为 tnslsnr. exe。如本案例中，该文件及路径为 E:\app\Administrator\product\11. 2. 0\dbhome_1\BIN\TNSLSNR. EXE。

② 数据库及其服务 OracleService<SID>已启动，如 OracleServiceENTERDB。

(3) 配置 listener. ora 和 tnsnames. ora

用 Oracle Net Manager 和 Oracle Net Configuration Assistant 图形界面工具配置 listener. ora 和 tnsnames. ora。tnsnames. ora 是客户端必备的文件，用于配置本地网络服务名。当客户端与服务器端在同一台机器上时，监听器文件 listener. ora 与 tnsnames. ora 都是必需的，如图 11-1 所示。

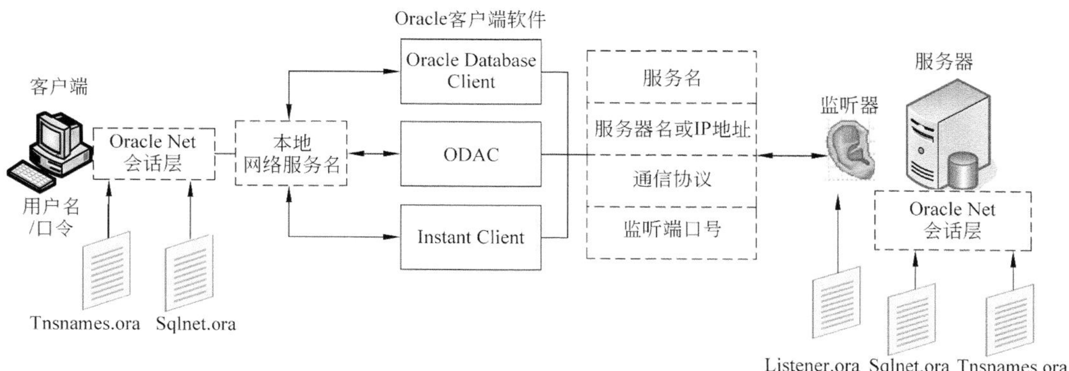

图 11-1　客户端与服务器连接

另外，必须正确设置客户端及应用程序字符集，使其与操作系统所选用的字符集及数据库字符集相匹配，否则，即使连接成功，客户端显示数据也会出现乱码。

① 客户端应用程序字符集。

在应用程序中，数据的显示均取决于其操作系统所选用的字符集；客户端只担负正确地显示和输入该字符集内所有数据的任务。这些数据能否在数据库中正确存储则与客户端 NLS_LANG 和数据库字符集的设置有关。当安装 Oracle 组件时，NLS_LANG 就被添加到注册表中。NLS_LANG 的默认值自动地选择了基于操作系统的本地设置。NLS_LANG 存储在注册表的 HKEY_LOCAL_MACHINE\SOFTWARE\ORACLE\HOME ID\NLS_LANG 子键中，其 ID 值是用以唯一标识 Oracle 目录的数字。若系统只安装了 Oracle 客户端组件，则 ID 值为 0。若同时还安装了 Oracle 的其他工具组件，在其他子键中的 ID 值会是 1 或 2 等值。用户设置 NLS_LANG 就可以改变当前会话进程所需用到的字符集。

② 服务器端的数据库字符集。

数据库字符集与操作系统字符集相互独立。关键是设置的 NLS_LANG 值所代表的字符集是否与数据库字符集匹配，即数据库字符集是否是客户端 NLS_LANG 值的超集或与之相等。

产生乱码的根本原因在于客户端的 NLS_LANG 字符集与应用程序的字符集不匹配，或 NLS_LANG 字符集与数据库字符集不一致。解决乱码的关键：使应用程序的字符集、Oracle 客户端的 NLS_LANG 字符集、客户端操作系统的字符集以及服务器端数据库字符集保持一致，单纯强调哪个都是不可取的。

11.1.1 Oracle Database Client

Oracle Database Client 是付费的客户端包。下载地址：http://download.oracle.com/otn/nt/oracle11g/112010/win64_11gR2_client.zip。

1. 安装 Oracle Database Client 11g R2 的步骤

(1) 将下载后的 win64_11gR2_client.zip 包解压。在解压后的目录中右击 setup.exe 文件，从弹出的快捷菜单中选择“以管理员身份运行”命令，如图 11-2 所示。

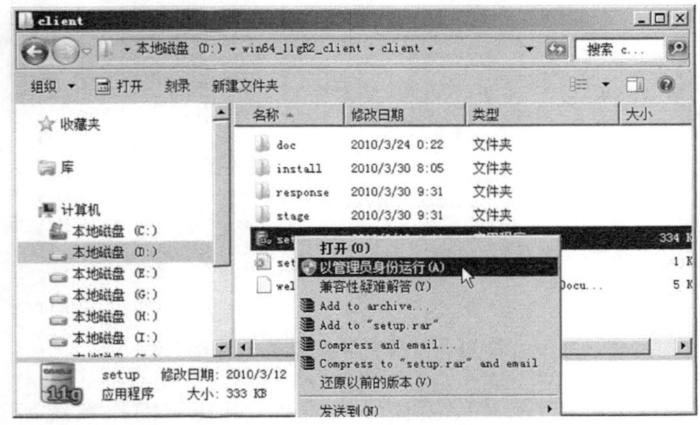

图 11-2 启动安装

(2) 选择安装类型。此处选择“定制”单选按钮，单击“下一步”按钮，如图 11-3 所示。

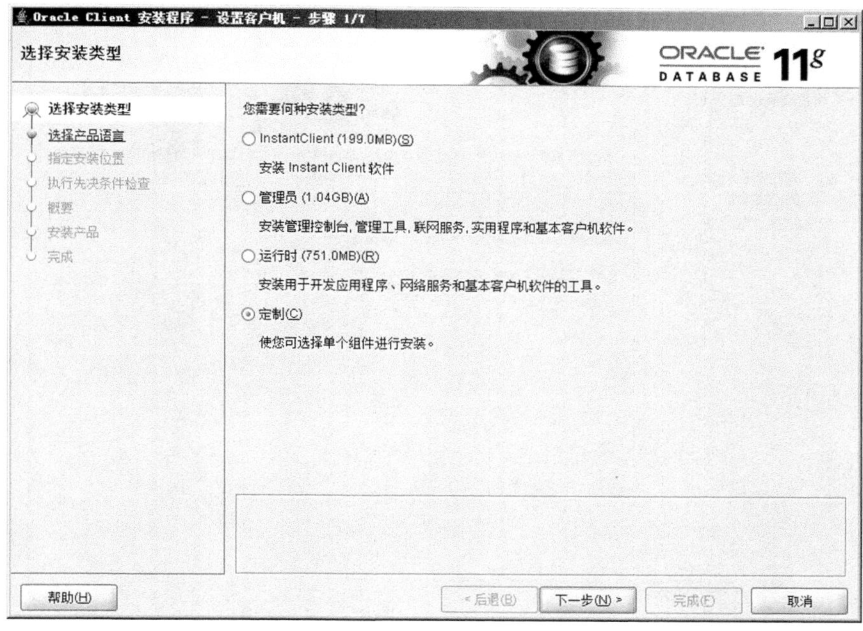

图 11-3 选择安装类型

(3) 选择产品语言，即选择安装字符集。注意：选择的产品语言一定要与数据库段所选择的语言相同，否则客户端显示的信息会出现乱码。单击“下一步”按钮，如图 11-4 所示。

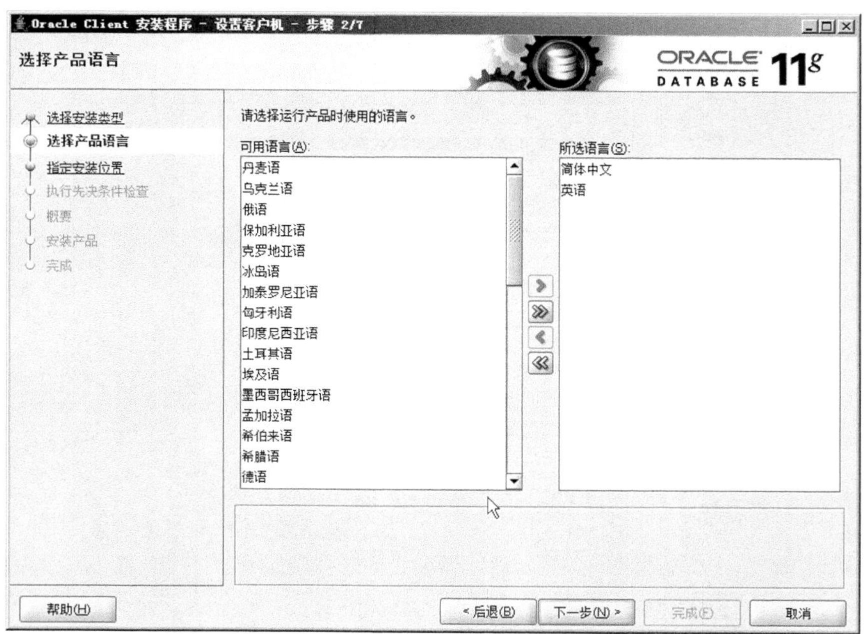

图 11-4 选择产品语言

(4) 指定安装客户端软件的位置。注意：如果客户端与服务器在同一台机器上，不能将其与数据库安装在同一目录中。单击“下一步”按钮，如图 11-5 所示。

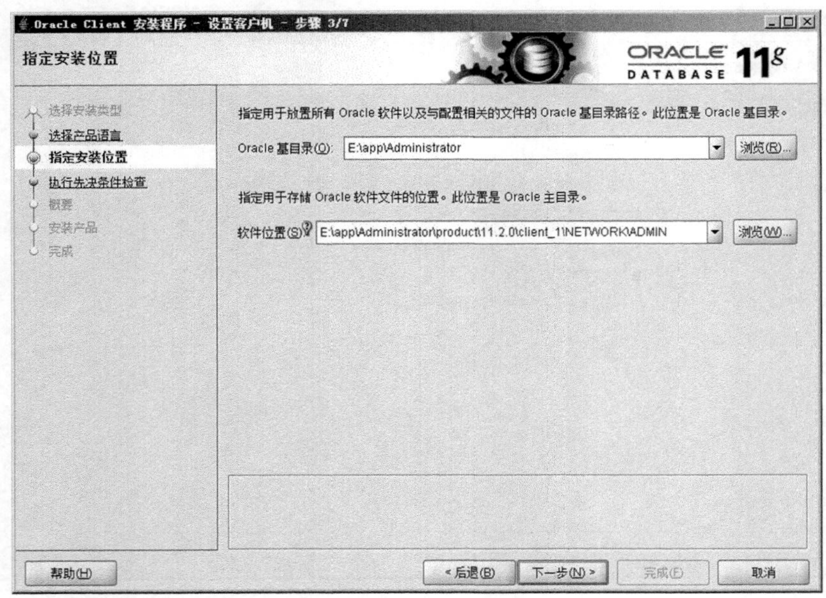

图 11-5　指定安装位置

(5) 选择可用产品组件。根据实际任意选择若干或全部组件。单击“下一步”按钮，如图 11-6 所示。

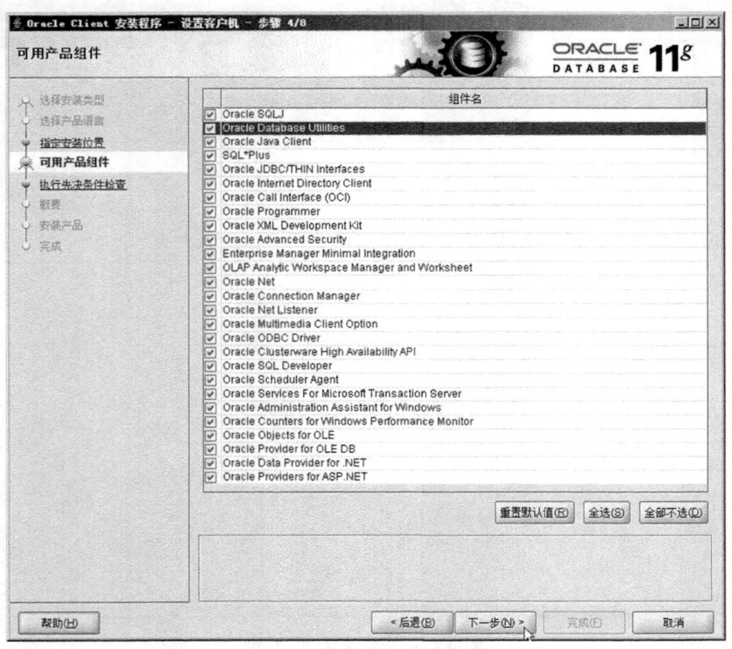

图 11-6　选择可用产品组件

(6) 确定调度程序代理主机名,以及运行客户端的主机名,其代理端口号默认为1500,如图 11-7 所示。

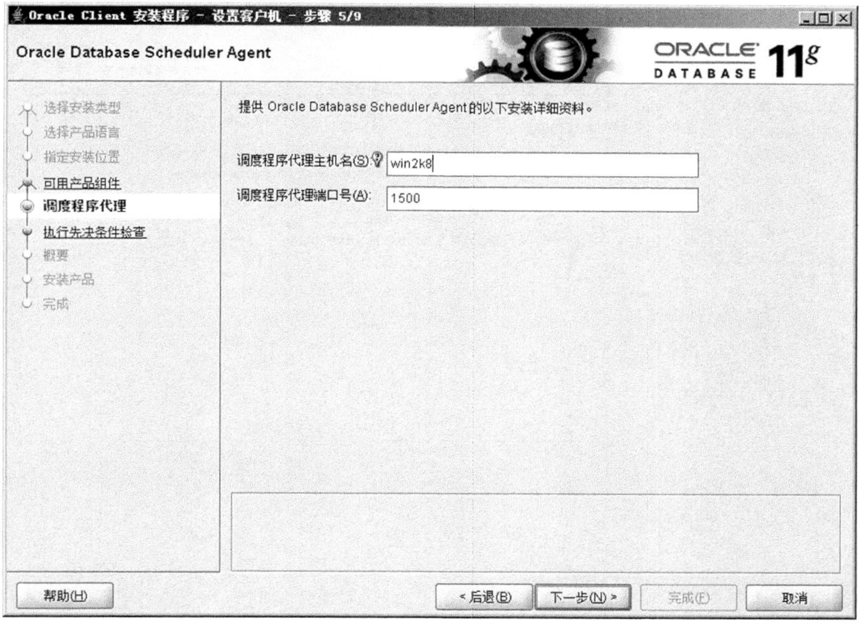

Oracle Client 安装程序 - 设置客户机 - 步骤 5/9
Oracle Database Scheduler Agent
ORACLE
DATABASE
11g
选择安装类型
选择产品语言
指定安装位置
可用产品组件
调度程序代理
执行先决条件检查
概要
安装产品
完成
提供 Oracle Database Scheduler Agent 的以下安装详细资料。
调度程序代理主机名(S):
win2k8
调度程序代理端口号(A):
1500
帮助(H)
< 后退(B)
下一步(N) >
完成(F)
取消

图 11-7 调度程序代理主机名及端口号

(7) 为 MTS 指定端口号,如图 11-8 所示。

Oracle Client 安装程序 - 设置客户机 - 步骤 6/10
Oracle Services for Microsoft Transaction Services
ORACLE
DATABASE
11g
选择安装类型
选择产品语言
指定安装位置
可用产品组件
调度程序代理
Oracle Services for MTS
执行先决条件检查
概要
安装产品
完成
Oracle MTS Recovery Service 是随 Oracle Services for Microsoft Transaction Server 自动安装的。
Oracle MTS Recovery Service 接收请求,解决在此机器上启动的有问题的 MS DTC 协调的事务处理。输入
Oracle MTS Recovery Service 在此计算机上监听请求的端口号。
指定端口号(S):
49157
帮助(H)
< 后退(B)
下一步(N) >
完成(F)
取消

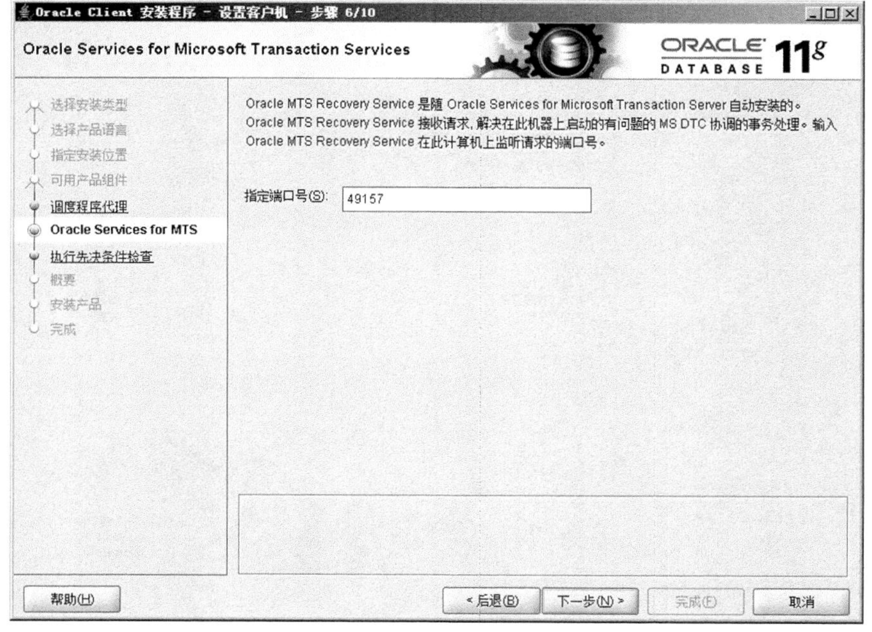

图 11-8 指定 MTS 端口号

(8) 执行先决条件检查,并显示选择安装组件的概要。单击“完成”按钮,如图 11-9 所示。

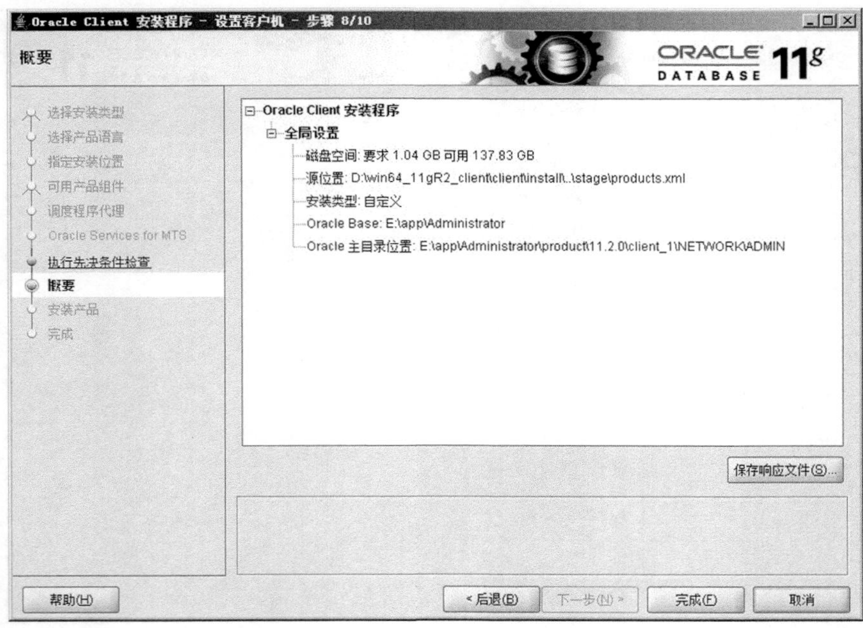

图 11-9 安装概要

(9) 系统开始自动安装过程,如图 11-10 所示。

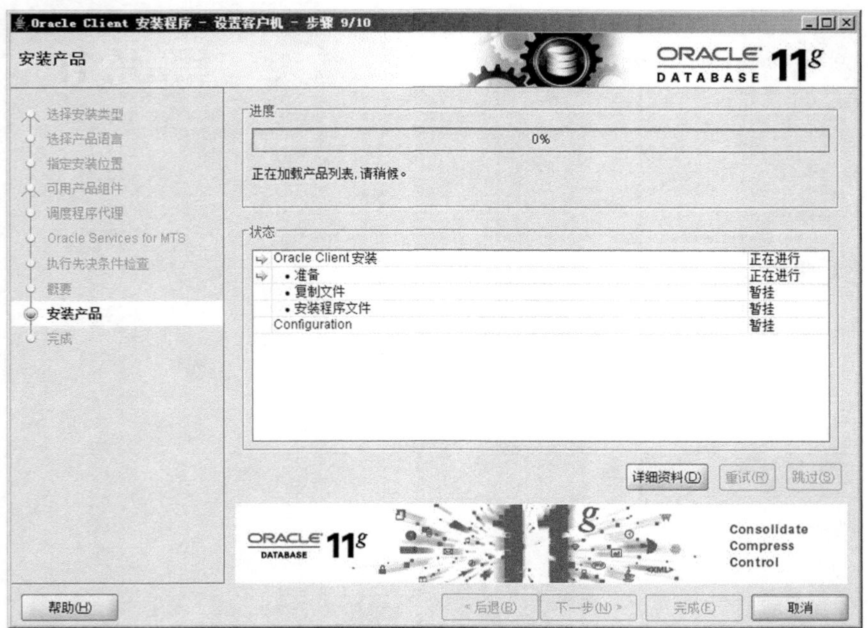

图 11-10 系统自动安装

(10) 开始进入监听器配置及命名方法的配置,单击"下一步"按钮,如图 11-11 所示。

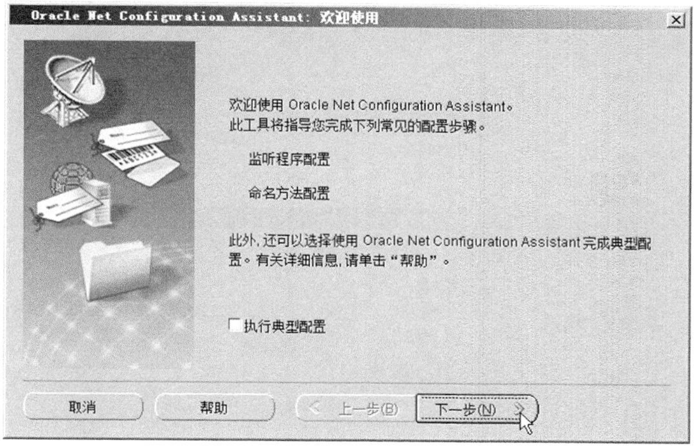

图 11-11 配置监听器及命名方法

安装结束时,系统提示安装结束。在"所有程序"→Oracle - OraClient11g_home1 菜单组中可以看到所有安装的客户端的内容,如图 11-12 所示。

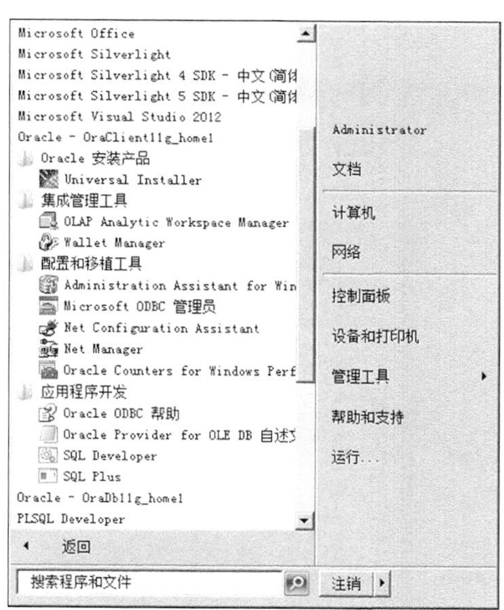

图 11-12 客户端菜单组

图 11-13 是 Oracle Database Client 11g R2 安装后的部分文件目录。

打开注册表,可以看到客户端安装后的注册信息,如图 11-14 所示。

在 Oracle Database Client 11g R2 安装后,如果需要重新配置监听器或本地网络服务名,可在菜单组中选择 Oracle-OraClient11g_home1→"配置和移植工具"命令,启动 Net Configuration Assistant,使用该配置助手可重新进行配置监听器或本地网络服务名。

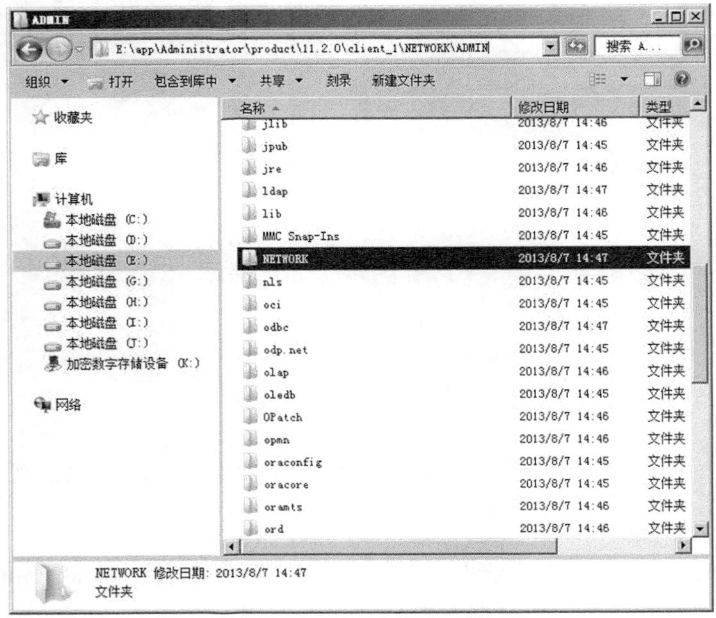

图 11-13　客户端安装后的文件目录

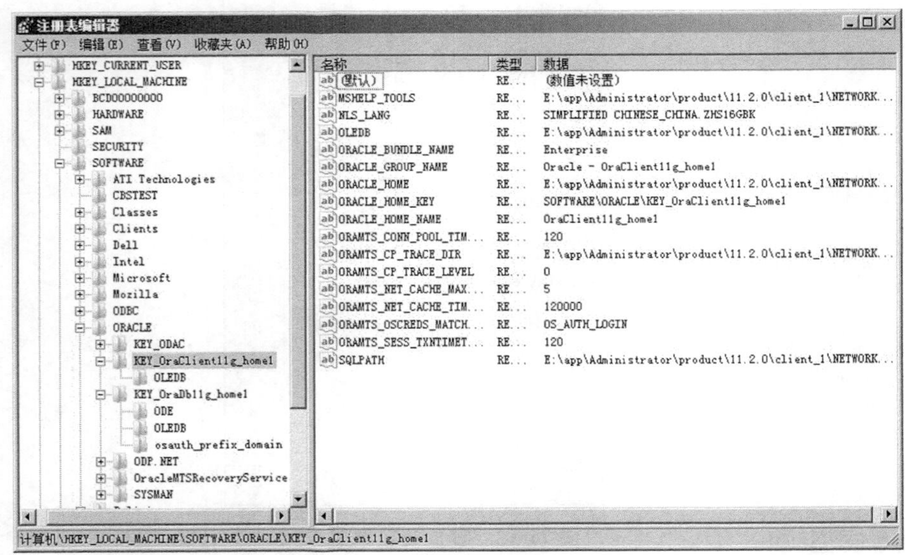

图 11-14　客户端注册信息

2. 卸载 Oracle Database Client 11g R2 的步骤

要在客户端上完整卸载 Oracle Database Client 11g R2 客户端软件，必须使用 <Oracle_Home>\ NETWORK\ADMIN 目录下的 deinstall.bat 文件，如图 11-15 所示。

当卸载批处理文件 deinstall.bat 执行后，系统先做必要的检查；然后根据若干确认

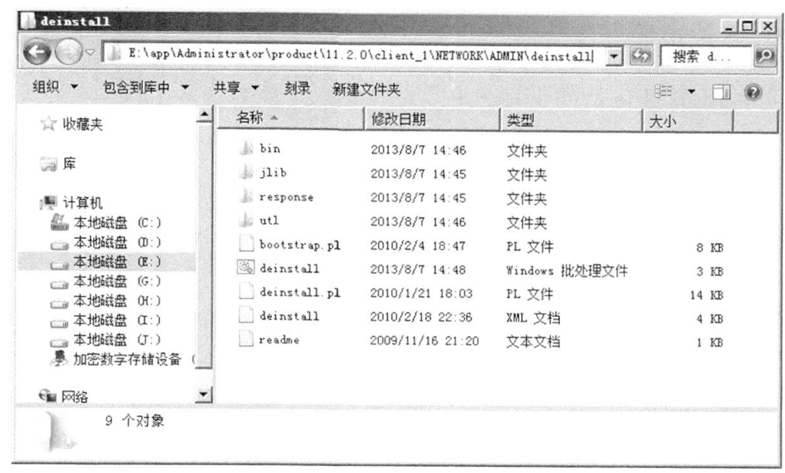

图 11-15　卸载命令位置

提示操作即可完成卸载。当命令操作结束后，停止与 Oracle 有关的服务，并从注册表中删除与 Oracle 有关的所有入口。然后重新启动系统，再把剩余的目录物理删除掉即可。

11.1.2　ODAC 客户端驱动程序

Oracle 数据存取组件 ODAC(Oracle Data Access Components)为客户端提供了一组非可视化的驱动组件；ODAC 允许应用程序直接通过 TCP/IP 协议连接 Oracle 数据库服务器。运行使用 ODAC 的应用程序，仅需要操作系统支持 TCP/IP 协议，并提供 Oracle 服务器的地址、监听端口号以及数据库实例名称。ODAC 直接使用 Oracle Call Interface (OCI)。OCI 是一种应用程序接口，它允许用第三方程序设计语言开发的应用程序访问 Oracle 数据服务器。OCI 通过一个动态运行库提供标准的数据库存取库及函数，以便在应用程序中建立连接。

ODAC 是 Oracle 提供的免费驱动组件，当前其最高版本是 11.2.0.3.20，从 Oracle 官方网站上可直接下载。与操作系统相对应，ODAC 分为 32 位和 64 位版本，用户根据客户端操作系统的实际加以选择。下载网址：http://www.oracle.com/technetwork/database/windows/downloads/index-090165.html。

ODAC 的适用情形：

(1) 不需要安装和管理 Oracle 客户端软件。

(2) 对系统要求不高，比较适合开发环境。

ODAC 的限制：

(1) 仅支持通过 TCP/IP 协议来连接 Oracle。

(2) 相对于其他客户端连接方式，ODAC 的安装及配置比较烦琐；不适合大批量的部署应用程序。

1. ODAC 软件组成

下载的 ODAC 软件包括如下部分：

(1) Oracle Developer Tools for Visual Studio (11.2.0.3.0)

(2) Oracle Data Provider for .NET 4 (11.2.0.3.0)

(3) Oracle Data Provider for .NET 2 (11.2.0.3.0)

(4) Oracle Providers for ASP.NET 4 (11.2.0.3.0)

(5) Oracle Providers for ASP.NET 2 (11.2.0.3.0)

(6) Oracle Database Extensions for .NET 4 (11.2.0.3.0)

(7) Oracle Database Extensions for .NET 2 (11.2.0.3.0)

(8) Oracle Services for MTS (11.2.0.3.0)

(9) Oracle Provider for OLE DB (11.2.0.3.0)

(10) Oracle Objects for OLE (11.2.0.3.0)

(11) Oracle ODBC Driver (11.2.0.3.0)

(12) Oracle SQL * Plus (11.2.0.3.0)

(13) Oracle Instant Client (11.2.0.3.0)

(14) Oracle Universal Installer (11.2.0.3.0)

显然，ODAC 集成了 14 个组件的最小客户端环境，去除了 Oracle Client 中的网络配置和管理工具。

2. 系统要求

以下是安装 ODAC 对系统的要求：

(1) 32 位 Windows 操作系统：Windows 7、Windows Server 2008、Windows Server 2003、Windows Server 2003 R2 和 Windows XP Professional 等。

(2) x64 位 Windows 操作系统：Windows 7、Windows Server 2008 R2、Windows Server 2003 R2 和 Windows XP 等。

(3) 安装包括 Entity Framework 4 以上的 Microsoft.NET Framework 4。

(4) Oracle Database 9i Release2 或更高版本。

另外，ODAC 中的 Oracle Developer Tools for Visual Studio 需要最小的 Visual Studio 2010 或 Visual Studio 2008 SP 1。Entity Framework4 仅支持 Visual Studio 2010。

Oracle Developer 不支持 Visual Studio Express Editions，而 ODP.NET 支持 Visual Studio Express Edition。如果应用程序使用分布式事务，则必须安装 Microsoft Transaction Server 的 Oracle 服务。

3. 安装 ODAC

根据客户端操作系统选择 ODAC 下载，并将 ODAC 压缩文件解压。如果系统中安装了其他版本的客户端，建议删除后再安装新的 ODAC。

(1) 在解压后的目录中双击 setup.exe 文件,启动 Oracle Universal Installer(OUI),如图 11-16 所示。

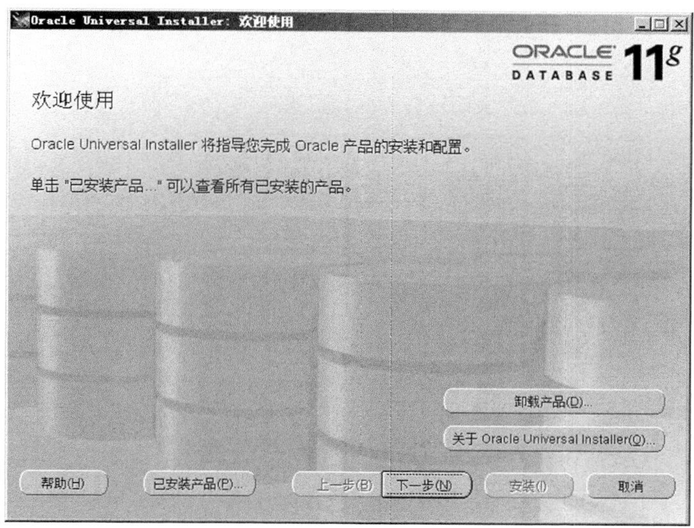

图 11-16 安装界面

(2) 由于 ODAC 是为客户端的开发应用程序安装,所以选择 Oracle Data Access Components for Oracle Client。单击"下一步"按钮,如图 11-17 所示。

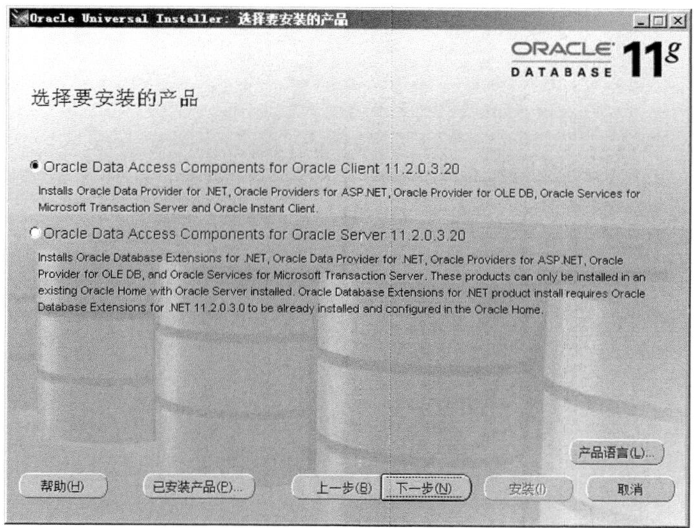

图 11-17 选择安装的产品

(3) 为 ODAC 选择主目录,此处选择默认。单击"下一步"按钮,如图 11-18 所示。

(4) 显示可用产品组件名称,如图 11-19 所示。

(5) 安装 Oracle Providers for ASP.NET,如图 11-20 所示。

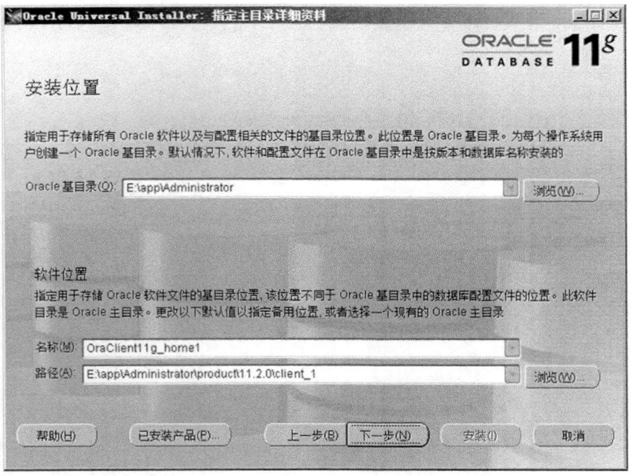

图 11-18　选择 ODAC 主目录

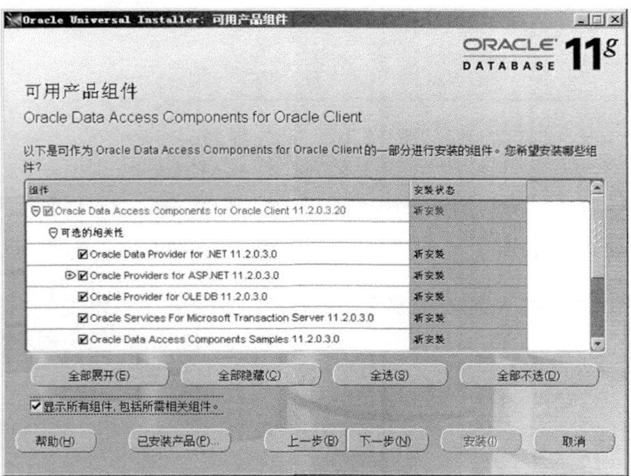

图 11-19　可用产品组件

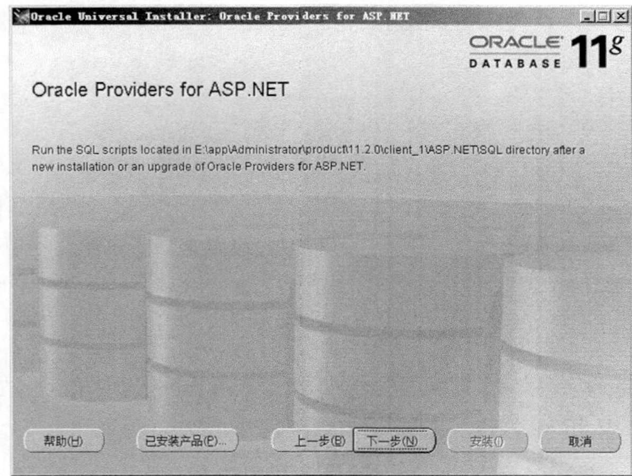

图 11-20　安装 Oracle Providers for ASP. NET

(6) 安装组件的概要。单击“安装”按钮开始安装，如图 11-21 所示。

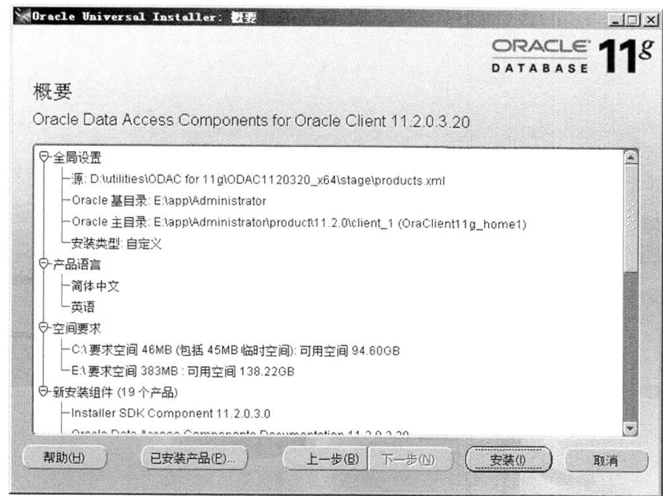

图 11-21　显示安装组件概要

(7) 安装过程如图 11-22 所示。

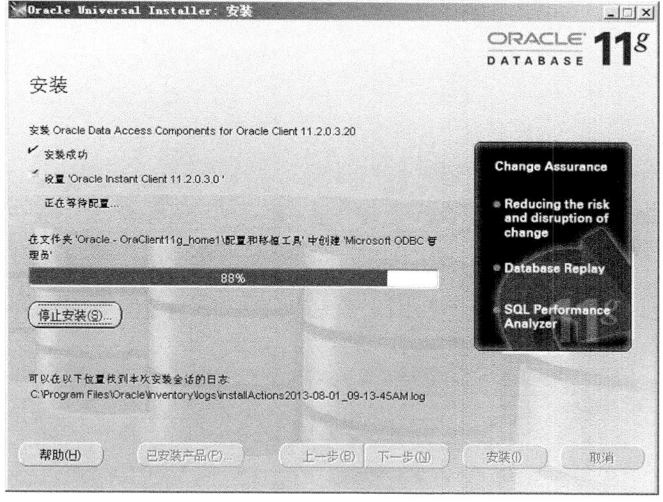

图 11-22　安装过程

(8) 安装结束提示如图 11-23 所示。单击“已安装产品”按钮，可进一步查看已安装的 Oracle 主目录，如图 11-24 所示。

在产品清单窗口中的“环境”选项卡可选择不同的 Oracle 主目录，单击“应用”按钮，便可将其添加到 PATH 环境变量中，如图 11-25 所示。

从 ODAC 安装后的目录来看，ODAC 支持客户端以 ODBC、JDBC、OLEDB 及 OO4O 等方式连接 Oracle 数据库，如图 11-26 所示。

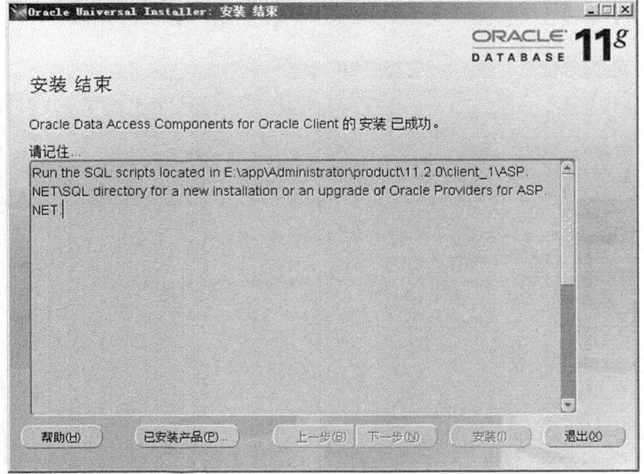

图 11-23 安装结束提示

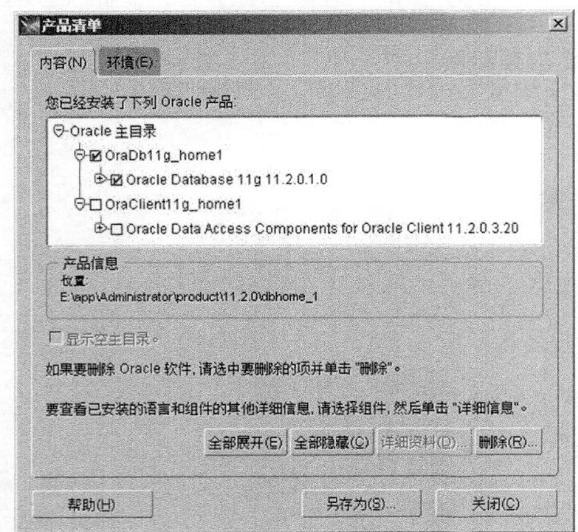

图 11-24 已安装的产品

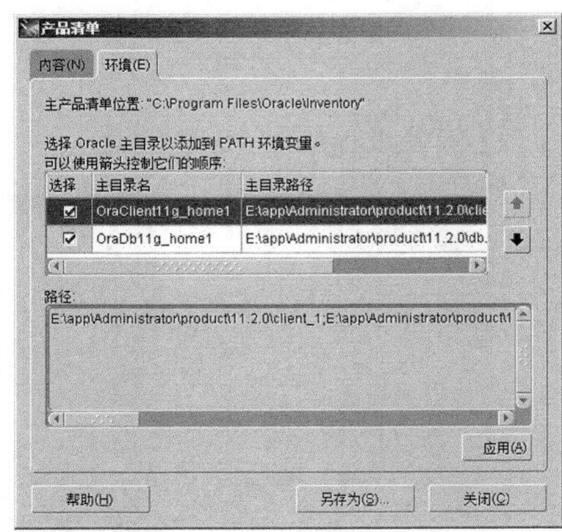

图 11-25 添加 PATH 环境变量

图 11-26 ODAC 安装后的部分目录

4. 设置环境变量及参数

ODAC 安装结束后，必须设置环境变量及参数文件。

(1) 设定客户端环境变量

```
Oracle_Home=E:\app\Administrator\product\11.2.0\\Client_1
TNS_ADMIN=E:\app\Administrator\product\11.2.0\Client_1\NETWORK\ADMIN
NLS_LANG=SIMPLIFIED CHINESE_CHINA.AL32UTF8
```

将 E:\app\Administrator\product\11.2.0\Client_1 添加到 PATH 环境变量中。

注意：

① 客户端的语言编码必须与 Oracle 服务器端的设置一致，否则客户端的输出会出现乱码。可以通过 SELECT userenv('language')FROM dual;查询服务器的语言编码。

② 在客户端与服务器同在一台主机上的情况下，环境变量 Oracle_Home 设置成 E:\app\Administrator\product\11.2.0\dbhome_1; TNS_Admin 设置成 E:\app\Administrator\product\11.2.0\Client_1\NETWORK\ADMIN。

(2) 配置参数文件

Oracle 客户端允许使用简单的网络服务别名连接数据库服务器。别名定义包括创建连接所需要的所有信息。别名信息保存在 tnsnames.ora 中，该文件位于<Oracle_Home>\Network\Admin 目录。该别名用于 ODP.NET 连接字符串中的数据源。

tnsnames.ora 文件是 Oracle 客户端连接数据库的必备参数文件，安装 ODAC 时不创建 tnsnames.ora 文件，所以可用文本编辑器创建一个 tnsnames.ora 文件；或直接将位于 Oracle 客户端<Oracle_Home>\Network\Admin\Sample\中的 SQLNET.ora 和 tnsnames.ora 文件复制到安装 ODAC 的<Oracle_Home>\Network\Admin\目录中。本案例中，将 E:\app\Administrator\product\11.2.0\dbhome_1\NETWORK\ADMIN 目录中的 tnsnames.ora 及 sqlnet.ora 文件复制到 ODP.NET 所在的客户端主目录，即 E:\app\Administrator\product\11.2.0\Client_1\Network\Admin\目录下。

新建的 tnsnames.ora 文件内容格式如下：

```
<data_source_alias>=
(DESCRIPTION=
(ADDRESS=(PROTOCOL=TCP)(HOST=<hostname_or_IP>)(PORT=<port>))
(CONNECT_DATA=
(SERVER=DEDICATED)
(SERVICE_NAME=<database_service_name>)
)
)
```

其中：

- <data_source_alia>：识别连接的网络服务名或数据源名。在 ODP.NET 连接字符串中，将"Data Source"属性设置成该数据源别名。
- <hostname_or_IP >：数据库服务器主机名或 IP 地址。

- <port>：数据库服务器的主机端口号，该端口号用于监听客户端向服务器发出的连接请求，其默认值为1521。
- <database_service_name>：全局数据库名。

文件tnsnames.ora中的数据源名、主机名/IP地址、端口号以及数据库服务名应根据实际做适当修改。本案例中，data_source_alia＝EnterDB；hostname_or_IP＝Win2k8；port＝1521；database_service_name＝EnterDB.dlpu.dalian。

在连接测试中，如果Oracle客户端无法识别<Oracle_Home>\network\admin\tnsnames.ora文件中监听器的入口，则使用任何文本编辑器在<Oracle_Home>\目录下建立一个oracle.key文件，即<Oracle_Home>\oracle.key，并在该文件内输入如下一行，存盘后重启：

```
SOFTWARE\ORACLE\<home key>
```

其中，<home key>是ODAC的Oracle主目录在注册表中的注册信息路径。例如SOFTWARE\ORACLE\KEY_OraClient11g_home1。

注意：如果操作系统是64位，安装的软件是32位，则在操作系统的注册表中没有注册所安装的软件信息。此时需要手动添加。

5. 安装ODAC注意的问题

(1) 如果在同一个机器中有一个以上的Oracle主目录，如Oracle 10g R2客户端和Oracle 11g R1客户端，在安装Oracle 11g R2客户端时，OUI将以此作为所有应用程序使用的Oracle主目录。

(2) 推荐将ODAC安装在新的Oracle主目录中，否则将导致Oracle应用程序无法运行。如果将ODAC安装在低版本的Oracle主目录上，则停止所有使用该Oracle主目录的Windows服务，如OracleMTSRecoveryService等。在安装新版本的ODAC前，卸载所有在该Oracle主目录上的软件。检查在现存的<Oracle_Home>中是否已经删除了oci.dll文件，如果oci.dll仍没有被删除，则按照以下步骤删除该.DLL文件：

① 将oci.dll更名为oci.dll.delete。

② 重新启动机器。

③ 删除oci.dll.delete，机器重启后，更名后的该文件不再被使用。

④ 安装新的ODAC。

(3) ODAC安装提供了策略配置文件，这些策略文件能将10.2和11.1的ODP.NET应用程序重新定向到当前ODP.NET新版本上。这些策略文件位于<Oracle_Home>\odp.net\PublisherPolicy\2.x和<Oracle_Home>\odp.net\PublisherPolicy\4目录中。如E:\app\Administrator\product\11.2.0\Client_1\odp.net\PublisherPolicy\2.x。另外，ODP.NET的安装将ODP.NET策略Policy.4.112.Oracle.DataAccess.dll和Policy.2.112.Oracle.DataAccess.dll以及Policy.2.102.Oracle.DataAccess.dll等置于GAC(Global Assembly Cache)中，从而使现有的应用程序能直接用新安装的ODP.NET版本启动。

(4) 把 ODP. NET 安装到新的 Oracle 主目录中，意味着应用程序不会从以前的安装中访问数据源。为能够利用这些现有的数据源属性，可直接从以前安装的 Oracle 主目录中复制 tnsnames. ora 文件到新安装的＜Oracle_Home＞\network\admin 目录中。

(5) ODAC 为. NET 提供连接 Oracle 数据库的主要组件是 ODP. NET (Oracle Data Provider For . NET)。ODP. NET 是 Oracle 公司为. NET 开发者发布的一个可供. NET 直接使用 Oracle 数据库的类库。在访问效率和速度上，ODP. NET 比微软使用多年的 System. Data. OracleClient. dll 有很大优势。所以，微软在. NET Framework4 中弃用了 System. Data. OracleClient. dll。ODP. NET 体系结构如图 11-27 所示。

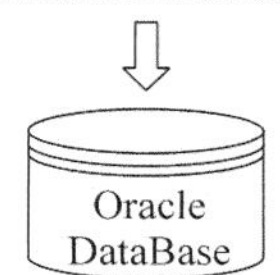

图 11-27 ODP. NET 体系结构

ODAC 安装完毕后，可在线查看 ODP. NET 的帮助文档，文档有 PDF 和 HTML 两种格式，可从＜Oracle_Home＞\ODACDoc\DocumentationLibrary\welcome. html 网页中查看；也可从菜单中启动，选择 Oracle-OraClient11g_home1→ Application Development → Oracle Data Access Components Documentation 命令。

11.1.3 Oracle Instant Client

Instant Client 是 Oracle 从 10g 开始为用户提供的一个免费的轻量级客户包。利用 Instant Client，用户无须额外安装完整的 Oracle Database Client 客户端或拥有 Oracle_Home 就可运行应用程序。OCI、OCCI、Pro * C、ODBC 和 JDBC 应用程序无须进行修改即可运行。SQL * Plus 也可与 Instant Client 一起使用，不必重新编译。

适用情形：

(1) 适用于开发或生产环境，但仅适合远程连接 Oracle 数据库。不能在与服务器端相同的一台机器上安装 Instant Client。

(2) 可以与应用程序一起部署安装。

缺点：需要手动配置环境变量等参数并修改注册表。

安装步骤：

(1) 从 Oracle 官方网站上下载 instant client。

下载与操作系统平台及 Oracle 数据库版本相应的 instant client 程序包。下载地址：http：//www. oracle. com/technetwork/database/features/instant-client/index-097480. html。此处下载 64 位的压缩包 instantclient-basic-windows. x64-11. 2. 0. 3. 0. zip。在 64 位的操作系统上也可以安装 32 位的客户端程序包，只是在安装设置完毕后必须修改注册表信息。

(2) 将该压缩包解压到一个目录中。本案例中将其解压到 E:\instantclient_11_2 目录中，如图 11-28 所示。

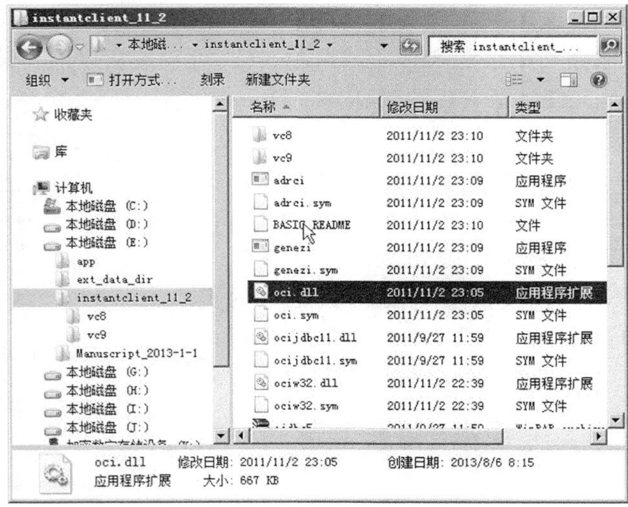

图 11-28 instantclient 解压后的目录

(3) 在 instantclient_11_2 目录下创建 NETWORK\ADMIN 目录,并创建 tnsnames.ora 文件。修改其网络服务的相关配置,如图 11-29 所示。也可从服务器端或其他客户端中直接复制 tnsnames.ora 并做适当修改。使用服务端的 tnsnames.ora 可以直接使用 net manager 工具来配置相关的信息。此处将网络服务名修改为 INSTANT_CLIENT_ENTERDB。

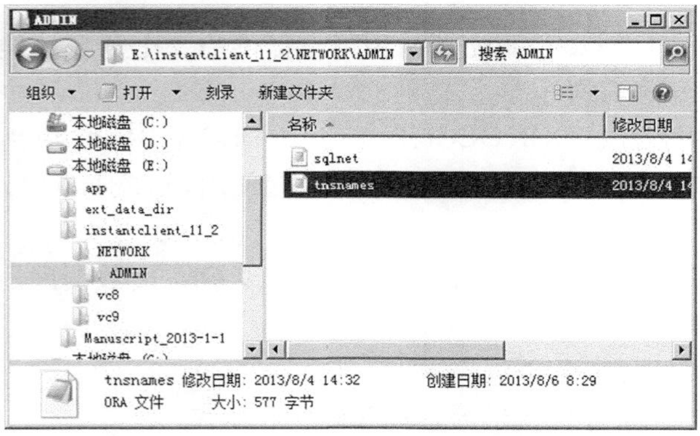

图 11-29 tnsnames.ora 文件位置

修改后的 tnsnames.ora 文件参数设置如下:

```
INSTANT_CLIENT_ENTERDB=
  (DESCRIPTION=
    (ADDRESS= (PROTOCOL= TCP) (HOST= 127.0.0.1) (PORT= 1521))
    (CONNECT_DATA=
      (SERVER= DEDICATED)
      (SERVICE_NAME=EnterDB.dlpu.dalian)
    )
```

(4) 在客户端中设置环境变量，使其执行确定的目录。

在 Windows 中选择“控制面板”→“系统和安全”→“系统”→“高级系统设置”命令，单击“环境变量”按钮，在环境变量窗口中下方的“系统变量”窗口中设置各个环境变量及其值。

① 将客户端目录的全路径添加到 PATH 环境变量里，如添加 E:\instantclient_11_2，如图 11-30 所示。

② 添加 TNS_ADMIN 到环境变量。该环境变量用于定位网络配置 tnsnames. ora 文件。如果不指定 TNS_ADMIN 到环境变量，则使用 Oracle_Home。如 E:\instantclient_11_2\NETWORK\ADMIN，如图 11-31 所示。

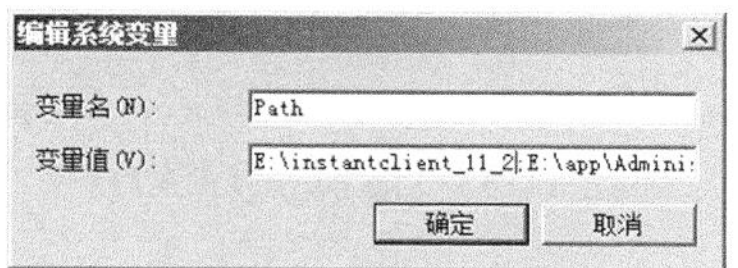

图 11-30 添加 PATH 环境变量

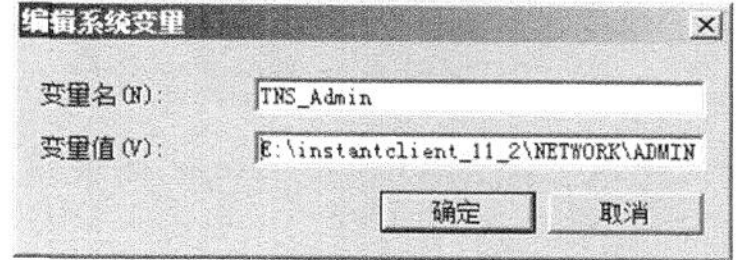

图 11-31 添加 TNS_ADMIN 环境变量

环境变量 TNS_ADMIN 决定了诸如 tnsnames. ora 和 listener. ora 等管理文件的位置。TNS_ADMIN 对带有不同版本的多个数据库的服务器非常有用，因服务器具有不同的＜Oracle_Home＞目录，所有数据库的 TNS_ADMIN 值可被设置成同一个位置。没有 TNS_ADMIN 环境变量，每个实例将在＜Oracle_Home＞\NETWORK\ADMIN 目录下，有其自己的网络连接文件。

若要显示系统环境变量的值，可在命令提示符下执行如下格式命令：

```
SET <环境变量名>
```

例如 SET TNS_ADMIN。

若要设置环境变量，可执行下列格式的命令：

```
SET <环境变量名>=<具体路径>,
```

例如 SET TNS_ADMIN=E:\instantclient_11_2\NETWORK\ADMIN，如图 11-32 所示。

③ 添加 NLS_LANG 到环境变量，为避免访问数据库时出现中文乱码，必须设置 NLS_LANG。此处设置为英文及简体中文 AMERICAN_AMERICA. ZHS16GBK，如图 11-33 所示。

图 11-32 设置环境变量

图 11-33 添加 NLS_LANG 环境变量

④ 添加 Oracle_Home。Oracle_Home 用于定位安装的 Oracle 软件位置。只要解压后的 instantclient_11_2 目录包含客户端文件，且位于 Oracle_Home 环境变量中的最前边，应用程序将以 Instant Client 模式操作，并不使用 Oracle_Home 中其余部分的内容。

Oracle_Home＝E:\instantclient_11_2，如图 11-34 所示。

⑤ 添加 SQLPATH。SQLPATH 用于指定 SQL 脚本所在位置。SQLPATH＝E:\instantclient_11_2，如图 11-35 所示。

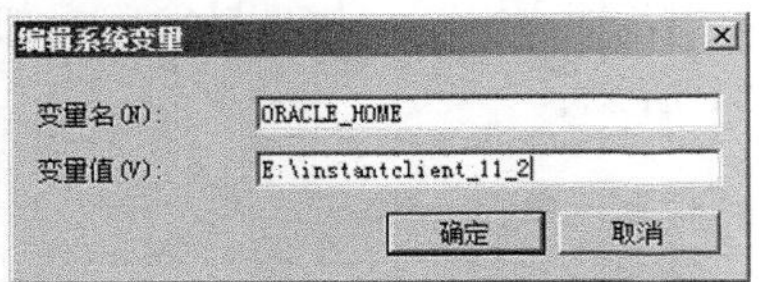

图 11-34　添加 Oracle_Home 环境变量

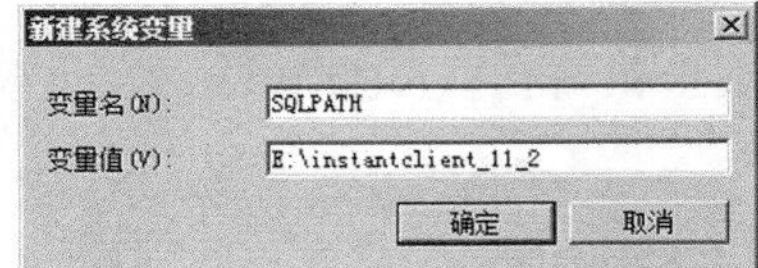

图 11-35　添加 SQLPATH

⑥ 修改注册表。如果在 64 位版本操作系统上安装 32 位版本的软件，则必须修改并添加如下路径信息：

```
HKEY_LOCAL_MACHINE\SOFTWARE\Wow6432Node\ORACLE\
```

当运行在 64 位版本 Windows 上的 32 位应用程序查询 HKEY_CURRENT_USER\SOFTWARE\ORACLE 的注册项时，它被重新定向到 HKEY_LOCAL_MACHINE\SOFTWARE\Wow6432Node\ORACLE，如图 11-36 所示。其中，Wow64 是注册表重定向器，它支持 32 位和 64 位应用程序注册和程序状态的共存。

图 11-36　修改注册表

（5）重新启动系统，打开开发工具环境，进行连接配置即可。

11.1.4 JDBC/UCP

1. JDBC

采用JDBC进行连接数据库时，常用的有JDBC OCI和JDBC瘦驱动两种类型。

（1）JDBC OCI

OCI(Oracle Call Interface)驱动类似于传统的ODBC驱动。它需要安装Oracle的客户端，主要用到Oracle客户端里以dll方式提供的OCI和服务器配置，OCI伴随Oracle客户端一同安装。在运行使用该驱动的Java程序的机器上必须安装客户端软件。该驱动程序具有很大的伸缩性，能用连接池为大量的用户提供连接。

（2）JDBC瘦驱动程序

在Web浏览器中运行的Java程序需要这种驱动。它是通过TCP/IP协议直接连接数据库，具备在Internet上装配的能力，是纯Java实现的驱动，不需要在客户端上安装Oracle客户端软件。具有很好的移植性和很高的性能，通常用在Web开发中。

Oracle JDBC瘦驱动程序独立于平台，并且在与Oracle数据库交互的客户端上不需要安装Oracle客户端软件。

Oracle JDBC瘦驱动程序安装配置方法比较简单，步骤如下：

① 从Oracle官方网站下载包含相应JDBC瘦驱动程序版本类别的jar文件，其版本必须与数据库版本相适应。下载Oracle Database 11g Release 2 JDBC Drivers的地址："http://www.oracle.com/technetwork/database/enterprise-edition/jdbc-112010-090769.html"。此处下载的是ojdbc6.jar。

② 将下载后的ojdbc6.jar包指定到一个目录下。

将ojdbc6.jar复制到E:\jdbc\lib，或者从Oracle服务器的＜Oracle_Home＞\jdbc\lib目录下复制，如E:\app\Administrator\product\11.2.0\dbhome_1\jdbc\lib。该目录有4个文件：ojdbc5.jar、ojdbc5_g.jar、ojdbc6.jar和ojdbc6_g.jar。其中，ojdbc5.jar、ojdbc5_g.jar应用于jdk1.5版本；ojdbc6.jar、ojdbc6_g.jar应用于jdk1.6版本。

如果不知道jdbc的jar包是哪个版本，可以先解压jar包，再用记事本打开META-INF目录中的文件MANIFEST.MF，即可从中找到版本信息。

③ 设置CLASSPATH环境变量。

CLASSPATH环境变量包含一个位置列表，Java类包存放在这些位置中。位置可以是一个目录名，也可以是包含类的zip文件或jar文件的名称。

选择"控制面板"→"系统和安全"→"系统"→"高级系统设置"命令，单击"环境变量"按钮，添加CLASSPATH环境变量及其值E:\jdbc\lib\ojdbc6.jar，如图11-37所示。

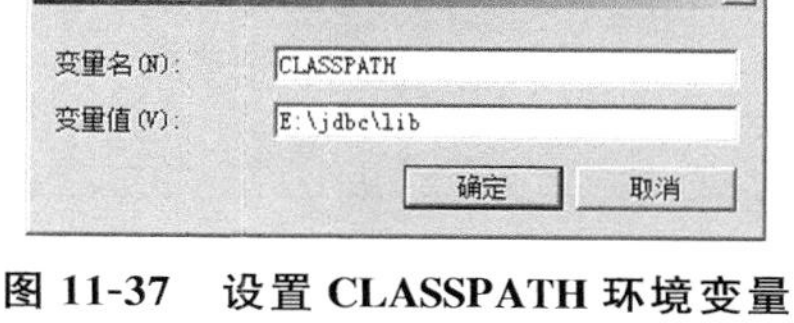

图11-37 设置CLASSPATH环境变量

2. Universal Connection Pool

Oracle通用连接池（Universal Connection

Pool,UCP)是 Oracle 数据库从 11g 11.1.0.7 开始新增的一个数据库特性,用于处理任何基于 Java 的连接(如 JDBC、JCA 和 LDAP)等。

(1) UCP 与 JDBC 驱动程序位于不同的位置。

(2) UCP 汇聚各种类型的连接,并支持任何数据库、任何应用服务器以及 JDBC、Tomcat、Toplink/EclipseLink 等。

(3) UCP 与驱动程序/资源层交互以创建连接。

(4) UCP 与 RAC、Data Guard 无缝集成,提供了快速连接故障切换、运行时连接负载平衡、负载管理(WLM)等。

适用情形:适用于开发数据库密集型应用程序。通过使用连接池重用连接,不必在每次请求连接时都重新创建一个新连接。连接池节约了创建新数据库连接所需的资源,并提高了应用程序的性能。

配置 UCP 方法:

(1) 下载或复制 UCP。

UCP 就是 ucp.jar 包,包含 UCP 的类,使用时需要从 Oracle 网站上下载。将 ucp.jar 包下载至<Oracle_Home>\ucp\lib 目录。通常安装 Oracle 时,系统已将与数据库版本相应的 ucp.jar 包安装在<Oracle_Home>/ucp 目录中,如 E:\app\Administrator\product\11.2.0\dbhome_1\ucp\lib,如图 11-38 所示。

图 11-38 ucp 包的位置

ucp.jar 用于 JDK 5.0 和 JDK 6 的类,包含 UCP 类及用于独立的 UCP/JDBC 应用程序的内置 JDBC 池适配器类。可从网上下载的还有 ucpdemos.jar 包,它包含 UCP 演示及代码例子,快速连接故障切换和快速启动工具包等。

(2) 设置环境。

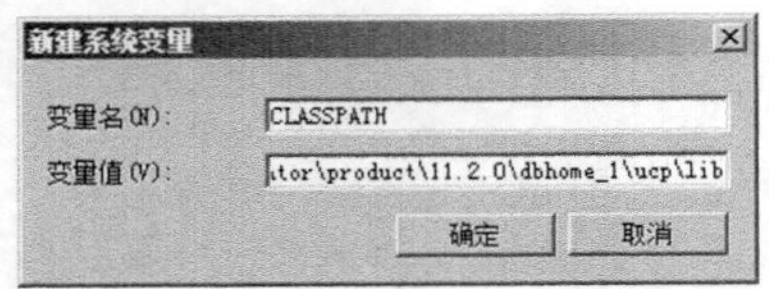

图 11-39 添加 CLASSPATH 环境变量

将<Oracle_Home>\ucp\lib\ucp.jar 添加到 Windows 环境变量 CLASSPATH 中,如图 11-39 所示。

UCP 既可用于较早的 Oracle database 10g 和 11.1,也可用于其他数据库,如 DB2、SQL Server

等。UCP 的连接特性适用于 Oracle Real Application Clusters (RAC) 11.1 以上。

11.1.5 ODBC

ODBC 允许一个应用程序访问不同的数据源，且不需要重新编译。其中数据库驱动是程序和数据源之间的桥梁，不同的驱动对应不同的数据源。当应用程序改变其连接的 DBMS 时，只需更新 DBMS 驱动程序，无须修改应用程序代码。程序要连接到一个数据源时，通过 ODBC 的 API 向驱动管理器发送请求，驱动管理器根据请求选择驱动，通过网络连接到数据库。Oracle 的 ODBC 驱动是一个名为 SQORA32.DLL 的文件，该驱动调用 OCI 与服务器通信，如图 11-40 所示。

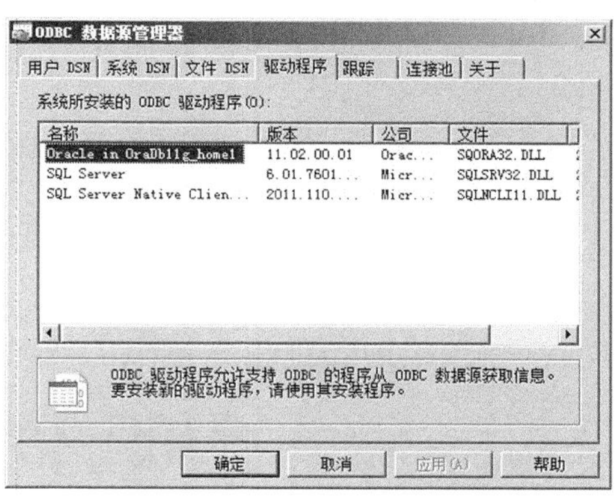

图 11-40 Oracle 的 ODBC 驱动名

当 Oracle 的客户端 ODAC 或 Instant Client 安装完毕后，若用 ODBC 访问 Oracle 数据库，必须首先配置数据源名称 DSN。其步骤如下：

(1) 在 Windows 的"管理工具"中单击"数据源(ODBC)"，在"用户 DSN"选项卡中单击"添加"按钮，如图 11-41 所示。

(2) 在打开的窗口中选择 Oracle in OraDb11g_home1 为 Oracle 驱动程序，单击"完成"按钮。如图 11-42 所示。

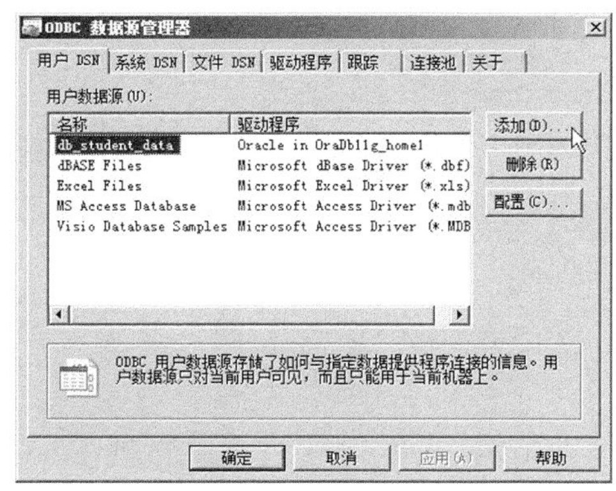

图 11-41 添加用户 DSN

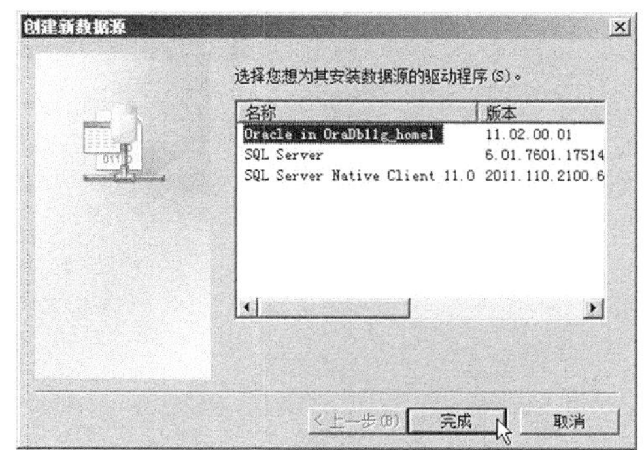

图 11-42 选择 Oracle 驱动程序

(3) 在 Oracle ODBC Driver Configuration 窗口中的 Data Source Name 文本框中输入数据源名 admin_user；在 TNS Service Name 下拉列表中选择 ENTERDB 选项，即将连接的数据库名；在 UserID 文本框中输入登录数据库的用户，此处为 staffuser。如图 11-43 所示。

(4) 单击 Test Connection 按钮进行连接测试，如图 11-44 所示。如果用户名/口令及服务名正确，则系统提示连接成功的提示信息。

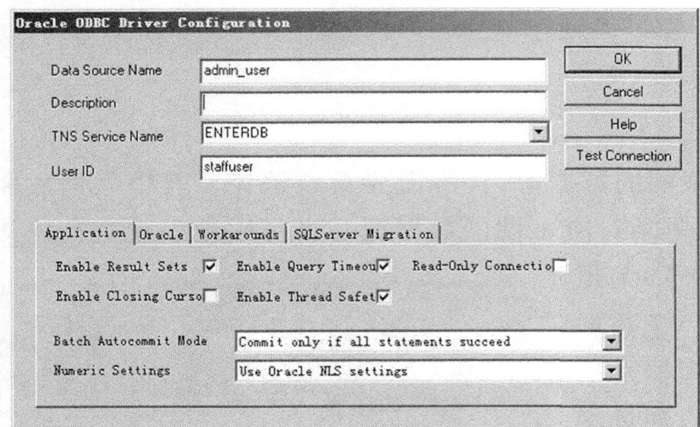

图 11-43 Oracle ODBC 驱动配置

图 11-44 连接测试

创建后的用户 DSN 如图 11-45 所示。与其相应的注册信息也会在注册表中的 HKEY_CURRENT_USER\Software\ODBC 路径下找到,如图 11-46 所示。

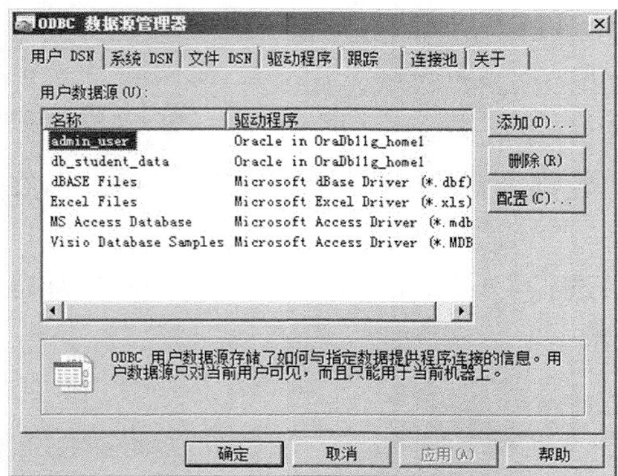

图 11-45 用户 DSN

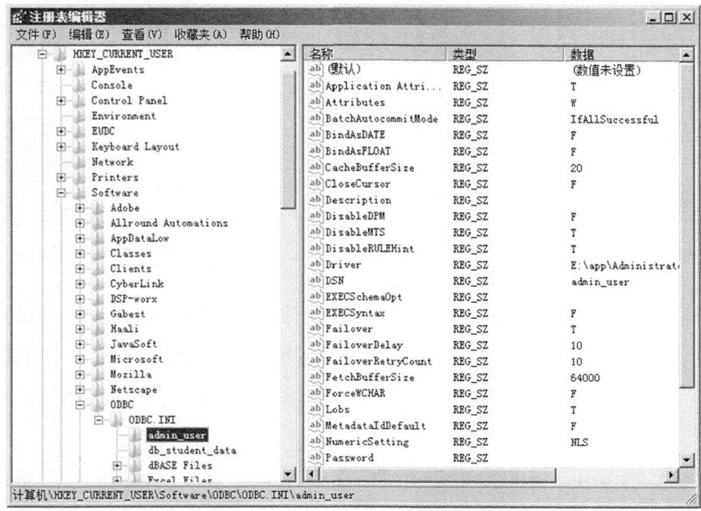

图 11-46 用户 DSN 的注册信息

在.NET中使用ODBC进行连接时，需在链接字符串中指定创建的数据源名、服务器名或IP地址、数据库网络服务名及用户/密码等。

如果在ODBC数据源管理器中创建的是“系统DSN”，则新创建的系统DSN名字会在注册表中注册，如图11-47和图11-48所示。

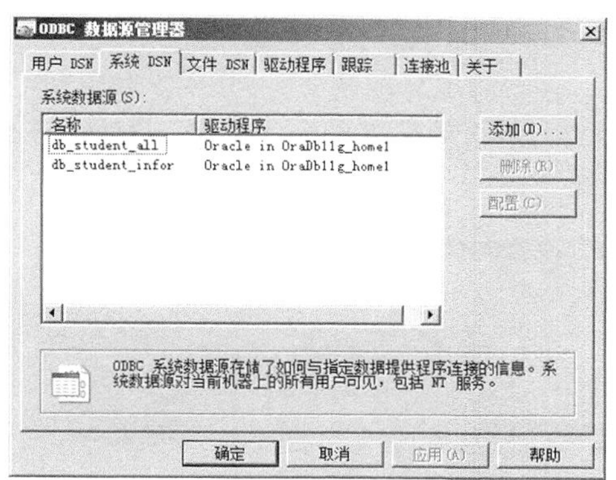

图 11-47 新建的系统 DSN

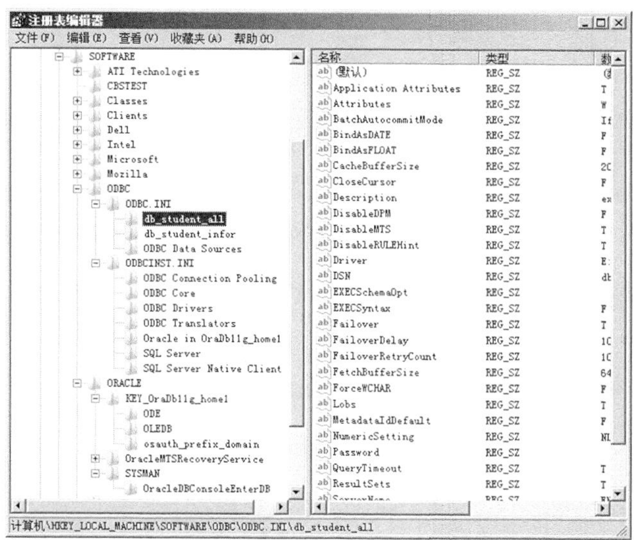

图 11-48 新建系统 DSN 注册信息

注意：32位版本的Windows应用程序无法使用Oracle 64位版本的ODBC驱动程序。所以，如果64位版本的Windows用户需要运行32位版本应用程序并通过ODBC连接数据库的话，必须安装32位版本的Oracle客户端。若在64位版本的Windows系统上通过创建ODBC连接来运行64位及32位版本的应用程序，则必须安装64位和32位版本的客户端。

另外，Oracle还提供了Oracle Rdb驱动程序，即Oracle ODBC Driver for Rdb 3.3.2.0。Oracle Rdb是一个功能完备的关系数据库管理系统，用于OpenVMS平台上的任务关键型应用程序。

11.2 Oracle Database 9i 客户端安装配置

Oracle database 9i 客户端的安装与 Oracle database Client 11g R2 的安装基本相同，只是安装界面有所不同。

(1) 在文件定位时，目标路径要选客户端的路径，此处可选默认的路径，其余选默认，如图 11-49 所示。

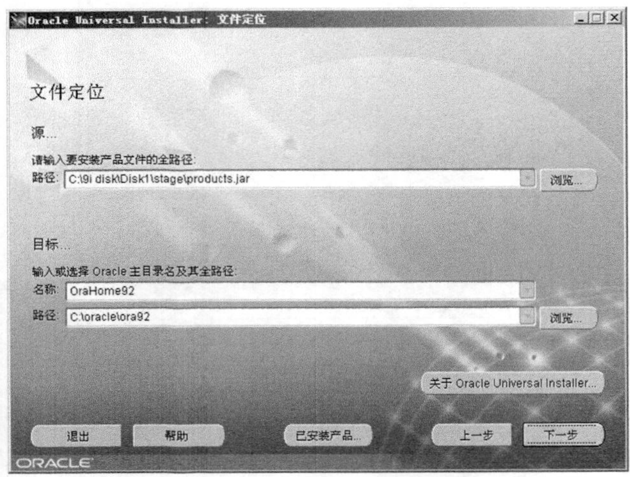

图 11-49 文件定位

(2) 在“可用产品”窗口中选择 Oracle 9i Client 9.2.0.1.0 单选按钮，即选择安装客户端，如图 11-50 所示。

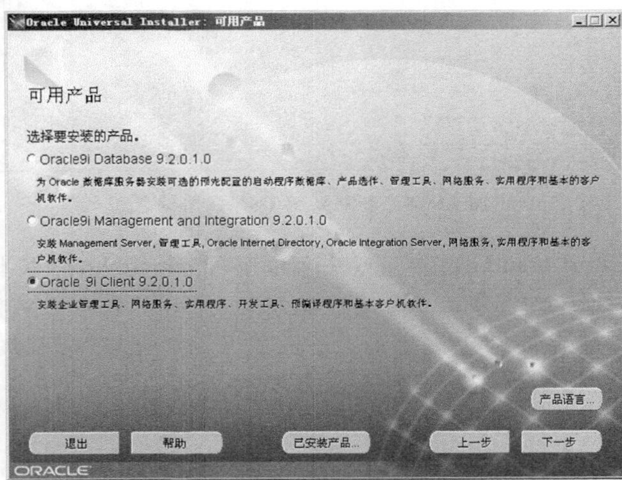

图 11-50 选择安装的产品

(3) 在“安装类型”窗口中，根据实际选择“管理员”或“自定义”等单选按钮均可，如图 11-51 所示。

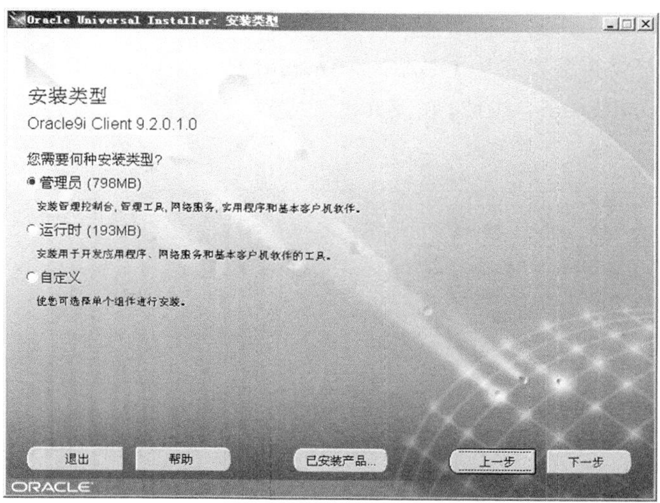

图 11-51 安装类型

(4) 在确定了各个选项后，系统给出安装摘要，单击“安装”按钮即可进行安装，如图 11-52 所示。

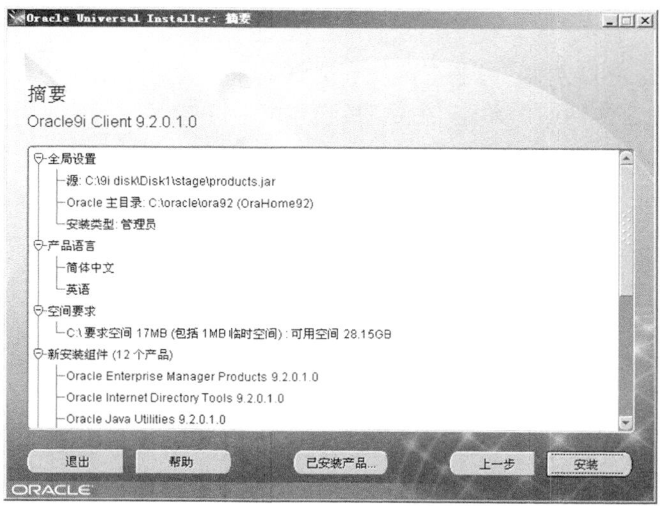

图 11-52 安装摘要

当客户端软件安装结束后，如果需要配置网络参数等，则在菜单组的 Oracle-OraHome92→Configuration and Migration Tools 中启动 Net Manager 或 Net Configuration Assistant，对客户端的本地网络服务名等进行配置。

注意：在安装 Oracle 数据库的客户端时，应选择并安装与其数据库相同或相近版本的客户端。

11.3 Visual Studio.NET 连接配置

如果客户端安装并配置完毕 ODAC 或 Instant Client 后，则开始配置前端开发工具。

(1) 启动 Visual Studio 2012，在菜单栏中选择“文件”→“新建”→“网站”命令，如图 11-53 所示。

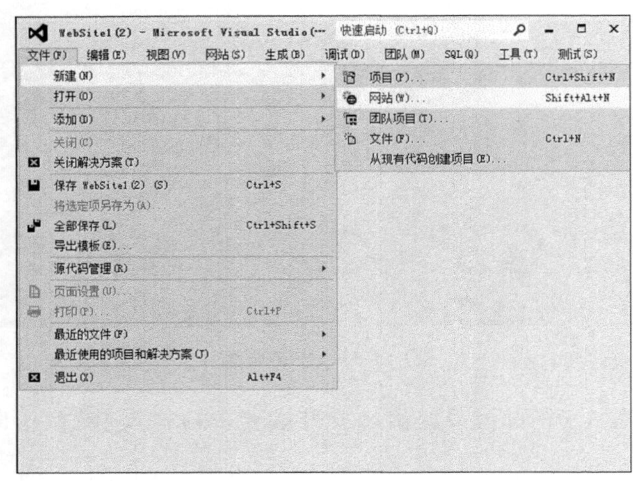

图 11-53 创建网站

(2) 从打开的窗口左侧“模板”节点下选择 Visual C#；在对应的右侧列表中选择“ASP. NET Web 窗体网站”，单击“确定”按钮，如图 11-54 所示。

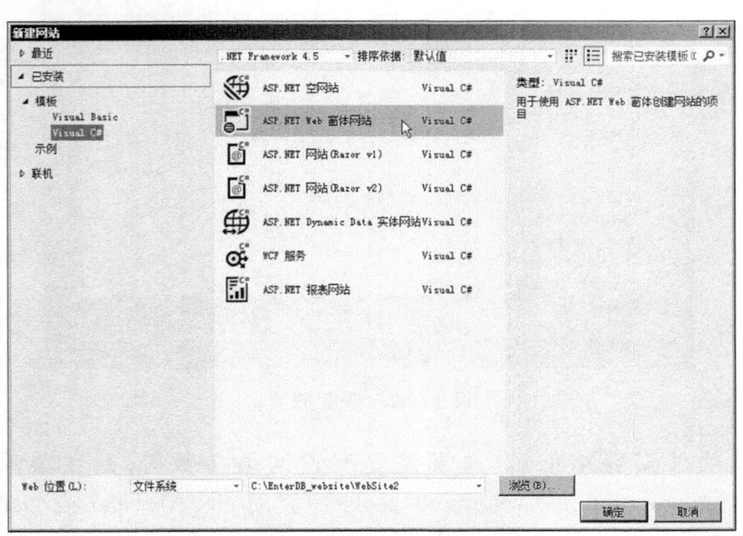

图 11-54 选择 ASP. NET Web 窗体网站

(3) 从菜单栏中选择“视图”→“服务器资源管理器”命令，如图 11-55 所示。

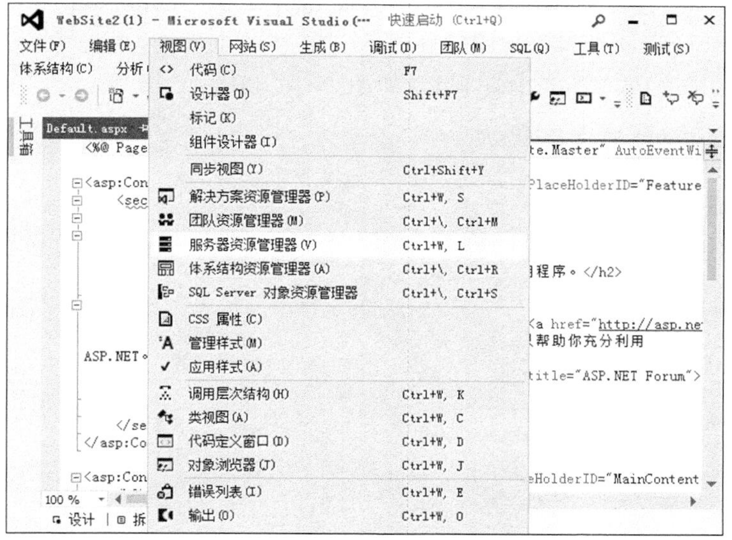

图 11-55 选择“服务器资源管理器”命令

(4) 打开“服务器资源管理器”窗口后，在其左侧出现服务器及其数据连接字样，在“数据连接”上右击，从弹出的快捷菜单中选择“添加连接”命令，如图 11-56 所示。

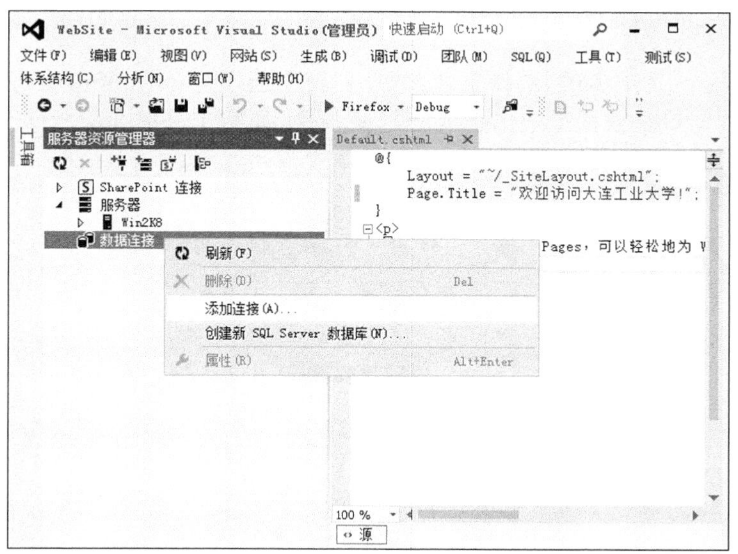

图 11-56 添加连接

(5) 当“添加连接”对话框打开后，“数据源”文本框中自动出现“Oracle 数据库(Oracle ODP.NET)”，只有在安装了 ODAC 后才会出现该数据源名。在“连接详细资料”选项卡的“数据源名称”下拉列表中选择安装 ODAC 时在 tnsnames.ora 中定义的网络服务名 EnterDB；验证方式选择“使用特定用户名和口令”单选按钮，输入用户名 STAFFUSER 及其口令 staffuser123，并选择“保存口令”复选框。在“角色”下拉列表中选择 Default，此时“连接名”文本框中自动出现 user_name. data_source_name 格式的字符串，即 STAFFUSER. ENTERDB。为了测试连接的有效性，单击“测试连接”按钮，系统出现“测试连接成功”字样的提示窗口，如图 11-57 和图 11-58 所示。

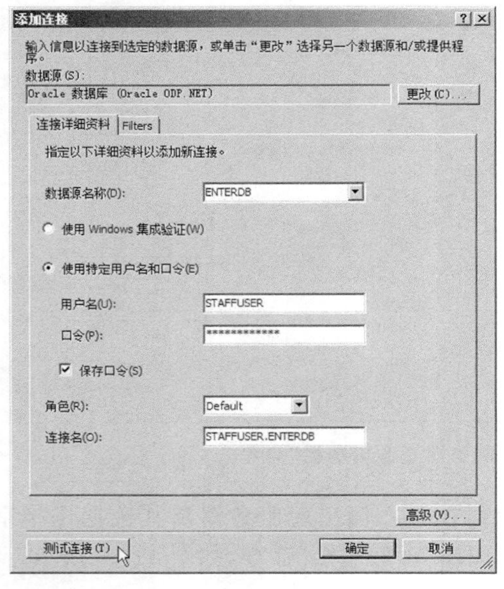

图 11-57 定义连接

图 11-58 测试连接

(6) 在 Filters 选项卡的“选择集合”下拉列表中选择 Connection，也可根据需要选择其他对象，下方窗口是根据上边集合项的过滤条件，如图 11-59 所示。单击“确定”按钮，保存连接配置。

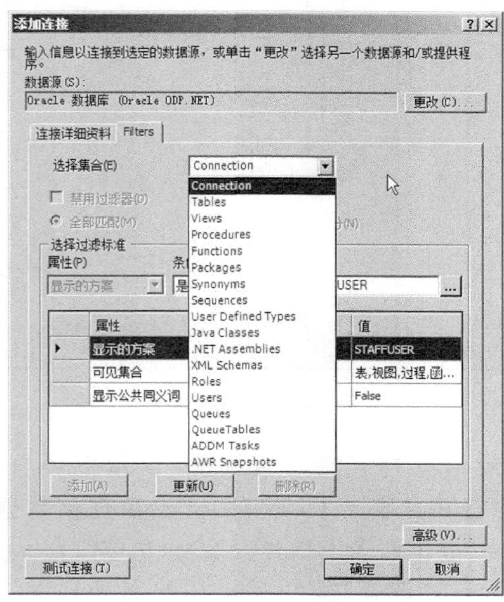

图 11-59 Filters 选项卡

单击“确定”按钮后，在左侧窗口的“数据连接”节点下出现 STAFFUSER. ENTERDB 字样的数据连接名。至此，数据源及其连接配置完毕，如图 11-60 所示。

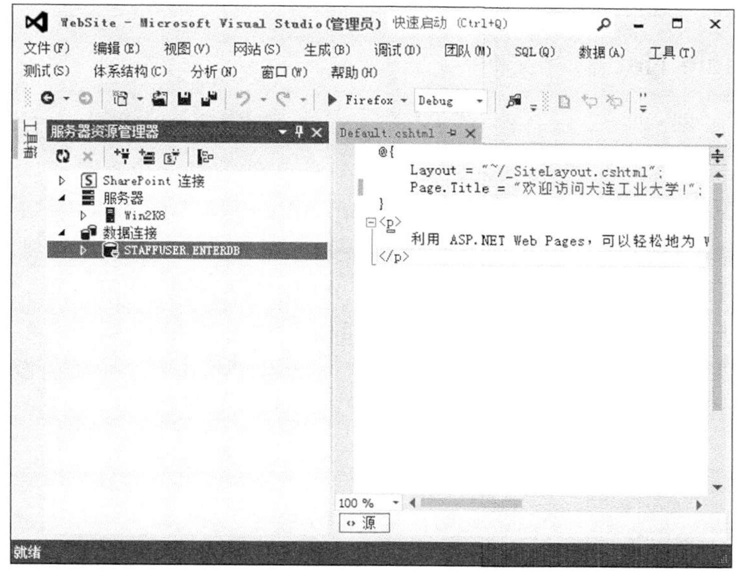

图 11-60　连接配置完毕

在新建的数据连接 STAFFUSER. ENTERDB 上右击，从弹出的快捷菜单中选择“属性”命令，有关数据连接 STAFFUSER. ENTERDB 的全部属性便显示在右侧窗口，如图 11-61 所示。

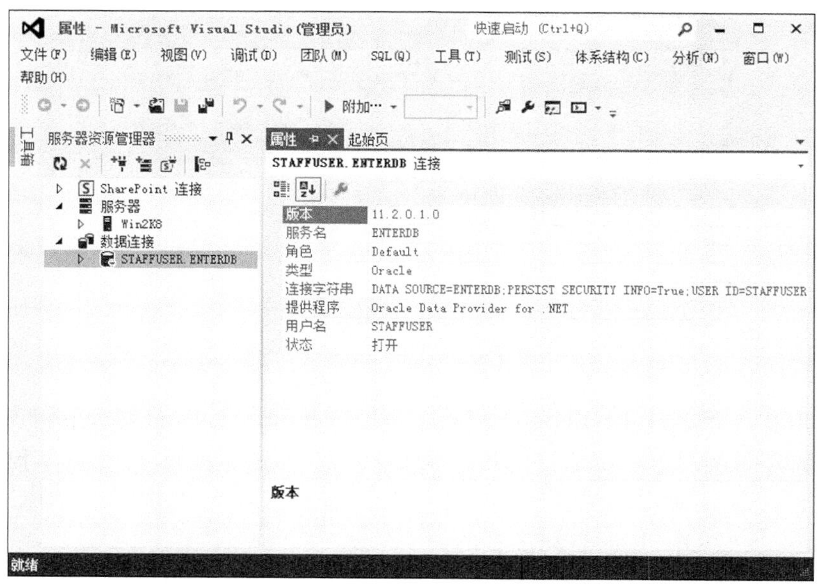

图 11-61　连接属性

11.4 网络连接与设置

11.4.1 Oracle Net 配置文件

客户端与服务器端连接过程中，Oracle Net 需要几个不可缺少的参数配置文件：sqlnet. ora、tnsnames. ora 和 listener. ora 等。这些文件的默认位置是＜Oracle_Home＞\network\admin，在本案例中，其目录是 E:\app\Administrator\product\11. 2. 0\dbhome_1\NETWORK\ADMIN。也可以单独创建一个目录，将这些文件复制到新创建目录下，并将该目录设置为操作系统的环境变量 TNS_ADMIN 的值。

在设置 TNS_ADMIN 时，可通过"控制面板"→"系统和安全"→"系统"→"控制面板"命令，打开"系统"，在"系统属性"的"高级"选项卡中单击"高级系统设置"，打开其系统属性窗口并设置环境变量。

1. sqlnet. ora 文件

1）结构及作用

sqlnet. ora 文件用于网络的客户端和服务器端。

主要作用是当客户端连接服务器或使用 TNSPing 进行连接测试时为客户端指定域，提供命名解析以及限制对数据库访问等功能。如果解析方式是主机命名法时，则使用 sqlnet. ora 来解析目标地址；如果用本地命名方式，则 Oracle 用 tnsnames. ora 来解析目标地址。其结构内容如图 11-62 所示。

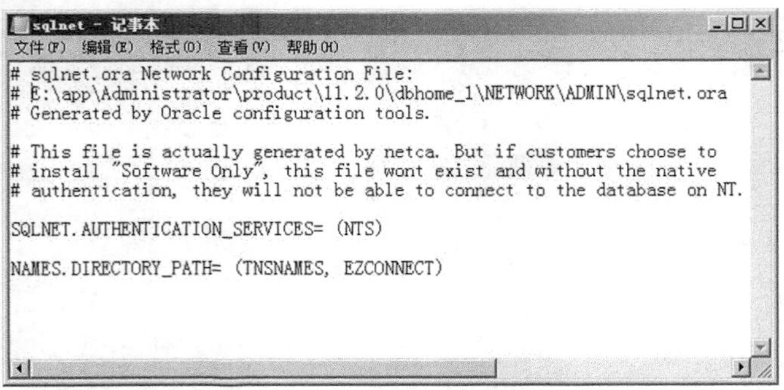

sqlnet - 记事本

文件(F) 编辑(E) 格式(O) 查看(V) 帮助(H)

```
# sqlnet.ora Network Configuration File:
# E:\app\Administrator\product\11.2.0\dbhome_1\NETWORK\ADMIN\sqlnet.ora
# Generated by Oracle configuration tools.

# This file is actually generated by netca. But if customers choose to
# install "Software Only", this file wont exist and without the native
# authentication, they will not be able to connect to the database on NT.

SQLNET.AUTHENTICATION_SERVICES= (NTS)

NAMES.DIRECTORY_PATH= (TNSNAMES, EZCONNECT)
```

图 11-62 sqlnet. ora 文件

其中，SQLNET. AUTHENTICATION_SERVICES＝(NTS)表示采用 Windows 系统的验证方式；NAMES. DIRECTORY_PATH＝ (TNSNAMES，EZCONNECT)表示两种命名解析方式：本地命名法 TNSNAMES 和轻松连接命名法 EZCONNECT。这两种解析方式是在安装 Oracle 时自动配置的。

如果要指定这两种命名方法，可通过 Oracle-OraDb11g_home1→配置和移植工具→Net Manager 来配置，如图 11-63 所示。图 11-63 中"服务命名"所包含的 enterdb 以及

enterdb_for_client 等服务名均在 tnsnames. ora 中定义，只要在 tnsnames. ora 文件中将 enterdb_for_client 等不需要的服务名删除掉，图 11-63 中的“服务命名”就不会再显示该服务名。

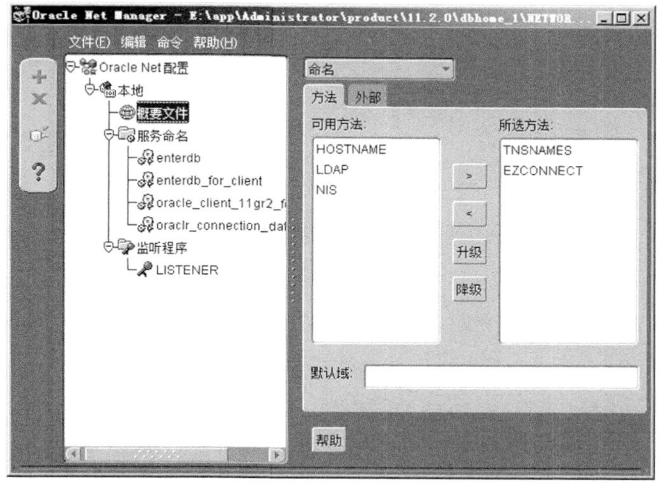

图 11-63 Net Manager 配置命名方法

sqlnet. ora 还可以为服务器设定允许和拒绝访问的客户端连接，即限制访问 Oracle 的 IP，由 sqlnet. ora 配置文件来实现。通过监听器的限制，比在数据库内部通过触发器进行限制效率要高。

2) 限制访问数据库的 IP

在数据库管理中，尽管某个客户在要访问的数据库中有账户和有效的口令，但也可以通过进行节点验证，限制某个客户端对数据库的访问。在 sqlnet. ora 文件中将该客户端主机名或 IP 地址设置成被拒绝访问，达到限制特定 IP 的客户端访问数据库的目的。采用节点验证也是保护监听器的一种有效方法。

相关参数设置方法：

- tcp. excluded_nodes：用来拒绝哪些客户端访问数据库。

语法：

```
tcp.excluded_nodes=(hostname|ip_address,hostname|ip_address,…)
```

- tcp. invited_nodes：指定允许访问数据库的客户端。如果同时指定了 tcp. invited_nodes 和 tcp. excluded_nodes，则 tcp. invited_nodes 的优先权高于 tcp. excluded_nodes。

语法：

```
tcp.invited_nodes=(hostname|ip_address,hostname|ip_address,…)
```

- tcp. validnode_checking：有 yes 和 no 两个值，用于验证 tcp. invited_nodes 和 tcp. excluded_nodes，确定哪个客户端允许访问，哪个不允许访问。默认值是 no。

如果将 tcp. validnode_checking 设置为 no,则后边的设置无效。

设置方法：

(1) 打开<Oracle_Home>\network\admin 目录下的 sqlnet. ora 文件,并添加以下内容：

```
##进行节点有效性检查
tcp.validnode_checking=yes
##允许访问的 ip 或主机名
tcp.invited_nodes=(dalianok,196.168.11.26)
##拒绝访问的 ip 或主机名
tcp.excluded_nodes=(renother,guoother)
```

(2) 重新启动数据库。

另外,用 BEFORE LOG ON DATABASE 触发器也可限制特定 IP 的客户端访问数据库。

2. tnsnames. ora 文件

tnsnames. ora 是 Oracle Net 本地命名参数文件,其作用是将网络服务名转换成指定的服务器地址和实例名。网络服务名是一个包含在连接符中映射到数据库网络地址的别名。一个连接符包括监听器地址和数据库的服务名。当应用程序与之连接时,客户端和服务器都使用服务名。

tnsnames. ora 位于客户端和需要与其他服务器进行连接的服务器上。tnsnames. ora 文件中常用的描述本地命名参数大体可以分为：

(1) 连接描述符描述部分。

(2) 协议地址部分。

(3) 可选参数列表。

(4) 连接数据部分。

(5) 安全部分。

tnsnames. ora 文件的基本格式：

```
net_service_name=
  (DESCRIPTION=
    (ADDRESS=(<protocol_address_information>))
    (CONNECT_DATA=
      (SERVICE_NAME=<service_name>)))
```

其中,DESCRIPTION 包含连接描述符;ADDRESS 包含协议、服务器主机地址和监听端口号;CONNECT_DATA 包含数据库服务标识信息,一般是全局数据库名。

一般来说,为了简明起见,网络服务名 net_service_name 均定义成与服务名 service_name 相同,即数据库的 SID。所以,SQL * Plus 等 PL/SQL 开发工具使用网络服务名作为连接数据库的服务名。

以下是本案例中 tnsnames. ora 文件的内容：

```
ENTERDB=
  (DESCRIPTION=
    (ADDRESS_LIST=
      (ADDRESS= (PROTOCOL= TCP) (HOST= 127.0.0.1) (PORT= 1521))
    )
    (CONNECT_DATA=
      (SERVICE_NAME= enterdb.dlpu.dalian)
    )
  )
```

注意：tnsnames.ora 文件是可编辑的文本文件，文件中包含许多空格，编辑时不要删除各行前部的空格，否则系统无法识别。

另外，HOST 既可以用主机名，也可用 IP 地址，建议使用 IP 地址，否则，如果客户端没有配置域名解析，在获得服务器名时会因无法解析服务器的 IP 地址而产生错误。在 Oracle Net Manager 中也可以定义 tnsnames.ora 文件的参数，如图 11-64 所示。

图 11-64 配置 tnsnames.ora 参数

3. listener.ora 文件

listener.ora 是监听器配置文件，包括有关监听器设置的基本信息，只有服务器端才设置监听器。

listener.ora 的内容包括：

(1) 监听器名字。

(2) 接受连接请求的协议地址。

(3) 监听的服务名。

(4) 控制参数 。

下面为本案例中 listener.ora 的内容：

```
#listener.ora Network Configuration File:
```

```
#E: \app\Administrator\product\11.2.0\dbhome_1\NETWORK\ADMIN\listener.ora
#Generated by Oracle configuration tools.
SID_LIST_LISTENER=
  (SID_LIST=
    (SID_DESC=
      (SID_NAME=CLRExtProc)
      (ORACLE_HOME=E: \app\Administrator\product\11.2.0\dbhome_1)
      (PROGRAM=extproc)
      (ENVS=
"EXTPROC_DLLS=ONLY: E: \app\Administrator\product\11.2.0\dbhome_1\bin\oraclr11.
dll")
    )
  )

LISTENER=
  (DESCRIPTION_LIST=
    (DESCRIPTION=
      (ADDRESS= (PROTOCOL= TCP) (HOST= Win2K8) (PORT= 1521))
    )
  )
```

其中,符号#是注释符。监听器文件由 Oracle 配置工具生成。ADDRESS=(PROTOCOL=TCP)(HOST=Win2K8)(PORT=1521)表示网络连接使用 TCP 协议,服务器主机名是 Win2K8,监听的端口号是 1521。

LISTENER、DESCRIPTION_LIST 以及 DESCRIPTION 描述监听器自身的属性信息;SID_LIST 和 SID_DESC 描述监听器的服务对象,即全局数据库名和服务的列表,监听器为其提供监听服务,监听是否有与数据库建立连接的请求。

在服务器端,Oracle Net 监听器是一个运行的进程,是 Oracle Net 的核心,它负责监听网络中来自客户端的连接请求。当监听器监听到客户端的请求后,监听器使连接请求生效,并将提出连接请求的客户端注册到数据库,然后把客户端连接交给服务器。当连接建立后,客户端在数据库中注册完毕,监听器就不再参与客户端与服务器之间的连接,转而继续监听其他客户的连接。

配置监听器可以使用 Oracle Net Configuration Assistant 图形化工具进行。

11.4.2 命名解析方法与配置文件

1. 命名解析法

当使用 Oracle Net Configuration Assistant 和 NET Manager 配置网络服务名时,需要选择命名解析方法。Oracle Net 有多种命名解析方法可供选择。

所谓命名解析方法,就是客户端应用程序使用的一种解析方法,在连接数据库服务时将服务名称解析为网络地址等。

Oracle Net 支持 5 种命名解析法：

(1) 本地命名法(TNSNAMES)。

本地命名是针对每个 Oracle 客户端，并将存储在客户端的 tnsnames. ora 文件中的网络服务名解析为连接描述符的一种命名方法。本地命名法最适合于带有少量不经常更改服务且客户端较少的简单分布式网络。此法比较常用。

(2) 主机命名法(HOSTNAME)。

它是使用户能够通过使用 TCP/IP 环境中的主机名连接到 Oracle 数据库服务器的一种命名方法。主机名被映射为现有名称来解析方案服务，如域名系统(DNS)、网络信息服务(NIS)等中服务器的全局数据库名。主机命名法适合于较小的网络中，通过主机名直接访问 Oracle，不必使用 tnsnames. ora 文件。

配置方法：

① 配置 sqlnet. ora 文件。

打开 sqlnet. ora 文件，在 NAMES. DIRECTORY_PATH 参数中添加 HOSTNAME；添加服务器主机所在的域名 NAMES. DEFAULT_DOMAIN=dlpu. dalian 并存盘。

```
#sqlnet.ora Network Configuration File:
#E: \app\Administrator\product\11.2.0\dbhome_1\NETWORK\ADMIN\sqlnet.ora
#Generated by Oracle configuration tools.
#This file is actually generated by netca. But if customers choose to
#install "Software Only",this file wont exist and without the native
#authentication,they will not be able to connect to the database on NT.
NAMES.DEFAULT_DOMAIN=dlpu.dalian
SQLNET.AUTHENTICATION_SERVICES= (NTS)
NAMES.DIRECTORY_PATH= (TNSNAMES,EZCONNECT,HOSTNAME)
```

通过 Net Manager 工具配置，如图 11-65 所示。

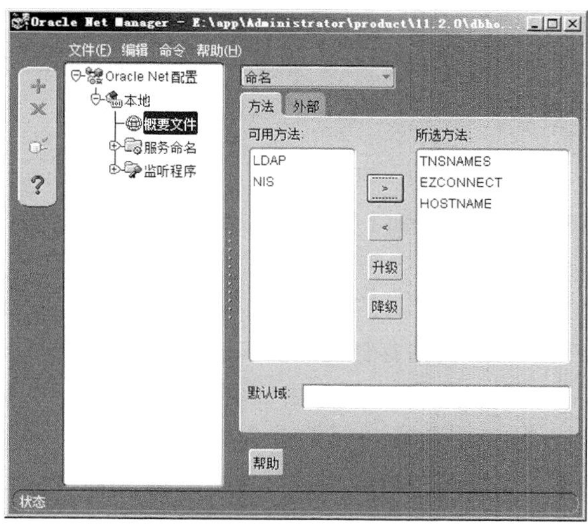

图 11-65 Net Manager 配置命名法

② 修改监听程序配置。

```
#listener.ora Network Configuration File:
#E:\app\Administrator\product\11.2.0\dbhome_1\NETWORK\ADMIN\listener.ora
#Generated by Oracle configuration tools.

SID_LIST_LISTENER=
  (SID_LIST=
      (SID_DESC=
      (GLOBAL_DBNAME=Win2k8)
      (ORACLE_HOME=E:\app\Administrator\product\11.2.0\dbhome_1)
      (SID_NAME=enterdb)
    )
  )

LISTENER=
  (DESCRIPTION=
    (ADDRESS= (PROTOCOL=TCP) (HOST=Win2K8) (PORT=1521))
  )
```

注意：将参数 GLOBAL_DBNAME 原来设置的全局数据库名更改为主机名 Win2k8 或主机的 IP 地址。

③ 配置 DNS 或 HOSTS 文件。客户端机器必须要能够正确解析 Oracle 服务器的主机名，可通过 DNS 或 C：\Windows\System32\drivers\etc\目录下的 hosts 文件进行解析。hosts 文件是一个没有扩展名的系统文件，可以用记事本等工具打开。其作用是将一些常用的网址域名与其对应的 IP 地址及主机名建立对应关联数据库。

④ 使用 ping 命令进行测试。

(3) 轻松连接命名(EZCONNECT)。

轻松命名方法使客户端不需要任何配置就可连接到数据库服务器。客户端使用简单 TCP/IP 地址，该地址由主机名和可选端口以及服务名组成。

```
CONNECT username/password@host[:port][/service_name]
```

其中，username/password 是用户和口令，host 是主机名，port 为端口号，service_name 是连接的数据库服务名。

(4) 目录命名法 LDAP(Lightweight Directory Access Protocol)。

它是一种将连接标识符解析为存储在中央目录服务器中的连接描述符的命名方法，即将网络中所有服务名和连接描述符存储在目录服务器中。目录提供对数据库服务和网络服务名的集中管理，减少有关添加和重定位服务的工作，从而替代客户端和服务器端的本地文件。虽然网络服务名可以配置成一个服务的别名，但目录也可以不使用网络服务名而直接引用数据库服务。为了使配置更加容易，在安装期间数据库服务作为一个条目自动添加到目录中。

(5) 外部命名法(External naming)。

该方法把存储于非 Oracle 命名服务中的服务解析成网络地址。外部命名方法包括网络信息服务(NIS)和单元目录服务(CDS)。

本地命名和主机命名都属于本地化管理网络配置模型。本地化管理就是在每个 Oracle 客户端的 tnsnames.ora 文件中配置命名解析方法。目录命名法和外部命名则属于中心化管理网络配置模型,易于管理每个 Oracle 客户端,适合于动态且大型的网络环境。

2. 解析方法与配置文件

通过 Oracle Net 进行网络连接配置时所需要的文件,因其所选择的命名解析方法而异:

- sqlnet.ora:用于主机命名法和目录命名法。该文件在客户端和服务器端都存在。主机命名法需要最小的用户配置,只需用户提供主机的名字即可建立连接,它是通过 IP 地址转换机制来解析的。
- tnsnames.ora:用于本地命名法。该文件是在客户端和需要使用本地命名方法与其他数据库进行连接的服务器端。本地命名法需要维护配置文件 tnsnames.ora。但客户端和服务器必须安装 TCP/IP 协议,即使用单一的 TCP/IP 协议。
- 监听器参数文件 listener.ora:只存在于服务器端。

11.4.3 连接过程

1. 连接的基本过程

(1) 为了使客户端连接到服务器,在服务器端需要有一个进程监听来自客户端的请求。监听器进程就是负责探测并安排外来的请求给适当目标。所以,要启动监听器进程,必须在服务器端配置 listener.ora。监听器根据参数文件 listener.ora 启动监听进程。该进程的启动可用手动方式,也可用自动方式。Oracle 安装后,系统已自动为其创建了一个服务,每次启动时将自动启动该监听进程。若要用手动方式,可在<Oracle_Home>\ora92\bin 目录下通过启动 LSNRCTL.EXE 达到启动监听进程的目的。

(2) 用户或程序将服务名解析成连接串。服务名就是一个目标地址的别名。该别名相当于把数据库名、主机地址、端口号以及所使用的网络连接协议都封装在服务别名中。服务名直接映射成连接描述符。

(3) 当服务名被解析时,该请求被发送到监听器,监听器接收到会话请求并确定请求连接的对象。

(4) 监听器启动一个新的进程,或将连接转交给已经存在的进程,由服务器端的该进程处理与 Oracle 数据库的连接,此时监听器继续监听外来的连接请求。

(5) 该进程的地址被传递给客户端进程,这样在会话期间客户端就直接与服务器端进程通信,而不需要监听器的参与。监听器只负责监听是谁要与哪个数据库实例建立连接。

2. 配置连接应考虑的问题

当Oracle数据库安装建立后，主要任务就是配置并建立客户端与数据库服务器之间的连接。通过Oracle Net建立网络连接时应注意考虑以下问题：

(1) 网络环境及体系结构。根据Oracle Net所管理的网络环境选择命名解析法。如果是动态大型复杂网络，则应该考虑选择目录命名法，否则选择主机命名法或本地命名法。

(2) 选用适用的Oracle客户端软件。

(3) 用户的数量以及连接的持久性。用户多且持久的，则采用集中式的网络连接管理。此时应考虑建立Oracle命名服务器，采用目录命名法等。

(4) 安全因素。是否需要检查允许访问的用户连接，在服务器端的参数文件sqlnet.ora中设置允许访问数据库服务器的客户连接和需要拒绝的连接，以及加密等其他相关的安全措施。

(5) 确定监听器的数据库服务对象。

(6) 监听器的负载平衡。应考虑一个监听器能否完全满足所有连接监听的需要，否则为数据库建立多个监听器，以保持监听负载的平衡。

(7) 确定网络连接采用的协议和端口号。

(8) 文件参数配置方式。在配置监听器和参数文件时，建议采用Oracle Net Configuration Assistant和NET Manager图形化的工具配置。不建议采用手工命令的方式配置。

(9) 严格遵循参数文件的语法格式进行参数设置，否则即使参数设置正确，但因格式不符合规范，系统同样无法识别。

11.4.4 监听器管理

对于Oracle Net环境下的sqlnet.ora、tnsnames.ora和listener.ora等文件的管理主要由Oracle提供的管理工具LSNRCTL、Oracle Net Manager、Oracle Net Configuration Assistant和TNS Ping命令等来实现。

1. 服务器端的连接配置

服务器端的主要任务就是监听器的配置。如果使用Oracle企业管理器和其他的服务，如外部过程和其他异构数据库服务等，也需要Listener.ora文件。

Listener.ora是Oracle安装完后由系统自动创建的，它必须与监听器同在一个主机节点上。其默认设置是：监听器名为LISTENER，端口号为1521，协议为TCP/IP和IPC，服务名SID为使用监听器的默认实例名，主机名为默认的主机名。

默认的Listener.ora监听器配置文件包含以下主要参数：

(1) 监听器的名字，默认名为LISTENER。

(2) ADDRESS_LIST参数包含一个监听外来连接的地址块。

(3) TCP地址识别来自于客户端要连接到端口号为1521的TCP连接。客户端使用在tnsname.ora文件中定义的端口来连接该监听器。

(4) 根据为监听器定义的SID_LIST，监听器指定要连接的数据库。监听器可在一个主机上监听多个数据库。SID_LIAST_LISTENER_NAME 块或参数就是这些被定义的 SID。SID_LIST 参数就是为多个 SID 定义的。

(5) 每个 SID 都有一个 SID_DESC，主要有数据库所在的主目录<Oracle_Home>，用于监听器识别数据库的位置。GLOBAL_DBNAME 是数据库的全局数据库名，它由数据库名和数据库所在域组成。该全局数据库名必须与初始化参数文件 init.ora 或 spfile<SID>.ora 中的 SERVICE_NAMES 参数的值相匹配。SID_NAME 参数定义了代表监听器接受连接的 SID 名字。

这些参数的设置可通过 Oracle NET Manager 提供的图形化配置向导创建监听器。监听器的启动、停止等控制可通过 LSNRCTL 命令实现。

2. 监听器控制

监听器是运行在一个服务器节点上的进程，为需要登录服务器中的一个或多个数据库的连接提供监听。显然，监听器可以为多个数据库监听；也可以使用多个监听器监听一个数据库，从而保证负载的平衡。监听进程可以用多个协议监听。Oracle Net 中监听器的名字是唯一的，默认监听器名字是 LISTENER。

在监听器的管理中，LSNRCTL 是使用最为频繁的监听器控制程序。它基于服务器的进程，为客户端、应用服务器和其他数据库提供基本的网络连接。LSNRCTL 也是控制监听器的主要界面，用 LSNRCTL 可完成启动和停止 Oracle Net 的监听器，改变监听设置，报告监听器的状态等操作。

与 Oracle 监听器相关的文件和进程如表 11-2 所示。

表 11-2 监听器相关的文件和进程

路径文件	对应进程
<Oracle_Home>\bin\lsnrctl	监听器控制程序
<Oracle_Home>\network\admin\listener.ora	监听器的配置文件
<Oracle_Home>\bin\tnslnsr	服务器端监听器进程

lsnrctl 程序主要用于启动和停止监听器进程 TNSLSNR。监听器进程 TNSLSNR 启动时从 listener.ora 文件中读取端口号和数据库 SID 等配置信息。TNSLNSR 进程是由 LSNRCTL 程序的拥有者来启动的，一般来说，Windows NT/2008 平台上 LSNRCTL 程序拥有者是 Administrator，而 UNIX 平台是 Oracle。

在 listener.ora 中，监听器提供了 3 种配置模式，如表 11-3 所示。

表 11-3 监听器配置模式

模式	说明
Database	提供对 Oracle 数据库实例的网络访问
PLSExtProc	为 PL/SQL 包访问操作系统文件提供的方法，即外部调用功能
Executable	为访问操作系统文件提供网络访问

其中,Database 模式使用最为广泛,它是连接数据库的标准模式。PLSExtProc 模式允许 PL/SQL 数据库包访问其他适用高级程序设计语言编写的外部程序。在许多实例中,PLSExtProc 模式被定义成默认的配置。Executable 模式允许定义一个外部程序并通过 TNS 连接访问。该模式只在 Oracle 应用程序中使用。

监听器控制程序有两种用法:

(1) 在 MS-DOS 系统提示符下直接运行以 LSNRCTL 开头的监听器命令。命令格式:

```
Lsnrctl <listener_control_command>
```

(2) 在 LSNRCTL 的提示符环境下直接输入监听器命令即可。

监听器的基本命令及功能如下:

HELP:提供监听器命令的清单或每个命令的详细语法格式。

VERSION:显示监听器的版本号和协议栈。一般来说,监听器的版本号与数据库相同,如图 11-66 所示。

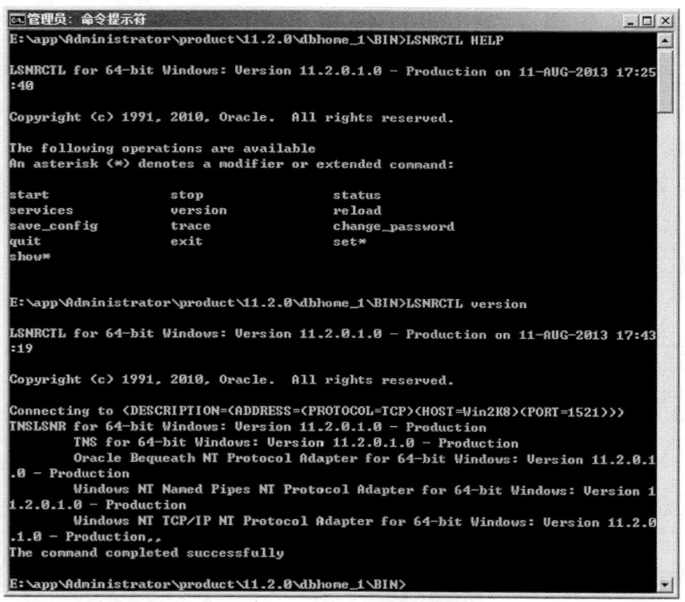

图 11-66 显示版本号

SHOW:查看当前监听器可用的参数。

STATUS:有关监听器的配置、协议地址等信息,如图 11-67 所示。

STOP:停止监听器。

START:启动监听器,如图 11-68 所示。

SERVICES:有关监听器的详细信息,包括全路径和环境变量等。获得这些信息可绕过口令,即与是否设置口令没关系,如图 11-69 所示。

RELOAD:激活用 SET 命令所做的更改。即重新读取 listener.ora 文件,静态地配置服务而不需要停止监听器。

```
管理员: 命令提示符 - lsnrctl
LSNRCTL> show
The following operations are available after show
An asterisk (*) denotes a modifier or extended command:

rawmode                                   displaymode
rules                                     trc_file
trc_directory                             trc_level
log_file                                  log_directory
log_status                                current_listener
inbound_connect_timeout                   startup_waittime
snmp_visible                              save_config_on_stop
dynamic_registration                      enable_global_dynamic_endpoint
oracle_home                               pid

LSNRCTL> status
Connecting to (DESCRIPTION=(ADDRESS=(PROTOCOL=TCP)(HOST=Win2K8)(PORT=1521)))
STATUS of the LISTENER
------------------------
Alias                     LISTENER
Version                   TNSLSNR for 64-bit Windows: Version 11.2.0.1.0 - Produ
ction
Start Date                11-AUG-2013 08:48:44
Uptime                    0 days 9 hr. 1 min. 4 sec
Trace Level               off
Security                  ON: Local OS Authentication
SNMP                      OFF
Listener Parameter File   E:\app\Administrator\product\11.2.0\dbhome_1\NETWORK\A
DMIN\listener.ora
Listener Log File         e:\app\administrator\diag\tnslsnr\Win2K8\listener\aler
t\log.xml
Listening Endpoints Summary...
  (DESCRIPTION=(ADDRESS=(PROTOCOL=tcp)(HOST=Win2K8)(PORT=1521)))
Services Summary...
Service "CLRExtProc" has 1 instance(s).
  Instance "CLRExtProc", status UNKNOWN, has 2 handler(s) for this service...
Service "EnterDBXDB.dlpu.dalian" has 1 instance(s).
  Instance "enterdb", status READY, has 1 handler(s) for this service...
Service "enterdb.dlpu.dalian" has 2 instance(s).
  Instance "enterdb", status UNKNOWN, has 1 handler(s) for this service...
  Instance "enterdb", status READY, has 1 handler(s) for this service...
The command completed successfully
LSNRCTL>
```

图 11-67 监听器配置信息

```
管理员: 命令提示符 - lsnrctl
LSNRCTL> stop
Connecting to (DESCRIPTION=(ADDRESS=(PROTOCOL=TCP)(HOST=Win2K8)(PORT=1521)))
The command completed successfully
LSNRCTL> start
Starting tnslsnr: please wait...

TNSLSNR for 64-bit Windows: Version 11.2.0.1.0 - Production
System parameter file is E:\app\Administrator\product\11.2.0\dbhome_1\NETWORK\AD
MIN\listener.ora
Log messages written to e:\app\administrator\diag\tnslsnr\Win2K8\listener\alert\
log.xml
Listening on: (DESCRIPTION=(ADDRESS=(PROTOCOL=tcp)(HOST=Win2K8)(PORT=1521)))

Connecting to (DESCRIPTION=(ADDRESS=(PROTOCOL=TCP)(HOST=Win2K8)(PORT=1521)))
STATUS of the LISTENER
------------------------
Alias                     LISTENER
Version                   TNSLSNR for 64-bit Windows: Version 11.2.0.1.0 - Produ
ction
Start Date                11-AUG-2013 17:53:16
Uptime                    0 days 0 hr. 0 min. 5 sec
Trace Level               off
Security                  ON: Local OS Authentication
SNMP                      OFF
Listener Parameter File   E:\app\Administrator\product\11.2.0\dbhome_1\NETWORK\A
DMIN\listener.ora
Listener Log File         e:\app\administrator\diag\tnslsnr\Win2K8\listener\aler
t\log.xml
Listening Endpoints Summary...
  (DESCRIPTION=(ADDRESS=(PROTOCOL=tcp)(HOST=Win2K8)(PORT=1521)))
Services Summary...
Service "CLRExtProc" has 1 instance(s).
  Instance "CLRExtProc", status UNKNOWN, has 2 handler(s) for this service...
Service "enterdb.dlpu.dalian" has 1 instance(s).
  Instance "enterdb", status UNKNOWN, has 1 handler(s) for this service...
The command completed successfully
LSNRCTL>
```

图 11-68 停止/启动监听器

```
管理员: 命令提示符 - lsnrctl
LSNRCTL> services
Connecting to (DESCRIPTION=(ADDRESS=(PROTOCOL=TCP)(HOST=Win2K8)(PORT=1521)))
Services Summary...
Service "CLRExtProc" has 1 instance(s).
  Instance "CLRExtProc", status UNKNOWN, has 2 handler(s) for this service...
    Handler(s):
      "DEDICATED" established:0 refused:0
         LOCAL SERVER
      "DEDICATED" established:0 refused:0
         LOCAL SERVER
Service "EnterDBXDB.dlpu.dalian" has 1 instance(s).
  Instance "enterdb", status READY, has 1 handler(s) for this service...
    Handler(s):
      "D000" established:0 refused:0 current:0 max:1022 state:ready
         DISPATCHER <machine: WIN2K8, pid: 2068>
         (ADDRESS=(PROTOCOL=tcp)(HOST=Win2K8)(PORT=1057))
Service "enterdb.dlpu.dalian" has 2 instance(s).
  Instance "enterdb", status UNKNOWN, has 1 handler(s) for this service...
    Handler(s):
      "DEDICATED" established:1 refused:0
         LOCAL SERVER
  Instance "enterdb", status READY, has 1 handler(s) for this service...
    Handler(s):
      "DEDICATED" established:0 refused:0 state:ready
         LOCAL SERVER
The command completed successfully
LSNRCTL>
```

图 11-69 监听器详细信息

SET PASSWORD：设置监听器口令。

CHANGE_PASSWORD：更改监听器口令。可手工编辑 listener. ora 文件，删除口令。

SAVE_CONFIG：将监听器的更改保存到 listener. ora 文件中，如图 11-70 所示。

```
管理员: 命令提示符 - lsnrctl
LSNRCTL> reload
Connecting to (DESCRIPTION=(ADDRESS=(PROTOCOL=TCP)(HOST=Win2K8)(PORT=1521)))
The command completed successfully
LSNRCTL> set password
Password:
The command completed successfully
LSNRCTL> change_password
Old password:
New password:
Reenter new password:
Connecting to (DESCRIPTION=(ADDRESS=(PROTOCOL=TCP)(HOST=Win2K8)(PORT=1521)))
Password changed for LISTENER
The command completed successfully
LSNRCTL> save_config
Connecting to (DESCRIPTION=(ADDRESS=(PROTOCOL=TCP)(HOST=Win2K8)(PORT=1521)))
Saved LISTENER configuration parameters.
Listener Parameter File   E:\app\Administrator\product\11.2.0\dbhome_1\NETWORK\A
DMIN\listener.ora
Old Parameter File   E:\app\Administrator\product\11.2.0\dbhome_1\NETWORK\ADMIN\
listener.bak
The command completed successfully
LSNRCTL>
```

图 11-70 设置监听器口令

SET LOG_DIRECTORY：设置创建日志文件的位置。默认目录为<Oracle_Home>\network\log。

SET LOG_FILE：设置监听器日志文件的名字。默认名字是 listener. log。

SET LOG_STATUS：设置监听器归档日志开关。

SET SAVE_CONFIG_ON_STOP：指定在监听器停止时，是否将由 SET 改变的值保存到 listener. ora 文件中。

SET STATUP_WAITTIME：为监听器设置等待时间。

3. 监听器的保护

Oracle Net 监听器是基于服务器的进程，为客户端、应用服务器和其他数据库提供基本的网络连接。必须通过设置口令等多项措施对监听器加以保护。

设置监听器的安全措施步骤如下：

(1) 为监听器设置口令。

本步骤是必选项。监听器设置口令可阻止大部分的外界攻击。用 lsnrctl 可以设置口令，并将口令加密存储在 listener.ora 文件中。

具体方法是：

```
LSNRCTL> set current_listener
LSNRCTL> set password
LSNRCTL> change_password
LSNRCTL> save_config
```

然后可检查文件 listener.ora 是否有参数 PASSWORDS_＜listener name＞出现在文件中。在文件 listener.ora 中也可用手工方式设置参数 PASSWORDS_＜listener name＞，但这是以明文方式存储的。命令执行过程如图 11-71 所示。

```
管理员: 命令提示符 - lsnrctl
LSNRCTL> set current_listener
Current Listener is LISTENER
LSNRCTL> set password
Password:
The command completed successfully
LSNRCTL> change_password
Old password:
New password:
Reenter new password:
Connecting to (DESCRIPTION=(ADDRESS=(PROTOCOL=TCP)(HOST=Win2K8)(PORT=1521)))
Password changed for LISTENER
The command completed successfully
LSNRCTL> save_config
Connecting to (DESCRIPTION=(ADDRESS=(PROTOCOL=TCP)(HOST=Win2K8)(PORT=1521)))
Saved LISTENER configuration parameters.
Listener Parameter File   E:\app\Administrator\product\11.2.0\dbhome_1\NETWORK\A
DMIN\listener.ora
Old Parameter File   E:\app\Administrator\product\11.2.0\dbhome_1\NETWORK\ADMIN\
listener.bak
The command completed successfully
LSNRCTL>
```

图 11-71　保存修改信息

执行设置口令命令后，在＜Oracle_Home＞\NETWORK\ADMIN\目录的 listener.ora 文件中出现 PASSWORDS_Listener 加密的口令加密形式：

```
#----ADDED BY TNSLSNR 11-AUG-2013 18:01:49---
PASSWORDS_LISTENER=9114912642F1C7CF
```

如图 11-72 所示。

(2) 开启日志。本步骤是必选项。

为所有监听器打开日志，目的是为了捕获监听器命令，从而加强防御攻击。

```
LSNRCTL >set log_directory
        E:\app\Administrator\product\11.2.0\dbhome_1\NETWORK\log
```

```
listener - 记事本
文件(F) 编辑(E) 格式(O) 查看(V) 帮助(H)
SID_LIST_LISTENER =
  (SID_LIST =
    (SID_DESC =
      (SID_NAME = CLRExtProc)
      (ORACLE_HOME = E:\app\Administrator\product\11.2.0\dbhome_1)
      (PROGRAM = extproc)
      (ENVS = "EXTPROC_DLLS=ONLY:E:\app\Administrator\product\11.2.0\dbhome_1\bin\oraclr11.dll"
    )
    (SID_DESC =
      (SID_NAME = CLRExtProc)
      (ORACLE_HOME = E:\app\Administrator\product\11.2.0\dbhome_1)
      (PROGRAM = extproc)
      (ENVS = "EXTPROC_DLLS=ONLY:E:\app\Administrator\product\11.2.0\dbhome_1\bin\oraclr11.dll"
    )
    (SID_DESC =
      (GLOBAL_DBNAME = enterdb.dlpu.dalian)
      (ORACLE_HOME = E:\app\Administrator\product\11.2.0\dbhome_1)
      (SID_NAME = enterdb)
    )
  )

LISTENER =
  (DESCRIPTION =
    (ADDRESS = (PROTOCOL = TCP)(HOST = Win2K8)(PORT = 1521))
  )

ADR_BASE_LISTENER = E:\app\Administrator

#----ADDED BY TNSLSNR 11-AUG-2013 18:01:49---
PASSWORDS_LISTENER = 9114912642F1C7CF
#--------------------------------------------
```

图 11-72 加密后的监听配置文件

```
LSNRCTL>set log_file listener.log
LSNRCTL>set log_status on
LSNRCTL>save_config
```

(3) 在文件 Listener.ora 中设置 ADMIN_RESTRICTIONS。本步骤是必选项。

在 listener.ora 参数文件中将 ADMIN_RESTRICTIONS_＜listener name＞设置成 ON,可阻止在运行期间其他任何连接所做的有关监听器的修改。该参数可阻止任何本地或远程的 SET 命令。所有的修改都必须在 listener.ora 文件中手工修改。在本案例中的监听器参数文件 listener.ora 中设置:

```
ADMIN_RESTRICTIONS_listener=ON
```

使用 LSNRCTL 中的 RELOAD 命令重新启动监听器,以便使上述所做的修改生效。

```
LSNRCTL>RELOAD
```

以后的任何修改必须在 listener.ora 文件中直接进行,不要使用 LSNRCTL 中的 SET 命令来修改。在对 listener.ora 文件进行任何修改后,要使用 LSNRCTL 中的 RELOAD 命令或 STOP 和 START。

(4) 应用最新的监听器补丁包。对应不同版本的补丁包可在官方网站上下载。本步骤是必选项。

(5) 在防火墙上锁定 Oracle Net。一般来说,不允许 Oracle Net 通过防火墙,除非确实需要。防火墙的过滤应只允许那些已知的应用程序和 Web 服务器使用的 Oracle Net 通过防火墙。实际上,很少有应用程序需要直接从 Internet 使用 Oracle Net 访问数据库。如果应用程序确实需要用 Oracle Net 直接访问数据库,则为其在防火墙上配置指定的主机和端口号。

(6) 保护监听器目录。本步骤是必选项。

监听器口令存储在 listener.ora 文件中,可用手工编辑的方式将口令从该文件中删除。如果手工将口令添加到文件中,则口令是以明文的形式存储的。通过 LSNRCTL 添加的口令则是用简单的散列算法存储的,但也容易被破解。

所以,应妥善保护 listener.ora 文件所在的目录＜Oracle_Home＞\network\admin,该目录包含有 listener.ora、tnsnames.ora 和 sqlnet.ora 等重要配置文件。对该目录的读写和执行权限应只授予主要的 Oracle 账户,不要授予其他用户。

(7) 保护 TNSLSNR 和 LSNRCTL。

这两个文件位于＜Oracle_Home＞\BIN 目录下。保护这两个文件的目的是为了防止黑客直接破坏它们,如果 TNSLSNR 被破坏,监听器无法启动;如果 LSNRCTL 被破坏,可能植入恶意代码,在运行 LSNRCTL 时就会执行其他黑客行为。

(8) 删除不用的服务。本步骤是必选项。

许多默认的安装都有针对 PL/SQL 外部过程的监听器入口(ExtProc)。入口的名称通常是 ExtProc 或 PLSExtProc,而默认安装的常常是 ExtProc,但一般并不使用。所以,应仔细检查实际 Oracle 应用环境,确定是否使用 ExtProc,如果不使用 ExtProc,则从 listener.ora 中删掉 ExtProc。确定要删除的 ExtProc 也比较简单:由于 listener.ora 文件要经常在不同实例之间复制,因此文件中可能包含旧的或不使用的入口参数,检查其他服务,确定这些入口参数是否使用,如不使用则将其删除。

(9) 改变默认的 TNS 端口号。

Oracle 默认的监听端口是 1521(Oracle 还正式注册了两个新的端口号 2483 和 2484),用扫描器软件可以直接扫描这个端口是否打开。如果将 Oracle 默认的监听端口设置为一个不常用的端口号,可增加被攻击的难度。在修改端口时不要设在 1521～1550 和 1600～1699 范围内。

端口号可在 listener.ora 中直接编辑,也可以通过 Netca 程序进行修改。同时要设置初始化参数 LOCAL_LISTENER,这样在监听端口发生变化后,数据库才会自动进行监听器重新注册。

(10) 设置有效节点检查。该步骤根据实际情况是可选的。

根据应用程序的类型和网络配置,采用有效节点检查对限制来自监听器的通信是十分有效的手段。大部分 Web 应用程序仅需要访问服务器的监听器和用于管理有限数量的客户端。确定用于节点检查的有效 IP 地址的最简单方法是通过数据库审计。所以,建议应设置有效的会话级的审计。

可将有效节点检查参数添加到＜Oracle_Home＞\network\admin\sqlnet.ora 文件中;对 Oracle8/8i,可将有效节点检查参数添加到＜Oracle_Home＞\network\admin\protocol.ora 文件中。可以添加的参数设置如下:

```
tcp.validnode_checking=yes
tcp.invited_nodes=(<host_ip_address>|name,<host_ip_address>|name
tcp.excluded_nodes=(<host_ip_address>|name,<host_ip_address>|name)
```

其中,<host_ip_address>为主机的IP地址,name为主机名字。但不能同时设置接纳和拒绝接纳的节点。不能使用通配符,只能是或包括接纳的节点(invited_nodes)或包含拒绝接纳的节点(excluded_nodes)。可使用单独的IP地址或主机名字。在设置完参数后,要激活有效节点检查,必须停止监听器,然后自启动才能生效。使用这种方法进行节点验证会消耗一定的系统资源和网络带宽。对可包含的节点数量没有限制,但使用Oracle连接管理器可管理更多的节点。如果需要用Oracle Net直接访问数据库的客户端较多,显然,由于经常需要进行网络配置,进行有效节点检查是比较困难的,此时必须适当封锁Oracle Net。

(11) 监视日志文件。根据实际情况选择。

在步骤(2)中的日志文件可包含为每个无效的口令产生的TNS-01169错误。连续的口令攻击可产生成百或上千个这样的错误。因此,应使用简单的脚本或管理工具来监视日志文件,只要TNS-01169错误数量达到了一个预先确定的极限就使其产生一个警告。这样,经过以上步骤的设置就可保证监听器的安全。

4. Oracle Net Configuration Assistant

Oracle Net Configuration Assistant是图形界面工具,用于配置网络,包括:

(1) 监听器名字和协议地址。

(2) 客户端使用的命名方法,用于解析连接标识符与连接描述符之间的对应关系。

(3) 在tnsnames.ora文件中的网络服务名。

(4) 目录服务器。

(5) 创建或配置监听器等。

Oracle Net Configuration Assistant的用法比较简单。

5. Oracle Net Manager

Oracle Net Manager是图形化配置向导工具,为配置和管理Oracle NET提供集成环境。该工具既可用于客户端,也可用于服务器端。

用Oracle Net Manager可完成下列配置:

(1) 服务命名:定义服务名,使用的协议、端口号及主机名等,并将其映射到连接描述符上,以识别网络位置和服务。Oracle Net Manager支持在tnsnames.ora本地连接描述符的配置。

(2) 概要文件:可在客户端或服务器端配置的Oracle Net的命名解析方法及加密等参数。

(3) 监听器:创建并配置监听器,接收客户端连接请求。

Oracle Net Manager提供了图形化的向导,使用方便。但用好Oracle Net Manager的关键是正确理解和掌握各种参数文件以及相互之间的关系。配置的结果都保存在tnsnames.ora和sqlnet.ora文件中。

6. 网络连接测试

在测试客户端与服务器端的连接时需要测试两个层面的连接:物理网络连接和数据

库服务连接。

1）Ping 命令

物理网络连接的测试需要使用 Windows 中自带的 TCP/IP 工具 Ping 来完成，Ping 是一个可执行名，其功能是用来测试客户端与服务器之间的硬件及软件系统的连接是否正常，网络是否能够连通，并分析网络速度。

使用格式：

```
ping <target_IP_Address>
```

以 Ping 本机为例，检测本机 IP 地址设置是否有误，如图 11-73 所示。

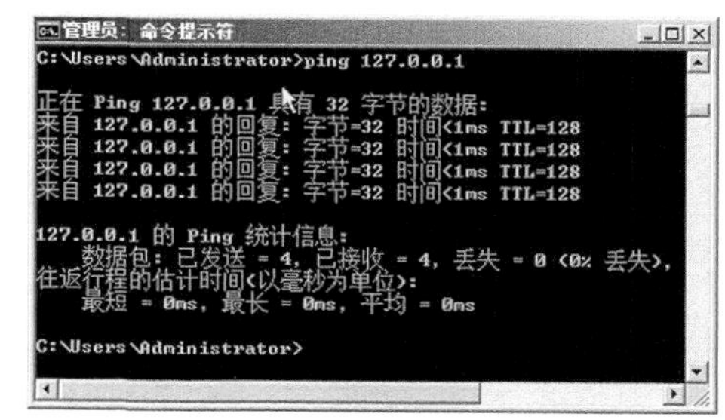

图 11-73　Ping 本机

2）TNSPing

在保证物理网络连接畅通的前提下，还必须使用 TNSPing 实用程序检测客户端与服务器之间 Oracle Net 的连接是否正常。

Tnsping 是 Oracle 本身提供的网络服务检测实用程序，主要作用是检测客户端与 Oracle 服务器上的数据库服务连接是否畅通，以及远程监听器进程是否正常。如果客户端连接到服务器端成功，则使用 TNSPing 进行测试时可显示客户端连接到 Oracle Net 服务器所花费的时间。

与 Ping 相比，TNSPing 并不针对特定的网络，如果使用的不是 TCP/IP 协议，仍然可使用 TNSPing 来测试客户端与服务器之间是否连通。TNSPing 位于＜Oracle_Home＞\BIN 目录下，如 E:\app\Administrator\product\11.2.0\dbhome_1\BIN，文件名为 tnsping.exe。

TNSPing 使用格式有两种：

格式 1：在 MS-DOS 提示符下输入：

```
TNSPING<net_service_name>[count]
```

其中，＜net_service_name＞为网络服务名，必须与 tnsnames.ora 文件中的网络服务名相同；或者是正在使用中的命名服务，如 NIS 或 DCE 的 CDS 等。Count 为可选项，是指定程序连接到服务器所限定的时间。测试样例如图 11-74 所示。

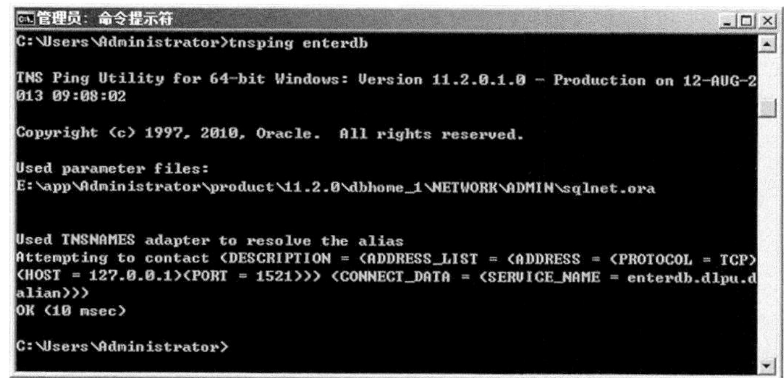

图 11-74　TNSPing 网络服务名

格式 2：在 MS-DOS 提示符下输入：

```
TNSPING<target_IP_address>:<port_number>/<net_service_name>
```

其中，＜target_IP_address＞是服务器主机的 IP 地址；＜port_number＞是端口号，默认为 1521。测试样例如图 11-75 所示。

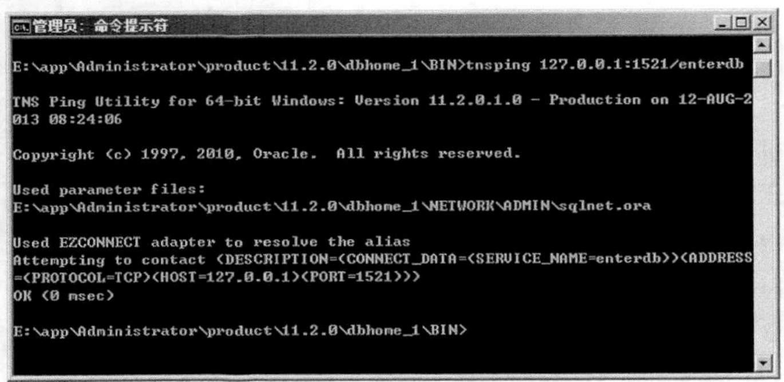

图 11-75 TNSPing 主机的 IP 地址

从测试样例可以看出：

(1) 格式 1 使用网络服务名，所以采用本地命名解析文件 tnsnames.ora。

(2) 格式 2 使用 IP 地址、端口号及数据库服务名，所以采用轻松连接命名解析法 EZCONNECT，客户端不需要任何配置就可连接到数据库服务器。

如果指定的网络服务名是数据库名，TNSPing 就会找对应的监听器，实际上 TNSPing 是无法确定数据库是否启动运行的。若要确定数据库是否运行，可试着用 SQL＊Plus 连接数据库来判断。

用 TNSPing 测试成功只能说明客户端能解析监听器主机名，且监听器已启动，并不能说明数据库已打开，而且 TNSPing 测试连接的过程与真正客户端连接数据库的过程也不同。但如果用 TNSPing 测试不通，则客户端肯定连接不到数据库。

有些情况下，在用 TNSPing 测试网络服务能够测试成功后，应用程序连接数据库也会出现报错：ORA-12545：connect failed because target host or object does not exist。其主要原因是客户端不能正确从服务器的主机名解析出 IP 地址。所以，为避免类似的错误，建议：

(1) 正确设置客户端的域名服务器。

(2) 在客户端的 hosts 文件中明确配置数据库服务器的主机名与 IP 地址对应关系。

(3) 把客户端的 tnsnames.ora 和服务器端 listener.ora 文件中的地址部分全部改用具体的 IP 地址，不要用机器名。

作 业 题

1. 在客户端连接数据库时经常会出现 ORA-12154 等错误提示信息，是什么原因造成的？如何解决？

2. 在客户端连接数据库时经常会出现ORA-12541 TNS：no listener错误提示信息，是什么原因造成的？如何解决？

3. 在连接数据库时，有时会出现错误信息“ERROR：ORA-12560：TNS：协议适配器错误”。是什么原因造成的？如何解决？

4. 安装32位的PL/SQL Developer快速开发工具，并连接到数据库。连接过程中会出现哪些问题？怎样解决？请实际安装并给出解决方案。

5. 选择并安装合适的客户端，启动Microsoft Office Visio，从菜单栏中的“工具”中选择“导出到数据库”，使其从连接的数据库中导出所有表的逻辑结构及关联图。请完成全部过程。

第 12 章 chapter 12

数据库实例

本章目标

掌握启动/关闭数据库的方法，了解数据库实例的作用、数据库启动/关闭的过程以及数据库与实例的区别。

12.1 启动/关闭数据库实例的方法

数据库创建完毕后，数据库就已经处于启动状态，用户可以连接数据库并创建数据库对象等。数据库的备份与恢复等后续维护性工作也需要实施数据库的关闭与启动。在 Windows 平台上，有多种启动/关闭数据库的方法。数据库的启动与关闭仅限于具有管理员权限的用户使用。

可以实现启动/关闭数据库实例的环境有 SQL * Plus、恢复管理器 RMAN、ORADIM、Windows 的 NET 命令和企业管理器 Oracle Enterprise Manager 等。

12.1.1 在 SQL * Plus 中启动/关闭实例

启动 SQL * Plus，并用 sys 用户登录数据库。

```
E:\app\Administrator\product\11.2.0\dbhome_1\BIN>sqlplus /nolog
SQL * Plus: Release 11.2.0.1.0 Production on 星期二 7月 23 09:33:30 2013
Copyright (c) 1982,2010,Oracle. All rights reserved.

SQL>show user
USER 为 ""
SQL>connect / as sysdba
已连接。
SQL>show user
USER 为 "SYS"
SQL>shutdown immediate
数据库已经关闭。
已经卸载数据库。
ORACLE 例程已经关闭。
```

```
SQL>startup
ORA-32004: obsolete or deprecated parameter(s) specified for RDBMS instance
ORACLE 例程已经启动。
Total System Global Area 6831239168 bytes
Fixed Size                2188728 bytes
Variable Size             3556772424 bytes
Database Buffers          3254779904 bytes
Redo Buffers              17498112 bytes
数据库装载完毕。
数据库已经打开。
SQL>
```

其中，sqlplus/nolog 命令表示启动 SQL * Plus 并连接到一个空的实例。命令 connect / as sysdba 表示用户 sys 连接到默认实例上，如图 12-1 所示。

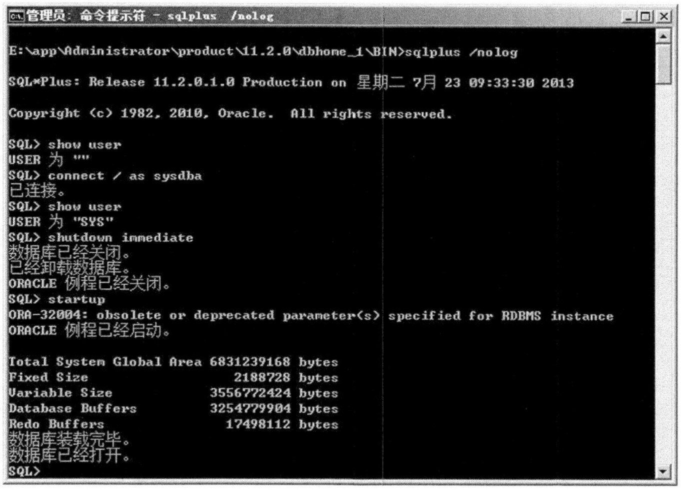

```
E:\app\Administrator\product\11.2.0\dbhome_1\BIN>sqlplus /nolog

SQL*Plus: Release 11.2.0.1.0 Production on 星期二 7月 23 09:33:30 2013

Copyright (c) 1982, 2010, Oracle.  All rights reserved.

SQL> show user
USER 为 ""
SQL> connect / as sysdba
已连接。
SQL> show user
USER 为 "SYS"
SQL> shutdown immediate
数据库已经关闭。
已经卸载数据库。
ORACLE 例程已经关闭。
SQL> startup
ORA-32004: obsolete or deprecated parameter(s) specified for RDBMS instance
ORACLE 例程已经启动。

Total System Global Area 6831239168 bytes
Fixed Size                  2188728 bytes
Variable Size            3556772424 bytes
Database Buffers         3254779904 bytes
Redo Buffers               17498112 bytes
数据库装载完毕。
数据库已经打开。
SQL>
```

图 12-1 用 sqlplus 启动/关闭实例

启动过程中出现了错误 ORA-32004，主要原因是参数文件中使用了一些过去的参数。

解决方法 1：用下列语句查询过期的参数，查看参数文件，将过期的参数注释掉，并重新启动即可。

(1) 查询过期参数。

```
SQL>select name from v$parameter t where t.ISDEPRECATED='TRUE';
```

(2) 将 SPfile 的参数导到 Pfile 中。

```
SQL>create pfile from spfile;
```

(3) 将 Pfile 参数文件中过期的参数注释掉，再由 Pfile 创建 SPfile，然后重新启动即可。

```
SQL>create spfile from
pfile='E:\app\Administrator\admin\EnterDB\pfile\init.ora';
```

解决方法 2：直接使用命令格式删除过期的参数。

```
SQL>alter system <expired_parameter> scope=spfile sid='*';
```

其中,<expired_parameter>表示参数文件中的过期参数。在实际使用中,用实际的过期参数直接替代<expired_parameter>。

12.1.2 用 ORADIM 启动/关闭实例

在 Windows 2008 环境下,Oracle 包括一个名为 Oradim 的实用程序,该实用程序主要完成数据库实例和服务的启动、关闭,以及创建、编辑或删除数据库实例等。

(1) 指定数据库实例。

通常在一个服务器中可同时运行多个 Oracle 数据库。要启动或关闭一个数据库,需要明确指定要终止或启动的目标数据库。在 Windows 2008 环境中,通过设置环境变量 Oracle_SID 来指明默认的数据库。在 MS-DOS 命令提示符窗口中必须执行 SET 命令设置 Oracle_SID。

格式：

```
SET Oracle_SID=<Database_SID>
```

其中,Database_SID 是目标数据库的 SID。

(2) ORADIM 实用程序的用法。

在<Oracle_Home>\BIN 目录下用命令 ORADIM-HELP 查询 ORADIM 的具体用法。本环境中,ORADIM 驻留在 E:\app\Administrator\product\11.2.0\dbhome_1\BIN 目录下。

具体格式如下：

```
E:\app\Administrator\product\11.2.0\dbhome_1\BIN>oradim -help
```

如图 12-2 所示。

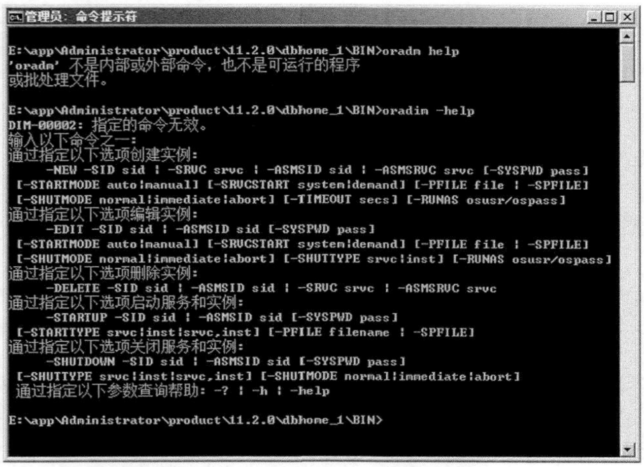

```
管理员: 命令提示符

E:\app\Administrator\product\11.2.0\dbhome_1\BIN>oradm help
'oradm' 不是内部或外部命令，也不是可运行的程序
或批处理文件。

E:\app\Administrator\product\11.2.0\dbhome_1\BIN>oradim -help
DIM-00002: 指定的命令无效。
输入以下命令之一:
通过指定以下选项创建实例:
     -NEW -SID sid | -SRVC srvc | -ASMSID sid | -ASMSRVC srvc [-SYSPWD pass]
 [-STARTMODE auto|manual] [-SRVCSTART system|demand] [-PFILE file | -SPFILE]
 [-SHUTMODE normal|immediate|abort] [-TIMEOUT secs] [-RUNAS osusr/ospass]
通过指定以下选项编辑实例:
     -EDIT -SID sid | -ASMSID sid [-SYSPWD pass]
 [-STARTMODE auto|manual] [-SRVCSTART system|demand] [-PFILE file | -SPFILE]
 [-SHUTMODE normal|immediate|abort] [-SHUTTYPE srvc|inst] [-RUNAS osusr/ospass]
通过指定以下选项删除实例:
     -DELETE -SID sid | -ASMSID sid | -SRVC srvc | -ASMSRVC srvc
通过指定以下选项启动服务和实例:
     -STARTUP -SID sid | -ASMSID sid [-SYSPWD pass]
 [-STARTTYPE srvc|inst|srvc,inst] [-PFILE filename | -SPFILE]
通过指定以下选项关闭服务和实例:
     -SHUTDOWN -SID sid | -ASMSID sid [-SYSPWD pass]
 [-SHUTTYPE srvc|inst|srvc,inst] [-SHUTMODE normal|immediate|abort]
 通过指定以下参数查询帮助: -? | -h | -help

E:\app\Administrator\product\11.2.0\dbhome_1\BIN>
```

图 12-2 oradim 用法

(3) 启动和关闭数据库实例和服务。

① 关闭数据库 EnterDB 实例和服务。

```
ORADIM -SHUTDOWN -SID EnterDB
```

使 EnterDB 的状态由“启动”变为“已停止”。

② 启动数据库 EnterDB 实例和服务。

```
ORADIM -STARTUP -SID EnterDB
```

使 EnterDB 的状态由“停止”变为“已启动”,如图 12-3 所示。

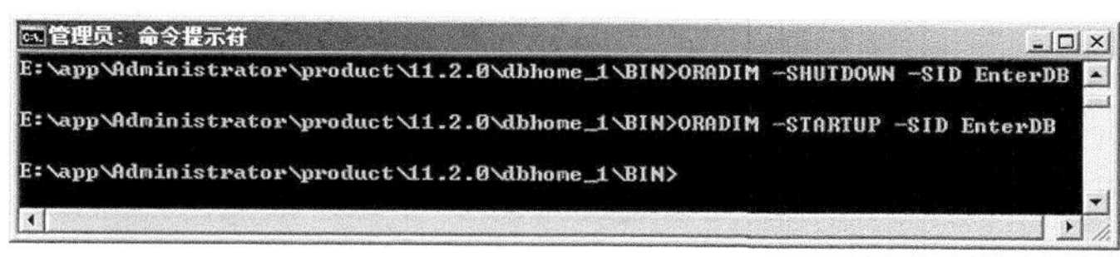

图 12-3 用 oradim 启动/关闭数据库实例

(4) 删除实例服务。

有些情况下,当系统重新启动后,由于系统原因导致数据库实例服务 OracleService<SID>无法启动,使得数据库无法使用。此时可利用 ORADIM 删除原有的数据库实例服务,然后重新建立实例服务。

删除格式:

```
ORADIM -DELETE -SID <SID>
```

其中,<SID>为实际要删除的数据库实例名称。

(5) 建立实例服务。

建立新的实例服务必须指定所关联的数据库初始化参数文件,是 Pfile 或 SPfile。

```
ORADIM -NEW -SID dbweb -SYSPWD Sys123456 -STARTMODE auto- PFILE
F: \app\Administrator\admin\EnterDB\pfile\init.ora.7122010132210
```

这样,除了原有的服务 OracleServiceEnterDB 外,又创建了一个针对数据库 EnterDB.dlpu.dalian 的新服务 OracleService DBWEB。

其中,ORADIM 命令行选项:

- NEW: 建立新实例服务。
- SID: 定义实例标识。
- SYSPWD: 指定特权用户 sys 的口令。其中,特权用户是指有启动、关闭 Oracle 数据库等特权的用户。
- STARTMODE:指定实例服务的启动模式。
- Pfile: 指定实例所对应的参数文件。一般来说,该参数文件事先应建立起来,可通过复制、修改的形式建立。

(6) 关闭数据库实例,不关闭服务。

在 Windows 2008 中,组成 Oracle 实例的程序是作为 Windows 的标准服务执行的。

通过“控制面板”可启动和终止 Oracle 服务。启动或关闭数据库实例服务隐含了启动或关闭实例本身。

然而，尽管终止服务隐含了关闭实例，关闭实例也可直接终止服务的运行。也可选择终止实例而不同时终止与之相关的服务。

命令格式：

```
ORADIM -SHUTDOWN -SID EnterDB -SHUTTYPE INST -SYSPWD sys/Admin324
```

此命令只是关闭了实例，而没有终止与之相关的 Windows 中对应的服务。这也就是为什么在“控制面板”的“服务”中能看到与实例对应的服务还处于启动状态的原因。

(7) 只启动数据库实例。

当服务已经处于启动状态，而实例被关闭时，可以仅启动数据库实例：

```
ORADIM -STARTUP -SID EnterDB -STARTTYPE INST -SYSPWD sys/Admin324
```

因此，启动实例与启动服务可分开进行。

12.1.3 用 DGMGRL 启动/关闭实例

DGMGRL 是基于命令行的数据守护配置(Data Guard Configuration)交互工具。使用 DGMGRL 可以创建多个备用数据库，切换或将故障转移到备用数据库，监视配置的性能等。DGMGRL 是用于数据容灾处理方面非常实用的工具。启动和关闭数据库实例是 DGMGRL 的基本功能。

具体方法如下：

```
E:\app\Administrator\product\11.2.0\dbhome_1\BIN>DGMGRL
DGMGRL for 64-bit Windows: Version 11.2.0.1.0 -64bit Production

Copyright (c) 2000,2009,Oracle. All rights reserved.
```

欢迎使用 DGMGRL，要获取有关信息请键入 "help"。

```
DGMGRL>connect / as sysdba
选项无效。
语法:
CONNECT <username>/<password>[@<connect identifier>]
DGMGRL>connect sys/Admin324@EnterDB
已连接。
DGMGRL>shutdown immediate
数据库已经关闭。
已经卸载数据库。
ORACLE 例程已经关闭。
无法连接到数据库
ORA-12514: TNS: 监听程序当前无法识别连接描述符中请求的服务
```

```
失败。
警告：您不再连接到 ORACLE。
DGMGRL> connect sys/Admin324@EnterDB
无法连接到数据库
ORA-12514: TNS: 监听程序当前无法识别连接描述符中请求的服务

失败。
DGMGRL> connect
Username: SYS
Password:
已连接。
DGMGRL> startup
ORA-32004: obsolete or deprecated parameter(s) specified for RDBMS instance
ORACLE 例程已经启动。
数据库装载完毕。
数据库已经打开。
DGMGRL>
```

如图 12-4 所示。

图 12-4 用 DGMGRL 启动/关闭数据库实例

从以上的命令执行过程可以看出：在 DGMGRL 环境中，关闭/启动命令只对实例起作用，对与该实例相对应的 Windows 服务不产生任何影响。

12.1.4 用 RMAN 启动/关闭实例

RMAN(Recovery Manager)是 Oracle 管理数据库备份和恢复操作的重要工具，在 RMAN 中同样可以启动和关闭数据库实例。

使用 RMAN 时必须先创建 RMAN 的 Catalog 目录。Catalog 目录也是一个数据库，只是该数据库用来保存备份等信息。这如同使用 Oracle Management Server 时必须创建资料档案库一样。如果不创建 Catalog 目录，备份信息则保存在数据库的控制文件中。一旦控制文件遭到损坏，将导致备份信息的丢失和数据库恢复失败，而且许多 RMAN 的命令也不能运行。实际上，RMAN 可以在没有 Catalog 目录下运行，只是将 RMAN 所用的有关备份信息保存到控制文件中。但不提倡这样做。

(1) 将数据库环境变量默认值设定为 EnterDB。

```
E:\app\Administrator\product\11.2.0\dbhome_1\BIN>set oracle_sid=EnterDB
```

(2) 注册并连接到目标数据库 EnterDB。

```
E:\app\Administrator\product\11.2.0\dbhome_1\BIN>rman target sys/Admin324
```

(3) 直接关闭数据库。

```
RMAN>shutdown immediate
```

(4) 打开数据库实例，但不安装，然后关闭数据库实例。

```
RMAN>startup nomount
```

(5) 启动并安装数据库实例，然后关闭数据库实例，如图 12-5 所示。

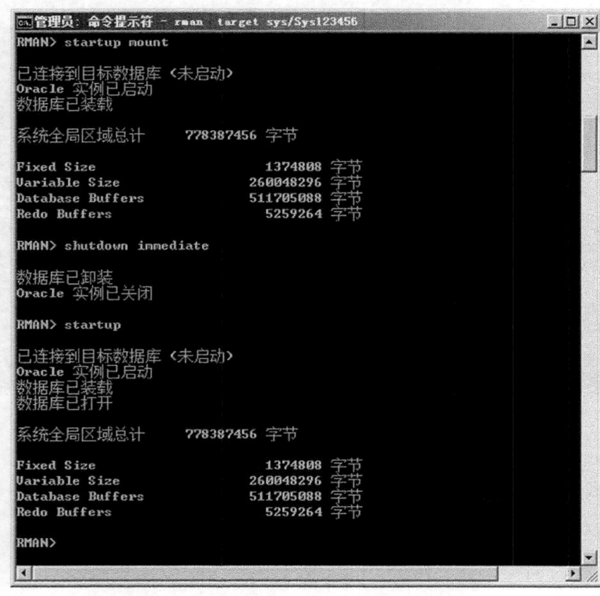

图 12-5 用 RMAN 启动/关闭数据库实例

```
RMAN> startup mount
RMAN> shutdown immediate
```

(6) 启动实例并打开数据库。

```
RMAN> startup
```

12.1.5 用 NET 命令启动/关闭实例

通过直接启动 Oracle 在 Windows 上的数据库服务,达到启动数据库实例的目的。在 MS-DOS 提示符窗口中,按照下列命令格式便可启动或终止实例。

(1) 启动命令格式:

```
NET START OrcleService<SID>
```

如

```
NET START OracleServiceENTERDB
```

(2) 终止服务命令格式:

```
NET STOP OrcleService<SID>
```

如

```
NET STOP OracleServiceENTERDB
```

如图 12-6 所示。

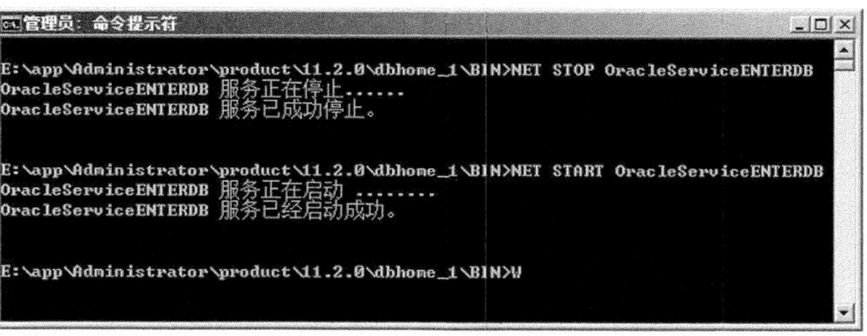

图 12-6 用 NET 命令启动或终止实例

12.1.6 用 Administration Assistant for Windows 启动/关闭实例

打开程序组 Oracle-OraDb11g_home1→"配置和移植工具",单击 Administration Assistant for Windows,在打开的窗口中右击"数据库"项中的 EnterDB,从弹出的快捷菜单中选择"停止服务"或"启动/关闭选项"。

使用 Oracle Administration Assistant for Windows 可以完成下列任务:

(1) 启动或停止 Oracle 数据库服务 OracleService<SID>。

(2) 配置 Oracle 数据库随服务 OracleService<SID>启动或停止。

(3) 选择服务 OracleService<SID>的启动类型。

(4) 修改 Oracle 主目录注册表参数。

如图 12-7 所示。

图 12-7 Oracle 管理助手

12.1.7 从服务控制面板启动/关闭实例

此方法比较简单,只需选择"控制面板"→"管理工具"→"服务"命令,选择需要启动或关闭的服务,并进行相应的操作即可,如图 12-8 所示。

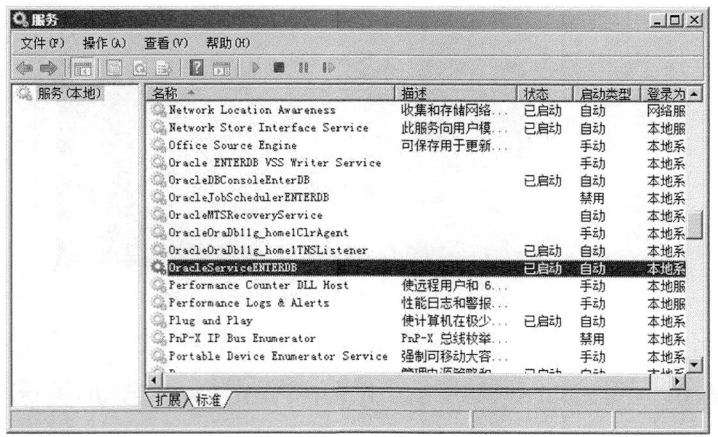

图 12-8 服务控制面板

12.1.8 用 Oracle Database Control 启动/关闭实例

在 Oracle Database Control 中,用 sys 用户名及 SYSDBA 身份连接并登录到数据库后,可以启动并关闭数据库实例。

启动 Oracle Database Control 并用 sys 用户名及 SYSDBA 身份连接到数据库。打

开页面后，单击"主目录"标签，单击"关闭"按钮，在"主机身份证明"下面的"用户名"和"口令"文本框中输入连接数据库所在主机系统管理员的名称及口令。在"数据库身份证明"下面的"用户名"和"口令"文本框中输入连接数据库用户名及其口令，"连接身份"要选 SYSDBA。关闭实例过程如图 12-9～图 12-11 所示。

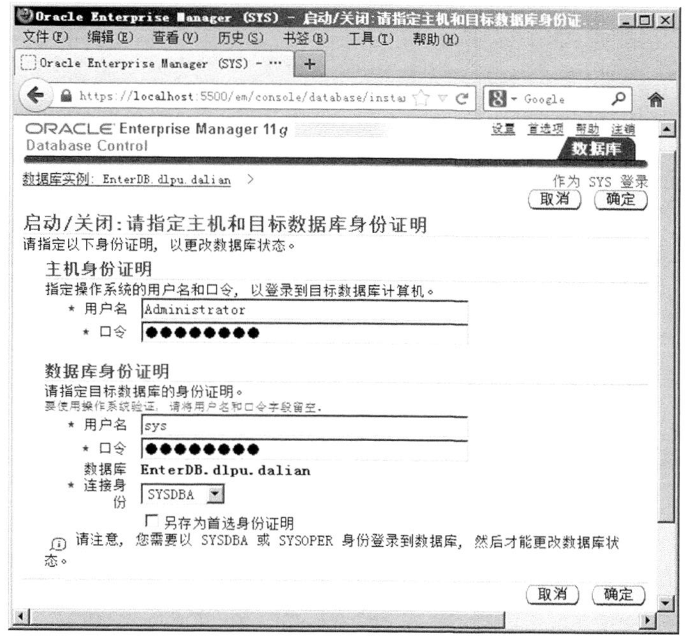

图 12-9 关闭数据库时的身份验证

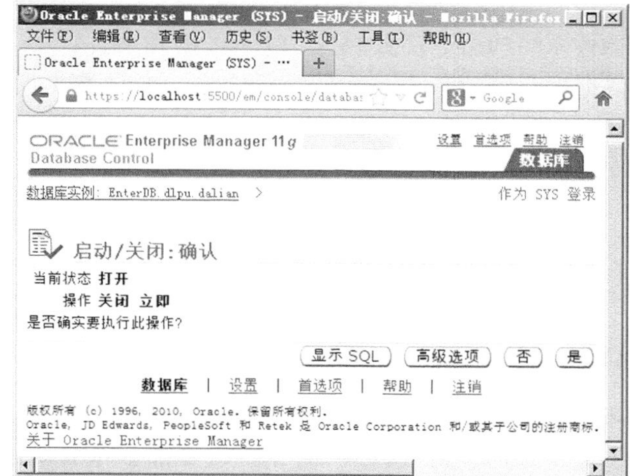

图 12-10 确认关闭实例

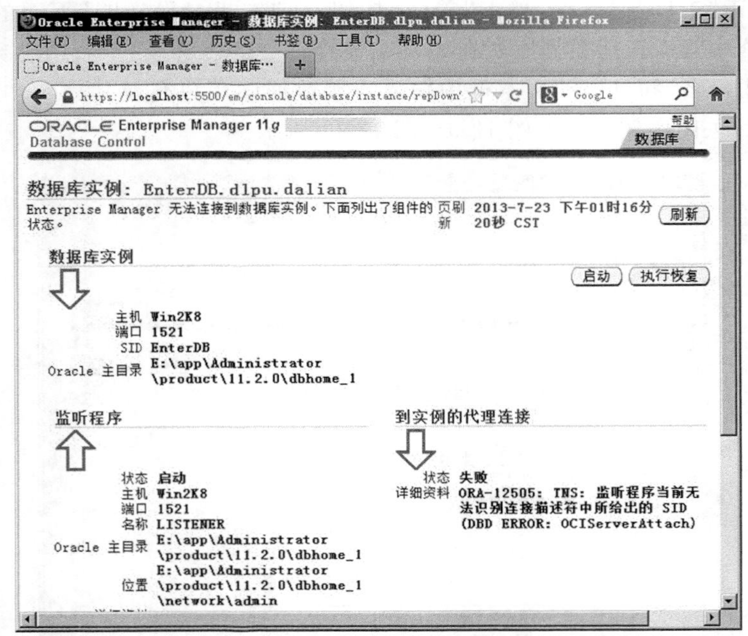

图 12-11 关闭后的状态

12.2 数据库实例

12.2.1 实例的概念

Oracle 数据库的体系结构由 3 部分组成：Oracle 物理文件、Oracle 逻辑结构以及实例 Instance。整个数据库运行的核心是实例。不论是 Oracle 数据库的管理还是开发运行都离不开实例。Oracle 实例在数据库物理文件和逻辑结构之间起着承上启下的作用。

Oracle Instance 的中文翻译是 Oracle 实例。Oracle 实例是数据库的引擎。数据库的运行、维护和控制都是通过数据库实例来实现的。

Oracle 实例由下列两部分组成：一片称为系统全局区域(SGA)的共享内存区域和所有必需的 Oracle 后台进程。

1. 系统全局区域(SGA)

SGA 由多个不同区域组成，每个区域大小的定义是由初始化参数文件 init.ora/Spfile<SID>中的参数决定的。组成 SGA 的 3 个重要部分是共享池、数据高速缓存区和重做日志缓存区。

(1) 共享池(Shared Pool)：主要用于存储最近执行过的 SQL 语句和最近使用过的数据字典数据。

当使用者将 SQL 指令送至 Oracle 数据库后，系统将先解析语法是否正确，并生成执行计划。然后按照执行计划来执行该语句，最终返回结果给用户。解析时所需要的系统信息，以及解析后的结果将放置在共享区内。如果不同的使用者执行了相同的 SQL 指令，就可以共享已解析好的解析树及执行计划，从而加速 SQL 指令的执行速度。

共享池主要通过 SHARED_POOL_SIZE 和 SHARED_POOL_RESERVED_SIZE 两个参数来设置。

(2) 数据高速缓存区(Data Buffer Cache)：当客户端查询或修改数据库数据时，服务器进程会将被访问数据从数据文件中读取到数据高速缓存，然后在数据高速缓存中执行读写操作。数据高速缓存用于存放最近访问的数据信息，它主要由 DB_BLOCK_BUFFERS 参数来设置。数据高速缓存区的大小等于 db_block_buffers * db_block_size。

数据高速缓存区的用途在于有效地减少存取数据时造成的磁盘读写动作，进而提高数据存取的效率。所有同时在线用户都可以共享此缓冲区的数据。

(3) 重做日志缓存区(Redo Log Buffer)：主要存储服务进程和后台进程的变化信息；记录 Oracle 数据库内所有数据变动的详细信息，如 INSERT、UPDATE、DELETE 以及 CREATE、ALTER、DROP 等，系统会在适当时机将这些信息写入磁盘文件。重做日志缓存区主要由 LOG_BUFFER 参数来设置，其大小等于 log_buffer * db_block_size。

SGA 还包括 Java 池、大型池等部分。

2. Oracle 后台进程

Oracle 进程共分为三大类：服务进程、用户进程和后台进程。其中，Oracle 后台进程是那些自动运行而不需要用户干预的进程，它相当于一个企业中的管理者及内部服务人员，伴随实例的启动而启动。主要作用是完成内存和磁盘之间的 I/O 操作，如将"脏缓冲区"的数据写入到数据文件；重做日志缓冲区的内容写入到重做日志文件中等。

Oracle 后台进程则主要包括数据库写入器 DBWR、日志写入器 LGWR、检查点 CHPT、系统监视器 SMON 和进程监视器 PMON 以及归档进程 ARCH 等。

1) 数据库写入器 DBWR

作用：数据写入，把 SGA 中被修改的数据同步到磁盘文件中，从而保证缓冲区中有足够的空闲数据块数量。

DBWR 进程执行时机：

DBWR 进程只有在以下情况出现时才开始工作：

① 系统发出检查点。

② 脏缓冲区个数达到 DB_MAX_DIRTY_TARGET 的指定值，即一个服务进程在设定的时间内没有找到空闲块。

③ 服务器进程不能找到自由缓冲区。

④ 每 3s 自动唤醒一次。

设置：为提高 DBWR 进程的性能，Oracle 最多允许定义 10 个 DBWR 进程，默认值是 1，这是由初始化参数 DB_WRITER_PROCESSES 设置完成的。

注意：执行事务提交 COMMIT 命令时，只是先把修改的记录数据写入到日志文件，没有直接写入数据文件。

2）日志写入器 LGWR

作用：当运行 DML 或 DDL 语句时，服务器进程首先要将事务变化记载到重做日志缓冲区，然后才将数据写入到数据高速缓存的相应缓冲区。重做日志缓冲区的内容也将被写入到重做日志文件中，释放用户缓存空间以避免系统出现意外时带来的数据损失。这项任务是由后台进程 LGWR 来完成的。

由于 Oracle 采用了快速提交机制，当执行 COMMIT 操作时，在后台进程 DBWR 将“脏缓冲区”写入到数据文件之前，并不是将“脏缓冲区”数据直接写入到数据文件中，而是由后台进程 LGWR 首先将重做日志缓冲区的内容写入到重做日志文件中，以确保数据库的完整性。

LGWR 进程触发时机：

① 用户发出 COMMIT 指令。

② 每隔 3s 定时唤醒。

③ 日志缓冲区的使用超过 1/3，或日志量超过 1MB。

④ DBWR 进程触发：LGWR 进程总是先于 DBWR 进程执行，即日志记录先于数据记录被写入磁盘，这是 LGWR 与 DBWR 执行时机的重要区别。当 DBWR 试图将脏数据块写入磁盘时，首先检查其相关日志记录是否写入联机日志文件，如果没有写入，就通知 LGWR 进程。

3）检查点 CKPT

作用：维护数据库一致性状态。当运行 DML 或 DDL 语句时，Oracle 会针对任何修改自动生成顺序递增的 SCN(System Change Number)值，并将 SCN 值连同事务变化一起记载到重做日志缓冲区。

CKPT 进程负责向数据库发出检查点，检查点用于同步数据库所有数据文件、控制文件和重做日志。当发出检查点时，系统会修改控制文件和数据文件头部，同时会促使 DBWR 进程将所有脏缓冲区写入到数据文件中。检查点时刻数据文件与 SGA 中的内容一致。

CKPT 进程执行时机：

① 日志进行切换时会触发检查点。

② 关闭数据库实例(SHUTDOWN ABORT 除外)时。

③ 手工检查点操作。

此外，LOG_CHECKPOINT_INTERVAL 和 LOG_CHECKPOINT_TIME_OUT 初始化参数也决定强制发出检查点的时机。

4）系统监视进程 SMON

作用：首先，每 3s 合并空闲空间；清理临时段，以释放空间。其次，负责实例恢复，前滚(Roll Forward)恢复到实例关闭时刻的状态。使用最后一次检查点后的日志进行重做，包括已提交和未提交的事务。打开数据库，回滚未提交的事务。

在执行 COMMIT 操作时，后台进程 LGWR 要开始工作，事务变化被记载到了重做日志中。只有发出检查点时，SCN 值才会被写入到控制文件和数据文件头部，以此使控制文件和数据文件的 SCN 值保持一致，且保存先前检查点的 SCN 值。当执行 COMMIT 操作时，因 LGWR 开始工作，COMMIT 时间点的 SCN 值被记载到了重做日志中。由于此时检查点并没有发出，SCN 值没有写入到控制文件和数据文件头部，当然，控制文件和重做日志的SCN值不一致。

由于检查点SCN到COMMIT时间点的SCN值之间的事务变化都被记载到了重做日志中，因此在重新打开数据库之前，Oracle会自动执行这两个时间点之间的事务操作，并同步所有数据文件、控制文件和重做日志文件，然后才打开数据库。这个过程称为应急恢复，有时也称为实例恢复。应急恢复正是由后台进程SMON来完成的。

5）用户进程PMON

作用：监视用户进程的执行情况，发现用户进程异常终止，并进行清理，释放占用资源。

6）归档进程ARCH

作用：发生日志切换时，把写满的联机日志文件复制到归档目录中。

执行时机：切换日志时被LGWR唤醒。

设置：LOG_ARCHIVE_MAX_PROCESSES可以设置Oracle启动时归档进程的个数。

Oracle服务器就是由数据库和实例组成。每次启动数据库就是根据初始化参数文件的配置分配系统全局区域(SGA)并启动Oracle后台进程，同时打开数据库文件并使其保持同步。

在SQL * Plus中，命令STARTUP NOMOUNT启动的是实例。当实例启动时，它首先读取数据库初始化参数文件，参数文件包含了一系列预先设置的参数，系统根据这些参数设定SGA。一个实例是Oracle进程和共享内存SGA的集合。一个有效的实例是成功地安装并打开一个Oracle数据库的先决条件。一个数据库只能在一个给定的实例中打开一次。但在Oracle实时应用集群系统(Real Application Cluster,RAC)中，同一个数据库可在多个实例中打开。启动实例可不必打开数据库（STARTUP NOMOUNT)。事实上，在实例启动的不同阶段可完成不同的管理任务，如备份、恢复、创建数据库以及修复控制文件等。Oracle启动实例成功后才能安装并打开数据库。

12.2.2 数据库与实例的关系

1. Oracle数据库服务

在Windows中，Oracle数据库实例是以数据库服务的形式出现的，启动/关闭该服务就可启动/关闭实例，进而达到管理数据库的目的。用<Oracle_Home>\BIN目录下的ORADIM实用程序即可实现对数据库实例服务的管理。

对客户端来说，Oracle数据库是以服务的形式呈现的，即数据库在客户端后台完成任务。一个数据库可以有一个或多个与之相关的服务。服务名由初始化参数文件中的SERVICE_NAMES参数指定。服务名的默认值是全局数据库名。

2. 数据库与实例

许多情况下，人们对数据库和实例不加以区别，实际上两者是既有区别又有联系的。

1）区别

(1) 数据库指信息的物理存储。

(2) 实例 Instance 指在服务器上执行的软件，它提供对数据库信息的存取。

(3) 数据库是存储在与服务器连接的磁盘上。

(4) 实例运行于服务器上。

(5) Oracle 数据库是由磁盘上的物理文件组成。

(6) Oracle 实例是由数据库服务器中的进程和内存分配组成。

(7) 一个实例可连接到一个且仅一个数据库，在 RAC 环境下多个实例可同时连接到同一个数据库。

(8) 实例是临时的、易失的；而数据库则不同，如果维护得当，它是持久的。

2) 联系

一个数据库有一个或多个实例。一个实例是由系统全局区域 SGA 和后台进程组成。实例的内存和进程管理数据库并为客户端提供服务。与服务一样，数据库是通过实例名来识别并管理的。实例名是由初始化参数文件中的参数 INSTANCE_NAME 指定的。实例名的默认值是 Oracle 系统标识符 SID。

在现实世界中，实例可被看作到达数据库的桥/船，数据库则被看作是岛屿。往来于岛屿的交通均要经过桥/船。若关闭或拆除桥/船，则无法与该岛屿建立交通。在 Oracle 中，如果启动实例，数据可以流出/流进数据库，则数据库的物理状态发生改变。如果关闭实例，即使数据库仍然存在，用户也无法访问数据库。

数据库是静态的，不会自动发生变化，数据只是静候实例为应用服务，如图 12-12 所示。数据库文件之间的同步关系如图 12-13 所示。

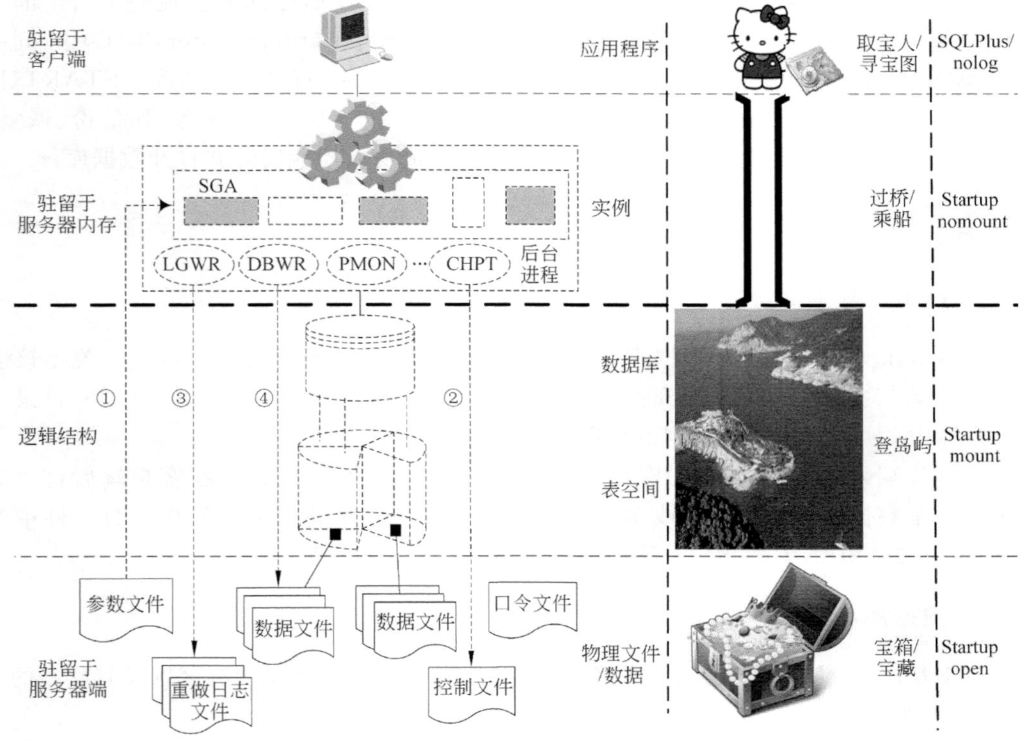

图 12-12 数据库与实例

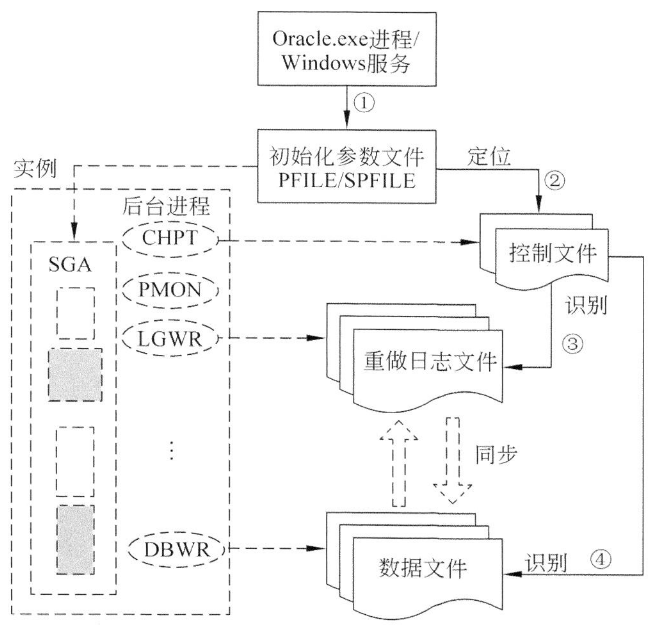

图 12-13 数据库文件之间的同步关系

12.3 数据库启动过程

在管理数据库时，数据库实例的启动和停止是经常性的工作。启动数据库实例的常规环境是 SQL * Plus、恢复管理器 RMAN 和企业管理器(Oracle Enterprise Manager)。在 SQL * Plus、恢复管理器 RMAN 中，可用命令方式启动/关闭数据库实例，但在 SQL * Plus 和 RMAN 中使用的命令格式有所不同。在企业管理器中，可以图形化形式管理数据库实例的启动与关闭。

在 SQL * Plus 中，启动数据库实例的命令格式：

```
SQL>STARTUP [FORCE][RESTRICT][NOMOUNT][MIGRATE][QUIET]
    [PFILE=<file_name>][MOUNT [EXCLUSIVE] <database_name>|
        OPEN <READ {ONLY|WRITE[RECOVER]}|RECOVER><database_name>]
```

首先设置当前的默认数据库。

```
SET Oracle_SID=EnterDB
```

接着用具有 sysdba 身份的用户连接数据库。

```
Sqlplus /nolog
SQL>connect/as sysdba
```

12.3.1 STARTUP FORCE

含义：强制启动实例并打开数据库。

命令格式：

```
SQL>startup force
```

适用情形：当数据库不能正常关闭且又要重新启动数据库时，或数据库实例无法正常启动时，可采用强制启动方式。STARTUP FORCE 可实现先关闭数据库，再执行正常启动数据库命令的功能。此命令可用于各种模式，如图 12-14 所示。在调试和非正常情形下强制启动很有用。一般情况下不使用强制启动。

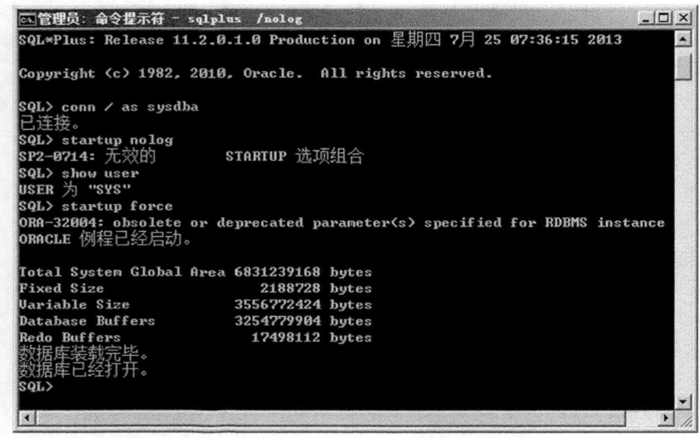

图 12-14 强制启动方式

12.3.2 STARTUP RESTRICT

含义：限制启动方式。

命令格式：

```
SQL>startup restrict
```

此种方式能够启动数据库，但只允许具有一定特权的用户访问数据库。非特权用户访问时会出现错误提示信息："ERROR：ORA-01035：ORACLE only available to users with RESTRICTED SESSION privilege"。RESTRICT 限制模式会将数据库置于 OPEN 模式。此时其他用户无法连接数据库，具有 RESTRICTED SESSION 权限的 sys 用户才能访问数据库。

适用情形：维护数据库的操作。维护操作完成后，将 RESTRICTED SESSION 系统权限禁用，其他用户即可连接。

```
SQL>alter system disable restricted session;
```

如图 12-15 所示。

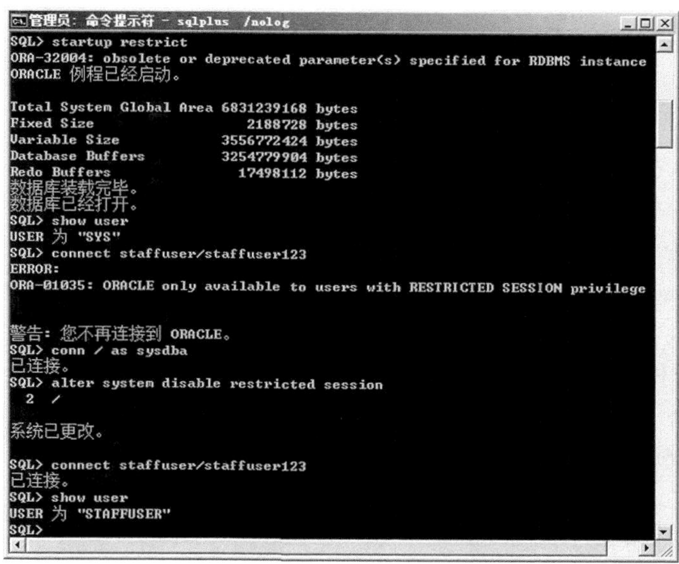

```
管理员: 命令提示符 - sqlplus /nolog
SQL> startup restrict
ORA-32004: obsolete or deprecated parameter(s) specified for RDBMS instance
ORACLE 例程已经启动。

Total System Global Area 6831239168 bytes
Fixed Size                  2188728 bytes
Variable Size            3556772424 bytes
Database Buffers         3254779904 bytes
Redo Buffers               17498112 bytes
数据库装载完毕。
数据库已经打开。
SQL> show user
USER 为 "SYS"
SQL> connect staffuser/staffuser123
ERROR:
ORA-01035: ORACLE only available to users with RESTRICTED SESSION privilege


警告: 您不再连接到 ORACLE。
SQL> conn / as sysdba
已连接。
SQL> alter system disable restricted session
  2  /

系统已更改。

SQL> connect staffuser/staffuser123
已连接。
SQL> show user
USER 为 "STAFFUSER"
SQL>
```

图 12-15　限制启动方式

12.3.3　STARTUP NOMOUNT

含义：启动实例但不安装数据库。

命令格式：

```
SQL> startup nomount
```

启动实例，打开初始化参数文件，根据参数文件中的参数设定内存结构，确定控制文件的位置并启动 Oracle 后台进程。但不安装数据库，不打开数据库，所以不能接受用户的访问请求。

适用情形：创建的控制文件或创建数据库等，如图 12-16 所示。

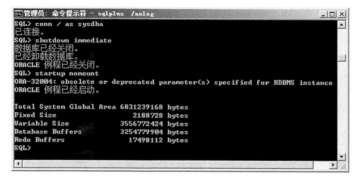

```
管理员: 命令提示符 - sqlplus /nolog
SQL> conn / as sysdba
已连接。
SQL> shutdown immediate
数据库已经关闭。
已经卸载数据库。
ORACLE 例程已经关闭。
SQL> startup nomount
ORA-32004: obsolete or deprecated parameter(s) specified for RDBMS instance
ORACLE 例程已经启动。

Total System Global Area 6831239168 bytes
Fixed Size                  2188728 bytes
Variable Size            3556772424 bytes
Database Buffers         3254779904 bytes
Redo Buffers               17498112 bytes
SQL>
```

图 12-16　启动但不安装数据库

12.3.4 STARTUP MOUNT

含义：启动实例并安装数据库。

命令格式：

```
SQL> startup mount
```

启动数据库实例并安装数据库，即根据参数文件中设定的参数及控制文件的位置分配内存 SGA，启动 Oracle 后台进程，打开并锁定控制文件；读取控制文件以获取数据文件及重做日志文件的位置、名字和状态信息，但不检查数据文件及日志文件是否存在。控制文件是实例和数据库之间的关系纽带。此时不对数据文件和日志文件进行校验检查，没有打开数据库，也不能接受用户的访问请求。

注意：若此时有一个控制文件损坏，启动则无法完成。

适用情形：

(1) 可以使数据文件联机或脱机。

(2) 重新定位数据文件和重做日志文件的位置，并获取其名称和所处状态。

(3) 重新命名数据文件。

(4) 恢复整个数据库。

(5) 增加或停止重做日志，启动或停止归档日志等，如图 12-17 所示。

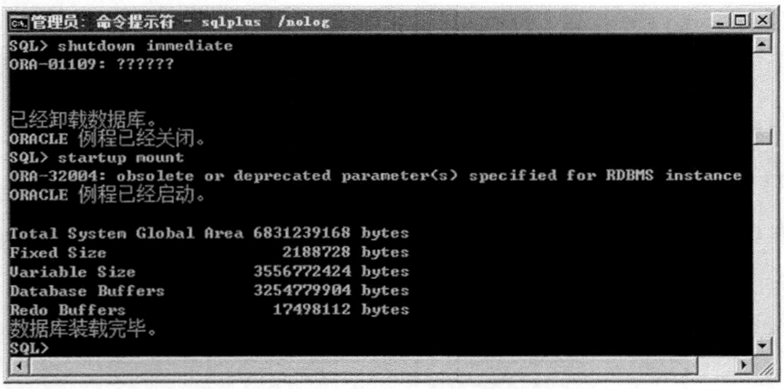

```
管理员: 命令提示符 - sqlplus /nolog
SQL> shutdown immediate
ORA-01109: ??????


已经卸载数据库。
ORACLE 例程已经关闭。
SQL> startup mount
ORA-32004: obsolete or deprecated parameter(s) specified for RDBMS instance
ORACLE 例程已经启动。

Total System Global Area 6831239168 bytes
Fixed Size                  2188728 bytes
Variable Size            3556772424 bytes
Database Buffers         3254779904 bytes
Redo Buffers               17498112 bytes
数据库装载完毕。
SQL>
```

图 12-17 启动实例并安装数据库

12.3.5 STARTUP OPEN

含义：打开数据库。

命令格式：

```
SQL> startup open
```

此命令等同于下面 3 个命令：

```
SQL> Startup nomount
SQL> Alter database mount;
```

```
SQL>Alter database open;
```

此过程是先打开参数文件，分配系统内存，确定并打开控制文件。然后根据控制文件的信息打开数据文件及重做日志文件，并进行校验检查使之同步。此时后台进程SMON要检查控制文件、数据文件以及重做日志，并确定它们是否处于同步。若同步，则Oracle会直接打开所有数据文件和重做日志；若不同步，并且可进行实例恢复，则SMON进行实例恢复，然后打开数据库；若不同步，并且不能进行实例恢复，则SMON会提示DBA进行介质恢复。命令中的OPEN可加也可不加。

适用情形：打开数据库，接受用户访问数据，如图12-18所示。

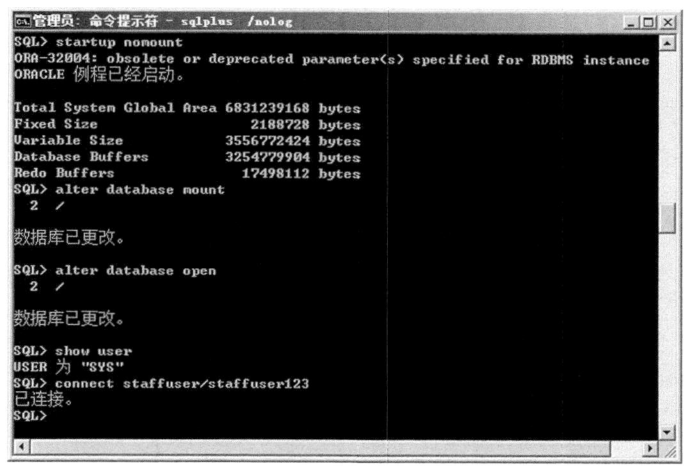

图12-18 启动数据库

注意：如果要将启动状态从NOMOUNT到MOUNT，或从NOMOUNT到OPEN等，可用ALTER DATABASE命令：

```
SQL>ALTER DATABASE MOUNT
SQL>ALTER DATABASE OPEN
```

12.3.6 STARTUP PFILE

含义：从指定的参数文件启动数据库实例。

命令格式：

```
SQL>startup pfile=E:\app\Administrator\admin\EnterDB\pfile\init.ora
```

如果此参数文件打不开，出现如下的错误：

```
LRM-00109: 无法打开参数文件'E:\app\Administrator\admin\EnterDB\pfile\init.ora'
ORA-01078: 处理系统参数失败
```

原因：打开资源管理器，查看init.ora文件，其文件类型变成了012013225659，所以将该参数文件变成init.ora.012013225659即可，如图12-19所示。

```
管理员: 命令提示符 - sqlplus /nolog
SQL> shutdown immediate
数据库已经关闭。
已经卸载数据库。
ORACLE 例程已经关闭。
SQL> startup pfile=E:\app\Administrator\admin\EnterDB\pfile\init.ora
LRM-00109: 无法打开参数文件 'E:\app\Administrator\admin\EnterDB\pfile\init.ora'
ORA-01078: 处理系统参数失败
SQL> startup pfile=E:\app\Administrator\admin\EnterDB\pfile\init.ora.01201322565
9
ORACLE 例程已经启动。

Total System Global Area 6831239168 bytes
Fixed Size                  2188728 bytes
Variable Size            3539995208 bytes
Database Buffers         3271557120 bytes
Redo Buffers               17498112 bytes
数据库装载完毕。
数据库已经打开。
SQL>
```

图 12-19 从指定参数文件启动实例

显然，数据库实例可从任意指定的参数文件启动。默认情况下，命令 STARTUP 从服务器端读取参数文件 SPfile。数据库启动的各个阶段与数据库文件之间的对应关系如图 12-20 所示。

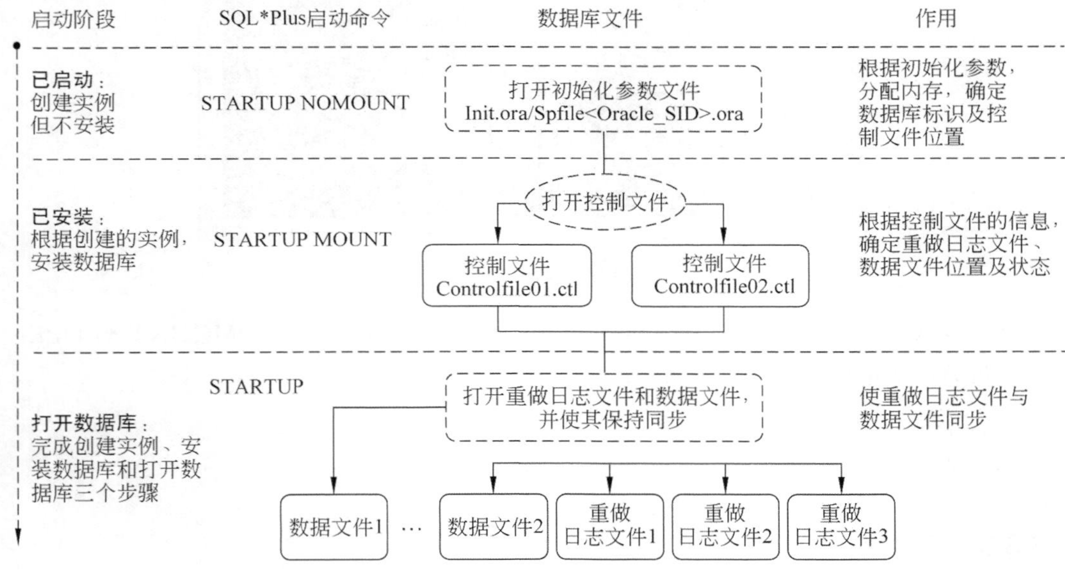

图 12-20 实例启动阶段与数据库文件间的对应关系

12.3.7 STARTUP EXCLUSIVE

含义：以独占方式打开数据库实例。

命令格式：

```
SQL>startup exclusive
```

运行后的界面如图 12-21 所示。

```
管理员: 命令提示符 - sqlplus /nolog
SQL> shutdown immediate
数据库已经关闭。
已经卸载数据库。
ORACLE 例程已经关闭。
SQL> startup exclusive
ORA-32004: obsolete or deprecated parameter(s) specified for RDBMS instance
ORACLE 例程已经启动。

Total System Global Area 6831239168 bytes
Fixed Size                  2188728 bytes
Variable Size            3556772424 bytes
Database Buffers         3254779904 bytes
Redo Buffers               17498112 bytes
数据库装载完毕。
数据库已经打开。
SQL>
```

图 12-21 以独占方式打开数据库实例

12.3.8 STARTUP READ ONLY

含义：以只读方式打开数据库。

命令格式：

```
SQL>startup open read only
```

该命令在创建实例并启动数据库后以只读方式打开数据库。对于那些仅提供查询功能的产品数据库可以采用此种启动方式，启动后的界面如图 12-22 所示。

```
管理员: 命令提示符 - sqlplus /nolog
SQL> shutdown immediate
数据库已经关闭。
已经卸载数据库。
ORACLE 例程已经关闭。
SQL> startup open read only
ORA-32004: obsolete or deprecated parameter(s) specified for RDBMS instance
ORACLE 例程已经启动。

Total System Global Area 6831239168 bytes
Fixed Size                  2188728 bytes
Variable Size            3556772424 bytes
Database Buffers         3254779904 bytes
Redo Buffers               17498112 bytes
数据库装载完毕。
数据库已经打开。
SQL>
```

图 12-22 以只读方式打开数据库

12.3.9 STARTUP RECOVER

含义：启动数据库，并开始进行介质恢复。

命令格式：

```
SQL>startup recover
```

12.4 数据库关闭过程

与数据库的启动相对应，关闭数据库也是分步骤进行。关闭数据库需要用户具有 SYSDBA 系统权限。

关闭数据库时，Oracle将重做日志及高速缓存中的内容写入重做日志文件中，并将数据库高速缓存中被改动过的数据写入数据文件。然后再关闭所有的数据库文件和重做日志文件。此时，控制文件仍然处于打开状态，但由于数据库已处于关闭状态，用户无法访问数据库。当关闭数据库后，实例才能卸载数据库，控制文件也将被关闭，最后关闭实例，终止实例所拥有的所有后台进程和服务进程，释放最初分配的全部SGA。

显然，关闭数据库就是启动数据库实例的逆过程。

关闭数据库实例共有4种方式，语法格式如下：

```
SQL> SHUTDOWN <NORMAL|IMMEDIATE|TRANSACTIONAL[ABORT]>
```

12.4.1 SHUTDOWN NORMAL

含义：正常关闭数据库。

命令格式：

```
SQL> Shutdown Normal
```

该命令中的NORMAL可以省略。当命令发出后，Oracle立即禁止新用户连接数据库；允许当前已经连接的用户继续进行未完成的工作；并等待所有用户脱离数据库，直到所有用户的会话都结束，即全部断开连接时Oracle才会关闭数据库及实例。

缺点：关闭时间长，甚至可能从早晨开始执行关闭，直到下班后才完成真正关闭，所以一般不采用。

在执行该命令时，有时会出现进程被挂起的现象，如图12-23所示。此时，如果将该窗口强制关闭，重新打开并重新启动时，或另外打开一个会话并启动数据库时会出现ORA-01012：not logged on的错误。

解决办法：重新执行命令SHUTDOWN ABORT，关闭数据库实例，再执行STARTUP即可重新启动数据库，如图12-24所示。

图12-23 关闭时进程被挂起

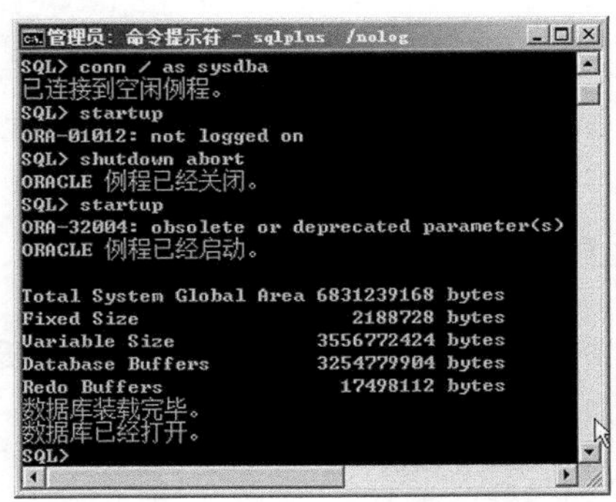

图12-24 解决shutdown被挂起

12.4.2 SHUTDOWN IMMEDIATE

含义：立即关闭数据库。

命令格式：

```
SQL>Shutdown immediate
```

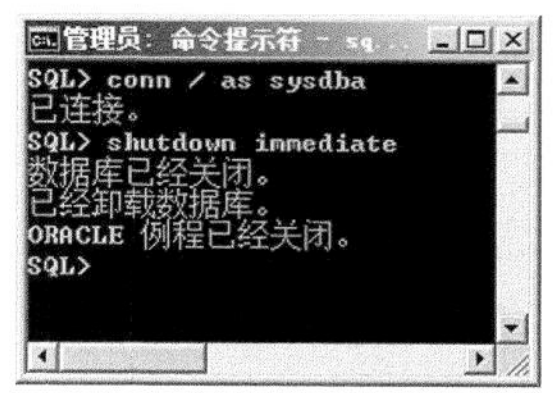

图 12-25 立即关闭数据库方式

立即关闭数据库。立即终止当前客户端的 SQL 语句，回滚未提交的事务处理。回滚正在处理的活动事务，断开所有用户的连接，如图 12-25 所示。

主要过程：关闭数据库，卸载数据库，然后关闭实例。

主要操作如下：

(1) 不允许新用户进行连接，不允许提交新的事务。

(2) 中止所有用户的连接。

(3) 回滚所有未提交的事务。

(4) 所有用户脱离数据库，数据库关闭。

使用此命令格式的情形：

(1) 要启动一个自动化和无人值守的备份。

(2) 当电源即将关闭。

(3) 当数据库或其应用程序运行不正常，且无法与用户取得联系，告知其注销数据库连接，或用户无法注销数据库连接。

12.4.3 SHUTDOWN TRANSACTIONAL

含义：关闭事务方式。

命令格式：

```
SQL>shutdown transactional
```

SHUTDOWN TRANSACTIONAL 是介于正常关闭与立即关闭数据库之间的一种关闭方式。它能在尽可能短的时间内关闭数据库且保证当前所有的活动事务都可以提交。此种方式既能保证用户不丢失当前工作信息，又可以尽可能地关闭数据库。下次启动数据库时不需要进行任何恢复操作。

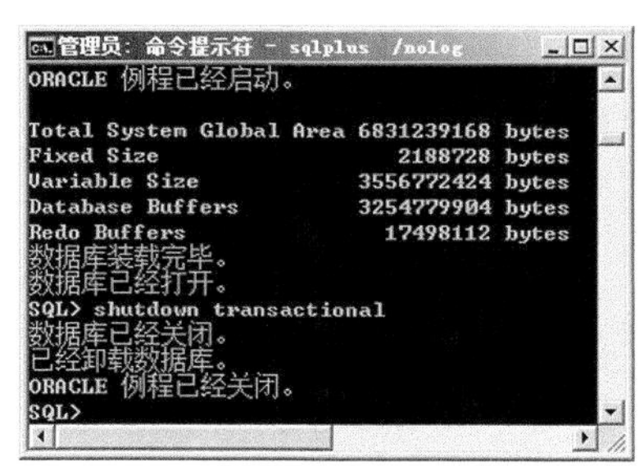

图 12-26 关闭事务方式

关闭事务方式是常用的数据库关闭方式。关闭事务处理可防止客户端丢失数据，同时不要求所有的用户退出，如图 12-26 所示。

关闭事务的过程如下：

(1) 不允许新用户进行连接。

(2) 禁止所有新事务发生，阻止当前用户建立新事务。

(3) 等待用户回滚或提交任何未提交的事务。

(4) 卸载并关闭数据库，终止实例。

12.4.4 SHUTDOWN ABORT

含义：中止关闭方式。

命令格式：

```
SQL> Shutdown Abort
```

当数据库发生严重错误时，只能使用中止关闭方式关闭数据库。其结果将使数据库丢失部分数据，会对数据库的完整性造成一定的损害，在下次启动数据库时需进行恢复。应尽量避免使用此种方式关闭数据库。

中止正在被 Oracle 数据库服务器处理的当前客户端 SQL 语句。任何未提交的事务处理都不被回滚。数据库服务器不会等待当前连接的用户断开与数据库的连接。“中止”不关闭或不卸载数据库，但关闭实例，下一次启动需要自动恢复实例，此时中止所有事务。立即断开所有用户的连接，中止所有过程，并释放所有的存储区。数据库文件不能保持连贯的状态。存储区中的数据被写入数据文件，不会丢失提交的任何操作，因为下次启动实例的时候 Oracle 将会自动从日志文件中恢复这些文件，只是恢复时间要长一些，如图 12-27 所示。

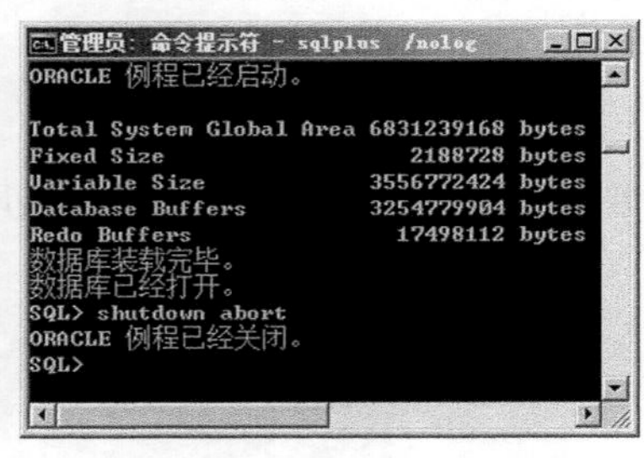

图 12-27　中止关闭方式

中止过程：

(1) 中止当前所有未提交的事务。

(2) 中断所有的用户链接。

(3) 立即结束当前由 Oracle 数据库处理的客户端 SQL 语句。

(4) 任何未提交的事务均不回滚。

只有在下列情况之一出现时才不得不使用终止关闭方式命令：

(1) 数据库或应用异常，用其他方式无法关闭数据库。

(2) 启动异常后需要重新启动。

(3) 马上断电或其他维修情况下需要快速关闭数据库。

(4) 当使用 SHUTDOWN IMMEDIATE 无法关闭数据库时。

(5) 需要快速重新启动数据库。

(6) SHUTDOWN 超时或异常。

作　业　题

1. 简述数据库启动各个阶段的原理。
2. 简述关闭数据库各个阶段的原理。
3. 比较数据库启动各种方式之间的异同点。
4. 比较关闭数据库各种方式之间的异同点。
5. 当数据库的某一控制文件损坏，能否正常启动数据库？为什么？怎样修复？请给出具体示例。

6. 阅读第 3 章 3.3 节 Oracle 数据库物理结构部分的内容，若修改了数据库参数文件中的参数，怎样使其在线生效？请用具体示例说明。

7. 当执行关闭数据库命令时，关闭过程迟迟不结束，此种情况下可能有几种可能？为什么？请具体说明。

8. DBWR 进程在什么情况下执行？

9. 当用户执行事务提交 COMMIT 命令时，被修改的记录首先写入到了哪里？何时才把修改后的数据写入数据文件？

10. 有哪些具体启动/关闭数据库的方法？请给出具体示例。

11. 在 Oracle 中，数据库与实例有何种对应关系？请与 MS SQL Server 的实例做比较。

12. 请解释 SQLPLUS /NOLOG 命令的含义。

13. 空实例是什么概念？请说明。

14. 当 SQL * Plus 启动后，用命令 CONNECT / AS SYSDBA 连接到数据库时，登录后的默认模式是什么？如果用具有 AS SYSDBA 身份的其他用户连接到数据库，其默认的模式又是什么？为什么？

第13章 chapter 13

Oracle 企业管理器

本章目标

了解企业管理器的基本结构及用途;掌握企业管理器的基本使用方法;掌握 Database Control 的使用。

13.1 Oracle 企业管理器结构

Oracle 企业管理器(Oracle Enterprise Manager,OEM)是一个系统管理工具,它为异构环境下集中监视和管理数据库提供了一个解决方法。它把图形化的控制台、管理服务器(Oracle Manager Server,OMS)、Oracle 管理资料档案库(Oracle Management Repository,OMR)、Oracle 管理代理(Oracle Management Agents,OMA)等公共服务及管理工具完整地结合在了一起。

13.1.1 企业管理器架构

从 Oracle 9i 至 11g,企业管理器采用三层的组件框架结构:

第一层:控制台,是集成的应用程序及管理包。

控制台是一个能够安排作业和事件并监视数据库的图形化界面。在 Oracle 9i 中,Oracle 企业管理器是可以在菜单组中直接启动的 IDE 环境的图形化界面。它与数据库一同安装在服务器上。从 Oracle10g 开始,改成 Oracle Enterprise Manager Grid Control,与数据库软件包相分离,需要单独下载安装,从 Web 浏览器中打开控制台。OEM 控制台是针对降低 Oracle 数据库服务器以及网络组件等的复杂性而设计的。

第二层:管理服务器及资料档案库。

OMS 是 OEM 框架的核心。OEM 框架是由一个或更多的 OMS 组成。OMS 在客户与被管理的节点之间维持着智能和分布式的控制。管理服务器负责处理与代理之间的通信。它为整个企业提供后端应用程序逻辑及重要的服务,如事件系统、邮件通知、报告以及作业系统等,主要职责就是把任务分配给可管理节点上的各个代理 OMA。代理担负着本地化任务的执行以及监视数据库和其他目标。一个大的数据库系统可在中间层使用多个 OMS,使其共享并平衡工作负载,以确保系统的高性能和可扩展性。

中间层负责处理来自客户端的请求，在资料档案库中存储管理请求信息，并为代理分配要完成的任务。

资料档案库也充当着一个后端的作用，存储用于维护以及管理分布于整个网络的目标数据库状态的管理数据。这些管理数据可被任何数据库管理员所共享。

资料档案库是数据库中的一个模式，主要以表的形式存储所有管理节点状态、应用程序数据以及任何有关系统管理的信息等。这些表必须以数据库的形式供OMS访问。

第三层：管理目标节点及自制的智能代理。

第三层是由被管理的目标节点和代理组成，代理运行在目标节点上，负责执行控制台安排的作业和事件。目标节点可包括数据库、Web服务器、应用服务器，以及其他应用程序等。目标节点依赖于执行管理服务器给定任务的代理。一旦指定了任务，代理就会完成预定的任务，且不考虑所管理目标或客户的状态。此类任务包括执行SQL脚本，在表空间中监视可变空间，完成数据库备份，监视实时数据库的I/O操作，或监视应用服务器的可用性，如图13-1所示。

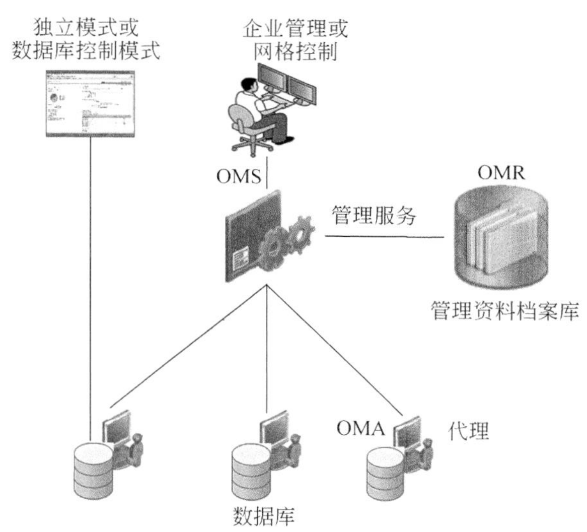

图13-1 OEM体系结构

OEM框架结构具有很强的可扩展性和灵活性，它允许创建多个管理服务器却共用一个资料档案库，可管理多个节点的数据库。在控制台管理数据库时可直接连接至数据库，也可通过连接到OMS管理服务器连接到数据库。对于单节点的系统可直接连接数据库。

通过Oracle企业管理器控制台可以完成以下几种任务：

(1) 管理完整的Oracle网络环境，包括数据库、应用服务器、应用程序以及服务等。

(2) 诊断、修改及调整多个数据库。

(3) 在多种系统上以不同时间间隔安排作业任务。

(4) 监视整个网络的数据库环境。

(5) 管理多重网络节点以及来自多个不同位置的服务。

(6) 可将相关的目标分组,由多个 DBA 共享多个任务。

(7) 进行安全管理等。

13.1.2 企业管理器模式

Oracle 数据库有两种部署模式可供选择:单节点数据库和网络多节点数据库。当数据库管理员启动控制台管理并连接数据库时有两种登录模式,如表 13-1 所示。

表 13-1 控制台登录模式

适用模式 / 部署模式	Oracle 9i		Oracle 10g/11g	
	独立启动 (Launch Standalone)	通过 OMS 连接数据库 (Login to the Oracle Management Server)	Oracle Enterprise Manager Database Control	Oracle Enterprise Manager Grid Control
单节点数据库	√		√	
多节点数据库		√		√

当控制台启动并直接连接到单机节点数据库时,采用独立模式(Launch Standalone)或 Database Control 不需要通过 OMS;若启动控制台管理多个节点上的数据库时,通过 OMS 连接数据库(Login to the Oracle Management Server)或 Grid Control,要使用 OMS 必须使用资料档案库 OMR 来管理代理 OMA。

如果控制台只连接要管理的 C/S 环境数据库,不需要在多个管理员之间共享系统管理数据,也不需要进行自动重复的管理任务,则使用独立模式或 Database Control。此时,控制台或其他应用程序不需要连接至中间层的管理服务器 OMS。以独立模式启动控制台可进行数据库模式、实例、存储以及安全等简单的管理。

若通过控制台管理不同类型、不同平台的目标节点,如数据库、Web 服务器、应用服务器和应用程序等;多个管理员共享管理数据;重复管理任务的自动化或从浏览器中运行管理客户端,则必须使用三层模式的 Login to the Oracle Management Server 或 Grid Control。安装和配置一个三层的企业管理器框架结构包括控制台、管理服务器/资料档案库以及代理。

13.2 Oracle 9i 企业管理器

要配置 OEM,最为关键的是首先配置 OMS。配置 OMS 的过程就是创建和配置资料档案库的过程。管理服务器 OMS 需要一个资料档案库来保存服务器信息以及目标节点数据库的信息。所以,作为新的 OEM 用户,或如果是初次配置 OMS,则必须创建一个资料档案库。资料档案库就是数据库中资料档案库模式。该模式中的一组表存储有关不同节点上数据库的管理信息。

若要使用“独立启动”模式登录数据库,不需要创建并配置资料档案库,如图 13-2 所示。

图 13-2 独立启动

选择并使用"登录到 Oracle Management Server"的先决条件：必须首先创建并配置资料档案库。只有创建了用于存储管理数据的资料档案库，才能启动并打开 Oracle Enterprise Manger Console。

13.2.1 创建资料档案库

启动企业管理器配置向导 Enterprise Manager Configuration Assistant(EMCA)，创建资料档案库。

(1) 选择 Oracle-OraHome92→Configuration and Migration Tools→Enterprise Manager Configuration Assistant 并启动。进入配置简介界面，如图 13-3 所示。如果要通过创建或编辑资料档案库来配置本地的 Oracle Management Server 以达到使用 OEM 的目的，则选择默认选项，单击"下一步"按钮。

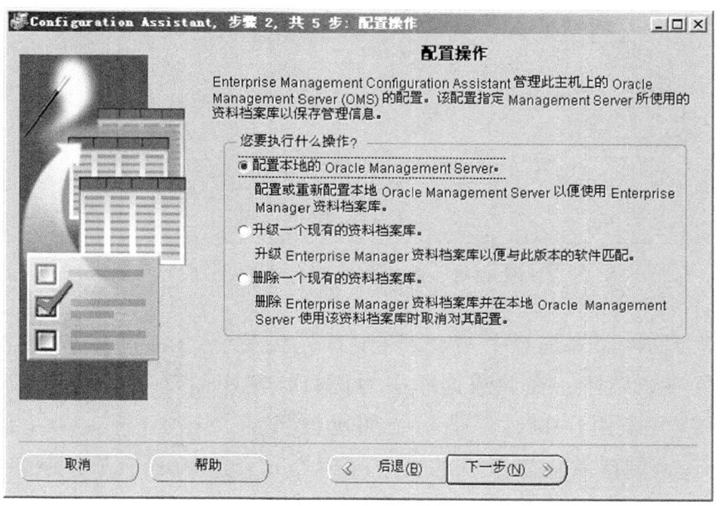

图 13-3 配置本地的 OMS

(2) 进入"配置 Oracle Management Server"的界面，在此选择"创建一个新的资料档案库"单选按钮，单击"下一步"按钮，如图 13-4 所示。

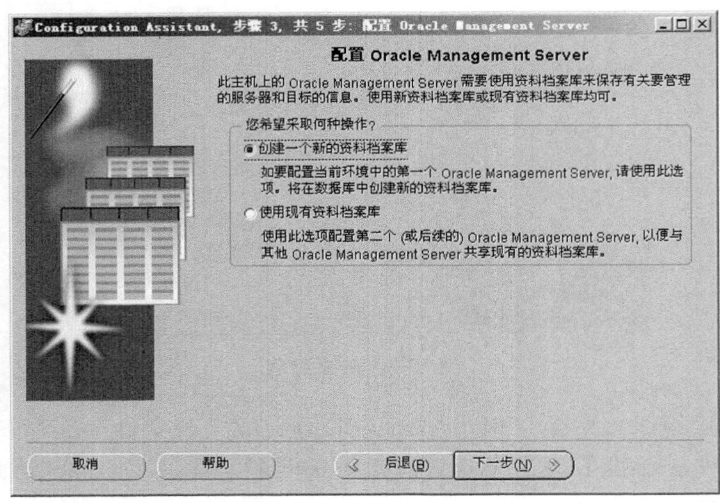

图 13-4 创建新的资料档案库

(3) 进入“创建新资料档案库选项”界面,如图 13-5 所示。

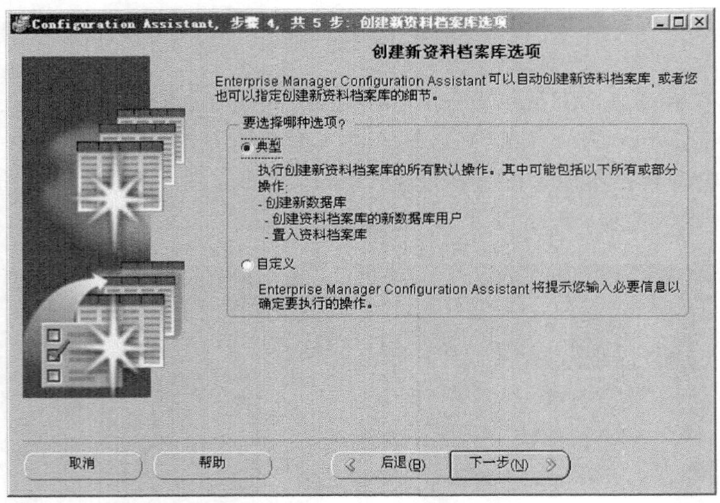

图 13-5 创建新资料档案库选项

此处有两个选项,如果选择了“典型”,则首先创建一个名为 oemrep 的本地数据库,该数据库即为资料档案库。在该数据库中为资料档案库创建一个名为 oem_rens_oemrep 的资料档案库用户,该用户的口令是系统随机设置的。其中,rens 为主机名,服务名为 rens:1521:oemrep,创建并设置默认的表空间为 oem_repository。单击“完成”按钮,系统便开始创建资料档案库,其余过程与创建数据库相同,如图 13-6 所示。

若在图 13-5 中选择了“自定义”单选按钮,并单击“下一步”按钮,则进入“选择数据库位置”界面。默认选项是将资料档案库放置在“新的本地数据库例程”中,此处“例程”就是“实例”的另一种称呼,如图 13-7 所示。

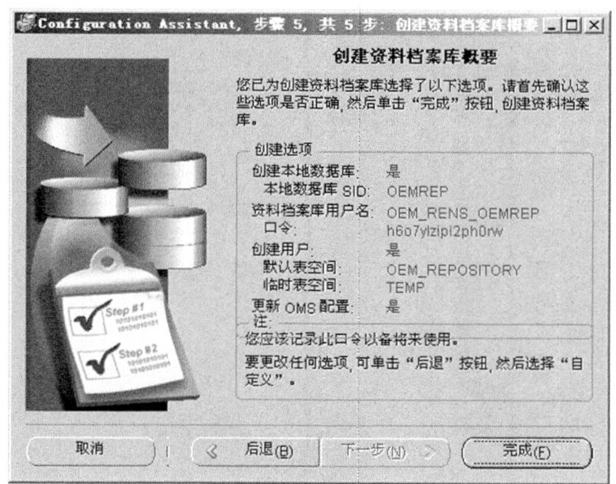

图 13-6 典型的创建资料档案库概要

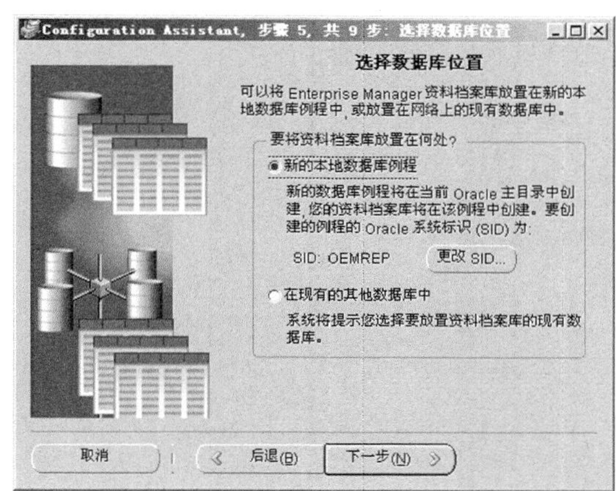

图 13-7 选择"新的本地数据库例程"单选按钮

(4) 设置资料档案库登录信息,其中用户名是系统自动设定的,创建时可修改。OEM将以该用户名为模式创建一组表用于存储管理数据。该模式就是资料档案库。单击"下一步"按钮,如图13-8所示。接着进入与图13-6基本相同的界面。

余下步骤与创建数据库基本相同,如图13-9所示。

当本地数据库oemrep创建完后,系统便在该数据库中创建资料档案库用户;接着创建资料档案库,该资料档案库就是以该用户为模式名的一个模式。最后为资料档案库配置参数,如图13-10所示。

由创建资料档案库的过程可以看出,Oracle首先是创建一个数据库,然后在该数据库中创建一个资料档案库用户,之后才是创建资料档案库,以及设置相关参数。所以,资料档案库实际上是一系列的表。在Oracle 8i中,资料档案库创建在用户数据库中。在Oracle 9i中,Oracle既可单独创建一个数据库,默认名为oemrep,作为存放资料档案库的地方,也可创建在已存在的数据库中。资料档案库用户的默认名称为oem_＜host_name＞_oemrep,＜host_name＞。

图 13-8 设置资料档案库登录信息

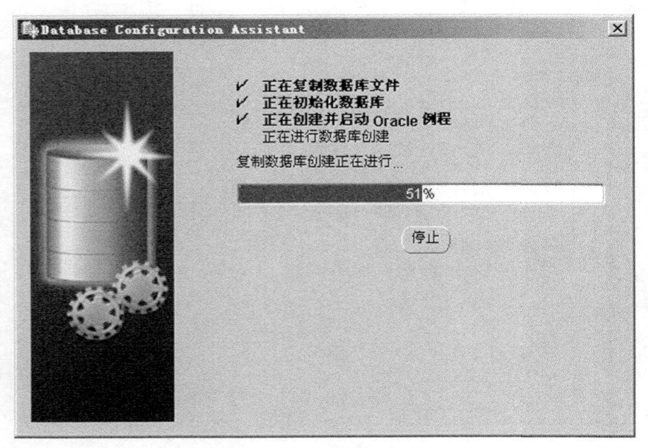

图 13-9 创建 oemrep 数据库的过程

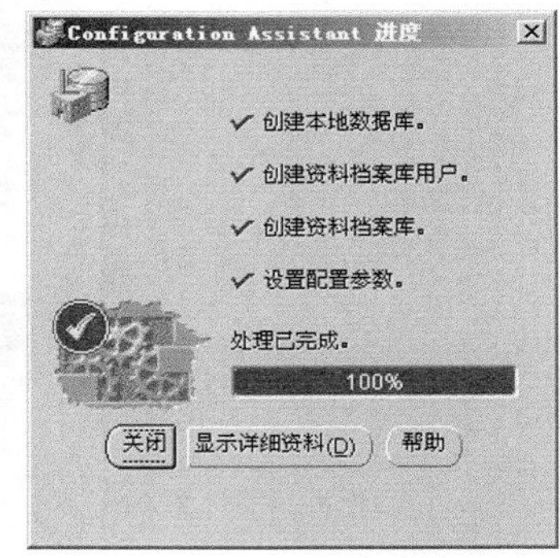

图 13-10 创建资料档案库的全过程

13.2.2 启动本地 OMS

1. 在服务面板中启动

当资料档案库创建完成后,Oracle 会自动启动"控制面板"中创建的资料档案库的服务 OracleServiceOEMREP。若没有启动,可打开"管理工具"→"服务"面板,直接选择要启动的服务"OracleServiceOEMREP"并启动即可,如图 13-11 所示。另外,资料档案库创建完毕,Oracle 也随之创建并启动了管理服务器 OMS 对应的服务 OracleServiceManagementServer。若该服务没有启动,即使资料档案库已经创建,Oracle Enterprise Manager Console 也无法打开。

2. 在命令提示符下启动

在 DOS 命令提示符下输入如下命令即可完成服务的启动。

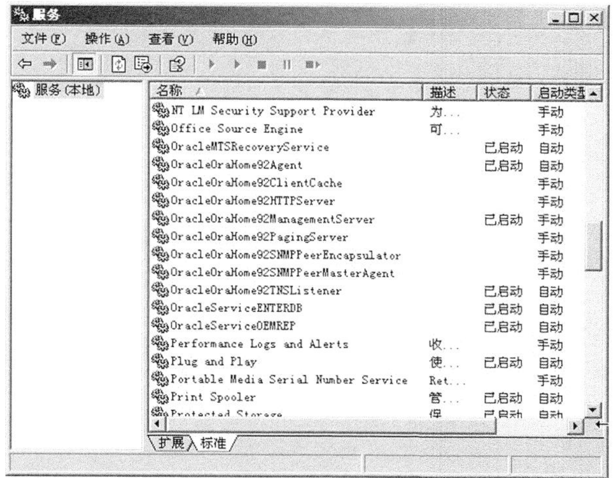

图 13-11 资料档案库创建后生成的服务

```
<Oracle_Home>\BIN>set Oracle_SID=OEMREP
<Oracle_Home>\BIN>oemctl start oms
```

一旦确认 OMS 已经启动,且监听器服务也正常启动,启动 Oracle Enterprise Manger Console 就可进入控制台。登录控制台时,管理员为 sysman,默认的口令为 oem_temp,如图 13-12 所示。

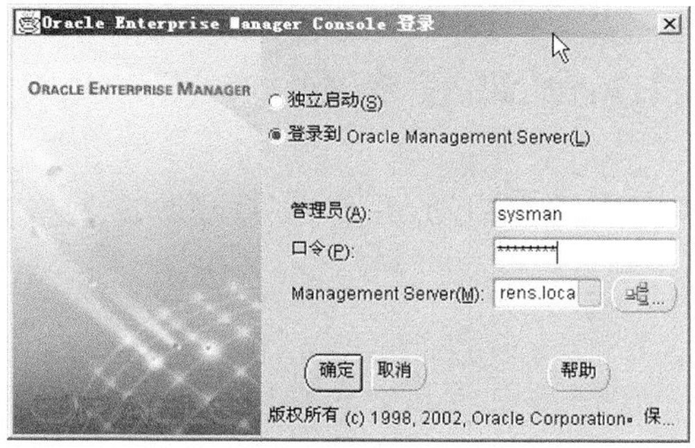

图 13-12 登录控制台

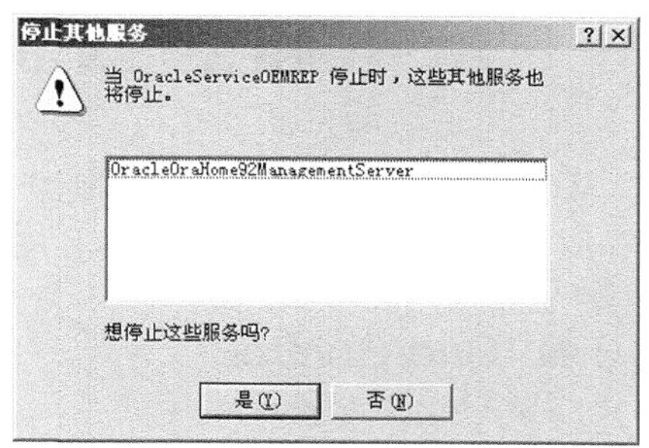

图 13-13 停止 OMS 服务

13.2.3 停止本地 OMS

1. 在服务面板中停止

打开"管理工具"→"服务"面板,直接右击要停止的服务 OracleServiceOEMREP,从弹出的快捷菜单中选择"停止"命令,此时系统出现提示"当 OracleServiceOEMREP 停止时,这些其他服务也将停止",如图 13-13 所示。单击"是"按钮后,系统开始进入停止过程,并要求输入管理员用户和口令,管理员用户为 sysman,默认口令为 oem_temp。

2. 在 DOS 命令提示符中停止

在 DOS 命令提示符中输入如下格式命令：

```
oemctl stop oms
```

其中，oemctl 是<Oracle_Home>\BIN 目录下的实用程序。

13.2.4 检查 OMS 状态

(1) 查看 OMS 是否启动或停止。

使用命令 oemctl ping oms 查看 OMS 是否启动或停止。

```
<Oracle_Home>\BIN>oemctl ping oms
```

(2) 查看 OMS 的状态。

使用命令 oemctl status oms 查看 OMS 的状态。运行命令时，系统要求输入管理员用户和口令。管理员用户为 sysman，口令为 oem_temp。凡是与 OMS 有关的操作，一旦需要，管理员和口令均为 sysman/oem_temp。

```
<Oracle_Home>\BIN>oemctl status oms
```

如果要检查远程 OMS 的状态，则在操作系统提示符下执行下列命令：

```
oemctl status oms sysman/<password>@<hostname of Management Server machine>
```

13.3 Oracle 11g 企业管理器

从 Oracle 10g 开始，企业管理器必须以网页的形式启动，并分为两种形式：网格控制(Grid Control)和数据库控制(Database Control)。

13.3.1 Grid Control

Grid Control 是具有完整功能且面向全企业 Oracle 数据库系统的管理工具，它与数据库服务器的安装相分离，需单独下载软件包。与其相关的 OMS、OMR 和 OMA 也完全得以分离，不再与数据库服务器一同安装。安装 Grid Control 时可安装 OMA 和 OMS，并创建 OMR。OMA 软件包也可单独下载安装。Grid Control 可以监控整个 Oracle 数据库系统，它事先必须创建并使用资料档案库，用于收集企业系统范围内有关多个计算机节点上多个目标数据库的数据，并以 Web 界面的形式显示所有已发现目标的共同信息。Oracle Grid Control 软件包的下载地址为 http://www.oracle.com/technology/software/products/oem/index.html。

Grid Control 部署在 Oracle 应用服务器(Oracle Application Server，OAS)上。当安装 Grid Control 时，同时也会安装 OAS，然后 Grid Control 应用程序作为 Oracle Containers for J2EE(OC4J)应用程序部署在 OAS 上。

Grid Control 安装并部署完毕后，即可对所有 Grid Control 组件实施启动或停止操作。

在<Oracle_Hom>\BIN 目录下有两个比较常用的 OEM 管理工具 EMCTL 和 EMCA。两者都是批处理文件。

(1) EMCTL

用于控制和管理 OMS、OMA 以及 OMR 等 OEM 组件，如停止和启动，或查看服务状态等。OEM 组件的启动与停止都有一定顺序。

(2) EMCA

EMCA(Enterprise Manager Configuration Assistant)是基于命令行的企业管理器配置助手，用于创建、删除资料档案库；配置 Database Control 及代理的端口号等。

1. 停止顺序

(1) 停止代理程序。

```
<Oracle_Hom>BIN\>BIN\emctl stop agent
```

(2) 停止 OMS。

```
<Oracle_Home>\BIN\emctl stop oms
```

(3) 停止进程管理器。

```
<Oracle_Home>\BIN\>opmnctl stopall
```

(4) 停止资料档案库。

```
SET Oracle_SID=OEMREP
<Oracle_Home>BIN\>sqlplus /nolog
SQL>shutdown immediate
```

(5) 停止监听程序。

```
<Oracle_Home>BIN\>lsnrctl stop
```

2. 启动顺序

(1) 启动监听。

```
<Oracle_Home>BIN\>lsnrctl start
```

(2) 启动资料档案库。

```
<Oracle_Home>BIN\>SET Oracle_SID=OEMREP
```

其中，OEMREP 是资料档案库的 SID。

```
<Oracle_Home>BIN\sqlplus /nolog
SQL>startup
```

(3) 启动 OMS。

```
<Oracle_Home>BIN\>emctl start oms
```

(4) 启动代理程序。

```
<Oracle_Home>\BIN\>emctl start agent
```

13.3.2 Database Control

Database Control 是 Grid Control 功能的一个子集，是与数据库一同创建并安装配置的。Database Control 以数据库为中心，只管理和监控一个数据库，不能用于同时监控多个数据库，但可以监控多个主机、多个实例。可以更改监控的数据库。它只在数据库上运行。

1. Database Control 体系结构

Database Control 体系结构与 Grid Control 体系结构类似，只是规模要小很多。代理程序和 OMS 都合并到相同的 OC4J 应用程序，Database Control 的资料档案库位于它监控的目标数据库中。所以，若目标数据库停机，Database Control 就不能正常运行，必须启动该数据库才能运行 Database Control。

在 Windows 系统上，Database Control 是单独的进程，在服务控制面板中以单独的服务 OracleDBConsole<SID>形式呈现，可以启动或停止。

Database Control 与 Oracle 数据库系统软件一同安装，并且它所在的<Oracle_Home>目录与其目标数据库的相同。在为数据库配置 Database Control 后，在<Oracle_Home>目录中，Oracle 就会创建格式为 host_<sid>的新子目录，其中 host 是服务器主机名，SID 是被 Database Control 所监控实例的 SID。如主机名为 Win2K8，监控的数据库为 EnterDB，则配置文件在<Oracle_Home>\Win2K8_EnterDB 中，如图 13-14 所示。

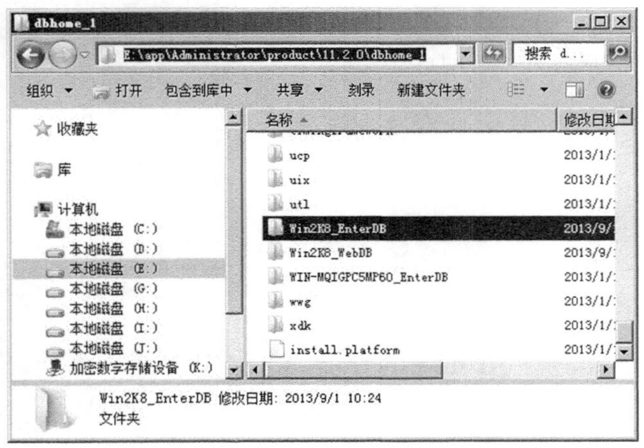

图 13-14 配置 Database Control 的子目录

2. 安装和配置 Database Control

安装并配置 Database Control 有两种方法：DBCA 和 EMCA。

1) 用数据库配置助手(DBCA)配置 Database Control

DBCA 就是数据库配置助手(Database Configuration Assistant)。在单机环境下的 Database Control 不需要安装任何特定的软件包。Database Control 与 Oracle 数据库系统一同安装。在创建数据库时会有一个选项，即是否选择“配置 Database Enterprise Manager”。如果选择“配置 Database Control 以进行本地管理”单选按钮，则系统在创建数据库实例的同时也会配置本地管理的 Database Control。否则，在数据库实例创建完后，只能用 EMCA 为该数据库配置 Database Control，如图 13-15 所示。

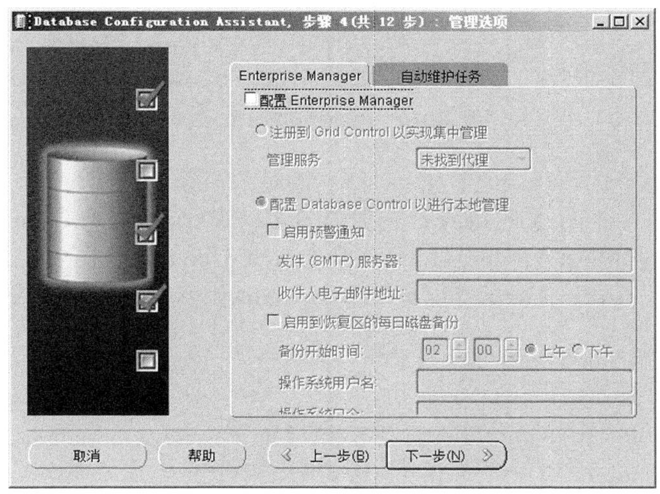

图 13-15　配置本地管理的 Database Control

注意，Database Configuration Assistant 不能用于删除或者修改已经添加的 Database Control，它只是一个用于添加 Database Control 的工具。若要删除 Database Control，则必须使用命令行工具 EMCA。

2) 用企业管理器配置助手(EMCA)配置 Database Control

企业管理器配置助手(Enterprise Manager Configuration Assistant，EMCA)是基于命令行的实用工具，功能强大。

现用 Database Configuration Assistant 创建一个名为 PythonDB. dlpu. edu. dalian 的数据库。由于创建数据库是在单机环境下，创建过程中不选择“配置 Database Enterprise Manager”就是不选择“配置 Database Control 以进行本地管理”。数据库创建后，在“服务”面板上就没有与之对应的 OracleDBConsolePythonDB 服务，系统在 PythonDB. dlpu. edu. dalian 中也不会为 Database Control 配置相应的资料档案库，用户也无法在浏览器中用 Database Control 登录数据库，如图 13-16 所示。

为使 Database Control 能登录数据库，必须用 EMCA 为 Database Control 配置资料档案库。

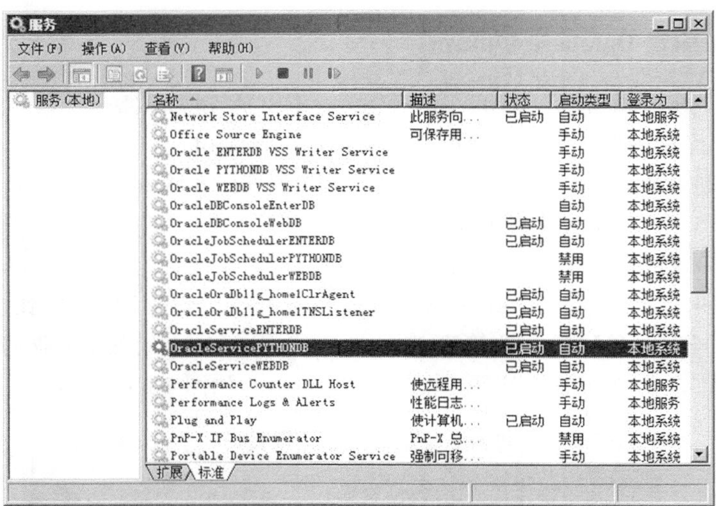

图 13-16 PythonDB 对应服务

(1) 为 Enterprise Manager Database Control 设置系统环境变量。

在早期版本中,启动、关闭或查看企业管理器 Enterprise Manager 时需要设置两个环境变量:Oracle_SID 和 Oracle_Home。从 Oracle Database 11g release 2 开始,需要设置两个环境变量:Oracle_Home 和 Oracle_Unqname。本例中做如下设置:

```
SET Oracle_Home=E:\app\Administrator\product\11.2.0\dbhome_1
SET Oracle_Unqname=PythonDB
```

用 SET Oracle_Unqname 可查看当前设置的 Oracle_Unqname 值;或启动 SQL * Plus 并用 sys 或 system 用户名登录数据库,执行下列命令:

```
SELECT name,db_unique_name FROM v$ database;
```

如图 13-17 所示。

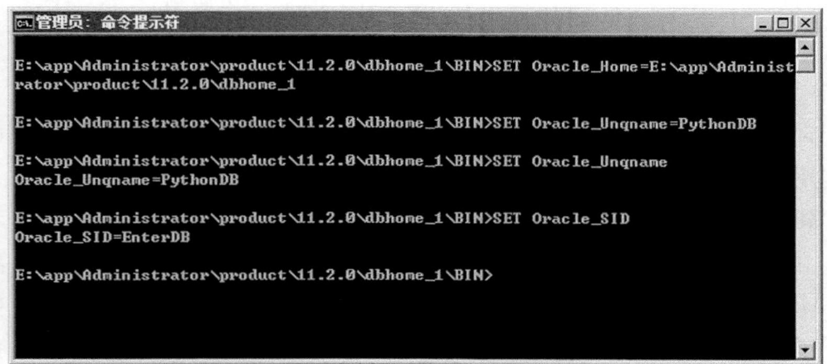

图 13-17 设置环境变量

注意:Oracle_Unqname 与 Oracle_SID 的区别:

① Oracle_Unqname 是专门为企业管理器 Enterprise Manager 设置的当前默认资料

档案库的数据库实例。

② Oracle_SID 是为启动 SQL＊Plus 并由用户登录而设置的默认数据库实例。

(2) 用 EMCA 为数据库创建新的 Database Control 配置，如图 13-18 所示。

```
emca -config dbcontrol db -repos create
```

```
管理员: 命令提示符
E:\app\Administrator\product\11.2.0\dbhome_1\BIN>SET Oracle_Home=E:\app\Administ
rator\product\11.2.0\dbhome_1

E:\app\Administrator\product\11.2.0\dbhome_1\BIN>SET Oracle_Unqname=PythonDB

E:\app\Administrator\product\11.2.0\dbhome_1\BIN>SET Oracle_Unqname
Oracle_Unqname=PythonDB

E:\app\Administrator\product\11.2.0\dbhome_1\BIN>emca -config dbcontrol db -repo
s create

EMCA 开始于 2013-9-3 13:30:49
EM Configuration Assistant, 11.2.0.0.2 正式版
版权所有 (c) 2003, 2005, Oracle。保留所有权利。

输入以下信息:
数据库 SID: PythonDB
监听程序端口号: 1521
监听程序 ORACLE_HOME [ E:\app\Administrator\product\11.2.0\dbhome_1 ]:
SYS 用户的口令:
DBSNMP 用户的口令:
SYSMAN 用户的口令:
通知的电子邮件地址 (可选):
```

图 13-18 配置 Database Control

在配置 Database Control 过程中需要提供数据库的 SID、监听器端口号，sys、sysman 以及 dbsnmp 用户的口令等。

完成配置后，在浏览器中输入如下格式的 URL：https//＜host_name＞：＜port_number＞/em 即可启用 Database Control。其中，＜host_name＞为主机名或 IP 地址，＜port_number＞为端口号，如图 13-19 所示。

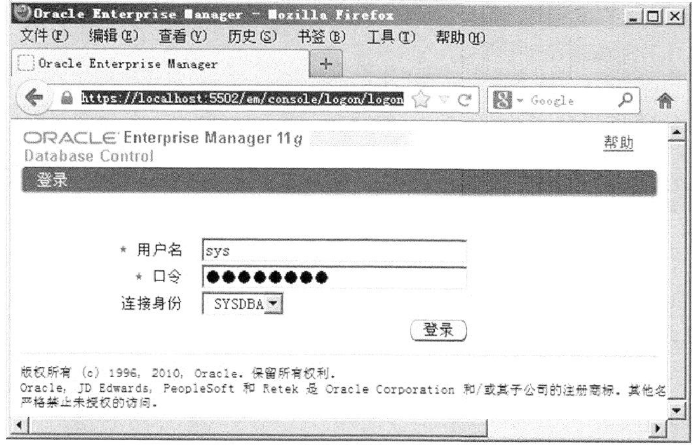

图 13-19 从 Database Control 登录 PythonDB

数据库创建完毕后，从＜Oracle_Home＞\install 目录下的 portlist.ini 配置文件中可查看对应不同数据库的 Enterprise Manager Console HTTP 使用的端口号，如图 13-20 和图 13-21 所示。

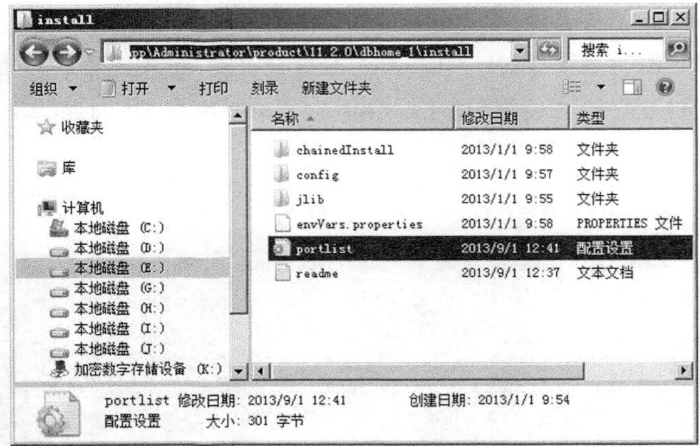

图 13-20 portlist.ini 配置文件位置

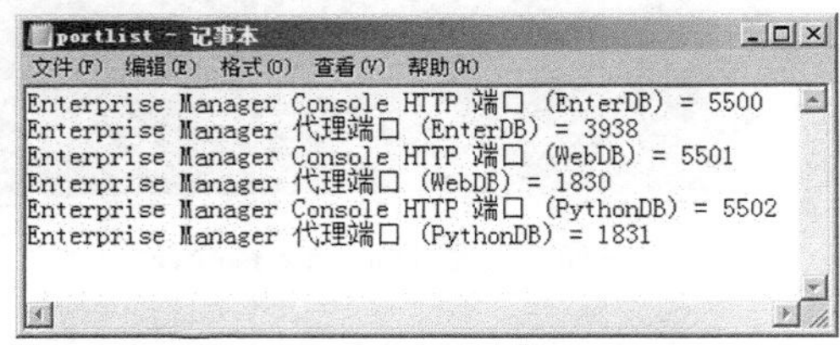

图 13-21 portlist.ini 配置文件内容

当配置 Database Control 完成并成功后，在系统目录中也会为不同的数据建立起相同格式的子目录 OC4J_DBConsole_＜Host_name＞_＜Oracle_Unqname＞。如目录 OC4J_DBConsole_Win2K8_CloudDB，其中 Win2K8 为主机名，CloudDB 是 Oracle_Unqname 环境变量的值，如图 13-22 所示。

图 13-22 配置完 Database Control 后的子目录

若使用 EMCA 删除已有的 Database Control 配置，则使用以下命令：

```
emca -deconfig dbcontrol db -repos drop
```

若要获得 EMCA 命令的帮助,可执行下列命令:

```
emca help
```

3. 用 Database Control 管理多个数据库

通常情况下,Database Control 只能连接并管理一个数据库。利用环境变量 Oracle_Unqname 和 EMCTL 实用程序可设置并更改所管理的数据库。更改 Database Control 可管理数据库的关键是环境变量 Oracle_Unqname。

(1) 设置环境变量。将 Oracle_Unqname 设置为 Database Control 要管理的目标数据库即可。如将当前 Database Control 可管理的数据库设置为 CloudDB。

```
SET Oracle_Unqname=CloudDB
```

(2) 显示 Oracle Enterprise Manager 的状态。

```
emctl status dbconsole
```

此时包括端口号在内的 URL 登录地址。

```
https://Win2K8:5502/em/console/aboutApplication
```

如果显示信息提示"Oracle Enterprise Manager 11g is not running",说明对应的服务 OracleDBConsoleCloudDB 没有启动。启动该服务的方式有两种:

(1) 在"服务"面板中选择对应的服务启动。

(2) 用命令方式启动:

```
emctl start dbconsole
```

如图 13-23 所示。

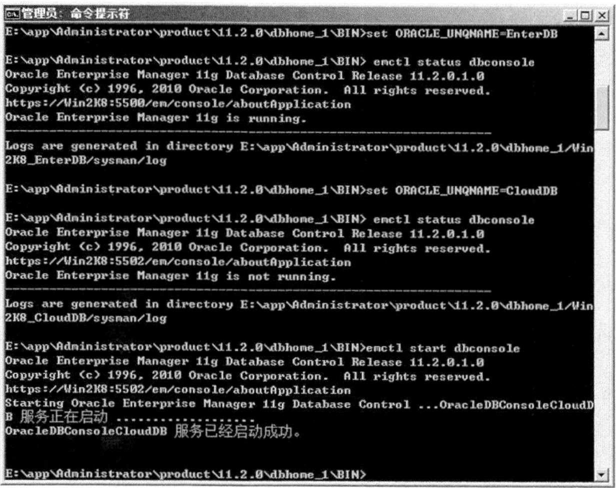

图 13-23 设置 Oracle_Unqname

(3) Oracle Enterprise Manager 服务启动后，打开浏览器，在地址栏中输入步骤(2)中显示的 URL，启动 Oracle Enterprise Manager Database Control，用 sys 用户名登录数据库即可实现管理数据库，如图 13-24 所示。

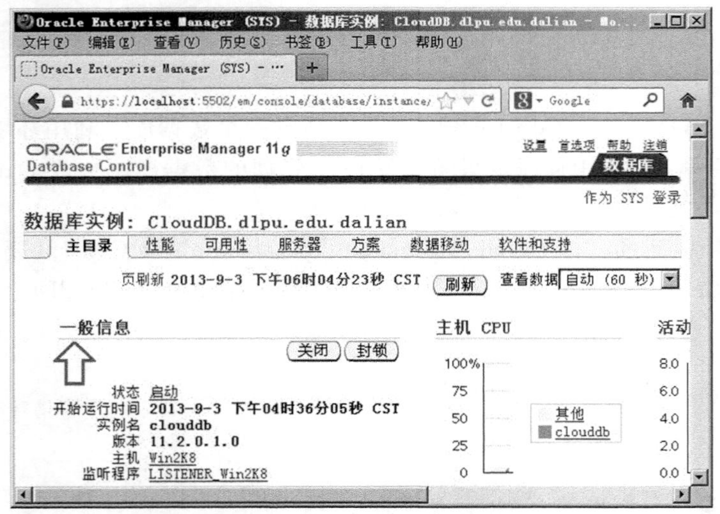

图 13-24 用 OEM Database Control 登录数据库

13.3.3 配置 OEM 常用命令

1. EMCA 基本命令

(1) 创建一个 OEM 资料库。

```
emca -repos create
```

(2)重建一个 OEM 资料库。

```
emca -repos recreate
```

(3) 删除一个 OEM 资料档案库。

```
emca -repos drop
```

(4) 配置数据库的 Database Control。

```
emca -config dbcontrol db
```

(5) 删除数据库的 Database Control 配置。

```
emca -deconfig dbcontrol db
```

(6) 重新配置 Database Control 和代理的端口。

```
emca -reconfig ports
```

(7) 重新配置 Database Control 的端口,默认端口在 1158。

```
emca -reconfig ports
```

2. 用 EMCTL 基本命令

用 EMCTL 命令启动、关闭或查看 OEM Database Console 服务,必须先设置 Oracle_Unqname 环境变量,以指定 OEM Database Console 管理的目标数据库。

(1) 启动 OEM Database Console 服务。

```
emctl start dbconsole
```

(2) 停止 OEM Database Console 服务。

```
emctl stop dbconsole
```

(3) 查看 OEM Database Console 服务的状态。

```
emctl status dbconsole
```

作 业 题

1. 分别用 DBCA 创建数据库 DlpuDB. edu. dalian 和 CloudDB. edu. dalian。其中,创建这两个数据库时分别选择"配置 Database Enterprise Manager"和不选择"配置 Database Enterprise Manager"。

(1) 创建数据库完毕后,哪个是当前默认的数据库?

(2) 用 EMCA 为数据库 DlpuDB 新创建 Database Control 配置。

(3) 设置 Oracle_Unqname 环境变量,将当前 Database Control 管理的数据库设置为 CloudDB。

(4) 用 emctl start dbconsole 命令启动 OracleDBConsole<SID>,如 OracleDBConsole-CloudDB。

(5) 用 emctl status dbconsole 查看当前 Database Control 管理的数据库的状态。

(6) 启动 Database Control 并用 sys 用户名登录数据库。

2. 在 Oracle 9i 中创建资料档案库,启动 Oracle Enterprise Manager。比较 Oracle 9i 和 11g 中 OEM 的异同点。